U0315969

钢铁生产控制及管理系统

主编　骆德欢　孙一康

北　京

冶金工业出版社

2014

内 容 提 要

本书共分6章，按照从总体到细节，从底层控制到上层管理系统的原则进行排序。第1章对我国钢铁企业生产控制及管理系统的现状、冶炼及轧钢控制系统的基本构成、多级控制系统的功能划分等方面进行了说明；第2章对钢铁生产中直接驱动设备运转的电气传动系统作了全面介绍，对交直流传动、传动的数字化控制、钢铁行业的典型传动系统方案、变频器的选型及几种常用进口产品等作了详细介绍；第3章对基础自动化控制系统的基本构成、控制器、SCADA软件、网络、特殊仪表、主要控制功能、典型应用实例进行了阐述；第4章对过程计算机系统的基本组成、系统架构、主要软硬件设备及产品作了较全面地介绍；第5章是生产制造执行系统，本章对企业信息化系统的体系结构、主要功能、实施方法、典型案例进行了阐述；最后一章以高炉、转炉、热连轧、冷连轧、冷轧处理线为例介绍了几个典型的钢铁生产综合控制系统。

本书可供从事自动化专业的技术人员阅读，也可供高等院校相关专业的师生参考。

图书在版编目(CIP)数据

钢铁生产控制及管理系统/骆德欢，孙一康主编. —北京：
冶金工业出版社，2014.9
ISBN 978-7-5024-6577-3

Ⅰ.①钢… Ⅱ.①骆… ②孙… Ⅲ.①钢铁冶金—控制系统
Ⅳ.①TF4

中国版本图书馆 CIP 数据核字(2014)第 175687 号

出 版 人　谭学余
地　　址　北京市东城区嵩祝院北巷 39 号　邮编　100009　电话　(010)64027926
网　　址　www.cnmip.com.cn　电子信箱　yjcbs@cnmip.com.cn
责任编辑　戈 兰　美术编辑　彭子赫　版式设计　孙跃红
责任校对　石 静　责任印制　牛晓波
ISBN 978-7-5024-6577-3
冶金工业出版社出版发行；各地新华书店经销；三河市双峰印刷装订有限公司印刷
2014 年 9 月第 1 版，2014 年 9 月第 1 次印刷
787mm×1092mm　1/16；23 印张；552 千字；354 页
88.00 元

冶金工业出版社　投稿电话　(010)64027932　投稿信箱　tougao@cnmip.com.cn
冶金工业出版社营销中心　电话　(010)64044283　传真　(010)64027893
冶金书店　地址　北京市东四西大街 46 号(100010)　电话　(010)65289081(兼传真)
冶金工业出版社天猫旗舰店　yjgy.tmall.com
(本书如有印装质量问题，本社营销中心负责退换)

前　言

～～

近年来，中国钢铁工业信息化、自动化技术与中国经济一样得到了飞速发展。由于各级政府及各钢铁企业的政策引导及大力支持，伴随着中国钢铁工业的进步，中国钢铁行业信息化、自动化专业的技术人员从信息化、自动化技术的学习者、参与者，演变到目前的主导者，他们从十多年前的与国外供应商合作开发者变成了目前的完全自主开发者。

上海宝信软件股份有限公司（以下简称宝信软件）这几年承担了几乎所有的宝钢大中型新建、改造项目的信息化、自动化集成与开发工作，并承担了许多国内其他钢铁企业的信息化、自动化项目，积累了不少心得与经验。

北京科技大学孙一康教授在对宝信自动化技术进行指导时发现宝信的发展是中国钢铁工业信息化、自动化技术发展的一个缩影，孙老师觉得宝信技术人员通过这么多项目掌握的技术、积累的经验应该形成文字与国内同行分享，并对书稿的大纲和具体内容提出了许多建设性的建议。

孙老师希望本书应以实用为目的，应选择钢铁企业信息化、自动化最常用、最实用、最先进的那些技术来阐述，应以钢铁企业信息化、自动化技术方面的管理人员、技术人员，大学计算机和自动化专业的师生为读者群。

本书取名《钢铁生产控制及管理系统》的用意是试图对涉及钢铁生产的自动化、信息化的技术作完整、全面地阐述。我们理解的控制系统就是与钢铁生产、设备密切相关的过程控制级，或者也可以说是 L0、L1、L2 级；管理系统就是信息化系统，或者说是 MES、ERP 系统。

本书共分 6 章，按照从总体到细节，从底层控制到上层管理系统的原则进行排序。第 1 章对我国钢铁企业生产控制及管理系统的现状、冶炼及轧钢控制系统的基本构成、多级控制系统的功能划分等方面进行了说明；第 2 章对钢铁生产中直接驱动设备运转的电气传动系统作了全面介绍，对交直流传动、传动的数字化控制、钢铁行业的典型传动系统方案、变频器的选型及几种常用进口产品等作了详细介绍；第 3 章对基础自动化控制系统的基本构成、控制器、SCADA 软件、网络、特殊仪表、主要控制功能、典型应用实例进行了阐述；第 4 章对过程计算机系统的基本组成、系统架构、主要软硬件设备及产品作了较全面地介绍；第 5 章是生产制造执行系统，本章对企业信息化系统的体系结构、主要功能、实施方法、典型案例进行了阐述；最后一章以高炉、转炉、热连轧、冷连轧、冷轧处理线为例介绍了几个典型的钢铁生产综合控制系统。

　　本书第 1.1 节部分、第 1.2、1.4 节，第 3.1 节、第 3.3、3.4 节部分，第 6.1、6.2、6.4、6.5 节由宝信软件骆德欢教授级高级工程师编写；第 1.1 节部分、第 1.3 节，第 6.3 节由宝信软件龚少腾高级工程师编写；第 2 章由宝信软件李刚高级工程师编写；第 3.2 节及第 3.3、3.4 节部分由宝钢工程技术集团有限公司吕晓云高级工程师编写；第 4 章由宝信软件教授级高级工程师吴毅平编写；第 5.1、5.2 节及第 5.5、5.6 节部分由宝信软件王森高级工程师编写，第 5.4、5.5、5.6 节部分由宝信软件王蔚林高级工程师编写，第 5.3 节由宝信软件杨英杰工程师编写，第 5.4 节部分由宝信软件周维工程师编写。全书由骆德欢、孙一康教授审阅定稿。

　　宝信软件自动化部几位同志为本书的编写提出了宝贵的建议，在此表示衷心地感谢！

　　由于时间关系，我们感觉本书信息化内容略显不足，另外最近钢铁行业关注度很高的能源管理系统、云计算、物联网等内容也没有包含进来，我们希望有机会改进。

　　由于我们水平有限，不妥之处在所难免，敬请读者批评指正。我们也希望本书能成为一个交流平台，欢迎各位同行与我们联系与交流。

编　者
2014 年 7 月

目　录

第1章 综　述

1.1　钢铁生产控制及管理系统概述

1.1.1　概述

我国钢铁工业近 20 年来经历了一个高速发展的阶段，1996 年中国的钢产量才刚过 1 亿吨，而目前全国的钢铁产能已超过 9 亿吨，产量超过 7 亿吨。中国钢铁工业的现状是，一方面产能严重过剩，企业效益大幅下降；另一方面扩大产能的投资还没有完全停息，污染严重、产品质量差的钢铁企业和设备仍然大量存在。加速淘汰落后生产能力，加快提升科技开发与创新能力，发展循环经济，降低消耗，降低成本，增加品种，生产高质量、高附加值的产品，成为钢铁行业发展的必然要求。钢铁工业信息化、自动化不仅是现代化的标志，而且是能获得巨大经济效益和高回报的技术。信息化、自动化技术在钢铁发展过程中发挥着越来越重要的作用，这些技术不仅可以大大提高生产效率、提高产品质量、降低一线工人的劳动强度和安全隐患，还可以降低生产成本、增强企业核心竞争力、提升企业形象。钢铁行业信息化、自动化技术的发展轨迹既遵从信息化、自动化学科自身的发展规律，也与钢铁工业的发展，包括工艺路线的改进、制造装备的更新、生产流程和组织方式的优化、企业运营模式的改革和进步等密切关联。

宝钢从建厂开始，就十分注重信息化、自动化技术在钢铁生产中的作用，花大力气建设全厂的信息化和自动化系统，信息化与自动化技术在宝钢的企业管理、钢铁装备、工艺技术以及生产过程控制中发挥着极大的作用，为宝钢始终站在国际钢铁水平最前沿做出了重要的贡献。国内许多大、中型钢铁企业这几年在企业信息化、自动化技术方面也取得了长足的进步，提升了中国钢铁行业信息化、自动化的整体水平。

1.1.2　钢铁工业生产过程特点

对于钢铁工业这样的大工业生产过程，随着现代工业技术的飞速发展，其生产过程越来越复杂和多元化，纵观钢铁生产全流程，按照大的生产阶段来分的话，其生产过程有连续和间歇两类生产过程，例如原料、焦化、高炉、炼钢、精炼和连铸工序，每一个加工周期都需要比较长的时间，而对于热轧、冷轧轧制等工序来说控制周期相对较短。对于这样两种控制对象其控制过程都有不同的顺序操作控制和周期调节，而间歇式生产过程大都是事件触发和短周期调整。

除了上述特点外，现代钢铁生产过程还要求：

（1）监视和管理整个生产过程，跟踪、记录产品生产的全流程，做到产品质量的可追溯。

（2）对生产过程进行规划、调度和决策，实现按订单组织生产。

（3）生产过程的优化操作和控制，确保生产效率和产品质量持续保持高水平。

所有这些都离不开高水平的工艺设计，高质量的生产装备，先进的信息化、自动化控制系统，离不开一支掌握计算机技术、自动化控制技术的核心人才队伍。

1.1.3　我国钢铁生产信息化和自动化的发展与现状

钢铁工业作为典型的重型工业，与先进科技的结合成为其发展的必然。从信息化及自动化技术与钢铁产业的结合过程来看，其发展经历了 5 个阶段（见表 1 – 1）。

表 1 – 1　我国钢铁生产信息化和自动化发展阶段

内　容	第 1 阶段 （20 世纪 70 年代以前）	第 2 阶段 （70 年代）	第 3 阶段 （80 ~ 90 年代）	第 4 阶段 （90 年代）	第 5 阶段 （2000 年以后）
控制要求	简单、单回路控制	多回路控制与先进控制	过程优化与先进控制	过程优化与信息化	全厂信息化
控制理论	经典控制理论	现代控制理论	智能控制等先进控制	多学科交叉	多学科交叉
控制装备	常规仪表	PLC、DCS、过程计算机	计算机网络	PLC、DSC、FCS、IPC	更新型装备
控制系统	多为单回路控制	EIC 系统	多级自动化系统	CIPS 与综合自动化	BPS、MES、PCS
控制水平	简单	多为增强型基础自动化	优化与管理自动化	准无人化	无人化或准无人化

从我国钢铁行业的实际来看，我国已连续数年成为世界钢材产量的第一大国，同时钢材品种结构调整正在卓有成效地加速进行，冶金自动化也发挥着越来越重要的作用。

冶金自动化技术，作为自动化在冶金行业的应用技术，其发展轨迹既遵从自动化学科自身的发展规律，也与钢铁工业的发展，包括工艺路线演化、制造装备的更迭、生产流程和组织方式、企业运营模式的改革和进步等密切关联。

1.1.3.1　冶金自动化中的三个功能层

A　过程控制系统

（1）计算机控制取代了常规模拟控制。按冶金工序划分，计算机控制的采用率分别为高炉 100%，转炉 95.43%，电炉 95.9%，连铸 99.42%，轧机 99.68%。

在控制算法上，回路控制普遍采用 PID 算法、智能控制。

在检测方面，与回路控制、安全生产、能源计量等相关的流量、压力、温度、重量等信号的检测仪表的配备越来越齐全。

在电气传动方面，用于节能的交流变频技术普遍采用；国产大功率交、直流传动装置在轧线上得到成功应用。

（2）在过程建模和优化方面，计算机配置率有较大幅度提高。根据最近中国钢铁工业协会的调查结果，在过程建模和优化方面，计算机配置率有较大幅度提高。按冶金工序划分，计算机配置率分别为高炉 57.54%，转炉 56.39%，电炉 58.56%，连铸 60.08%，轧机 74.5%。

过程计算机更多地起到了数据汇总、过程监视和打印综合报表的作用，由于冶金过程的复杂性，数学模型的适应性是世界难题，做得不好的话，过程优化方面的功能就会大打折扣。

B　生产管理控制系统

按冶金工序划分，生产管理控制系统计算机配置率分别为高炉 5.97%，转炉 23.03%，电炉 26.12%，连铸 20.64%，轧机 41.68%[1]。从功能上来讲，信息集成和事务处理的层面多一些，决策支持和动态管理控制作用没有发挥出来。

C　企业信息化系统

随着企业管理水平的不断提高，"信息化带动工业化"在冶金企业成为共识，各企业纷纷开始信息化规划和建设，很多企业已经构建了企业信息网，为企业信息化奠定了良好的基础。具体情况如下：

（1）从钢产量来看，截至 2012 年底信息化比较成熟的钢铁企业的钢产量占全国钢产量的 55%，这是任何一个行业还没能达到的目标。另外，信息化处于起步阶段的企业占 16.7%，局部应用阶段的占 23.3%，成熟度较高的综合和深化应用阶段的占 60%。实现了信息化的 40 家企业，均消除了信息孤岛，建立起了企业统一共享的信息网络。

（2）从功能角度讲，企业资源计划（ERP）成为热点，以德国 SAP 为代表的 ERP 通用产品和韩国浦项、我国台湾中钢为代表的定制系统都在冶金企业找到了落脚点，此外，供应链管理系统（SCM）、客户关系管理（CRM）、企业流程重组（BPR）等概念也被冶金企业所熟悉。

（3）企业信息化工作是企业管理的一场革命，不可能毕其功于一役，需要对其本质意义的深刻理解和方方面面条件的支撑，从观念转变、管理机制变革到信息的上通下达，还有相当长的路要走，才能真正发挥效益，避免掉入信息化投入的"黑洞"。

1.1.3.2　钢铁行业的发展目标及存在的问题

要实现新型工业化的目标，离不开钢铁工业强有力的支持，中国钢铁工业需要从大到强的转变。根据中国钢铁工业协会的最新统计，预计 2013 年国内实际钢材消耗量超过 7 亿吨，但其中仍有一定比例的优质钢材需要进口，国内钢铁企业在品种质量、节能降耗方面还需要做艰苦的努力。钢铁行业未来在数量和质量两方面的发展存在的问题：

（1）在产能增加方面：首先是资源缺乏的矛盾日益突出，例如按目前的消耗水平，现有冶金矿产资源将很难保证 21 世纪内生产的需求；其次，能源结构不合理，二次能源利用还很不充分，能耗高；第三，推行高效、低耗、优质、污染产生少的绿色清洁生产虽已有了初步成效，但从总体上看还处于初始阶段。

（2）在品种质量方面：首先是淘汰落后工艺装备的任务还未完成，流程的全面优化和工艺装备的进一步优化还受各种条件的制约，大型设备依赖进口，特别是薄板连铸连轧生产线等基本全套引进；其次，在新品种开发方面，原创性自主创新不多，产品质量的技术保障体系尚需完善。

1.1.3.3　冶金自动化存在的问题及解决措施

以上问题的解决，最终必须依靠冶金行业技术创新能力的增强，同时，对冶金自动化技术提出了新的挑战。

A　冶金自动化存在的问题

（1）炼铁系统（铁、焦、烧）是高炉—转炉流程降低成本和提高环境质量的瓶颈，目前现状和国际炼铁发展目标有相当的差距，要向渣量 150～300kg/t、焦比 240～300kg/t、喷煤 250～300kg/t、风温 1250～1300℃、寿命大于 20 年的 21 世纪国际先进目标努力。

（2）炼钢是钢铁生产的重要工序，对降低生产成本，提高产品质量，扩大产品范围，具有决定性影响。目前，国内绝大多数钢铁厂（转炉或电炉）均采用人工经验控制炼钢终点，效率低，稳定性差，无法满足洁净钢或高品质钢生产的质量要求。

（3）20 世纪轧钢技术取得重大技术进步的主要特征是自动化技术的应用，如计算机自动控制在连轧机上首先应用，使板带材的尺寸精度控制得到了飞跃，AGC 的广泛推广应用就是例证，以后的板形自动控制、中厚板的平面形状自动控制、自由规程轧制等，无一不是以计算机为核心的高新技术应用的结果。

B　对冶金自动化技术的需求

对自动化技术的需求主要有：

（1）开发更多的专用仪表，特别是直接在线检测质量的仪表，采用数据融合技术。

（2）针对高炉冶炼大滞后系统特点，前馈控制和反馈控制相结合，采用预测控制等先进控制技术。

（3）数学模型、专家系统和可视化技术相结合，保证冶炼过程顺行。

（4）信息技术与系统工程技术相结合，不断优化操作工艺，提高技术性能指标。

（5）应当关注直接还原和熔融还原（HISmelt、Corex、Finex 技术）等新一代炼铁生产流程对自动化技术的新的需求。

C　主要的解决措施

（1）炼铁系统：需要完善动态数学模型，并与炉气分析等技术结合，提高炼铁的自动控制水平。

（2）炼钢系统：炼钢采取了很多综合节能工艺技术，要求针对工艺的变化，建立能量/物料综合优化模型，确定合理化学能输入比例、顶底比例、优化电功率曲线和废钢/铁水比例，以提高冶炼强度，缩短冶炼周期，提高生产效率，达到节能降耗的目的。

铁水预处理和炉外精炼的发展要求建立化学成分、纯净度、钢水温度全线高精度预报模型，并优化合金化、造渣、成分调节控制。

继续优化高效连铸和近终型连铸技术，要求提升电磁连铸自动控制技术；开发接近凝固温度、高均质、高等轴晶化的优化浇铸技术和铸坯质量保障系统；同时考虑薄板坯连铸、薄带连铸（Strip－Casting）等新工艺的自动化需求。

（3）轧钢技术：要求先进的高精度、多参数在线综合测试技术与高响应速度的控制系统相结合，保证轧钢生产的高精度、高速度以及产品的高质量。

数学模型和人工智能相结合，轧钢工艺控制和管理相结合，实现生产过程的优化和高品质化。

计算力学与数值模拟相结合，由轧制尺寸形状预报和力学模拟转到金属组织性能预报和控制。

扩展控轧控冷技术与"超级钢"技术相结合，在自由规程轧制基础上实现真正的柔性化生产，即用同一化学成分的钢坯，在轧机上通过工艺过程参数的控制，生产出不同级别性能的钢材，大大提高轧制效率。

1.1.4 系统的构成

1.1.4.1 信息化和自动化系统架构

目前，我国大中型钢铁企业都已经将信息化和自动化列为提高企业核心竞争力的措施之一。MES 的应用也随着信息化的发展成为钢铁企业关注的焦点，随着产品结构调整的进一步加快，MES 的需求也将越来越迫切。国家在企业信息化发展方面采取了积极鼓励的措施，这也在很大程度上推动了钢铁企业信息化的建设进程。

流程工业的 CIMS 体系结构按 ISO 分成多级结构，五级体系结构在流程工业 CIMS 的发展过程中起过很大的推动作用，但它忽视了生产过程中的物耗、能耗及设备在线控制与管理，难以推广。因此，近来提出 ERP/MES/PCS 三级结构，ERP（Enterprise Resource Planning，企业资源规划）主要是利用以财务分析决策为核心的整体资源优化技术；MES（Manufacturing Execution System，制造执行系统）是考虑生产与管理结合问题的中间层制造执行系统，主要利用以产品质量和工艺要求为指标的先进控制技术和以生产综合指标为目标的生产过程优化运行、优化控制与优化管理技术；PCS（Process Control System，过程控制系统）对生产过程通过现场监测设备、电气控制装置和计算机技术，对加工对象采用模型和调节算法等进行控制。CIMS 体系架构如图 1-1 所示。

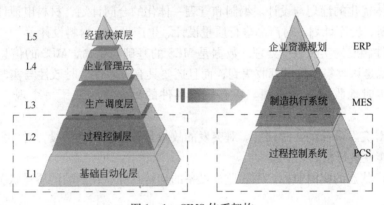

图 1-1 CIMS 体系架构

1.1.4.2 信息化系统

在企业信息化的层次划分中，MES 是企业信息集成的纽带，是企业资源计划（ERP）与过程控制系统（PCS）之间的桥梁。MES 为企业上层管理系统提供企业管理所需的各类生产运行信息，同时向过程控制系统发布生产指令，实时收集生产实绩，使两者之间有机地构成一个整体。MES 实现生产过程的一体化管理，实现不同生产区域业务前后衔接，信息共享，最重要的是对全过程的质量、生产、物流进行优化处理，体现企业整体效益。

MES 具有鲜明的行业特征，直接反映底层工艺设备的特点，体现行业特色的制造管理模式。MES 以生产优化运行为核心，主要解决生产计划的一体化编制和处理、生产过程的动态优化调度、生产成本信息的在线收集及控制、生产过程的质量动态跟踪以及设备运行状态监控等一系列问题。

国内很多企业在实施 ERP 系统为标志的信息化建设的同时，常常忽视了与过程控制层直接相连的成熟的 MES 系统的支撑，使得 ERP 系统不能及时地掌握到工厂发生的实际情况，成为空中楼阁，这也是许多企业信息化失败的重要原因之一。国外先进的制造企业信息化系统日趋统一在 EPR/MES/PCS 的架构下，MES 在企业信息化中起到了越来越重要的核心关键作用。

随着企业信息化建设的不断深入，国内越来越多的企业已经认识到 MES 在现代化企业管理中的重要作用，并着手在自己企业中建设 MES 系统。由于 MES 具有明显的行业特征，与企业的管理方式密切相关，各企业 MES 的功能架构各异，没有统一的实施标准。

MES 是 20 世纪 90 年代提出的关于制造业企业信息化的新概念，它通过计划监控、生产调度、实时传递生产过程数据，来对生产过程中出现的各种复杂问题进行实时处理，在信息化中起到了核心关键作用。如果用一句话来概括 MES 的核心功能的话，就是：计划、调度加实时处理。

MES 处于中间层，其特点是：

（1）MES 最具有行业特征，它与工艺设备结合最紧密，至今世界上还没有一个适合于所有行业的 MES 通用产品。

（2）MES 是实现生产过程优化运行与管理的核心环节。

（3）MES 是传递、转换、加工经营信息与具体实现的桥梁。

不同行业的 MES 功能差异很大，但 MES 的核心功能可以概括为以下四方面的内容：

（1）整体优化的计划与设计。编制和管理一体化的合同计划、材料申请计划、作业计划、发货计划、转库计划。对产品进行质量设计、生产设计、材料设计。

（2）事件触发的实时数据处理。数据是 MES 的基础与生命，MES 的信息不但要具有完整性，也就是该收集的信息都收集到，而且还要具有时序性、时效性与实时性。按事件进行管理，实时地收集生产实绩。所有生产事件的集合就构成了一个现实工厂的生产模型。

（3）应对突发事件的实时调度。对突发的故障紧急处理提供手段，对计划进行动态调整，对操作作业进行指导。

（4）生产状态的实时监控。主要监控设备的运转状况、在制品的质量状况、合同进度情况等。

1.1.4.3　钢铁企业 MES 的技术架构

钢铁企业 MES 是从企业经营战略到具体实施之间的一道桥梁，它针对钢铁企业生产运行、生产控制与管理信息不及时、不完全、生产与管理脱节、生产指挥滞后等现状，实现上下连通现场控制设备与企业管理平台，实现数据的无缝连接与信息共享；前后贯通整条产线，实现全生产过程的一体化产品与质量设计、计划与物流调度、生产控制与管理、生产成本在线预测和优化控制、设备状态的安全监视和维护等，从而实现整个企业信息的综合集成，对生产过程实现全过程高效协调的控制与管理。钢铁企业 MES 技术架构如图 1-2 所示。

钢铁企业 MES 整体应用功能的设计，要以钢铁企业的行业特色为背景，要有先进的管理理念贯穿其中，贯彻以财务为中心、成本控制为核心的理念，贯彻按合同组织生产、全面质量管理的理念，实现全过程的一贯质量管理、一贯计划管理、一贯材料管理以及整个合同生命周期的动态跟踪管理，以缩短成品出厂周期以及生产周期，加快货款回收，提高产品质量和等级。钢铁企业 MES 功能架构如图 1-3 所示。

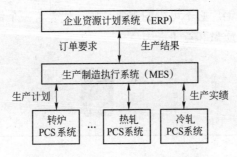

图 1-2 钢铁企业 MES 技术架构

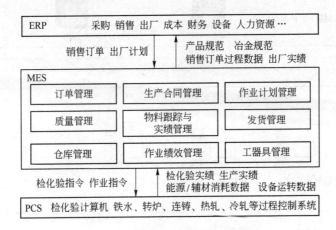

图 1-3 钢铁企业 MES 功能架构

钢铁行业 MES 从根本上解决了钢铁生产过程的多变性和不确定性问题，有效地指导工厂的生产运作过程，从而使其既能提高工厂及时交货能力，改善物料的流通性能，又能提高生产回报率。主要功能模块包括：订单管理、质量管理、生产合同管理、作业计划管理、物料跟踪与实绩管理、仓库管理、发货管理、工器具管理、作业绩效管理。

1.1.4.4 自动化系统的基本架构

我们常说的自动化系统（PCS）主要包括 L2（过程控制级）、L1（基础自动化级，或称电气控制级）、L0（传动及现场电气设备级）。

过程控制级是完成生产过程控制、工艺控制数学模型计算、自动化控制技术和现场数据接收及处理等功能构成，是保证产品质量和生产过程优化控制的重要环节。过程控制系统包含了从接受管理级下达的生产指令、产品数据、关键参数设定，到 L2 级的模型计算、专家系统、物料跟踪、报表形成及打印、设定值下发、画面监控及操作、与 L1 及关键特殊仪表通信接口等功能。

基础自动化级是生产过程自动化中最底层、最基础的部分，由各种电气、液压、气动控制装置组成，承担生产工艺参数的计量检测和设备控制。基础自动化级主要承担生产线的物料跟踪、顺序控制、位置控制、速度控制、实际值收集及处理等。

L0 级的现场仪表和传感器等现场设备的实际值检测、交直流传动控制、电磁阀和MCC 等对现场设备的控制等。图 1-4 所示为多级控制系统体系架构。

自动化系统可以说是现代化钢厂信息化系统的眼睛和四肢，它决定了信息化系统的准确性、有效性,是现代化钢厂必不可少的重要一环,代表着一个钢厂的现代化水平,并最终决定了这个钢厂的产品质量和竞争能力。

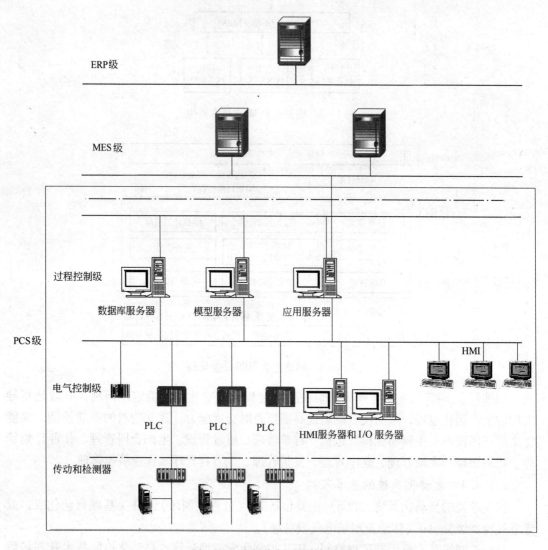

图 1-4 多级控制系统体系架构

1.1.4.5 自动化系统的功能架构

PCS功能架构如表1-2所示。

表1-2 PCS功能架构

功能层次	系统实现	功能层次	系统实现
作业管理层	过程计算机系统	顺序控制和回路控制层	基础自动化系统
操作指导和控制优化层	数学模型 专家系统	检测和传动层	现场检测仪表和传动系统
操作运行监控层	过程计算机系统 基础自动化系统		

1.1.5　信息化及自动化控制系统的开发流程

信息化及自动化控制系统的开发流程如图1－5所示。

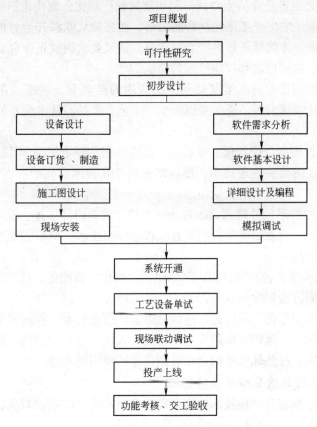

图1－5　信息化及自动化控制系统的开发流程

1.1.6　钢铁企业信息化自动化的发展趋势

1.1.6.1　钢铁产业发展趋势

现代化钢铁厂，无论是以高炉－转炉为代表的联合企业还是以废钢为原料的电炉短流程钢厂，都具有一个明显的特征，即以产品为目标，以生产物流、能量流和信息流为纽带，将几个相对独立的生产单元有机地结合起来，形成高效化生产线。由于钢铁企业生产效率高，物资、能源消耗、运输、供应与销售量大，使企业与外部市场、社会和环境建立起错综复杂的联系。钢铁生产具有如下的发展趋势：

（1）钢铁生产过程日趋连续化。随着钢铁生产技术特别是连铸与热装热送的发展，钢铁生产过程日趋连续化，高效化的连续生产，要求钢厂计划控制和管理系统对整个生产过程中的各工序间的物流、能量流和生产时序进行准确预报，实现快速信息反馈，及时准确和灵活地调整生产工艺和产品方案。

（2）产品专业化、生产集成化新型钢铁厂。目前，产品万能化的传统钢铁厂正在消亡，代之而起的是产品专业化、生产集成化的新型钢铁厂。集成化钢厂的基本特征是生产工序少，生产设备单机匹配，生产中的各种缓冲能力或容量逐渐减少，产品生产周期大幅度缩短，这要求计算机系统能对整个复杂的钢铁生产过程实现集中统一的生产管理、信息追踪和决策调整。

（3）产品质量是钢铁企业的生命线。和传统钢铁厂相比，现代化钢铁厂的主要特点是不再单纯依赖某一单一的生产工序控制产品质量，而必须从原料开始对每一工序都实现严格的质量控制与管理，才能保证最终产品的质量。这就要求钢铁企业自动化系统应具备对产品进行质量预报、在线检测和智能控制的功能。

在信息技术和控制技术的迅猛发展和广泛应用的推动下，钢铁工业向高精度、连续化、自动化、高效化快速发展。近年来钢铁生产工艺、产品和技术装备的发展呈现出如下特点：

（1）流程短、投资少、能耗低、效益高、适应性强和环境污染少等新技术、新工艺被不断应用。如连铸坯的热装热送技术，薄板坯连铸连轧技术，高炉、炼钢一包到底技术，能源管理系统、工序节能技术的大量使用。

（2）提高产品的外形尺寸精度、改进表面质量、改善内部质量、提高产品收得率的技术受到重视，先进的带钢表面质量检测装置、板形控制技术、AGC控制技术的不断进步带动了板形质量不断提高。

（3）在检测技术与仪表发展方面，网络化、虚拟化、智能化、高精度化等趋势日趋明显，工艺参数的检测方法和检测仪表得到了高速发展。

生产技术装备向大型化、现代化、连续化迈进。信息技术、控制技术使自动检测和执行设备取代了传统的人工操作，如码头与料场的无人化技术、大型高炉自动上料技术、转炉的一键式炼钢技术、冷热轧轧机的自动轧钢技术的使用越来越广泛。

1.1.6.2　钢铁行业的自动化与信息化

钢铁生产控制过程在自动化技术的推动和行业技术需求的拉动双重机制作用下，必将取得更大进展。

A　过程控制系统

（1）冶金流程在线连续检测和监控系统。采用新型传感器技术、光机电一体化技术、软测量技术、数据融合和数据处理技术、冶金环境下可靠性技术，以关键工艺参数闭环控制、物流跟踪、能源平衡控制、环境排放实时控制和产品质量全面过程控制为目标，实现冶金流程在线检测和监控系统，包括铁水、钢水及熔渣成分和温度检测和预报，钢水纯净度检测和预报，钢坯和钢材温度、尺寸、组织、缺陷等参数检测和判断，全线废气和烟尘的监测等。

（2）冶金过程关键变量的高性能闭环控制。基于机理模型、统计分析、预测控制、专家系统、模糊逻辑、神经元网络、支撑矢量机（SVM）等技术，以过程稳定、提高技术经济指标为目标，在上述关键工艺参数在线连续检测基础上，建立综合模型，采用自适应智能控制机制，实现冶金过程关键变量的高性能闭环控制。包括高炉顺行闭环专家系统、钢水成分和温度闭环控制、铸坯和钢材尺寸和组织性能闭环控制等。

B　生产管理控制系统

（1）冶金流程的全息集成。实现铁—钢—轧横向数据集成和相互传递，实现管理—计划—生产—控制纵向信息集成，同时，整合生产实时数据和关系数据库为数据仓库，采用数据挖掘技术提供生产管理控制的决策支持。

（2）计算机全流程模拟，实现以科学为基础的设计和制造。采用计算机仿真技术、多媒体技术和计算力学技术，基于各种冶金模型，进行流程离线仿真和在线集成模拟，以实现生产组织优化、生产流程优化、新生产流程设计和新产品开发优化。

（3）提升钢铁生产制造智能。在生产组织管理方面，基于事例推理、专家知识的生产计划与运筹学中网络规则技术，提供快速调整作业计划的手段和能力，以提高生产组织的柔性和敏捷化程度；根据各工序参数，自动计算各工序的生产顺序计划及各工序的生产时间和等待时间，实现计划的全线跟踪和控制，并能根据现场要求和专家知识，进行灵活的调整；异常情况下的重组调度技术以及在多种工艺路线情况下，人机协同动态生产调度。在质量管理方面，基于数据挖掘、统计计算与神经元网络分析技术，对产品的质量进行预报、跟踪和分析；根据生产过程数据和实际数据，判定在生产中发生的品质异常。在设备管理方面，采用生产设备的故障诊断与预报技术，建立设备故障、寿命预报模型，实现预测维护。在成本控制方面，采用数据挖掘与预报技术，建立动态成本模型预测生产成本；利用动态跟踪控制技术，优化原材料的配比、能源介质的供应、产线定修制度、生产的调度管理，动态核算成本，以降低生产成本。

C　企业信息化系统

（1）企业信息集成到行业信息集成。信息化的目的之一是实现信息共享，在有效竞争前提下趋利避害，在企业信息化编码体系标准化、企业异构数据/信息集成基础上，进一步实现协作制造企业信息集成，全行业信息网络建设及宏观调控信息系统，直至全球行业信息网络建设及宏观调控信息系统。

（2）管控一体化，实现实时性能管理（Real Performance Management）。协调供产销流程，实现从订货合同到生产计划、制造作业指令、到产品入库出厂发运的信息化。生产与销售连成一个整体，计划调度和生产控制有机衔接；质量设计进入制造，质量控制跟踪全程，完善 PDCA 质量循环体系；成本管理在线覆盖生产流程，资金控制实时贯穿企业全部业务活动，通过预算、预警、预测等手段，达到事前和事中的目标控制。

（3）知识管理和商业智能。利用企业信息化积累的海量数据和信息，按照各种不同类型的决策主题分别构造数据仓库，通过在线分析和数据挖掘，实现有关市场、成本、质量等方面数据—信息—知识的递阶演化，并将企业常年管理经验和集体智慧形式化、知识化，为企业持续发展和生产、技术、经营管理各方面创新奠定坚实的核心知识和规律性的认识基础。

D　计算机技术的应用趋势

在现代钢铁生产过程控制中，计算机技术的应用已深入各个领域，并出现了明显的技术发展趋势：

（1）传统的计算机、电气、仪表功能划分不再明显。PLC 与 DCS 都有向对方性能靠拢的趋势，也就是说，PLC 加强了回路控制功能，DCS 也在顺序控制功能方面得到很大改善。对于两者的选择方面，各大钢铁企业见仁见智，由于价格因素的考虑，一些企业更倾向于选择全 PLC 系统。在高炉、转炉、连铸、加热炉等区域传统采用的 PLC + DCS 的控制系统普遍被纯 PLC 系统所取代。这样不但系统结构得到了简化和优化，投资也大大降低。

（2）数学模型和先进控制越来越多地被使用，如高炉的多个数模和专家系统，转炉的合金控制模型，连铸的二冷水、轻压下、质量判定、优化切割、漏钢预报等模型，冷热轧板带连轧机的宽度、厚度、温度、板形控制等模型，能源管理系统中的能源负荷预测及煤气调度模型等。另外智能控制中的模糊控制、专家系统、神经元网络和模式识别也有许多成功应用案例并取得可喜成果。

（3）仿真技术在钢铁工业中日益广泛应用，不仅用于控制系统的培训和新工艺、新控制方法的研究，而且对设备维护和检修、模拟生产、设备调试等提供了帮助。

（4）近年来，由于测试技术、可视化技术、图像处理技术、模型及机器人的发展，多媒体虚拟技术把本来模糊的过程变得更加透明与可视化，这大大方便了钢铁行业员工的实际操作过程。另外，为降低成本，国外已经将"无人化工厂"或"准无人化工厂"的概念引入冶金行业，全车间无人化使得钢厂的一线操作人员得到最大程度的节省。

从现场总线到车间网、工厂网、企业网、物联网等综合网络系统构成了企业信息高速公路。

近些年来，我国冶金自动化技术取得了很大的进步，为钢铁工业的发展做出了贡献，但与国际先进水平相比，还有相当大的差距。钢铁工业在数量和质量方面的发展为冶金自动化技术的发展既提供了机遇，也提出了新的挑战。面对冶金企业花巨资大量引进的国外软硬件产品、先进技术和自动化系统，我国冶金自动化工作者任重道远。

1.2 冶炼过程控制系统

1.2.1 概述

通常所说的钢铁行业的冶炼区域包括原料、烧结、焦化、高炉、转炉（或电炉）、精炼、连铸等工序，这些工序完成了将矿石变成烧结矿，将烧结矿变成铁水，由铁水变成钢水，由钢水再变成连铸坯的复杂的工艺过程。而冶炼过程控制系统涉及 CIMS 架构的 L0（传感器、阀、传动装置等）、L1（PLC/DCS 基础自动化系统）、L2（过程管控制计算机系统）和 L3（区域管理计算机或 MES 制造执行系统）。

对于现代化的钢铁企业，其生产过程越来越复杂和多元化，纵观钢铁生产全流程，冶炼部分的原料，焦化、高炉和炼钢和连铸等工序的加工周期都是比较长，从控制上来说，调节效果的反应没有轧钢工序来得快、来得直接。

除了上述特点外，冶炼生产过程还要求：

（1）监视和管理整个生产过程。

（2）对生产过程进行规划、调度和决策。

（3）生产过程的优化操作和控制。

冶炼区域的工艺过程如图 1 - 6 所示。

1.2.2 原料过程控制系统

大型钢铁厂的原料系统负责原、燃料的输入、储存及加工处理后向各用户单位输出并保证用户的槽位。

一般原料场设有大型原料混匀设施、原料自动取样设施、破碎筛分设施，承担着向烧结、高炉、炼焦、电厂、炼钢等单元的供料任务，原料场的主要设备有皮带机、堆料机、

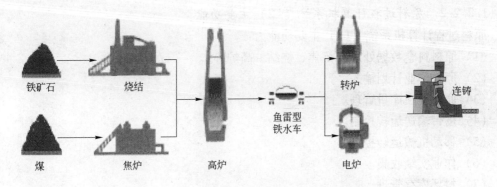

图 1-6 冶炼区域的工艺过程

取料机、破碎筛分设备及料场设施等。

为了使原料场的设备能按照用户设定的输送计划,遵循合理的优化的流程正常运行,除了设置机电一体化设备的控制系统、控制皮带运转的 PLC 外,还设置原料计算机系统,来综合控制整个原料的混匀、输送、调度。原料场的工艺流程如图 1-7 所示。

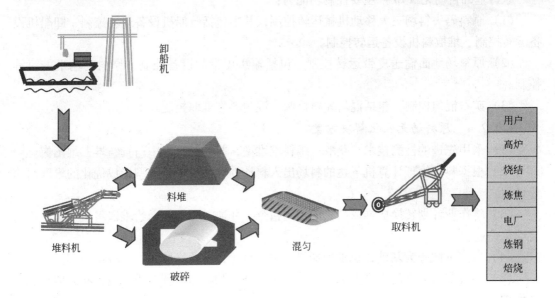

图 1-7 原料场的工艺流程

1.2.2.1 原料计算机控制系统的目标

原料计算机控制系统的目标为:

(1) 完成输送作业计划的编制,使原料作业处理合理化,保证烧结、炼焦和高炉等的原料稳定供应。

(2) 通过设备监视,机器竞争的检查来维持系统的稳定运转。

(3) 控制移动机械和皮带机的计算机方式运转,使取料、堆料作业合理化,减轻作业负载。

(4) 自动收集原料作业管理信息,在库管理信息,保证信息处理及时,提高管理精度。

1.2.2.2 原料过程计算机系统 (L2) 主要功能

原料过程计算机系统 (L2) 主要功能为:

(1) 原料料仓数据处理 (炼焦、烧结、高炉等)。

(2) 原料作业计划输入。

(3) 原料槽在库量管理。

(4) 皮带输送运转控制。

(5) 移动机械运转控制。

(6) 作业实绩收集。

(7) 料场库存管理。

(8) 报表编制。

(9) 数据通信。

(10) 矿石混匀配料设定。

1.2.2.3 原料基础自动化 (L1) 主要控制功能

原料基础自动化 (L1) 主要控制功能为:

(1) 原料码头料场三大移动机械运转控制,其中包括装船机设备运转控制、卸船机设备运转控制、堆取料机设备运转控制。

(2) 原料场地面输送皮带运转控制,包括输送皮带的设备控制、原料的输送的流程控制。

(3) 矿石混匀控制,包括混匀配料控制、混匀料堆堆取控制。

1.2.2.4 原料场无人化解决方案

(1) 采用先进的检测技术,获取三维料堆堆型,并在计算机中仿真料堆三维图像。

(2) 根据料场管理计算机下达的料场出入料计划,通过优化模型形成优化的堆取料作业计划。

(3) 将作业计划转换成堆取料机的控制指令,并通过网络发送给堆取料机 PLC,进行自动化作业。

(4) 以三维图像为基础,识别现场料堆位置坐标,实现堆取料作业精确控制。

(5) 通过实时料堆的堆型监测,设备的运行位置和状态监测,进行设备状态监视和安全保护。

(6) 以三维料堆堆型为基础,建立料场盘库系统。

1.2.3 烧结过程控制系统

1.2.3.1 概述

烧结过程是将各种粉状含铁原料配入适宜的燃料和熔剂,均匀混合,然后在烧结机上点火烧结。在燃料产生的高温 (1350~1600℃) 和物理变化的作用下,部分混合料颗粒表面发生软化和熔化,产生液相,并润湿未熔化的矿石颗粒,冷却后液相将矿粉颗粒黏结成块。从烧结机机尾卸下 (600~900℃),用风冷到150℃。

烧结自动化解决方案,涵盖烧结机本体、环冷机、配料仓、一次混匀、二次混匀、电除尘器、主抽风机等工艺区域。

1.2.3.2 烧结自动化系统配置

烧结综合自动化系统在逻辑上采用作业管理层、操作运行监控层、控制优化层、顺序控制和回路控制层的四层应用架构。在物理上采用分级式层次结构，L1 为基础自动化级，L2 级是过程控制级。

L1 基础自动化系统可以采用 PLC + DCS 结构，根据烧结的工艺特点和以往的控制经验，由 PLC 完成各个工艺设备的连续集中控制和顺序控制，DCS 集散系统实现整个工艺流程的模拟量控制及一些复杂的运算控制功能。

由于近年来 PLC 控制、系统技术的不断发展，对于常规的过程控制 PLC 与 DCS 的区别已日趋缩小。在网络、人机界面、全局数据库的技术上也已接近 DCS，可满足烧结生产的控制需求。

全 PLC 方案使控制功能可按工艺流程而不是按专业划分，对系统而言，硬件设备的统一，使系统更为简洁，对系统的开发、维护和备件的管理都更方便。L2 级建议采用两台服务器、磁盘阵列，用 Cluster 配置实现冗余。应用服务器和数据库服务器在同一台计算机上，实现双机热备。

常见的烧结控制系统的配置图如图 1-8 所示。

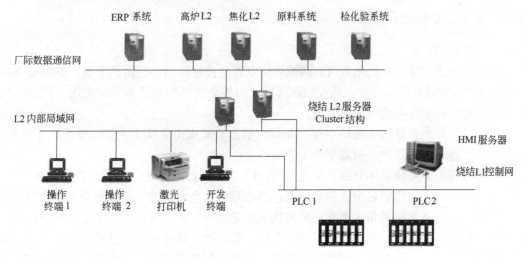

图 1-8 烧结控制系统的配置图

1.2.3.3 烧结 L2 级常用控制功能

烧结 L2 级常用控制功能有：

(1) 生产计划数据管理。

(2) 储矿槽的数据处理、生产量的统计。

(3) 过程数据的收集。

(4) 截止处理、翻班机制。

(5) 主要工艺参数的跟踪及管理。

(6) 设定监视。

(7) 烧结机及其他设备的运转管理。

(8) 烧透点（BTP）的判定。

（9）原料成分、粒度数据记录。

（10）成品成分、粒度数据记录及产品的质量管理。

（11）画面。

（12）报表。

（13）数据通信。

1.2.3.4 烧结L1级主要控制功能对象

烧结L1级主要控制功能对象为：

（1）原料配料、混合料系统。

（2）主粉尘及主排风机等系统。

（3）烧结机及冷却机。

（4）成品、返矿、铺底料等系统。

（5）粗焦、粉焦、环境集尘、成品取样等系统。

（6）水道及公用设施系统。

（7）小球、料浆系统。

（8）成品试验室系统。

1.2.4 焦炉过程控制系统

1.2.4.1 概述

炼焦过程是指煤料在炭化室内由两侧燃烧室经硅砖壁传热进行供热干馏，升温形成胶质体，至900℃形成成品焦炭。经过结焦周期，由推焦机把焦炭从炭化室推出。用惰性气体逆流穿过红焦层冷却进行干法熄焦。

焦炉过程控制系统涵盖焦炉本体、配煤、筛焦、装煤出焦除尘、筛焦除尘、干熄焦、推焦车、拦焦车、装煤车、焦罐车等工艺设备。

焦炉过程控制系统采用分级式层次结构，L1为基础自动化级，L2是过程控制级。

从焦炉整体来看焦炉是个大热容对象，温度滞后相当大，煤气量的改变不能及时从温度上反映出来。从系统的角度来看焦炉加热系统又是一个庞大而复杂的多变量系统，因而具有以下特点：多变量、多回路而且相互关联、非线性、慢过程和快过程交织在一起。要对焦炉加热这样庞大而复杂的对象进行操作，自动控制热工对象的一个很好的方法就是建立和开发数学模型。

焦炉直行温度反馈控制模式强调对干馏条件进行控制，采用相同的直行温度对同一炉型的几座焦炉进行加热控制，由于炉体的严密性、导热性等方面存在差异，即使是被干馏的物料性状完全一致，也会给各炉焦炭的成熟度带来差异；而焦炉火落时间反馈控制模式强调的是对干馏的结果进行控制，可以发现干馏过程中的许多异常情况，这就弥补了只用直行温度反馈控制模式带来的不足。"直行温度和火落时间双反馈控制策略"能够充分利用这两种控制模式的优点，以此为基础，运用混合编程技术建立数学模型，从而达到了更好的控制效果，大大提高了控制的精度。

1.2.4.2 L2主要控制功能

L2主要控制功能有：

（1）原料料仓数据处理。

（2）煤处理数据收集和管理。

（3）成型煤数据收集和管理。

（4）焦炉数据收集和管理。

（5）干熄焦数据收集和管理。

（6）水处理数据收集和管理。

（7）除尘系统数据收集和管理。

（8）料仓管理。

（9）输送计划编制。

（10）系统运转控制。

（11）原料配合比例设定。

（12）焦炉燃烧控制模型。

（13）操作画面处理功能。

（14）作业报表处理功能。

（15）技术计算。

（16）分析室分析数据管理。

（17）与其他计算机通信。

1.2.4.3　L1 主要控制对象

L1 主要控制对象有：

（1）煤焦综合系统。

（2）焦炉本体系统。

（3）干熄焦综合系统。

（4）干熄焦发电系统。

（5）四大车自动化系统。

1.2.5　高炉过程控制系统

1.2.5.1　概述

高炉炼铁是经过高温状态下的碳及具有还原性能的煤气，将含有铁及杂质的铁矿石中的铁还原出来，熔融为液体状，与杂质分离，即生产出液态的铁水及炉渣，同时冶炼过程产生大量的高炉煤气。铁水出炉温度一般为 1480 ~ 1520℃，渣温比铁水温度高 30 ~ 70℃。

一般大型高炉由以下六大系统组成：

（1）高炉本体及水系统。高炉是高压（最高超过 0.5MPa）高温（超过 2000℃）密闭容器，全身都必须采用高压循环水不断冷却，确保炉壳不变形，不被烧穿。

（2）装料系统。包括原料系统和炉顶装入系统，作用是把烧结矿、球团矿、精块矿等原料以及各种副原料和焦炭送入高炉。

（3）热风炉系统。作用是将燃料燃烧的热量储存、加热冷风，并连续将热风送往高炉。每座高炉一般有 4 座左右外燃式热风炉。

（4）煤气清洗及炉顶余压发电系统。高炉煤气含 CO 近 50%，通过清洗，高炉煤气可以作为燃料再利用，煤气余压还可通过 TRT 发电，吨铁发电量在 36kW·h 左右。

（5）炉前出铁出渣系统。

（6）制粉喷吹系统。把煤粉从风口直接喷入高炉，既能够用廉价的煤代替部分昂贵的焦炭，降低生铁成本，又成为调节高炉操作的重要手段。

高炉综合自动化系统是实现现代化大中型高炉高产、顺行、长寿、节能的核心。高炉过程控制系统 L1 主要完成生产过程的数据采集、初步处理、显示和记录，进行生产操作，执行对生产过程的连续调节控制和逻辑顺序控制等功能。L2 主要完成生产过程控制，操作指导、作业管理，数据处理和储存，与上级管理计算机以及与其他计算机之间的数据通信。过程控制级依据从基础自动化级收集贮存的各种信息，通过数学模型和人工智能专家系统等工具进行计算推理，能够及时地向操作人员发出操作指导或直接向基础自动化级发出信息和指令，提供运转方式或工艺操作参数的预约和设定，以满足生产工艺操作过程优化控制和作业管理的需要。

1.2.5.2　基础自动化主要控制对象

高炉基础自动化主要控制对象有：

（1）高炉矿石及焦炭储备及输送系统。

（2）上料系统。

（3）无料钟或有料钟炉顶系统。

（4）高炉本体系统。

（5）出铁场系统。

（6）煤气清洗系统。

（7）热风炉系统。

（8）水渣系统。

（9）脱硅系统。

（10）煤粉制备及喷吹系统。

（11）炉顶余压发电（TRT）。

1.2.5.3　过程控制计算机主要功能

高炉过程控制计算机主要功能有：

（1）原燃料料仓数据处理。

（2）称量配料设定及称量实绩数据收集处理。

（3）炉顶装料模式设定和装入实绩数据收集处理。

（4）高炉本体的炉热指数等各种高炉冶金技术指标的技术计算数据处理。

（5）热风炉操作数据处理。

（6）出铁渣铁次数据管理。

（7）渣铁量存量预测模块。

（8）热负荷计算。

（9）喷煤过程数据处理。

（10）工艺设备管理。

（11）提供强大和友好的人机界面处理。

（12）根据需要生成各种报表。

（13）进行班、日等各种截止统计处理。

1.2.5.4 数学模型及高炉专家系统

数学模型及高炉专家系统有：

（1）热风炉燃烧控制模型。

（2）炉内数据处理模型。

（3）GO – STOP 模型。

（4）炉底侵蚀模型。

（5）高炉软熔带推定模型。

（6）铁水含硅量和温度判定模型。

（7）高炉炉况判定模型。

（8）无料钟布料模型。

（9）高炉储铁渣量推定模型。

1.2.6 炼钢过程控制系统

1.2.6.1 概述

炼钢的基本任务：脱碳、脱硫、脱磷、脱氧、去气、去除非金属夹杂、升温以及合金化。

通常转炉炼钢在一座转炉中完成钢水冶炼过程，也可采用脱磷 – 脱碳双联法作业工艺，即一座转炉为脱磷转炉，另一座为脱碳转炉，同时两座转炉又具备用通常的转炉冶炼方法进行炼钢的能力。

脱磷转炉主要是通过顶枪小流量的吹氧、底吹搅拌、加入一定量的副原料（造渣材），最大限度地降低铁水中磷的含量。脱磷转炉出钢后的粗钢水经炉下钢包台车返回炉前，加入另一座脱碳转炉，在脱碳转炉中主要是通过复合吹炼氧气、氩气（或氮气），控制钢水脱碳和升温的速度，最终满足吹止目标钢水碳含量和温度。出钢过程中，根据目标钢水成分，在钢包中添加适当的合金，以便使出钢后的钢水成分能达到目标值。

各种炼钢工序的过程控制系统由基础自动化系统（L1）、过程计算机系统（L2）两级系统组成，过程计算机系统主要担当过程控制、过程优化、数模计算、实绩收集等功能，基础自动化系统担当现场设备的监视与控制，包括电气的顺序控制和仪表的回路控制。控制的范围一般面向炼钢的主工艺流程，包括铁水扒渣倒灌站、铁水预处理、转炉炼钢、电炉炼钢等。

下面仅以转炉为例对炼钢区域的自动化系统功能进行描述。

1.2.6.2 转炉过程计算机系统控制功能

转炉过程计算机系统控制功能包括：

（1）生产管理信息的接收处理。

（2）主原料计算。

（3）铁水称量与预处理实绩的收集。

（4）废钢称量计划和称量实绩管理。

（5）转炉状态跟踪处理。

（6）实绩数据收集。

（7）控制计算及设定。

（8）数据通信。

（9）画面管理。

（10）报表管理。

转炉过程控制系统数学模型有：

（1）主原料计算模型。依照转炉出钢收得率情况和铁水配比情况，根据目标出钢量计算所需铁水量和所需废钢量。

（2）液面计算。根据转炉的几何尺寸、主原料的装入量和转炉炉衬的侵蚀情况计算转炉的装入液面高度，包括液面推定计算和液面学习计算。

（3）终点模型。终点模型主要由静态模型和动态模型组成。静态模型由静态计算、造渣材计算、静态学习计算组成；动态模型由动态模拟计算、动态实时计算和动态学习计算组成。

（4）合金模型。出钢过程中，根据目标钢水成分，计算在钢包中应添加的合金，以使出钢后的钢水成分能达到目标值。

1.2.6.3　转炉基础自动化控制系统主要功能

转炉基础自动化控制系统主要功能包括：

（1）铁水预处理（含石灰的称量和投入控制、搅拌机升降及速度控制、倒罐及脱硫实绩收集、高位料仓在库量管理、液压系统控制等）。

（2）原料输送（含卸料小车位置及速度控制、皮带秤称量控制、皮带起停控制、地下料仓振动给料器控制、与原料投入系统的信息交换等）。

（3）二次除尘（含高压风机的起停及速度控制、厂房烟气除尘、二次烟气除尘、倒罐及脱硫除尘、废钢配料控制、与布袋系统的信息交换等）。

（4）OG 共通（含纯水箱液位调节、除氧器液位及压力调节、低压循环泵控制、锅炉给水及压力控制、加药装置加液泵控制等）。

（5）氧副枪（含氧枪交换升降速度控制、副枪旋转升降速度控制、探头的安装拔取回收控制、钢丝绳张力检测、与倾动 PLC 及小车 PLC 的信息交换等）。

（6）顶底吹（含顶吹氧气流量控制及监视、底吹氮气及氩气流量控制及监视、切断阀开/关控制、风口压力及温度监视、转炉状态切换控制等）。

（7）原料投入（含副原料称量和投入控制、铁合金称量和投入控制、高位料仓在库量管理、可逆皮带起停控制、与原料输送 PLC 的信息交换等）。

（8）OG 炉别（含煤气回收系统控制、煤气清洗系统控制、清扫系统控制、氮气吹扫系统控制、炉口压力调节等）。

1.2.7　精炼过程控制系统

1.2.7.1　概述

在冶金行业中，洁净钢生产是提高钢铁产品质量档次，并和高效连铸、近终形连铸连轧等先进技术相结合，成为实现产品结构、工艺装备结构和组织管理结构优化，实现钢铁工业清洁生产和可持续发展的重要基础，是我国由钢铁大国向钢铁强国迈进的必由之路和重要标志之一。钢水精炼是洁净钢生产的重要环节。

钢水精炼可以显著提高钢水成分控制精度，方便地进行温度调节，已作为炼钢和连铸中间的一个缓冲环节。

钢水精炼可去除钢水中的夹杂物、气体等，脱硫、脱磷，均匀钢水成分，对提高产品质量、开发新品种、生产高附加值产品起着不可缺的重要作用。钢水精炼可以提高合金收得率，是降低生产成本的重要手段。

精炼工艺有许多种，主要包括 RH、LF、VOD（VD）、CAS（LATS, CAS-OB）等，各个炼钢厂根据自己的产品大纲，设置的精炼设备往往有所不同，设置的设备的数量也不同。

以 RH 为例，其主要工艺设备组成有：合金上料及称量系统、真空系统、顶枪系统、钢包移动及顶升系统等。图1-9为精炼过程控制画面。

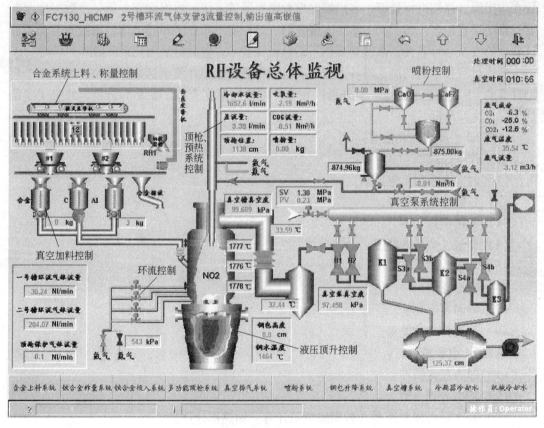

图1-9 精炼过程控制画面

1.2.7.2 精炼基础自动化控制系统（L1）

精炼区域的 L1 按系统规模和功能区分配置 1~4 个 PLC，2 个以上 L1 操作终端，HMI SCADA 通常采用 Client/Server 结构。系统采用 2 层网络结构，即控制层、现场总线层。现场仪表通常采用现场总线、远程 I/O 或本地 I/O 方式接入；现场操作箱一般采用远程 I/O 方式接入；MCC、变频器、软启动可采用点对点硬接线方式或通信方式接入。

基础自动化级主要功能有：

（1）铁合金上料及与转炉铁合金输送系统的接口。

（2）铁合金称量及投入控制。

（3）真空排气及真空槽预热、移动控制。

（4）多功能顶枪控制。

（5）钢包台车控制。

（6）钢水测温取样。

（7）除尘系统控制。

（8）水处理系统控制等。

1.2.7.3　精炼过程控制系统（L2）

精炼区域的 L2 系统，通常采用传统的 Client/Server 结构，Server 端配置一台数据库服务器、一台过程应用服务器。所有的应用程序（包括信息管理、过程控制、数学模型）都放在应用服务器端进行处理，客户端发出数据资源请求访问数据库服务器，由数据库服务器端将结果返回客户端。其中数据库服务器、过程应用服务器和开发调试用服务器为了保证数据的安全、可靠性，系统盘采用了磁盘镜像技术，数据盘采用冗余磁盘阵列策略。

精炼过程控制的功能是将各个精炼实时数据进行收集并集成到数据库中，经过数学模型计算给 L1 下达控制指令。另外可以在客户端进行数据查询、显示和分析，并且了解前后工序的生产情况。

精炼 L2 主要应用功能有：

（1）作业跟踪。

（2）制造命令与出钢计划。

（3）数据存取与管理。

（4）钢包信息。

（5）其他工位运转状况。

（6）实绩收集。

（7）数据通信。

（8）画面显示功能。

（9）报表打印功能等。

精炼 L2 主要模型有：

（1）静态脱碳模型。

（2）动态脱碳模型。

（3）合金最小成本模型（包括脱氧铝计算、加热铝计算）。

（4）成分预报模型。

（5）温度实时推定模型。

（6）温度预报指导模型等。

1.2.8　连铸过程控制系统

1.2.8.1　概述

炼钢车间生产的合格钢水，直接吊运到连铸机的钢包回转台。经大包、中间包，根据结晶器液面检测，通过结晶器液面控制系统来控制中间包水口开度，结晶器中的液态钢水经过扇形段及二冷水冷却后变成铸坯，火焰切割机根据过程计算机的设定将铸坯切割成需要的长度。合格的定尺坯经称量直接送往热轧厂，表面不合格的铸坯需进行表面修磨，在连铸出坯跨下线，进行铸坯的局部或全面修磨，修磨后人工检查和称量，再由板坯输送车送至热轧厂。铸坯热送可采用保温辊道直接热送，离线铸坯可采用行车在离线辊道或上线辊道上直接吊运。

连铸过程自动化系统一般由基础自动化控制系统和过程控制计算机系统两级组成。根据工艺设备的不同要求选择不同的主流的基础自动化设备、监控系统设备、计算机主机设备、网络设备及系统平台软件进行系统总集成，构建成适合于连铸机工艺设备的综合自动化系统。

1.2.8.2　连铸基础自动化主要控制系统

连铸基础自动化主要控制系统包括：

（1）公共子系统。

（2）流电气子系统。

（3）流仪表子系统。

（4）结晶器液压振动子系统。

（5）结晶器远程调宽子系统。

（6）结晶器液位控制子系统。

（7）扇形段辊缝调节（轻压下）子系统。

（8）出坯精整子系统。

（9）漏钢预报、热成像系统（机电一体化产品）。

连铸区域控制功能图如图 1 - 10 所示。

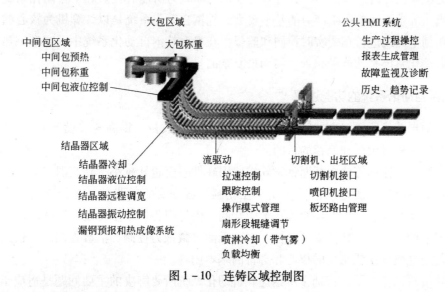

图 1 - 10　连铸区域控制图

1.2.8.3　连铸过程计算机主要控制系统

连铸过程计算机主要控制系统有：

（1）数据管理子系统。

（2）过程跟踪子系统。

（3）炉次匹配子系统。

（4）连铸生产实绩收集子系统。

（5）设定值处理子系统。

（6）设备管理子系统。

（7）过程数据采集通信子系统。

（8）外部系统通信子系统。

（9）切割长度优化计算模型子系统。

（10）品质判定模型子系统。

（11）二次冷却控制模型子系统。

（12）轻压下模型子系统。

（13）出坯辊道跟踪子系统。

（14）精整库场管理子系统。

（15）精整过跨台车管理子系统。

（16）精整生产实绩收集子系统。

1.3 轧钢过程控制系统

1.3.1 概述

轧钢是钢铁工业的成材工序，轧钢自动化是钢铁工业自动化极其重要的组成部分。随着轧制过程不断向连续化和高速化的发展，为减少故障率提高作业率，节能降耗，提高产品质量和生产国民经济急需的品种，许多环节都已非人力所能胜任。轧钢自动化系统已经成为不可或缺的重要装备和生产力的基本要素。轧钢自动化系统是以计算机为核心的自动化系统对轧制生产线进行在线实时控制和监督。在整个轧钢自动化系统中，宽带钢热连轧和冷连轧自动化系统是功能最完善、结构最复杂的自动化系统。

1.3.2 轧钢自动化系统的功能述评

轧制过程自动化所要解决的问题是提高和稳定产品质量，提高轧线设备的作业效率，以达到最经济地进行生产和经营的目的。

型钢、线材、棒材等较小断面钢材轧机，因轧件断面越轧越小，在高温状态下，经不起张拉，这类轧机的关键是严格控制轧件在轧制过程中受到的张拉。采用连轧生产工艺时，同一轧件同时处在前后几架相邻机架中轧制，极易因各机架主传动速度的匹配比例偏离轧件对应的伸长率而使轧件受到推拉，因而无活套微张力控制、活套控制、主机速度设定系统是这类轧机自动化系统的核心和必备的基本内容。

板带轧机自动化系统，特别是带钢连轧自动化系统所要解决的主要问题是适应于多品种和多规格的轧制规程设定计算，提高尺寸精度的自动厚度控制、自动速度控制、板形控制，保证和改善带材物理特性的轧制温度控制和卷取温度控制，稳定轧制过程的主机速度控制和张力控制。

钢管轧机自动化系统主要是运转控制和速度控制、锯切优化的控制等。无缝钢管轧机自动化系统还有尺寸控制和质量控制功能，例如荒管的尺寸控制，轧管机和张力减径机的延伸控制、壁厚控制、张力控制等。

轧钢工业炉的自动化系统主要功能是温度控制、燃烧控制、顺序控制等。工业炉自动化是节能、降低烧损、提高产品质量、稳定高产的必要技术手段。

轧钢过程控制系统主要是保证轧钢生产过程产品的质量、使得生产有条不紊地进行，并且在能源和成本上达到最优。

1.3.3 热轧过程控制系统

典型的轧机系统通常都由生产执行系统 MES，过程控制系统和基础自动化构成，如图 1-11 所示，自动化系统视控制对象规模的大小，常规的按照区域来设置自动化控制系统，例如，在热轧轧钢自动化系统包含加热炉、轧线、层流冷却过程计算机和各区域的基础自动化。

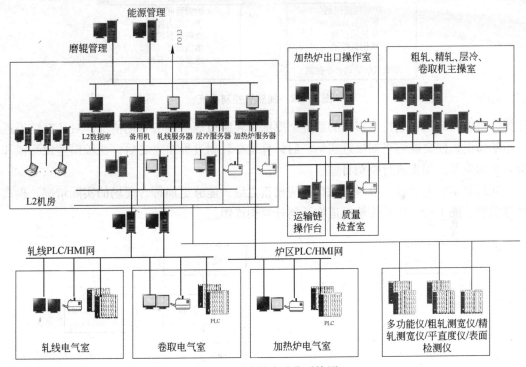

图 1-11 热轧自动化系统图

典型的轧钢自动化系统一般都包含加热炉系统，轧机系统和后处理工艺，如层流冷却、退火炉等。

在加热炉区域，主要控制是围绕加热炉的燃烧控制模型，根据核心燃烧控制模型，配以各种边界条件，计算加热炉的炉温设定。加热炉控制系统如图 1-12 所示。

过程控制的主要功能包括：轧制规程的设定计算、模型自适应、数据分析处理、质量控制、生成工程报表等。其中轧制规程的设定具有突出重要的位置，因为它直接决定了钢是怎样轧制出来的，因而对产品的形状尺寸精度和组织性能都有至关重要的影响。为了提高设定计算的精度，通常进行初始设定计算、再计算、修正设定计算、后计算等反复多次

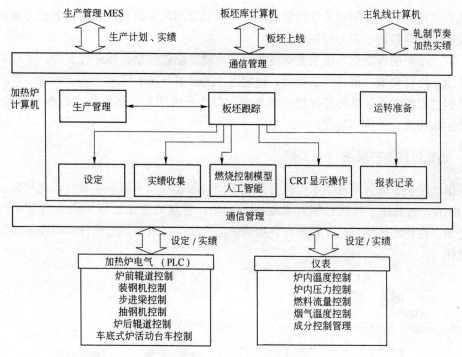

图 1 – 12 加热炉控制系统

计算，根据轧制过程进行中实测的温度、厚度、轧制力等参数的变化情况，对计算结果进行不断修正，使之能够更加接近实际。后计算是在轧制过程结束之后，比较模型预测值和实际值的偏差，用来进行模型自适应。

初始数学模型经过一段时间的自适应校正之后，能够更加符合现场的实际情况，提高预报精度。图 1 – 13 所示为轧机道次计划计算构成图。

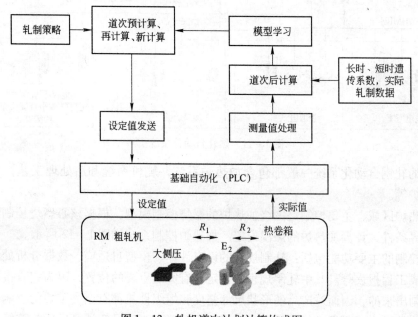

图 1 – 13 轧机道次计划计算构成图

1.3.4 轧机的传动控制

下面以冷轧和热轧轧机的传动控制为例对轧钢系统的传动控制加以说明。

冷连轧机的传动控制，冷连轧机普遍具有厚度自动控制系统，轧制时根据实测板厚与设定板厚之差调节各机架辊缝及机架间张力，以达到厚度控制的目的。为提高 AGC 的效果，除了采用液压压下提高压下响应速度外，还要提高轧机传动系统的控制响应速度。

冷连轧机的主传动系统实现各机架间的速度协调和张力控制，要求调速精度高，响应快。调速时各机架速度相对值保持不变。单辊传动时，上下辊之间要有负载平衡调节功能，通过调节上下轧辊的速度来补偿由于上下辊直径差和润滑与摩擦造成的负载不平衡。

轧机的出口配置有卷取机，对轧制完的带材进行卷取。为保证钢卷卷取质量，传动系统实现恒线速度恒张力卷取。卷取机线速度由轧机出口机架电机控制，卷取机通过控制电机转矩进行恒张力控制。卷取机张力控制采用间接张力控制方式，不配置张力仪。在卷取过程中随着钢卷直径变大，转速变小而转矩变大，功率恒定。

新型冷连轧机与酸洗机组连在一起构成酸轧机组，在酸洗段配置有开卷机、张力辊、活套等设备。开卷机的传动控制与卷取机类似，开卷机后面的 1 号张紧辊控制开卷机线速度。开卷机采用张力控制方式与 1 号张紧辊反拉，建立入口段张力，开卷机电机处于发电状态。张紧辊一般由两个及以上辊子组成，由各个辊子共同来建立张力。为避免各辊子电机负荷不平衡，需要根据各辊子电机功率进行负荷平衡控制。活套用来储存钢带，活套小车电机控制要保证活套内钢板张力稳定。在活套的出口或入口配置有张力计，由此构成带张力反馈的直接张力控制。当活套入出口速度相等时，活套小车速度为零，活套电机处于堵转状态，电机为张力控制模式。对于直流电机为了不损坏直流电机换向器片，要求对活套系统输入一个附加函数信号，使其前后摆动。若采用交流变频控制则无此控制要求。

热轧机的精轧与冷连轧机类似，也具有厚度自动控制系统，需要通过主传动来协调各机架的速度和张力，需要传动系统具有高调速精度和高动态响应性能，在轧机咬钢时，具有最小的动态速降并具有最短的恢复时间。热轧的粗轧机采用可逆轧制方式，需要主传动能在很短的时间内实现正反转。热轧机有大量的辊道传动，辊道电机采用分组传动方式进行控制，即一个变频器同时驱动一组辊道电机。

轧钢过程控制系统所采用的传动系统，是具有高速度精度和高动态响应的高性能传动系统。在交流矢量变频传动系统出现之前，主要采用直流传动系统，目前主要采用交流矢量变频传动系统。主轧机传动电机功率达到几千千瓦到上万千瓦，电机常采用高压同步电机。传动系统由大功率矢量变频装置、同步机、速度编码器组成同步机矢量变频传动系统。对于几千千瓦的主传动电机也可采用高压异步电机，构成异步机矢量变频传动系统。轧机主传动以外的辅助传动，采用低压异步电机，采用中小功率矢量变频装置进行驱动。对开卷取机、张紧辊和活套这样的主线传动电机，采用带速度反馈编码器的矢量控制方式。对于钢卷小车、托辊这样不需要高精度速度控制的电机，采用无传感器矢量控制方式。热轧辊道电机采用成组传动方式，电机不带编码器，变频器采用恒压频比方式控制。目前轧钢传动装置用变频器都带有高速通信接口，与 PLC 系统密切配合构成轧钢自动化控制系统。

1.3.5 轧制生产过程控制的关键技术

轧制过程控制的目的有提高产量、改进质量、降低成本、改善劳动条件、提高劳动生产率。其中改进产品质量，以满足日益严格的用户需求是当前轧制过程控制的首要任务。产品质量通常包括尺寸形状精度、内部组织性能、表面状况等三个主要方面。围绕这些方面，产生了一系列轧制过程控制的关键技术。

1.3.5.1 尺寸精度自动控制技术

轧件的形状尺寸控制包括厚度控制（Automatic Gauge Control，AGC）、宽度控制（Automatic Width Control，AWC），其中厚度是板材类产品（包括冷轧带钢、热轧带钢和中厚板）最重要的质量指标，而历来受到人们的重视。因而 AGC 技术已成为目前轧制过程控制中相对最为成熟的技术。

A 冷轧带钢 AGC

带钢的冷连轧过程轧制力大、速度快、产品精度要求高，通常不同机架按控制功能的需要配备几种不同的自动厚度控制方法，以求达到最佳的控制效果。

（1）压力 AGC：压力 AGC 是根据测量轧制力 F 由弹跳方程间接计算带钢厚度偏差，通过调整液压缸来改变辊缝消除厚度偏差，这种 AGC 也称为 BISRA – AGC。通常第一机架采用 BISRA – AGC 来消除来料厚度偏差。

（2）监控 AGC：监控 AGC 也称为反馈 AGC，它是根据轧机出口测厚仪测出的厚度偏差来调节辊缝或张力，以达到消除厚度偏差的目的。其中以液压缸为执行机构，通过调节辊缝消除厚差的，称为辊缝监控 AGC；通过调整前面机架轧辊速度来控制机架间张力，从而消除厚差的，称为张力监控 AGC。在连轧机组的末机架通常采用监控 AGC。

（3）前馈 AGC：根据入口测厚仪测得的厚度偏差，通过调节辊缝或机架间张力来消除厚差的控制方式，称为前馈 AGC。根据执行机构的不同，也可分为辊缝前馈 AGC 和张力前馈 AGC。在连轧机组的第一机架通常采用前馈 AGC。

（4）秒流量 AGC：秒流量 AGC 是目前现代化冷连轧生产线上配备的一种先进厚度控制方法，可以在冷连轧机组任何一个机架上使用。按厚度控制调整手段可分为：辊缝秒流量 AGC 和张力秒流量 AGC。其基本原理是稳态连轧过程中各机架间秒流量应保持恒定，即机架入口厚度与出口厚度之比应等于出口速度与入口速度之比。因此，如果 $i+1$ 机架的入口厚度、入口速度和出口速度已知，则按照秒流量恒定原理计算出 $i+1$ 机架出口厚度，将该厚度与目标厚度进行比较得到出口厚度偏差，通过调整 $i+1$ 机架辊缝或 i 机架辊速来消除厚度偏差。过去苦于难以精确测得带钢的速度，不得不依赖轧辊转速和前滑值确定。激光测速仪的出现及其在冷连轧中的应用，可直接对带钢速度进行精确测量，从而提高了带钢厚度控制效果。

冷轧带钢的厚度控制系统中，通常还有轧辊偏心补偿、轧辊轴承油膜厚度补偿、加减速过程中摩擦系数补偿等功能。采用上述厚度控制措施，现代冷连轧机组的厚度偏差精度可以达到厚度尺寸的 1%，例如轧制 0.3mm 厚的带钢，其厚度偏差能够控制在 0.003mm 之内。

B　热轧带钢 AGC

热轧带钢的温度作用要比冷轧强烈得多，且成卷轧制轧件头尾与中部的状态变化大，因而厚度控制更加困难。过去常用头部锁定 AGC，用弹跳方程计算带钢头部在咬入精轧机组时的厚度，并将它作为控制的目标值，后续的控制以此为准。为了进一步提高厚度精度，随着液压压下的普遍采用、设定模型精度的提高、控制系统软硬件性能大幅度改善等，近年来出现了绝对值 AGC，带钢进入轧机后，立即开始按照它的绝对厚度进行控制。绝对厚度的目标值由设定模型给定，根据实测轧制力与预设定轧制力的偏差来改变压下位置，使轧出的板厚达到设定计算的目标厚度，从而可以缩短超差的长度。此外一些热带轧钢厂家借鉴冷连轧机组的经验，在精轧机组的机架间安装测速仪和测厚仪，进行前馈控制和自适应控制，大幅度提高了热轧带钢的头部精度。目前现代化热轧带钢轧机的厚度控制精度 ±0.025mm 可达全长的 95% 以上，±0.050mm 可达 99% 以上。

C　中厚板 AGC

中厚板轧制过程的特点是在一个机架内往复进行多道次轧制，辊缝尺寸频繁大幅度变化。另外，中厚板的轧件短，头尾占的比例大，纯轧时间短，这些都为精确的厚度控制增加了难度。通过采用绝对值 AGC、近距离测厚仪、高精度设定模型等措施来提高厚度精度；近年来同板差可达 ±0.050mm，异板差可达 ±0.100mm。

D　热轧板带钢 AWC

轧件的头尾变形条件与中部有较大的差别，头尾温度低．没有外端的作用，因而容易在轧件头尾产生失宽，从而影响宽度控制精度和成材率。为了解决这个问题，在立辊轧制道次中，适当打开辊缝，减少对头尾部的宽向压下量，对头尾失宽现象加以补偿。这种功能通常称为立辊短行程控制（Short Stroke Control，SSC）。除了短行程控制以外，AWC 中还要有与 AGC 类似的轧制力反馈、利用机前测宽仪进行前馈、对由于张力产生的拉窄现象进行补偿及宽度模型自学习等功能。采用 AWC 后，热轧带钢的宽度控制精度可以大幅度提高。

E　型钢尺寸精度控制

棒线材的尺寸精度控制与板带钢不同，孔型设计的水平对尺寸精度有主要影响。传统的棒线材轧机没有带钢压下的装置，产品的尺寸精度依靠调整工手动控制。最近出现了精轧机架带液压压下的棒材轧机，由两个机架分别进行圆钢垂直和水平尺寸的控制，并称之为 ADC（Automatic Dimension Control）。采用 ADC 的棒材轧机其产品的尺寸精度可达 ±0.100mm 之内，接近或略高于采用高精度轧制单元（规圆机）所能达到的水平。为提高 H 型钢腰部的厚度精度，日本新日铁君津大型厂 H 型钢轧机采用了与板带钢相似的 AGC 系统，使其厚度精度达到 ±0.050mm。

1.3.5.2　板形控制

板形控制包括平直度控制（Automatic Flatness Control，AFC）和断面轮廓控制（Profile Control），其中平直度控制对冷轧带钢、热轧带钢和中厚板都非常重要，是板形控制的重点。为了控制轧件的板形，近些年开发出了一系列各具特色的板形控制轧机（图 1-14）。如西马克公司（SMS）开发的可以在线连续改变凸度的 CVC 轧机，日立公司开发的通过中间辊横移来控制轧机横刚度的 HC 轧机，和三菱公司通过工作辊与支撑辊成对交叉来控制辊缝凸度的 PC 轧机。这些轧机在热轧和冷轧带钢中都有应用。

A 冷轧板带钢板形控制

带钢的冷连轧过程通常带有较大的张力，因而板形缺陷不容易肉眼见到。常用分段测量辊来测出带钢横向张力的分布（图 1-15），换算出板形值。测得的板形缺陷通过弯辊、轧辊横移或交叉、冷却水分段控制等执行机构来进行控制。边部减薄也是一种典型的板形缺陷，为了控制边部减薄，开发了一种一侧带有锥度的可横向移动工作辊（图 1-16），通过横移，使轧件的边部减薄区域位于锥度段，以克服边部减薄。

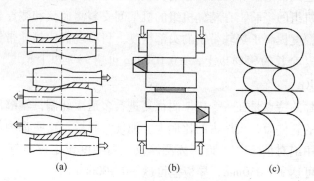

(a)   (b)   (c)

图 1-14 几种典型的板形控制轧机
(a) CVC 轧机；(b) HC 轧机；(c) PC 轧机

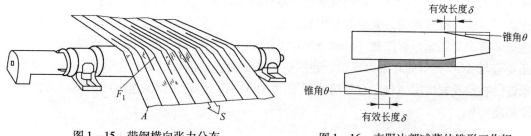

图 1-15 带钢横向张力分布   图 1-16 克服边部减薄的锥形工作辊

B 热轧板带钢板形控制

由于热连轧带钢的特点，不可能采用冷连轧那种分段辊式板形仪，目前通常采用激光式板形仪，即通过激光照射到带钢后，光点反射回的角度变化来推算轧件的平直度。板形控制的执行机构过钢时主要是弯辊，不过钢时可以通过轧辊横移或交叉改变初始辊缝凸度。近年来在热轧带钢中出现了对平直度、凸度、边部减薄（edge drop）和局部高点进行综合控制的趋势，称为 APFC（Automatic Profile and Flatness Control）。

1.3.5.3 中厚板的平面形状控制

中厚板轧制中轧件的厚度要比带钢大，金属横向流动的自调节能力较强，因而平直度问题不突出。但是中厚板轧件相对短，头尾占的比例大，如果轧件的平面形状偏离矩形，切头、切尾、切边造成的金属损失会非常大，为此需要进行平面形状控制。

日本川崎钢铁公司水岛厂开发了一种称为 MAS 轧制的方法，来进行平面形状控制。其要点是：在前部道次把轧件轧制成狗骨形，转钢 90° 再轧制时，狗骨处多余的金属用于补偿轧件角部失宽现象（图1–17）。

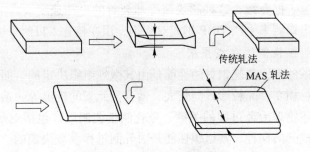

图1–17 MAS轧制示意图

进行 MAS 轧制需要有快速响应的液压 AGC 系统和精确的前后滑计算模型与金属流动计算模型，以便能够精确地得到所需的狗骨形，并能恰当地补足失宽量。

1.3.5.4 组织性能控制技术

热轧过程中对轧件组织性能的控制，是通过控制轧制和控制冷却来实现的。控轧控冷在国外被称作 TMCP（Thermal – Mechanical Control Process），其中包括对变形量的控制和对轧件温度与冷却速度的控制。对轧件温度控制的手段有机架间冷却和轧后加速冷却等，冷却方式有 U 型管层流、高密度直集管层流、水幕、气雾冷却等。

A 热轧带钢的层流冷却

热轧带钢卷取温度控制系统通常称为 CTC（Coil Temperature Control），常采用 U 型管层流方式，在精轧机后的输出辊道的上下布置喷水管，把由高位水箱供给的压力平稳的冷却水直接喷向轧件上下表面。根据用户对产品组织与性能的要求和材料组织演变特点，确定冷却策略，利用数学模型来计算冷却集管的开关阀门组态，实现加速冷却。在卷取机之前设有测温仪，根据实测温度与目标卷取温度的差值进行反馈控制，以提高卷取温度精度。

B 中厚板的加速冷却

由于没有充分重视加速冷却的作用和设备条件等方面的原因，中国的中厚板轧机曾经被讥讽为世界上最干旱的轧机。近年来情况有了很大的变化，随着各大中厚板厂建起了加速冷却系统，使我国中厚板轧机生产高质量产品的能力有了大幅度提高。

与热轧带钢不同，中厚板的加速冷却系统除了有冷却水阀门的开关控制外，还有流量调节和辊道速度调节，以满足对终冷温度精度的要求。

C 超快速冷却

近年来随着一些新钢种的出现，对轧件组织转变的控制越来越严格，因而对水冷系统提出了新的要求。例如 IF 钢铁素体轧制，要求进精轧机组的轧件在短时间内迅速冷却完成相变，进入铁素体区；而生产相变诱导塑性钢（Transformation In – duce Plasticity，TRIP），则要求出精轧后，立即采用很快的冷却速度，迅速进入铁素体区，之后采用缓慢的冷却速度，在铁素体区维持一段时间，完成所希望的铁素体转变量后，再快速冷却，进入马氏体区，进行马氏体转变。

新近开发成功的超快速冷却系统（Ultra Fast Cooling，UFC），满足了生产新钢种对控冷的要求。其要点是：用带有压力的密布水流，喷射冷却区域，使其能够大面积地打破钢板与表面残水之间的汽膜，保证有更多的新水与钢板表面直接接触，提高换热效率，实现短时间内大幅度降温。据介绍，这种超快速冷却装置的冷却速度最高可达400℃/s，用在热轧带钢轧机精轧出口侧来生产TRIP钢或双相钢，用在精轧入口侧来进行铁素体区轧制。

D 热轧钢材组织性能的在线预报

在成分一定的条件下，热轧钢材的性能是由其微观组织决定的，而微观组织是伴随着轧制过程中再结晶、相变、晶粒形核与长大、微合金元素的析出等一系列物理冶金过程演变的结果。决定上述物理冶金过程的关键，是轧制工艺制度，包括变形制度和温度制度。也就是说，对特定成分的钢种，其组织性能是由轧制过程参数决定的。基于这种认识，出现了钢材组织性能在线预报。

钢材组织性能在线模型预报是根据物理冶金原理，利用在线参数检测和计算机的强大数据处理能力，在生产过程中就预测出产品的关键性能参数，如屈服强度、抗拉强度、伸长率等。它的直接用处是可以部分取代对产品的性能检验，如VAI－Q strip系统可减少力学检验实际取样量40%～50%，并且不需等待力学检验结果即可交用户使用或转至下工序冷轧等，使生产周期缩短。此外还能够根据钢种化学成分的波动来调整轧制工艺参数，以消除成分波动的不利影响，使产品性能始终保持在所希望的范围内。

1.4 多级控制系统的功能分配

1.4.1 概述

当前我国钢铁行业产能过剩、竞争激烈，企业效益大幅下滑，为了能在激烈的市场竞争中立于不败之地，我国领先的钢铁企业已经将信息化列为提高企业核心竞争力的措施之一。信息化、自动化的发展及水平的提升，成为钢铁企业关注的焦点。随着产品结构调整的进一步加快，这种需求也将越来越迫切。国家在企业信息化、自动化发展方面，采取了积极、鼓励的措施，这也在很大程度上推动了钢铁企业信息化、自动化的建设进程。

在基础自动化控制方面，主要以PLC与DCS的应用为主，现场总线技术的应用前景看好。PLC与DCS都有向对方性能靠拢的趋势，也就是说，PLC加强了回路控制功能，DCS也在顺序控制功能方面得到很大改善。对于两者的选择方面，各大钢铁企业见仁见智，由于价格因素的考虑，一些企业更倾向于选择全PLC系统。

从钢铁行业的信息化、自动化系统的架构看，钢铁工业的CIMS体系结构按ISO理念分成多级结构，五级体系结构在流程工业CIMS的发展过程中起过很大的推动作用。后来又有人提出的ERP/MES/PCS三级结构，这一结构也得到了广泛的应用。ERP（Enterprise Resource Planning，企业资源规划）主要是利用以财务分析决策为核心的整体资源优化技术；MES（Manufacturing Execution System，制造执行系统）又可称生产过程管理系统，是考虑生产与管理结合问题的中间层制造执行系统，主要利用以产品质量和工艺要求为指标的先进控制技术和以生产综合指标为目标的生产过程优化运行、优化控制与优化管理技术；PCS（Process Control System，过程控制系统）包括了传统分层结构中的过程控制系统及基础自动化系统，对生产过程通过现场监测设备、电气控制装置和计算机技术，对加工对象采用模型和调节算法等进行控制。

对于生产车间的生产管理和自动化控制，其涉及的信息化和自动化系统的构成主要有生产制造执行系统（也称 MES 系统，简称 L3）、过程控制系统（简称 L2）、基础自动化系统（简称 L1）和传动及现场检测仪器仪表（简称 L0）。

钢铁企业信息化、自动化的层级架构见图 1-4。

生产车间的信息化、自动化系统各层之间分工明确，对应的功能及适用范围如表 1-3 所示。

表 1-3 信息化和自动化系统功能分担

项目	L3	L2	L1	L0
对象	实现物流、技术、质量、生产、标准、原始记录、数据收集、统计报表管理	现场工艺过程的控制、管理以及相关的实时数据采集和统计处理	实现对电气及仪表系统的自动控制 实现对实时性及响应性较高功能的控制	以设备为单位的传动、现场信号检测
适用功能	生产计划编制 设备管理 质量控制 生产技术管理 生产管理 统计分析等	作业数据的实时处理 过程数学模型控制 生产实绩收集、处理 最优化的设定控制等	顺序控制 速度控制 模型计算 PID 调节 位置控制 物料跟踪等	MCC 交直流传动 检测仪表 电气检测元件 特殊仪表

1.4.2 生产制造执行系统

生产制造执行系统 MES，主要由区域管理计算机系统完成在线作业计划和生产调度管理、质量跟踪控制等功能。在企业信息化架构中通过它将控制系统和 ERP 管理信息系统实现无缝对接。

MES 在工厂综合自动化系统中起着中间层的作用。在 ERP 系统产生的长期计划的指导下，MES 根据底层控制系统采集的与生产有关的实时数据，对短期生产作业的计划调度、监控、资源配置和生产过程进行优化。

作为一种计算机辅助生产管理系统，MES 重要使命就是实现企业的连续信息流。它包含了许多功能模块。主要的 MES 功能模块包括工序详细调度、资源分配和状态管理、生产单元分配、过程管理、文档管理、维护管理、质量管理、产品跟踪和产品清单管理、作业者管理、性能分析和数据采集等模块。

通过上述这些模块有效协作，MES 在工厂综合自动化系统中起着中间层的作用。在 MES 下层，是底层生产控制系统，包括 DCS、PLC、NC/CNC 和 SCADA、传动控制系统或这几种类型的组合；在 MES 上层，则是高层管理计划系统 ERP 等。

从时间因素分析，在 MES 之上的计划系统考虑的问题域是中长期的生产计划；执行层系统 MES 处理的问题域是近期生产任务的协调安排问题；控制层系统则必须实时地接收生产指令，使设备正常加工运转。它们相互关联、互为补充，实现企业的连续信息流。

MES 的功能架构设计主要以控制、调度和生产计划为主。无论是计划调度、质量判定还是生产实绩收集、成本核算都由生产中发生的事件触发，进行实时抛账和即时处理，是一个实时化的执行系统。

MES 强调优化整个生产过程，需要收集生产过程中大量的实时数据，并对实时事件及时处理。它与计划层和控制层保持双向通信能力，从上下两层接收相应数据并反馈处理结果和生产指令。

功能齐全、理念先进的 MES 系统，应该按照以财务为中心、成本控制为核心的理念来设计。它是一个实现按合同组织生产、一贯质量管理、一贯计划管理、一贯材料管理，以及整个合同生命周期的（实时）动态跟踪等思想的软件系统。

1.4.3 过程控制系统

过程控制系统由硬件和软件两部分构成。在硬件上，通常由完成数学模型运算和业务逻辑控制的主机系统、人机接口系统（HMI）、网络、及外部存储器组成。在软件上，由系统软件和应用软件两部分组成。系统软件主要包括操作系统，数据库，编程软件和工具软件。应用软件按照类型可以分为控制（模型）和非控部分（应用），控制部分主要由数学模型构成，负责控制对象的工艺参数设定和优化，以及生产过程的优化。非控部分是为控制部分服务的应用软件，一般包含生产计划管理，数据采集，物料跟踪，通信，人机界面，报表和生产过程监视和管理等功能。

PCS 系统（Process Control System，过程控制系统）作为 ERP/MES/PCS 三级结构中的最基层系统，主要负责对生产过程通过现场监测设备、电气控制装置和计算机技术，对加工对象采用模型和调节算法等进行控制。

过程控制级是完成生产过程控制、工艺控制数学模型计算、现代自动化控制技术和现场数据采集等功能构成，是保证产品质量和生产过程优化控制的重要环节。

1.4.4 基础自动化系统

基础自动化系统通常又称 L1 级，主要承担现场设备的操作、控制、为 L2 级收集信息等职能，该级的主要控制媒介有 PLC、DCS、HMI 服务器及操作终端等。

基础自动化系统在系统结构、硬件配置、设备选型和系统软件、开发平台的选择方面应考虑系统的稳定性、先进性和开放性，并能与过程自动化系统的配置相兼容。L1 系统按照工艺生产线要求及系统规模配置若干台 PLC，PLC 控制站的设计按照电气和仪表一体化考虑，也可以根据工艺需求采用 PLC + DCS 的方案配置。如对于高炉、连铸、加热炉等工序，可以考虑将快过程的功能放入 PLC 中，将仪表相关的慢过程功能放入 DCS 中进行控制。

L1 系统设置人机接口操作站（HMI），操作站拟采用工业级 PC 机。L1 系统的各操作站与 PLC 之间采用工业以太网作为网络通信。

各生产工艺设备的基础自动化系统与过程计算机系统一起，形成一个完整的自动化网络系统。

基础自动化系统是总体自动化系统的第一级，直接面向生产过程。主要任务是通过 PLC（DCS）和 HMI，实现对所有现场在线设备进行数据管理、程序控制管理、安全联锁控制、各种模拟量调节等功能，并显示各种操作画面、对事故信号进行报警管理以及打印报表等，从而根据工艺要求完成各个具体生产工艺过程的控制。基础自动化系统直接监视各个生产设备的运行状态，是生产的基本环节，它将对生产产品的产量和质量产生直接的影响。

根据工艺装备的不同，基础自动化系统的常见控制功能有：操作方式选择、L2设定值接受及处理、实际值处理及向L2发送、物料跟踪、速度控制、位置控制、顺序及联锁控制、各种模拟量调节控制、HMI操作及监控画面等。

基础自动化与过程控制系统的关系主要是，过程控制系统接收MES下达的生产计划，经过模型计算等在适当的时间向基础自动化系统发送设定值，指挥基础自动化系统的相关控制功能的动作；而基础自动化也会根据过程控制系统跟踪、报表、模型计算等的需要，实时向过程控制系统发送实际值。

1.4.5 电气传动控制系统

L0级是生产过程自动化中最底层、最基础的部分，由各种电子、液压、气动控制装置组成，承担各种生产过程状态及工艺参数的检测和设备控制。

L0级主要包括与基础自动化相关的设备，包括L1级控制的设备，现场传感器、仪表等。通常的L0设备有：交直流变频器、电机、MCC、电磁阀、比例阀、伺服阀、操作台、操作箱、触摸式操作屏、各种仪表、传感器等。

由于篇幅原因，本书只对其中最复杂、技术含量最高的电气传动控制系统加以叙述。

电气传动控制系统通常由电动机、电力变换装置和控制装置三部分组成。电气传动分成恒速和调速两大类，调速又分交流调速和直流调速两种方式。目前调速系统中最活跃、发展最快的就是交流变频调速技术。直流传动系统由直流电机和晶闸管整流器两部分组成，晶闸管整流器是实现直流电机调速的关键。

直流传动装置从控制原理结构上，可分为开环系统、转速负反馈闭环系统，以及转速、电流双闭环直流调速系统。从装置结构上，可分为不可逆直流调速系统、自然环流可逆直流调速系统、逻辑无环流可逆直流调速系统等。

由交流异步电机或同步电机与变频器组成交流变频传动系统，交流变频调速又分为交直交变频器和交交变频器两种。

异步电机变频调速系统对电动机的控制方式，从不同角度有不同分类方法。从系统控制对象参数来看，大体可分为U/f恒定控制、矢量控制、直接转矩控制等三种主要控制方式。

交直交变频器由整流器和逆变器两部分组成。

交交变频技术在钢铁行业中大量使用。交交变频具有如下特点：

（1）交交变频原理基于可逆整流，工作可靠。

（2）流过电动机的电流近似于三相正弦，附加损耗小，脉冲转矩小，电动机属普通交流电动机类，价格较便宜。

（3）电网侧功率因数较低，使用时通常需额外加装无功补偿装置。

（4）当电源为50Hz时，最大输出频率不能超过20Hz，所以相对于4极电动机，最高转速必须限制在600r/min以内。

（5）主回路较复杂，器件多（桥式线路至少需36个晶闸管），小容量时不合算。

参 考 文 献

［1］孙彦广．冶金自动化技术现状和发展趋势［J］．PLC 技术网，2007（8）．

［2］孙一康．带钢热连轧的模型与控制［M］．北京：冶金工业出版社，2002．

［3］孙一康．冷热轧板带轧机的模型与控制［M］．北京：冶金工业出版社，2010．

［4］芦永明，王丽娜，陈宏志，赵华，潘秋娟，薛向荣．中国钢铁企业信息化发展现状与展望［J］．中国冶金，2013（5）．

［5］宝钢人才开发院培训资料．

［6］宝信内部资料．

第2章 电气传动控制系统

2.1 概述

　　电气传动控制系统通常由电动机、电力变换装置和控制装置三部分组成。电气传动使用电动机控制机械的运转状态（位置、速度、加速度等），实现电能 – 机械能的转换。以优质、高产、低耗而方便的能量转换，实现各类生产工艺技术控制。电气传动分成恒速和调速两大类，调速又分交流调速和直流调速两种方式。恒速电动机直接由电网供电，但随着电力电子技术的发展，那些原本不调速的机械也越来越多地改用调速传动。为提高产量和质量，越来越多的钢铁生产线采用了调速传动系统。

　　目前调速系统中最活跃、发展最快的就是交流变频调速技术。随着电力电子技术和微电子技术的快速发展，交流变频调速已广泛应用于家用电器、工业控制、国防等各个领域。

　　当前世界上正处于信息化的时代，信息化时代的电气传动技术有以下特点：

　　（1）数字控制和数据通信成为电气传动控制的主要手段。

　　（2）电力电子变换器是信息流与物质/能量流之间必需的接口。

　　（3）可控交流电气传动全面取代直流传动已成为主流。

　　全数字化具有数据通信功能的电气传动系统，已成为钢铁生产控制系统中的基本组成部分。

2.2 直流传动系统

　　直流传动系统由直流电机和晶闸管整流器两部分组成，晶闸管整流器是实现直流电机调速的关键。

2.2.1 晶闸管整流器

2.2.1.1 三相晶闸管整流器

　　晶闸管整流器将电网提供的交流电变换成可控的直流电。电网所提供的交流电为三相交流电，直流调速系统常采用三相桥式整流电路。通过晶闸管整流器将三相交流电转换为电压可调的直流电，对直流电机的电枢电压进行调节，从而实现直流电机的调速。

　　三相桥式全控整流电路，实质上是由一组共阴极组与另一组共阳极组的三相半波可控整流电路串联而成。其电路图如图 2 – 1 所示。主电路晶闸管习惯编号，共阴极组（VT_1、VT_3、VT_5），共阳极组（VT_4、VT_6、VT_2），目的是为了使保证在正相序下晶闸管能按 $VT_1 \rightarrow VT_2 \rightarrow VT_3 \rightarrow VT_4 \rightarrow VT_5 \rightarrow VT_6$ 顺序导通。由于共阴极组在正半周触发导通，共阳极组在负半周触发导通，故整流变压器绕组中没有直流磁势，同时也提高了变压器绕组的利用率。

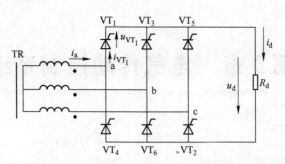

图 2 - 1　三相桥式全控整电路的电路图

电机电枢为阻感性负载。

图 2 - 2 所示为三相桥式全控整流电路带阻感负载在不同控制角下的波形。由图 2 - 2 波形图可见：

（1）当 $0° \leqslant \alpha \leqslant 60°$ 时，u_d 波形连续，电路的工作情况与带电阻负载时相似，两者 u_d 波形、u_{VT} 波形一样，区别在于负载电流 i_d 波形不同，因为电阻负载时，u_d 波形和 i_d 波形完全一样；而阻感负载时，由于电感的作用，使得 i_d 波形变得平直，当电感足够大的时候，i_d 波形可近似为一条水平线。其输出电压的平均值为 $U_d = 2.34 U_{2\phi} cos\alpha$。

（2）当 $60° < \alpha < 90°$ 时，阻感负载时的工作情况与电阻负载时不同，电阻负载时 u_d 波形不会出现负的部分，而阻感负载时，由于电感 L 的作用，u_d 波形会出现负的部分。

（3）当 $\alpha = 90°$ 时，若电感 L 值足够大，u_d 中正、负面积将基本相等，U_d 均值近似为零。所以，带阻感负载的三相桥式全控整流电路 α 的移相范围是 $0° \sim 90°$。

实际电机还具有反电动势，在考虑反电动势和阻感负载时：在负载电感足够大，足以使负载电流连续的情况下，电路工作情况与电感性负载时相似，电路中各处电压、电流波形均相同，仅在计算 I_d 时有所不同，$I_d = \dfrac{U_d - E}{R_d}$，其中 R 为电阻值；E 为电机反电动势值。

变压器二次绕组每相电流有效值为 $I_2 = \sqrt{\dfrac{2}{3}} I_d$，其值比三相半波时高 $\sqrt{2}$ 倍；变压器的容量为 $S = \sqrt{3} U_{2L} I_{2L} = 3 U_{2\phi} I_{2\phi}$。

2.2.1.2　有源逆变电路

A　有源逆变的基础知识

将交流电变换成直流电的过程称整流，将直流电变换为交流电的过程称为逆变。同一套可控电力电子变流电路既可作整流又可作逆变，这种装置称变流器。根据逆变输出交流电能去向的不同，逆变电路又可分为有源逆变与无源逆变。有源逆变是将直流电变成和电网同频率、同相位、同大小的交流电反送到交流电网；无源逆变则是将直流电变成某一频率或可调频率的交流电直接供给负载（如交流电动机、电炉等），这就是变频器的原理。

B　有源逆变的工作原理

两个直流电源可有 3 种相连的电路形式，如图 2 - 3 所示。

图 2 - 3（a）所示为两电源同极性相接，设 $E_1 > E_2$，电流 I 从 E_1 流向 E_2，大小为 $I = (E_1 - E_2)/R$，式中，R 为回路总电阻。电源 E_1 发出的功率为 $P_1 = E_1 I$，电源 E_2 吸取的功

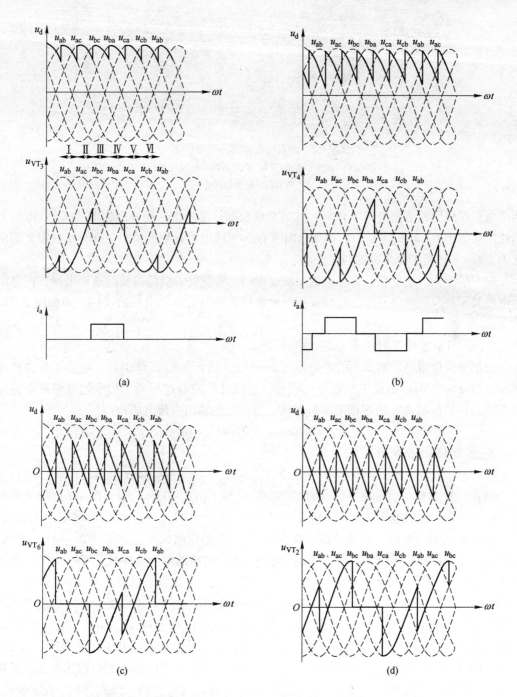

图 2-2　三相桥式全控整流电路带阻感负载在不同控制角下的波形

(a) $\alpha = 15°$；(b) $\alpha = 45°$；(c) $\alpha = 75°$；(d) $\alpha = 90°$

率为 $P_2 = E_2 I$，电阻消耗的功率为 $P_R = (E_1 - E_2) I = I_2 R$。

图 2-3(b) 所示为将两电源极性反过来，同时 $E_2 > E_1$，则电流方向不变，但功率反送。

图 2-3(c) 所示为将两电源反极性相连，这时电流大小为 $I = (E_1 + E_2)/R$，这相当于

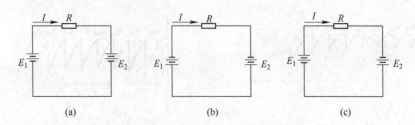

图2-3 两直流电源间的功率传递

（a）两电源同极性相连接；（b）两电源同极性反过来相连接；

（c）两电源反极性相连接

两个电源顺极性相接向电阻 R 供电，此时两电源都输出功率，$P_1 = E_1 I$，$P_2 = E_2 I$；电阻上消耗的功率为 $P_R = (E_1 + E_2)I$。如果电阻 R 仅为回路电阻，数值很小，则会形成很大的电流 I，实际上相当于两个电源间短路。

对于整流器的逆变就是将在电机制动过程中，将电机的能量回馈反送回电网。但晶闸管电路其元件只能单向导电，这样要实现能量回馈就只有改变电压的极性，即如图2-3b所示。

C 三相全控桥有源逆变电路

三相全控桥带电动机负载的电路如图2-4（a）所示，当 $\alpha < 90°$ 时，电路工作在整流状态；当 $\alpha > 90°$ 时，电路工作在逆变状态。晶闸管的控制过程与三相全控桥整流电路原理相同，只是控制角 α 的移相范围为180°。整流时的输出直流电压为：

$$U_d = U_{d0}\cos\alpha = 2.34 U_{2\phi}\cos\alpha$$

逆变时的输出直流电压为：

$$U_d = U_{d0}\cos\alpha = 2.34 U_{2\phi}\cos\alpha = -2.34 U_{2\phi}\cos\beta$$

以 $\beta = 60°$ 为例分析电路工作在有源逆变的过程。图2-4（c）中，在 ωt_1 处触发晶闸管 VT_1 与 VT_6。此时电压 $u_{ab} = 0$，但由于 E 的存在，使 VT_1、VT_6 承受正向电压而导通，图2-4（b）所示为电流 i_d 流通回路。在 VT_1、VT_6 导通期间 $u_d = u_{ab}$，如图2-4（c）所示，是电压 u_{ab} 的负半波。经60°后，到达 ωt_2 时刻，触发电路的双窄脉冲触发 VT_2、VT_1，晶闸管 VT_1 可继续导通；而 VT_2 在触发之前，由于 VT_6 处于导通状态已使它承受正向电压 u_{bc}，所以一旦触发，即可导通。若不考虑换相重叠角的影响，当 VT_2 导通之后，VT_6 就会因承受反向电压而关断，完成了由 VT_6 到 VT_2 的换相。在叫 ωt_2 至叫 ωt_3 期间，$u_d = u_{ac}$ 由 ωt_2 经60°后到 ωt_3 处触发 VT_2、VT_3，VT_2 仍旧导通，VT_3 因承受正向电压一触即通，而 VT_1 此时却因承受反向电压 u_{ab} 被关断，又进行了一次由 VT_1 到 VT_3 的换相。按照三相全控桥每隔60°依次触发的顺序进行循环，晶闸管 VT_1、VT_2、VT_3、VT_4、VT_5、VT_6 依次导通，且每瞬时保持共阴极组和共阳极组各有一个晶闸管通，电动机的直流能量经三相全控桥式逆变电路转换为交流能量送到电网，从而实现了有源逆变。

D 有源逆变典型应用——直流可逆电力拖动系统

有很多生产机械，如可逆轧机等，在生产过程中都要求电动机频繁地起动、制动、反向和调速，为了加快过渡过程，它们的拖动电动机都具有工作于四象限的机械特性。例如，在电动机减速换向的过程中，使电动机工作于发电制动状态，进行快速制动，这时使

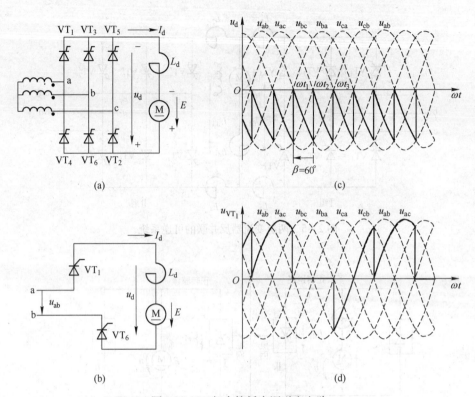

图 2-4 三相全控桥有源逆变电路

(a) 有源逆变电路；(b) VT_1、VT_6 导通时 i_d 流通回路；(c) $\beta = 60°$ 时的 U_d 波形；

(d) $\beta = 60°$ 时 VT_1 管两端的电压波形

一组变流器进入有源逆变状态，使电动机进入发电制动状态，将机械能变成电能回送到交流电网中去。

控制直流他励电动机可逆运转，即正反转的方法有两种：一种是改变励磁电压的极性；另一种是改变电枢电压的极性。前者由于励磁回路的电磁惯性大、快速性差、控制较复杂，一般用于大容量、快速性要求不高的可逆调速系统中。在快速的可逆系统中，多采用改变电枢电压的极性来实现可逆运行。

图 2-5 所示为电动机电枢电压极性可变的可逆拖动系统的主回路典型的接线图。电动机的磁场方向不变，而电动机电枢由两组三相桥式变流器（Ⅰ、Ⅱ组）反并联供电，这种结构习惯上称为反并联可逆电路。

对应于 4 个象限，两组变流器的工作方式和电动机的运行状态，如图 2-6 所示。第一象限，变流器 Ⅰ 的控制角 $\alpha < 90°$，$U_{dI} > E$，整流状态，电动机正转电动运行；第二象限，变流器 Ⅱ 的控制角 $\alpha > 90°$，$U_{dII} < E$，有源逆变状态，电动机正转发电制动运行；第三象限，变流器 Ⅱ 的控制角 $\alpha < 90°$，$U_{dII} > E$，整流状态，电动机反转电动运行；第四象限，变流器 Ⅰ 的控制角 $\alpha > 90°$，$U_{dI} < E$，有源逆变状态，电动机反转发电制动运行。

在反并联可逆系统中，电动机由电动运行转变为发电制动运行，相应的变流器由整流转换成逆变，这一过程不是在同一组桥内实现的。具体地说，由一组桥整流，使电动机做电动运转，而通过反并联的另一组桥来实现逆变，使电动机做发电制动运转，实现能量的

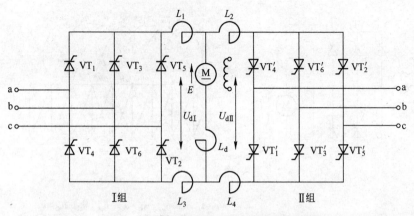

图 2-5   两组变流器反并联的可逆系统

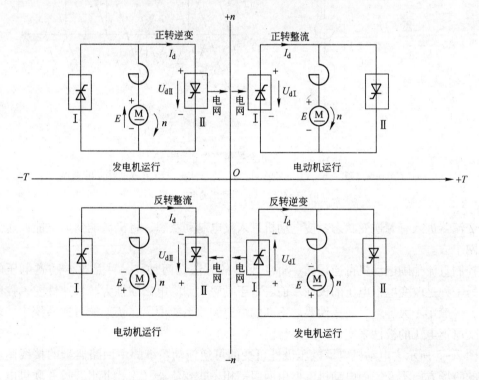

图 2-6   两组变流器的工作方式和电动机的运行状态

回馈。在反并联可逆线路中，还存在着对环流（即不通过负载而在两组变流器中流过的电流）的处理方式及两组变流器之间的切换问题，这是可逆控制的关键技术。根据反并联可逆线路对环流的处理方式又有几种不同的控制方案，如配合控制有环流可逆系统、逻辑控制无环流系统以及错位控制无环流系统等。

2.2.2   直流调速系统分类

直流传动装置从控制原理结构上主要可分为开环系统、转速负反馈闭环系统，以及转速、电流双闭环直流调速系统；从装置结构上主要可分为不可逆直流调速系统、自然环流可逆直流调速系统、逻辑无环流可逆直流调速系统等。这里着重就主要直流调速系统作分类及应用介绍。

2.2.2.1 带电流截止负反馈的单闭环转速负反馈直流调速系统

当直流电动机全电压起动时，如果没有限流措施，会产生很大的冲击电流。这不仅对电动机换向不利，对过载能力低的电力电子器件来说，更是不能允许的。采用转速负反馈的闭环调速系统突然加上给定电压时，由于惯性，转速不可能立即建立起来，反馈电压仍为零，相当于偏差电压 $\Delta U_n = U_n$，差不多是其稳态工作值的 $1 + K$ 倍。这时，由于放大器和变换器的惯性都很小，电枢电压 U_d 一下子就达到它的最高值，对电动机来说，相当于全压起动，当然是不允许的。

另外，有些生产机械的电动机可能会遇到堵转的情况，例如，由于故障使机械轴被卡住，或挖土机运行时碰到坚硬的石块等等。由于闭环系统的静特性很硬，若无限流环节，硬干下去，电流将远远超过允许值。如果只依靠过流继电器或熔断器保护，一过载就跳闸，也会给正常工作带来不便。

为了解决反馈闭环调速系统起动和堵转时电流过大的问题，系统中必须有自动限制电枢电流的环节。根据反馈控制原理，要维持哪一个物理量基本不变，就应该引入那个物理量的负反馈。那么，引入电流负反馈，就应能保持电流基本不变，使它不超过允许值。但是，这种作用只应在起动和堵转时存在，在正常运行时又得取消，让电流自由地随着负载增减。这种当电流大到一定程度时才出现的电流负反馈，叫做电流截止负反馈，简称截流反馈。

2.2.2.2 转速、电流双闭环直流调速系统

采用 PI 调节的单个转速闭环直流调速系统（以下简称单闭环系统），可以在保证系统稳定的前提下实现转速无静差。但是，如果对系统的动态性能要求较高，例如要求快速起制动，突加负载动态速降小等等，单闭环系统就难以满足需要。这主要是因为在单闭环系统中不能随心所欲地控制电流和转矩的动态过程。

在带电流截止负反馈的单闭环转速负反馈直流调速系统中，电流截止负反馈环节是专门用来控制电流的，但它只能在越过临界电流 I_{dcr} 值以后，靠强烈的负反馈作用限制电流的冲击，并不能很理想地控制电流的动态波形。带电流截止负反馈的单闭环直流调速系统起动电流和转速波形如图 2-7(a) 所示，起动电流突破 I_{dcr} 以后，受电流负反馈的作用，电流只能再升高一点，经过某一最大值 I_{dm} 后，就降低下来，电动机的电磁转矩也随之减小，因而加速过程必然拖长。

对于经常正、反转运行的调速系统，例如龙门刨床、可逆轧钢机等，尽量缩短起、制动过程的时间是提高生产率的重要因素。为此，在电动机最大允许电流和转矩受限制的条件下，应该充分利用电动机的过载能力，最好是在过渡过程中始终保持电流（转矩）为允许的最大值，使电力拖动系统以最大的加速度起动，到达稳态转速时，立即让电流降下来，使转矩马上与负载相平衡，从而转入稳态运行。这样的理想起动过程波形示于图 2-7(b)，这时，起动电流呈方形波，转速线性增长。这是在最大电流（转矩）受限制时调速系统所能获得的最快的起动过程。

实际上，由于主电路电感的作用，电流不可能突跳，图 2-7(b) 所示的理想波形只能得到近似的逼近，不可能准确实现。为了实现在允许条件下的最快起动，关键是要获得

一段使电流保持为最大值 I_{dm} 的恒流过程。按照反馈控制规律，采用某个物理量的负反馈就可以保持该量基本不变，那么，采用电流负反馈应该能够得到近似的恒流过程。问题是，应该在起动过程中只有电流负反馈，没有转速负反馈，达到稳态转速后，又希望只要转速负反馈，不再让电流负反馈发挥作用。怎样才能做到这种既存在转速和电流两种负反馈，又使它们只能分别在不同的阶段里起作用呢？只用一个调节器显然是不可能的，可以考虑采用转速和电流两个调节器，问题是在系统中应该如何连接。

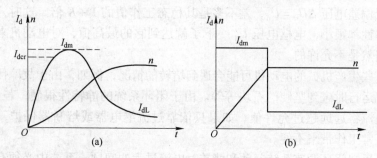

图 2 - 7　直流调速系统起动过程的电流和转速波形
（a）带电流截止负反馈的单闭环调速系统起动过程；（b）理想的快速起动过程

　　为了实现转速和电流两种负反馈分别起作用，可在系统中设置两个调节器，分别调节转速和电流，即分别引入转速负反馈和电流负反馈。二者之间实行嵌套（或称串级）联接，如图 2 - 8 所示。把转速调节器的输出当作电流调节器的输入，再用电流调节器的输出去控制电力电子变换器 UPE。从闭环结构上看，电流环在里面，称作内环；转速环在外边，称作外环。这就形成了转速、电流双闭环调速系统。

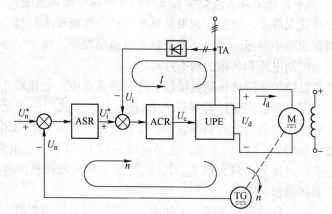

图 2 - 8　转速、电流双闭环直流调速系统
ASR—转速调节器；ACR—电流调节器

　　为了获得良好的静、动态性能，转速和电流两个调节器一般都采用 PI 调节器，这样构成的双闭环直流调速系统的电路原理图如图 2 - 9 所示。图中标出了两个调节器输入输出电压的实际极性，它们是按照电力电子变换器的控制电压 U_c 为正电压的情况标出的，并考虑到运算放大器的倒相作用。图中还表示了两个调节器的输出都是带限幅作用的，转速调节器 ASR 的输出限幅电压 U_{im}^* 决定了电流给定电压的最大值，电流调节器 ACR 的输出限幅电压 U_{cm} 限制了电力电子变换器的最大输出电压 U_{dm}。

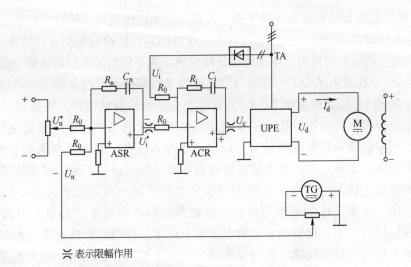

　表示限幅作用

图2-9　双闭环直流调速系统电路原理图

2.2.2.3　自然环流可逆直流调速系统

工业生产机械，特别在冶金企业中，不少生产机械对上述调速系统并不满足。诸如可逆轧机、龙门刨床等要求电力拖动系统能提供可以正反转、且可以快速（直接）正反转的功能，以提高产量与加工质量；又如连轧机主传动及开卷机、卷取机等虽无正反向运行要求，但却要求能有快速减速与快速停车的功能。将上述生产要求转换为对电力拖动系统的性能要求，就是拖动电机不仅要能提供帮助生产机械运动的电动转矩，还要能产生阻碍生产机械运动的制动转矩，以使拖动装置能实现快速的减速、停车与正反向运行的功能，这也就是四象限运行功能的可逆电力拖动系统。在Ⅰ、Ⅲ象限中，电动机产生的转矩与其运动方向一致，分别为正向电动工作和反向电动工作；在Ⅱ、Ⅳ象限内电动机产生的转矩都与其运动方向相反，是阻碍运动的制动转矩，象限Ⅱ属正转制动，象限Ⅳ属反转制动。

在装置结构上，可逆直流调速系统采用两组可控整流装置（VF 和 VR）组成反并联电路（图2-10），是为电力拖动系统提供一个能量馈送至交流电网的通道。不论电动机原来处于正转还是反转工作状态，在电动运行时只有一组工作在整流状态，另一组不工作；而在回馈制动时整流组退出工作，另一组则工作在逆变状态，这就可实现四象限运行功能的可逆工作。

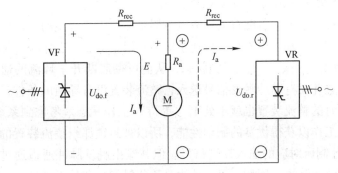

图2-10　两组可控整流装置反并联的可逆主回路

"不工作"是指该组整流装置不导通、其直流侧无输出电压，但对它的驱动触发信号是否存在并未明确。由于电动机在进入制动工作时的运行转速是根据生产要求而给定的，它是个随机值；相应电动机的反电动势也是随机值。为了得到好的制动效果（指要求有一定的制动电流），在投入逆变工作时的一组整流装置直流侧，应产生能与电动机反电势相匹配的符合要求的电压，即应使 $U_{do} < E$，且能产生所需的制动电流。要做到这点，且又能准确及时地控制，就应使得投入工作的那组整流装置具备产生上述直流电压的条件，或者说具备相应的脉冲移相控制信号，以便一旦投入工作，就产生所需的直流侧电压。所以，整流装置不工作，并不是不给脉冲移相环节以控制信号。至于在此控制信号作用下，移相脉冲是否送入电力电子器件的门极，则视不同的可逆系统而有不同的处理方法。换句话说，使未工作的那组可控整流装置的控制环节处于"热备"状态。脉冲移相环节控制信号的大小，视整流装置侧电压要求而定。合理的选择就是，在控制信号作用下，使不工作的一组随时能产生与工作那一组大小相同、极性相反的直流侧电压。这样在给出减速、停车指令信号使两组整流装置切换工作时，就能得到所期望的制动工作。在两组整流装置有相同移相控制特性的条件下，就可采用同一个信号控制两组的脉冲移相环节。由于两组可控整流装置分别工作在整流与等待逆变的状态，它们的移相触发角分别以控制角 α 与逆变角 β 表示，这就形成了 $\alpha = \beta$ 工作制的配合控制，并在任何时刻都予以保持。

进一步分析基于 $\alpha = \beta$ 配合控制工作制的可逆系统，如在控制系统中允许对 VF 与 VR 的电力电子器件都同时送入触发脉冲，则当 VF 工作在整流状态时 VR 必定工作在待逆变状态。它们的直流侧都有相应电压。在 $\alpha = \beta$ 工作制下，$U_{do.f} = |-U_{do.r}|$，所以 VR 与电机间不会有电流流通，同时 VF 与 VR 间也不会有电流流通。考虑到 VF 与 VR 工作在不同的状态，它们的直流平均电压绝对值虽然相等，但由于它们直流侧输出电压波形的不一致而出现了两者输出电压瞬时值的不同（$U_{d.f} = U_{d.r}$）。两者的瞬时电压差在 VF 与 VR 间形成了单向流通的脉动电流 i_1。这个在两组整流装量间流通，而不流经负载电机的电流称为环流，并称 i_1 为脉动环流。脉动环流的存在增大了可逆系统的功率损耗，对两组整流装置相当于增加了负载，使其过载。为抑制脉动环流，必须在 VF 与 VR 的输出端加设环流电抗器，这将增大装置体积，加大初始投资。这种在工作中把触发脉冲信号同时送入 VF 与 VR 的系统称为有环流可逆系统，现在已很少应用。

2.2.2.4　逻辑无环流可逆直流调速系统

对于大功率可逆系统，若能省去环流电抗器是工程中所希望的，因而提出了无环流可逆系统的技术研究。其基本思想是当可逆系统中一组整流装置工作时（不论是整流工作还是逆变工作），使另一组处于完全封锁状态，从而可彻底断开了环流的通路。所谓封锁状态是指该整流装置并没有脉冲触发信号送入，整流装置没有导通的条件，所以其直流侧也不会有电压；此时的整流装置也就不处于"等待"工作状态。考虑到系统需要能很快地、准确地进入可逆工作以获得优良的制动性能，所以被封锁那组整流装置的移相触发环节仍应按 $\alpha = \beta$ 配合控制所对应的输入控制信号。但其输出触发脉冲通道通过控制作用予以封锁，不允许送入整流装置。因此，可以认为是移相触发环节处于"待工作"状态，可根据需要随时送出必要的脉冲信号。这就形成了无环流可逆系统。

2.2.3 双闭环直流调速系统静特性

2.2.3.1 稳态结构框图和静特性

为了分析双闭环调速系统的静特性，必须先绘出它的稳态结构框图，如图 2 - 11 所示。

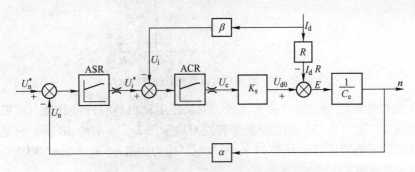

图 2 - 11 双闭环直流调速系统的稳态结构图

α—转速反馈系数；β—电流反馈系数

它可以很方便地根据原理图（见图 2 - 9）画出来，只要注意用带限幅的输出特性表示 PI 调节器就可以了。分析静特性的关键是掌握这样的 PI 调节器的稳态特征，一般存在两种状况：饱和——输出达到限幅值，不饱和——输出未达到限幅值。当调节器饱和时，输出为恒值，输入量的变化不再影响输出，除非有反向的输入信号使调节器退出饱和；换句话说，饱和的调节器暂时隔断了输入和输出间的联系，相当于使该调节环开环。当调节器不饱和时，PI 调节器的作用使输入偏差电压 ΔU 在稳态时总为零。

实际上，在正常运行时，电流调节器是不会达到饱和状态的。因此，对于静特性来说，只有转速调节器饱和与不饱和两种情况。

A 转速调节器不饱和

这时，两个调节器都不饱和，稳态时，它们的输入偏差电压都是零，因此

$$U_n^* = U_n = \alpha n = \alpha n_0$$
$$U_i^* = U_i = \beta I_d$$

由第一个关系式可得

$$n = \frac{U_n^*}{\alpha} = n_0 \qquad (2-1)$$

从而得到图 2 - 12 所示静特性的 CA 段。与此同时，由于 ASR 不饱和，$U_i^* < U_{im}^*$ 从上述第二个关系式可知 $I_d < I_{dm}$。这就是说，CA 段特性从理想空载状态的 $I_d = 0$ 一直延续到 $I_d = I_{dm}$，而 I_{dm} 一般都是大于额定电流 I_{dN} 的。这就是静特性的运行段，它是一条水平的特性。

B 转速调节器饱和

这时，ASR 输出达到限幅值 U_{im}^*，转速外环呈开环状态，转速的变化对系统不再产生影响。双闭环系统变成一个电流无静差的单电流闭环调节系统。稳态时

$$I_d = \frac{U_{im}^*}{\beta} = I_{dm} \qquad (2-2)$$

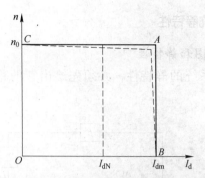

图 2 – 12　双闭环直流调速系统的静特性

其中，最大电流 I_{dm} 是由设计者选定的，取决于电动机的容许过载能力和拖动系统允许的最大加速度。式（2 – 2）所描述的静特性对应于图 2 – 12 中的 AB 段，它是一条垂直的特性。这样的下垂特性只适合于 $n < n_0$ 的情况，因为如果 $n > n_0$，则 $U_n > U_n^*$，ASR 将退出饱和状态。

双闭环调速系统的静特性在负载电流小于 I_{dm} 时表现为转速无静差，这时，转速负反馈起主要调节作用。当负载电流达到 I_{dm} 时，对应于转速调节器的饱和输出 U_{im}^*，这时，电流调节器起主要调节作用，系统表现为电流无静差，得到过电流的自动保护。这就是采用了两个 PI 调节器分别形成内、外两个闭环的效果。这样的静特性显然比带电流截止负反馈的单闭环系统静特性好。

2.2.3.2　各变量的稳态工作点和稳态参数计算

由图 2 – 11 可以看出，双闭环调速系统在稳态工作中，当两个调节器都不饱和时，各变量之间有下列关系

$$U_n^* = U_n = \alpha n = \alpha n_0 \tag{2 – 3}$$

$$U_i^* = U_i = \beta I_d = \beta I_{dl} \tag{2 – 4}$$

$$U_c = \frac{U_{d0}}{K_s} = \frac{C_e n + I_d R}{K_s} = \frac{C_e U_n^* / \alpha + I_{dl} R}{K_s} \tag{2 – 5}$$

上述关系表明，在稳态工作点上，转速 n 是由给定电压 U_n^* 决定的，ASR 的输出量 U_i^* 是由负载电流 I_{dL} 决定的，而控制电压 U_c 的大小则同时取决于 n 和 I_d，或者说，同时取决于 U_n^* 和 I_{dL}。这些关系反映了 PI 调节器不同于 P 调节器的特点。P 调节器的输出量总是正比于其输入量，而 PI 调节器则不然，其输出量在动态过程中决定于输入量的积分，到达稳态时，输入为零，输出的稳态值与输入无关，而是由它后面环节的需要决定的。后面需要 PI 调节器提供多么大的输出值，它就能提供多少，直到饱和为止。

鉴于这一特点，双闭环调速系统的稳态参数计算与单闭环有静差系统完全不同，而是和无静差系统的稳态计算相似，即根据各调节器的给定与反馈值计算有关的反馈系数

转速反馈系数
$$\alpha = \frac{U_{nm}^*}{n_{max}} \tag{2 – 6}$$

电流反馈系数
$$\beta = \frac{U_{im}^*}{I_{dm}} \tag{2 – 7}$$

两个给定电压的最人值 U_{nm}^* 和 U_{im}^* 由设计者选定。

2.2.4 双闭环直流调速系统的数学模型和动态性能

2.2.4.1 双闭环直流调速系统的动态数学模型

双闭环直流调速系统的动态结构框图，如图 2-13 所示。图中 $W_{ASR}(s)$ 和 $W_{ACR}(s)$ 分别表示转速调节器和电流调节器的传递函数。为了引出电流反馈，在电动机的动态结构框图中必须把电枢电流 I_d 显露出来。

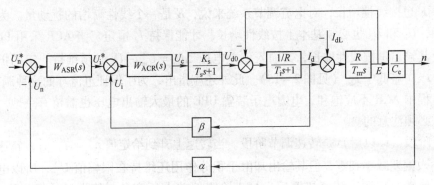

图 2-13 双闭环直流调速系统的动态结构框图

2.2.4.2 起动过程分析

设置双闭环控制的一个重要目的就是要获得接近于图 2-14 所示的理想起动过程，因此在分析双闭环直流调速系统的动态性能时，有必要首先探讨它的起动过程。双闭环直流调速系统突加给定电压 U_n^* 由静止状态起动时，转速和电流的动态过程如图 2-15 所示。由于在起动过程中转速调节器 ASR 经历了不饱和、饱和、退饱和三种情况，整个动态过程就分成图中标明的 I、II、III 三个阶段。

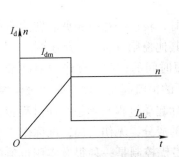

图 2-14 直流调速系统理想的快速
起动过程的电流和转速波形

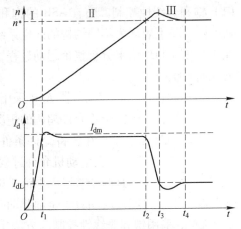

图 2-15 双闭环直流调速系统
起动过程的转速和电流波形

第 I 阶段（$0 \sim t_1$）是电流上升阶段。突加给定电压 U_n^* 后，经过两个调节器的跟随作用，U_c、U_{d0}、I_d 都跟着上升，但是在 I_d 没有达到负载电流 I_{dL} 以前，电动机还不能转动。当 $I_d \geqslant I_{dL}$ 后，电动机开始起动。由于机电惯性的作用，转速不会很快增长，因而转速调节器 ASR 的输入偏差电压 $\Delta U_n = U_n^* - U_n$ 的数值仍较大，其输出电压保持限幅值 U_{im}^*，强迫电枢电流 I_d 迅速上升。直到 $I_d \approx I_{dm}$，$U_i \approx U_{im}^*$，电流调节器很快就压制了 I_d 的增长，标志着这一阶段的结束。在这一阶段中，ASR 很快进入并保持饱和状态，而 ACR 一般不饱和。

第 II 阶段（$t_1 \sim t_2$）是恒流升速阶段，是起动过程中的主要阶段。在这个阶段中，ASR 始终是饱和的，转速环相当于开环，系统成为在恒值电流给定 U_{im}^* 下的电流调节系统，基本上保持电流 I_d 恒定，因而系统的加速度恒定，转速呈线性增长。与此同时，电动机的反电动势 E 也按线性增长，对电流调节系统来说，E 是一个线性渐增的扰动量。为了克服这个扰动，U_{d0} 和 U_c 也必须基本上按线性增长，才能保持 I_d 恒定。当 ACR 采用 PI 调节器时，要使其输出量按线性增长，其输入偏差电压 $\Delta U_i = U_{im}^* - U_i$ 必须维持一定的恒值，也就是说，I_d 应略低于 I_{dm}（见图 2 – 15）。此外还应指出，为了保证电流环的这种调节作用，在起动过程中 ACR 不应饱和，电力电子装置 UPE 的最大输出电压也需留有余地，这些都是设计时必须注意的。

第 III 阶段（t_2 以后）是转速调节阶段。当转速上升到给定值 $n^* = n_0$ 时，转速调节器 ASR 的输入偏差减小到零，但其输出却由于积分作用还维持在限幅值 U_{im}^*，所以电动机仍在加速，使转速超调。转速超调后，ASR 输入偏差电压变负，使它开始退出饱和状态，U_i^* 和 I_d 很快下降。但是，只要 I_d 仍大于负载电流 I_{dL}，转速就继续上升。直到 $I_d = I_{dL}$ 时，转矩 $T_e = T_L$，则 $dn/dt = 0$，转速 n 才到达峰值（$t = t_3$ 时）。此后，电动机开始在负载的阻力下减速，与此相应，在 $t_3 \sim t_4$ 时间内，$I_d < I_{dL}$，直到稳定。如果调节器参数整定得不够好，也会有一段振荡过程。在最后的转速调节阶段内，ASR 和 ACR 都不饱和，ASR 起主导的转速调节作用，而 ACR 则力图使 I_d 尽快地跟随其给定值 U_i^*，或者说，电流内环是一个电流随动子系统。

综上所述，双闭环直流调速系统的起动过程有以下三个特点：

（1）饱和非线性控制。随着 ASR 的饱和与不饱和，整个系统处于完全不同的两种状态，在不同情况下表现为不同结构的线性系统，只能采用分段线性化的方法来分析，不能简单地用线性控制理论来分析整个起动过程，也不能简单地用线性控制理论来笼统地设计这样的控制系统。

（2）转速超调。当转速调节器 ASR 采用 PI 调节器时，转速必然有超调。转速略有超调一般是容许的，对于完全不允许超调的情况，应采用其他控制方法来抑制超调。

（3）准时间最优控制。在设备允许条件下实现最短时间的控制，称作"时间最优控制"。对于电力拖动系统，在电动机允许过载能力限制下的恒流起动，就是时间最优控制。但由于在起动过程 I、III 两个阶段中电流不能突变，实际起动过程与理想起动过程相比还有一些差距，不过这两段时间只占全部起动时间中很小的成分，无伤大局，可称作"准时间最优控制"。采用饱和非线性控制的方法实现准时间最优控制是一种很有实用价值的控制策略，在各种多环控制系统中普遍地得到应用。

最后，应该指出，对于不可逆的电力电子变换器，双闭环控制只能保证良好的起动性能，却不能产生回馈制动；在制动时，当电流下降到零以后，只好自由停车。必须加快制动时，只能采用电阻能耗制动或电磁抱闸。必须回馈制动时，可采用可逆的电力电子变换器。

2.2.4.3 动态抗扰性能分析

一般来说，双闭环调速系统具有比较满意的动态性能。对于调速系统，最重要的动态性能是抗扰性能，主要是抗负载扰动和抗电网电压扰动的性能。

(1) 抗负载扰动：由图 2-13 可以看出，负载扰动作用在电流环之后，只能靠转速调节器 ASR 来产生抗负载扰动的作用。在设计 ASR 时，应要求有较好的抗扰性能指标。

(2) 抗电网电压扰动：电网电压变化对调速系统也产生扰动作用。参见图 2-16。图中的 ΔU_d 和 I_{dL} 都作用在被转速负反馈环包围的前向通道上，仅就静特性而言，系统对它们的抗扰效果是一样的。但从动态性能上看，由于扰动作用点不同，存在着能否及时调节的差别。负载扰动能够比较快地反映到被调量 n 上，从而得到调节，而电网电压扰动的作用点离被调量稍远，调节作用受到延滞，因此单闭环调速系统抑制电压扰动的性能要差一些。

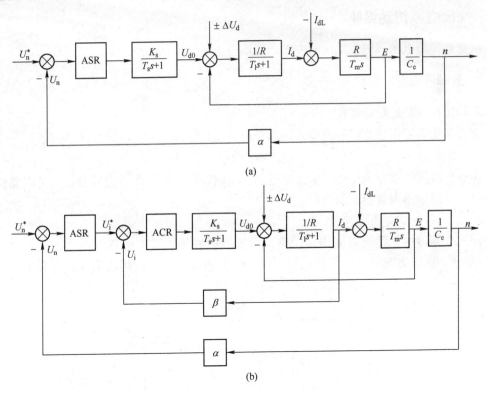

图 2-16 直流调速系统的动态抗扰作用

(a) 单闭环系统；(b) 双闭环系统

$\pm \Delta U_d$ —电网电压波动在可控电源电压上的反映

在图 2-16(b) 所示的双闭环系统中，由于增设了电流内环，电压波动可以通过电流反馈得到比较及时的调节，不必等它影响到转速以后才能反馈回来，抗扰性能大有改善。因此，在双闭环系统中，由电网电压波动引起的转速动态变化会比单闭环系统小得多。

2.2.4.4 转速和电流两个调节器的作用

综上所述，转速调节器和电流调节器在双闭环直流调速系统中的作用可分别归纳如下。

转速调节器的作用为：

（1）转速调节器是调速系统的主导调节器。它使转速 n 很快地跟随给定电压 U_n^* 变化，稳态时可减小转速误差，如果采用 PI 调节器，则可实现无静差。

（2）对负载变化起抗扰作用。

（3）其输出限幅值决定电动机允许的最大电流。

电流调节器的作用为：

（1）作为内环的调节器，在转速外环的调节过程中，它的作用是使电流紧紧跟随其给定电压 U_i^*（即外环调节器的输出量）变化。

（2）对电网电压的波动起及时抗扰的作用。

（3）在转速动态过程中，保证获得电动机允许的最大电流，从而加快动态过程。

（4）当电动机过载甚至堵转时，限制电枢电流的最大值，起快速的自动保护作用。一旦故障消失，系统立即自动恢复正常。这个作用对系统的可靠运行来说十分重要。

2.3　交流变频传动系统

由交流异步电机或同步电机与变频器组成交流变频传动系统。

2.3.1　变频器类型

2.3.1.1　交直交变频器

交直交变频器由整流器和逆变器两部分组成。

A　整流器

主流整流器一般分为二极管桥式整流器、晶闸管回馈制动型整流器和由可关断器件构成的自换向高功率因数整流器三种。

a　二极管桥式整流器

通用变频器中，整流器采用二极管，组成不可控桥式整流电路的占绝大多数，如图 2-17 所示。这种方案与晶闸管整流器相比，在全速度范围内网侧功率因数比较高，不必设置相应的控制电路，成本较低。

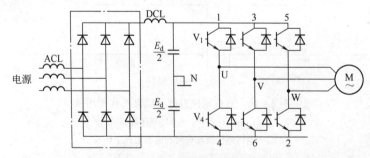

图 2-17　二极管整流器方案图

二极管桥式整流器的工作原理十分简单，不再深入分析。理论上讲，二极管整流器的原侧功率因数应该接近于 1，但实际上，由于中间直流回路采用大电容作为滤波器，整流器的输入电流实际上是电容器的充电电流，呈较为陡峻的脉冲波，其谐波分量较大、波形畸变严重，虽然其基波功率因数 $\cos\varphi_1$ 接近于 1，但计及波形畸变因数后，总功率因数却不可能是 1。

通常情况下，供电侧设备的内阻抗可以起到缓冲直流滤波电容无功功率的作用。这种内阻抗即变压器的短路阻抗越大，则输入电流的谐波含量则越小。即电源的容量相对较大（短路阻抗较小）时，谐波含量将相对变大。

在需要时，可在电网侧接入 AC 电抗器（选购件），来减少网侧电流的谐波含量。

由于二极管的单向导通性，这种结构的电路不能实现直流侧回馈能量再生。当逆变器有再生能量反馈到直流侧时，将导致直流侧电压升高。要限制这种电压的上升，就要采用高功率因数整流器或晶闸管回馈制动型整流器。对制动性能要求不高时，也可采取直流制动或能耗制动方案。

b　高功率因数整流器

随着全控型开关器件技术的不断发展和应用成熟，一种新型的高功率因数整流器（或称 PWM 整流器）逐渐发展并得到广泛应用。其整流电路的拓扑结构与二极管桥式整流器一样，只是电路中不使用二极管而是使用全控型的电力电子器件（主流是 IGBT）。

图 2 - 18（a）为高功率因数整流器的结构示意图，这里将整流变压器等效为理想变压器 TR 串接交流电感 L（即整流变压器的漏感）的结构，其中 V_s 为变压器一次侧电压等效到二次侧的电压，V_c 是整流器输入侧的三相交流电压。那么整流器从电网的输入电流可以表示为：

$$I_s = \frac{\Delta V}{j\omega L}$$

上式中加在交流电感两端的电压 ΔV 为：

$$\Delta V = V_s - V_c = j\omega L I_s$$

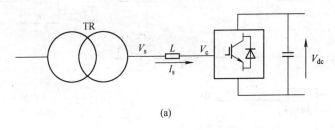

(a)

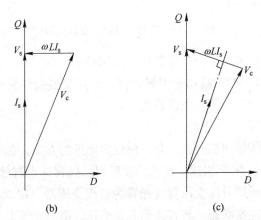

(b)　　　　　　　　　　(c)

图 2 - 18　高功率因数整流器的结构及电压电流矢量图

（a）结构示意图；（b）功率因数为 1 时矢量图；（c）功率因数小于 1 时矢量图

高功率因数整流器可通过控制上式中的 V_c（整流器中唯一直接可控制量）来控制 ΔV，从而最终达到控制输入电流 I_s 的目的。由于整流器采用 PWM 控制可任意控制变化 V_c 的幅值和相位，这样和固定的 V_s 共同作用可以任意控制输入电流 I_s 的相位和幅值，从而达到：

（1）保持整流器输出直流电压恒定。

（2）保持整流器输入电流 I_s 和整流变压器一次侧电压同相位，即实现基波相移因数为"1"。

整流器功率因数为"1"，及功率因数小于 1 情况下电压电流的矢量图如图 2 – 18（b）、（c）所示。

图 2 – 19 所示的高功率整流器采用双闭环控制结构，外环为直流电压控制环，AVR 为直流电压调节器，VDC_ REF 为直流电压设定值，VDC_ F 为直流电压反馈值，直流电压控制环对整流器所输出的直流电压进行闭环控制。为对整流器输入侧交流电流矢量进行控制，需要将三相交流电流进行矢量变换，变换成 D 轴电流和 Q 轴电流，分别对 D 轴电流和 Q 轴电流进行控制，因此电流环由两部分组成。直流电压控制环的输出作为 Q 轴电流给定值 IQ_ REF，D 轴电流单独给定，通过控制 D 轴电流实现整流器的功率因素控制。将整流器实际三相交流电流经矢量变换转换成 Q 轴电流反馈值 IQ_ F 和 D 轴电流反馈值 ID_ F。

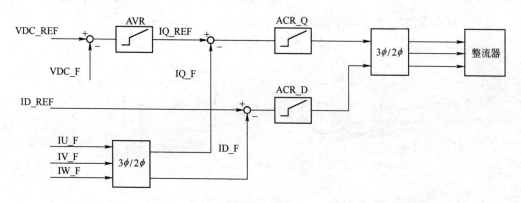

图 2 – 19　高功率因数整流器控制框图

由于与逆变器一样采用了全控型器件（应用较多的为 IGBT，也有 IEGT、IGCT、SGCT 等）。现在大部分厂家生产的高功率因数整流器和逆变器组件完全一样，只是控制方式不同，可减少组件备品数量，节约备件费用。

c　晶闸管回馈制动型整流器

为了解决逆变侧能量回馈问题，有一种较为常见的方案，如图 2 – 20 所示，其整流器由整流单元和回馈单元 NGP 组成。整流单元采用二极管（也有部分采用晶闸管）；回馈单元由晶闸管全控桥和回馈升压变压器（通常为自耦变压器）组成。该晶闸管全控桥回馈单元，总是工作在有源逆变状态，将直流侧有功能量回馈给交流电网。

在实际工作中，常会碰到回馈单元的故障，故对此回馈原理稍加说明。我们分析一下回馈升压变压器的功能。

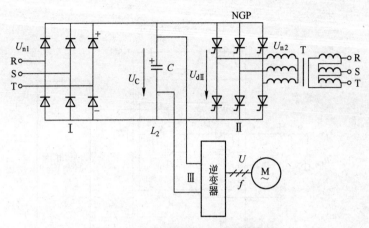

图 2-20　晶闸管回馈制动型整流器

如果该整流器整流单元一般采用二极管整流，因此：

$$U_d = 1.35U_{n1}$$

式中，U_d 为直流电压；U_{n1} 为网侧电压。如电网为 380V，则直流电压为 513V，当电机制动时，直流电压抬高，当其升高到 $\sqrt{2}U_2$（380V 电网，约 537V）时，整流单元停止工作，电压继续升高到一定值（根据设定值不同，一般在 600V 以上），回馈单元开始工作。

显然，要完成有源逆变，必须符合此条件：$U_d > 1.35U_{n2}\cos\beta$，其中 U_{n2} 为自耦变二次侧（非网侧）电压。该式中，两边差值不能太大，否则容易出现电流冲击。

如不设置自耦变压器（该自耦变压器从网侧看为升压），且当直流电压到达 600V 时，回馈侧开始起动，则 $U_{n1} = U_{n2} = 380V$，$U_d = 600V$，上式 $1.35U_{n2}\cos\beta$ 即使取最大值为 $1.35 \times 380 = 513V$，仍与 $U_d = 600V$ 有较大差距，一旦开始有源逆变，势必会造成较大电流冲击。如设置 1:1.2 的升压变压器，则 $U_{n2} = 1.2 \times 380 = 456V$，上式 $1.35U_{n2}\cos\beta$ 取最大值为 $1.35 \times 456 = 615V > U_d$，此时只要选择好合适的 β 角，便可较平缓地完成回馈工作。

应该注意，只有在不易发生故障的稳定电网电压下（电网压降不大于 10%），才可以使用这种回馈制动方式。因为在回馈制动运行时，电网电压故障时间大于 2ms，则可能发生逆变失败，烧坏快熔。这在不少钢厂的应用实绩中已得到验证。

B　中间电路

a　储能单元

变频器中间环节一般为储能单元，变频器中间储能单元可采用电容和电抗器两种。采用电容储能的为电压源型变频器，采用电抗器储能的为电流源型变频器。

b　制动单元

当变频器的整流器采用二极管整流时，电机在制动时的能量无法回馈电网。为吸收电动机的再生电能，通常可以在这种变频器的直流侧电容两端，加装制动单元，图 2-21 为一种典型的制动单元。

如图 2-21 所示，制动单元中包括晶体管 V_B、二极管 VD_B 和制动电阻 R_B。如果回馈能量较大或要求强制动，还可以选用接于 H、G 两点上外制动电阻 R_{EB}。当电动机制动能

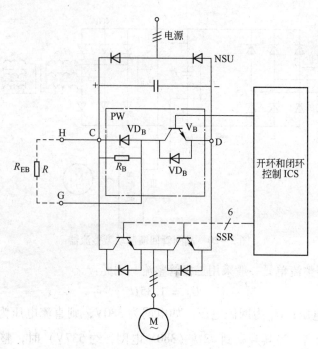

图 2 - 21 制动单元示意图

量经逆变器回馈到直流侧时，直流回路电容器的电压将升高，当该值超过设定值时，给 V_B 施加基极信号使之导通，将 R_B （R_{EB}）与电容器并联起来，存储在电容中的回馈能量经 R_B （R_{EB}）消耗掉。

流经制动电阻的电流是间隙的，因此，有些公司称制动电阻为"脉冲电阻"。

C 逆变电路及其工作原理

交直交变频器中的逆变器一般接成三相桥式电路，以便输出三相交流变频电压。图 2 - 22 绘出了由 6 个电力电子开关器件 $VT_1 \sim VT_6$ 组成的三相逆变器主电路，图中用开关符号代表某种一种电力电子开关器件。控制各开关器件轮流导通和关断，便可在输出端得到三相交流电压。在某一瞬间，控制一个开关器件关断，同时使另一个开关器件导通，就实现了两个器件之间的换相。在三相桥式逆变器中，一般分为六拍控制和 PWM 控制两种。

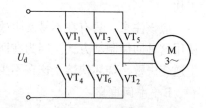

图 2 - 22 三相桥式逆变器主电路

a 六拍控制

受限于当时只能采用半控式元器件——晶闸管，早期的交直交逆变器都是六拍控制。六拍控制是指在一个周期内，逆变器功率器件共开通关断 6 次，即每个器件均开通关断一次。六拍控制分为 180°导通型和 120°导通型两种，分别适用于电压源型和电流源型的逆变器控制。

同一桥臂上、下两管之间互相换相的逆变器称作 180°导通型逆变器，例如当 VT_1 关断后，使 VT_4 导通，而当 VT_4 关断后，又使 VT_1 导通。这时，每个开关器件在一个周期内导通的区间是 180°，其他各相亦均如此。因为一个周期是 360°，所以每一时刻总有三个开关器件同时导通。对于180°导通型的六拍控制，必须防止同一桥臂的上、下两管同时导通，否则将造成直流电源短路。为此，在换相时，必须采取"先断后通"的原则，即先给应该关断的器件发出关断信号，待其关断后留有一定的时间裕量（叫做"死区时间"），再给应该导通的器件发出开通信号。死区时间的长短视器件的开关速度而定，对于开关速度较快的器件，所留的死区时间可以短一些。由于死区时间的存在，会造成所输出的电压波形发生畸变。

120°导通型逆变器的换相是在同一排不同桥臂的左右两管之间进行的，例如，VT_1 关断后使 VT_3 导通，VT_3 关断后使 VT_5 导通，VT_4 关断后使 VT_6 导通等等。这时，每个开关器件一次连续导通120°，在同一时刻只有两个器件导通，如果负载电动机绕组是星形连接，则只有两相导电，另一相悬空。

前述的六拍控制逆变器优点是每周期内开关次数少，控制模式相对简单，主开关器件的开关损耗较小。但其缺点也是明显的，半控型的开关器件不能自判断、需辅助换相环节（即使是同步机等有源负载，在低速时也需辅助换相环节）；较大电机转矩脉动使系统调速精度较差、调速范围较窄；深度的低速控制时，不但谐波大，还会使电网功率因数恶化，影响供电质量；最为重要的是六拍控制的逆变器只能改变逆变器的输出频率，不能改变逆变器的输出电压。因此，不能在一个逆变器中实现 v/f 的协同控制，因此早期的逆变器六拍控制总是与可改变整流电压 U_d 的整流器配合使用的。所以，目前逆变器已基本不采用六拍方式。随着自关断器件的逐步成熟，PWM 逆变器应用日渐广泛。

b　PWM 控制

常规的 PWM 脉宽调制，是利用相当于正弦基波的信号对一序列三角波进行调制，所调制出的信号用于控制开关器件门极，达到既可以控制逆变器输出频率大小，又可以控制输出电压幅值大小的一种将直流电变成交流电的方法。

PWM 脉宽调制有多种形式，如 SPWM、SAPWM、SHEPWM 等。无论哪种形式，其本质总是对直流电压进行变频变压的脉宽调制，只是不同形式的 PWM，其输出的交流电压的谐波大小不同而已。工程上常采用 SPWM 方式，SPWM 变频器有如下优点：

（1）可以实现由逆变器自身同时完成调频和调压任务。

（2）输出电压的谐波含量可以极大地减少，特别是可以减少和消除某些较低次谐波。减少了电动机的谐波损耗和减轻了转矩脉动。即使在很低的转速下，也可以实现平稳运转。

（3）由于主开关器件的开关频率足够高，可以实现快速电流控制，这对于矢量控制式高性能变频器是必不可少的。

最常见的中小容量变频器，其整流器采用二极管组成，逆变器由全控元器件组成，如图 2-23（a）所示。逆变器开关模式的 SPWM 信号，通常情况下利用三相对称的正弦波参考信号与一个共用的三角波载频信号互相比较来生成，如图 2-23（b）所示。

控制上常有单极性和双极性两种情况。

所谓单极性控制是指在输出的半个周波内，同一相的两个导电臂仅一个反复通断而另一个始终截止。以 U 相的正半周波为例，图 2-23（a）中的 V_1 反复通断，而 V_4 始终截止。单极性控制情况下，正弦参考波 u_{RU} 与三角载波 u_c（图 2-24（a）所示）及控制电压 u_{gU} 和相电压 u_{UN} 的波形如图 2-24 所示。当 u_{RU} 高于 u_c 时，u_{gU} 为"正"电平；当 u_{RU} 低于

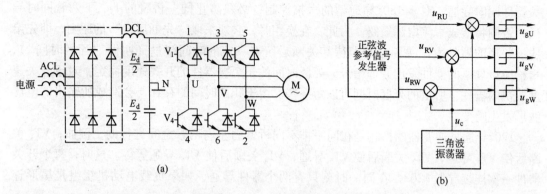

图 2 - 23 SPWM 变频器

(a) 主电路；(b) 控制电路框图

u_c 时，u_{gU} 为"零"电平。由于载频信号 u_c 等腰三角波的两腰是线性变化的，它与光滑的正弦波参考信号 u_{RU} 相比较，得到的各脉冲的宽度也随时间按正弦规律变化，形成 SPWM 的控制波形 u_{gU}。u_{gU} 做为主电路中开关元件 V_1 的门极控制信号，控制 V_1 的反复通断，所以在正半周波内，图 2 - 24 (a) 中的 U 相输出电位波形 u_{UN} 与 u_{gU} 是相似的。相对于直流中点而言，u_{UN} 的幅度是 $E_d/2$，并且保持恒定，如图 2 - 24 (b) 所示。以上分析的是正半周波的情况，负半周波与此类似。

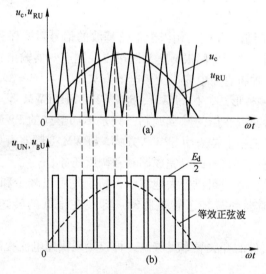

图 2 - 24 单极性脉宽调制方法与波形

(a) 正弦参考波与三角载波；(b) 输出 SPWM 波形

可以看出，调节正弦波参考信号 u_{RU} 的频率，就可以起到调节 u_{UN} 频率的效果，调节正弦波参考信号 u_{RU} 的幅值，便能调节 u_{UN} 的载波宽度，也就等效地起到了调节 u_{UN} 正弦基波幅值大小的效果。我们还可以看出，三角波 u_c 的频率能决定 u_{UN} 的谐波大小，载波比（三角波载波频率 u_c 与正弦波参考信号 u_{RU} 频率之比叫载波比）越高，则 u_{UN} 越接近于正弦波，反之亦然。实际上开关元件的开断频率是有限制的，u_c 的频率不能太高，大多在 5K 以下。

双极控制与单极控制基本相同。不同的是：单极控制在半波内的电压只在"正"、"零"之间变化，主电路每相中只有一个开关元件反复通断；如果 u_c 是上下对称的三角波、u_{RU} 是全正弦波，同时，让同一桥臂上下两个开关元件交替通断，则输出脉冲会在"正"、"负"之间变化，就得到了双极的 SPWM 波形。

关于电力电子开关 PMW 变换技术，还有同步控制、异步控制、死区控制等许多专门的技术，它们的终极目标都是如何减小谐波、提高控制精度，对此我们不再一一描述。

使用 SPWM 方式，能使谐波大大削弱，特别是低次谐波的影响显著减小。但 SPWM 的广泛使用也对电动机提出了新的要求：在图 2-24（b）这种 SPWM 波形下，电机端接收到的电压在极短时间内从 0 上升到直流母线电压高度，即电机承受的 dv/dt 极大（通常在 500V/μs 以上），普通电机无法承受如此频繁的冲击，绝缘容易损坏。因此，在用于 SPWM 变频器的电机必须经过特殊绝缘处理，或要选择专门的变频电动机。另一方面，SPWM 技术的使用，将恶化周边设备的电磁环境，因此，采用 SPWM 技术的同时，还必须考虑采用相关的电磁兼容技术。

c　PWM 技术的发展

正弦波脉冲调制（SPWM）的目的是使变频器输出的电压波形尽量接近正弦波，减少谐波，以满足交流电动机的需要。满足这种基本要求的并不是只有上述的 SPWM 控制技术。人们陆续又开发出一些新型的 PWM 技术，其中典型的代表为 SHEPWM 和 SVPWM。

SHEPWM 意为消除指定次谐波的 PWM（Selected Harmonics Elimination PWM）控制技术。使用此技术，可消除不允许存在的或影响较大的某几次谐波，如 5/7/11/13 等低次谐波。

SVPWM 意为空间矢量 PWM 控制技术，它不再是传统概念下的三角波载正弦波实现脉宽调制的控制思想。其基本思路为：交流电动机需要输入三相正弦电流的最终目的是在电动机空间形成圆形的旋转磁场，从而产生恒定的电磁转矩。如果对准这一目标，把逆变器和交流电动机视为一体，按照跟踪圆形旋转磁场来控制逆变器的工作，其效果会更好。因此，这种控制方式又称为磁链跟踪控制。

SVPWM 已经成为现在通用变频器 PWM 的一种主流方式。

D　逆变电路常用拓扑结构

a　普通二电平逆变电路

在电压型逆变器中，广泛使用的是二电平逆变器（见图 2-25），所谓二电平，是指只有中间直流回路的正端电压（P）和负端电压（N）两个电平。二电平逆变器中，通过轮流导通电力电子开关器件，P 和 N 电平分别接到交流电动机定子各相绕组上。

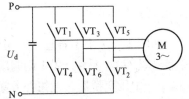

图 2-25　三相桥式二电平逆变器

对某些场合而言，需要使用中压变频器（千伏级）。如使用二电平逆变器，则每个桥臂上电力电子开关器件承受的电压较高；如采用电力电子器件串联的方法，会面临因串联造成的动、静态均压问题。为此，人们设计出一种新的基于多电平的逆变拓扑结构，较好地解决了此问题。

b 三电平逆变器电路

三电平逆变器是多电平逆变器家族中应用最早、最多、技术最成熟的一种，其一相典型电路图如图 2-26 所示。

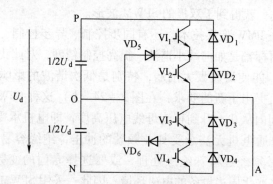

图 2-26 三电平逆变器典型的一相电路图

该结构又被称为 NPC 型逆变器，其特点是，每相桥臂由四个电力电子开关器件串联组成，直流回路中性点 O（电位为0）由两个钳位二极管 VD_5、VD_6 引出，分别接到上下桥臂的中间。这样，每个电力电子开关器件的耐压值可降低一半，该方案是目前应用最为广泛的三电平拓扑结构。

对三电平逆变器而言，开关器件导通可以用按导通时间调节触发延迟角 α 的单脉冲控制方式（对应二电平逆变器的六拍控制），也可采用脉宽调制方式（PWM），实际应用均多采用了 PWM 方式。

典型的采用 PWM 方式的三电平逆变器输出线电压波形如图 2-27 所示。

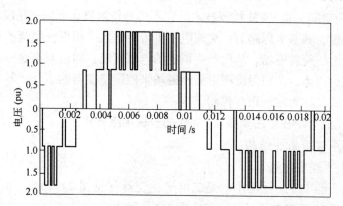

图 2-27 三电平逆变器输出电压

从图 2-27 中不难看出，实行三电平后，每个电力电子器件承受的电压为直流电压的一半（$U_d/2$），且经 PWM 调制后，波形更接近于正弦波。

c 中压变频器其他拓扑方案

中压变频器除三电平方案外，现在应用最多的就是单元串联多电平变频器，其原理如图 2-28 所示。

图中，A_1、A_2、…、A_x，B_1、B_2、…、B_x，C_1、C_2、…、C_x 分别表示串联在 A、B、C 三相上的低压变频单元。如果电动机的额定电压为 6kV，则可由 5 个额定输出电压为 690V

的功率变换单元串联而成，使输出的相电压额定值得到3450V，线电压为 $\sqrt{3} \times 3450V = 5975V$ ，接近6kV。

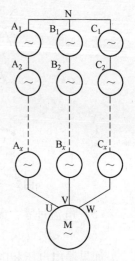

由于使用了多个低压变频单元串联组成中压变频器，在功率变换单元中使用低压的电力电子器件即可，例如对于6kV电动机只需要耐压为1700V的IGBT。虽然与采用高压器件的变频器相比，单元串联变频器器件数量大大增加，但总体效率仍可达97%；输出总谐波电流畸变率基本在1%以内。因此，采用单元串联技术的中压变频器在目前市场应用中占可观比重。

2.3.1.2 交交变频技术

A 交交变频原理

图2-29为典型的三相桥式可逆整流电路，通过控制图中晶闸管的 α 控制角，即可调节输出电压 U_o 。两组反并联的晶闸管可产生正负不同的电压，其值为： $U_o = 1.35U_2\sin\alpha$ （其中 U_2 为网侧线电压）。从变流技术可知，晶闸管控制角 α 源自触发装置的控

图2-28　单元串联
变频器原理图

制信号 u_{st} ，如果 u_{st} 为交流信号，可逆整流装置亦输出交流信号，交流输出的正半周有正组桥完成，负半周由反并联组桥完成。三组这样的电路电机三相绕组相连，便可实现电机的变频控制。

三相输出的交交变频器由三套输出电压彼此相差120°的单相输出交交变频器组成。主电路有两种连接方式：公共交流母线进线方式（见图2-30）和星形连接方式（见图2-31）。

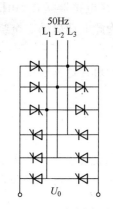

图2-29　三相桥式可逆
整流原理

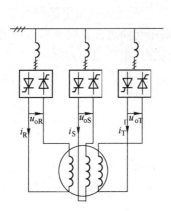

图2-30　公共交流母线
三相交交变频器

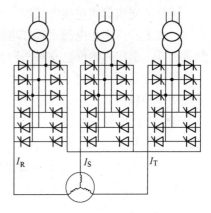

图2-31　简单的交交
变频器实例图

输出端接有感性负载的交交变频器输出的单相电压和电流波形见图2-32。

一个周期的波形可以分成6段：

(1) $u_o > 0$ ， $i_o < 0$ ，变流器工作于第二象限，反向组逆变。

(2) 电流过零，无环流死时。

(3) $u_o > 0$ ， $i_o > 0$ ，变流器工作于第一象限，正向组整流。

(4) $u_o < 0$ ， $i_o > 0$ ，变流器工作于第四象限，正向组逆变。

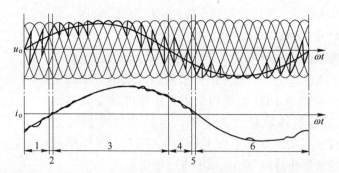

图 2-32 输出端接有感性负载的交交变频器输出电压和电流波形

（5）电流过零，无环流死时。

（6）$u_o < 0$，$i_o < 0$，变流器工作于第三象限，反向组整流。

如果输出电压和电流之间的相位差 $\psi < 90°$，能量从电网流向负载；如果 $\psi > 90°$，能量从负载流向电网。

在每一个输出周期中，有两次电流过零，无环流死时的长短对输出波形影响很大，例如输出频率为 20Hz，一个周期长 50ms，若使用通常用于可逆直流传动的无环流控制线路，死时约 3.3ms，两次电流过零总死时为 6.6ms，在 50ms 中所占的比例太大，使得输出电流谐波及转矩脉动大，变频器出力下降。对于输出频率接近 20Hz 的交交变频器，通常要求无环流死时小于 2ms，由此需采用快速无环流控制线路。若使用有环流可逆控制线路，将虽能使死时降至零，并可提高交交变频器最高输出频率一倍左右，但主电路和控制上要复杂许多。

用公共交流母线进线方式时，交交变频器的三相电源进线通过进线电抗器接在 50Hz 公共母线上，这三相电源必须在电机端相互隔离，否则会形成环流，为此电动机的三个绕组需拆开，引出六根线。这种一种接线方式主要用于大容量。

用输出星形连接方式时，电动机绕组不用拆开，只要引出三根线即可，这种接线方式主要用于中容量。

B 交交变频的特点

交交变频具有如下特点：

（1）交交变频原理基于可逆整流，工作可靠。它是基于有准备逻辑无环流技术，在直流调速领域应用已十分成熟，技术人员可以将以前丰富的直流调速控制设计、维护经验直接应用到交交变频上。

交交变频主回路元器件一般选用晶闸管。晶闸管是应用最早，技术最成熟的电力电子元件，具有成熟、可靠、大容量、价格优势明显等特点。另外，晶闸管也是我国唯一全面掌握研制、大规模成熟应用的电力电子元件，国产化替代效果良好。

（2）流过电动机的电流近似于三相正弦，附加损耗小，脉动转矩小，电动机属普通交流电动机类，价格较便宜。

如果是交直交采用 IGBT、IGCT 等新型电力电子元器件的变频器，其输出电压通常为 PWM 调制波，其输出电压变化率（dV/dt）较大，所以一般电机需选用变频电机，与普通电机相比，需要加强局部绝缘。

（3）电网侧功率因数较低，使用时通常需额外加装无功补偿装置。

资料表明，单相交交变频及三相交交变频功率因数理论最高值分别只能到 0.675 和 0.827。在输入电流谐波方面，交交变频具有丰富的高次谐波及旁频谐波。对于 6 脉冲整流器而言，高次谐波一般为 5、7、11、13、17、19 等；对于 12 脉冲整流器而言，高次谐波一般为 11、13、23、25 次等；与常规整流相比较，交交变频的每个高次谐波旁边，都有 $\pm 21f$（f 为调制频率）的旁频。

交交变频器工作中产生的无功功率和谐波，对电网产生很大不良影响，因此，实际应用中均会设置无功补偿和谐波吸收装置来改善电网质量。现使用最多的补偿方式为 SVC（静态无功补偿）方式。

（4）当电源为 50Hz 时，最大输出频率不能超过 20Hz，所以相对于 4 极电动机，最高转速必须限制在 600r/min 以内。

制约输出频率上限的是输出谐波及转矩脉动。

交交变频器输出为整流电压波形，无环流"死时"使电流过零不平滑，带来一系列谐波。这些谐波的幅值随着输出频率增大而增大，导致变频器出力降低，负载电动机脉动转矩加大，损耗增加，从而限制了交交变频器的最大输出频率。应用表明，输出频率在 20Hz 时，交交变频器输出电流畸变系数（谐波电流有效值/基波电流有效值）达 20%，转矩脉动系数（脉动转矩/平均转矩）达 30%。已难以满足生产需求。

（5）主回路较复杂，器件多（桥式线路至少需 36 个晶闸管），小容量时不合算。

C　交交变频应用场合

从 B 中特点描述显见，交交变频较适合应用在大功率、低速场合，如无齿轮水泥球磨机、外转子矿井卷扬机、船舶推进装置、冷热轧轧机主传动等。

实际应用中采用的交交变频器基本为容量 3000kW 以上、转速 600r/min 以下。

D　交交变频技术发展及趋势

近年来，又出现了一种采用全控型开关器件的矩阵式交交变压变频器，类似于 PWM 控制方式。输出电压和输出电流的低次谐波都较小，输入功率因数可调，输出频率不受限制，能量可双向流动，可方便地进行四象限运行。但最大输出输入电压比一般不超过 0.866。此类交交变频器已有成熟产品推出。

交交变频器在 20 世纪 90 年代至 2005 年之前曾作为西门子公司大容量系统的主推系列，在全球各地都有极为广泛的应用。但近年来，随着大功率电力电子元器件的应用不断成熟，各公司陆续推出 IEGT、IGCT、SGCT 等大功率全控器件。由于大功率、高耐压水平的晶闸管的优势已不突出，大容量交交变频器的传动方案已悄然成为历史。各类基于大功率全控器件的大型变频装置，已不断推出并广泛应用，如西门子公司 SM150（IGCT、交直交），ABB 公司 ACS6000（IGCT、交直交），TMEIC 公司 TMD70（IEGT、交直交）罗克韦尔公司 POWERFLEX7000（SGCT、交直交）等。这些产品均采用了双 PWM 方式（整流器为 PWM 高功率因数整流器）及新型全控器件，并且电动机转速没有低速限制，已成为现在大功率方案选择的主流。

2.3.2　异步电机变频调速系统

异步电机变频调速系统对电动机的控制方式，从不同角度有不同分类方法。从系统控制对象参数来看，大体可分为 U/f 恒定控制、矢量控制、直接转矩控制三种主要控制方式。

2.3.2.1　U/f 恒定控制

根据电动机空载转速公式 $n_0 = \dfrac{60f_1}{p}$，对于笼型异步电动机只有改变电机极对数 p_n 与改变供电电压频率 f_1 才能改变 n_0。而前者的改变不只要求有专门的变极电机，而且形成 n_0 作跳跃式的有级变化，显然不能满足要求。所以人们寻求改变 f 进行调速，理论上只要有个可连续调节输出电压频率的变频器供电给异步电动机，则电机的 n_0 就可随供电电压频率而连续地变化。在实践中，由电力电子器件组成的静止式变频器已使这种方法完全可行。

U/f 控制是在改变电动机电源频率的同时改变电动机电源的电压，使电动机磁通保持一定，在较宽的调速范围内保持电动机的转矩、效率、功率因数不下降。因为是控制电压与频率的比，通常称为 U/f 控制或者 VVVF 控制。此种控制方式比较简单，多用于节能型变频器，如风机、泵类机械的节能运转及生产流水线的工作台传动等。

A　维持 $\varPhi$ 恒定

异步电动机的同步转速由电源频率和电动机极数决定，在改变频率时，电动机的同步转速随着改变。当电动机负载运行时，电动机转子转速略低于电动机的同步转速，即存在转差。转差的大小和电动机的负载大小有关。

U/f 恒定控制是异步电动机变频调速最基本控制方式，它在控制电动机的电源频率变化的同时控制变频器的输出电压，并使两者之比为恒定，从而使电动机的磁通基本保持恒定。

从异步电机工作原理可写出电机定子每相电动势的有效值为

$$E_g = 4.44 K_{NS} N_S f_1 \varPhi_m \tag{2-8}$$

式中　E_g——气隙磁通在定子绕组中感应电动势；

　　　K_{NS}——电机定子基波绕组系数；

　　　N_S——电机定子每相绕组串联匝数；

　　　f_1——电源频率；

　　　$\varPhi_m$——电机每极气隙磁通。

电动机端电压和感应电动势的关系式为

$$U_1 = E_1 + (r_1 + jx_1)I_1 \tag{2-9}$$

在电动机额定运行情况下，电动机定子电阻 r_1 和漏电抗 x_1 的压降较小，电动机的端电压和电动机的感应电动势近似相等。另外，在工程中，由于 E_g 难以检测与控制，使实际应用有困难，而 U_1 又是人为外加的量，具有可测可控性能。所以，提出了使用 U_1 替代 E_g。

由式（2-8）可以看出，当电动机电源频率变化时，若电动机电压不随着变化，那么电动机的磁通将会出现饱和或欠励磁。例如当电动机的频率降低时，若继续保持电动机的端电压不变，即继续保持电动机感应电动势 E_g 不变，那么，由式（2-8）可知，电动机的磁通 $\varPhi_m$ 将增大。由于电动机设计时电动机的磁通常处于接近饱和值，磁通的进一步增大将导致电动机山现饱和。磁通出现饱和后将会造成电动机中流过很大的励磁电流，增加电动机的铜损耗和铁损耗。损耗发热的同时，也限制了转矩的输出。而当电动机出现欠励磁时，将会影响电动机的输出转矩；若要维持相同转矩的输出，必然也要增大电流，同样使电动机过流过载发热。因此，在改变电动机频率时，应对电动机的电压或电动势进行控制，以维持电动机的磁通恒定。在变频控制时，能保持 U/f 为恒定，可以维持磁通恒定。

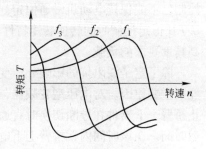

图 2-33 异步机变压变频调速的转矩特性曲线

图 2-33 是采用恒定比控制的异步电动机变压变频调速的转矩特性曲线，图中横坐标为转速，纵坐标为转矩。由图 2-33 可看出，随着频率的变化，转矩特性的直线段近似为一组平行线，电动机的最大转矩相同，但产生最大转矩转差不同，所对应的转差频率不变。

B U/f 恒定控制

对任一设定的频率 $f_1 = \alpha_F f_{1N}$，相应电压为 $U_s = \alpha_F U_{SN}$，此时异步电动机的电磁转矩表达式为

$$T_e = \frac{3p_n U_{SN}^2 R_r'(s\alpha_F)}{\omega_{1N}\left[R_r'^2 + (s\alpha_F)^2 x_N^2 \right]} \tag{2-10}$$

式中，x_N 表示额定频率下的定转子漏抗，在一定负载下，在不同的 α_F 时对应同一个转矩 T，那么必有 $s\alpha_F$ 为常数。

$$s\alpha_F = \frac{n_0 - n}{n_0} \cdot \frac{f_1}{f_{1N}} = \frac{n_0 - n}{n_0} \cdot \frac{p_n n_0/60}{p_n n_{ON}/60} = \frac{\Delta n}{n_{ON}} \tag{2-11}$$

式中，n_{ON} 为对应额定频率下的同步转速，对给定的电动机来说是恒定值；当 $s\alpha_F$ 为常数时，必有 Δn 为恒值。也就是说异步机在基频以下调频调速特性是一组平行的曲线。

异步机的最大转矩对其启动性能与过载能力都有影响。所以必须讨论变频调速时异步电动机最大转矩是否保持不变。

令 $\dfrac{\mathrm{d}T_e}{\mathrm{d}s} = 0$，可求得最大转矩

$$T_{e.max} = \frac{3}{2} p_n \left(\frac{U_s}{\omega_1}\right)^2 \frac{1}{\dfrac{R_s}{\omega_1} + \sqrt{\left(\dfrac{R_s}{\omega_1}\right)^2 + (L_{ls} + L_{lr}')^2}} \tag{2-12}$$

可见，$T_{e.max}$ 将随 U_s 的降低而减小，在低频时必将影响电动机的负载能力，甚至无法带载启动。所以，在低频时，要采用定子电压补偿措施，可以维持 $T_{e.max}$ 不变（见图 2-34）。

U/f 比恒定的控制常用在通用变频器上。这类变频器主要用于风机、水泵的调速节能，以及对调速范围要求不高的场合。控制的突出优点是可以进行电动机的开环速度控制。U/f 比恒定的控制存在的主要问题是低速性能较差。其原因是低速时异步电动机定子电压降所占比重

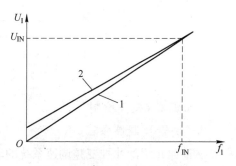

图 2-34 低频电压补偿示意图
1—未加定子电压补偿；2—加定子电压补偿

增大，已不能忽略，不能认为定子电压和电动机感应电动势近似相等，仍按 U/f 比恒定的控制已不能保持电动机磁通恒定。电动机磁通的减小，势必造成电动机的电磁转矩减小。U/f 比恒定控制时的转速转矩特性，尽管采取电压补偿措施，低速性能仍然不能满足一些高精度要求的负载。

除了定子漏阻抗的影响外，变频器桥臂上下开关器件的互锁时间是影响电动机低速性能的重要原因。对电压型变频器，考虑到电力电子器件的导通和关断需一定时间，为了防止桥臂上下器件在导断切换时直通，造成短路而损坏，在控制导通时设置一段开关导通延迟时间。在该时间内，桥臂上下电力电子器件处于关断状态。因此，又称该延迟时间为互锁时间。互锁时间的长短与电力电子器件的种类有关。对于大功率晶体管 GTR 来说，互锁时间约为 $10 \sim 30\mu s$；对于绝缘栅晶体管 IGBT 来说，互锁时间约 $3 \sim 10\mu s$。由于互锁时间的存在，变频器的输出电压将比控制电压降低。互锁时间造成的电压降还会引起转矩脉动，在一定条件下将会引起转速、电流的振荡，严重时变频器不能运行。对于这种情况，可以采用补偿端电压的方法，即在低速时适当提升电压，以补偿定子电阻压降和开关互锁时间的影响。

C 基频以上的控制

所谓基频，即是指电机铭牌上的额定工作频率。在我国即为工频 50Hz。按照前面分析，在基频以下调速时，为维持 Φ 为恒值可采用 U/f 协调控制方式。但在基频以上时，若要维持 Φ 恒定，必须随 f 的提高而相应增大 U_s。由于电机额定电压 U_N 与其绝缘能力有关，一般不允许在超过 U_N 值下工作。所以，在基频以上工作时只能舍弃对 Φ 维持为恒值的要求，而使电机在额定电压和弱磁通下工作，当然这将影响电机转矩的输出，但将保持恒功率控制。图 2 - 35 为基频以上恒功率控制，在基频角频率 ω_{1N} 以下时，系统为恒转矩控制；在 ω_{1N} 以上时，系统输出转矩随着 ω 的增加而减小，但输出功率保持恒定。

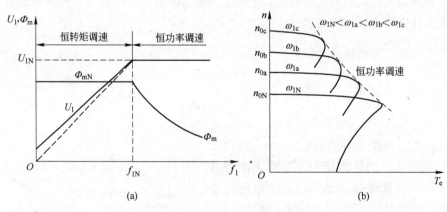

图 2 - 35 基频以上恒功率控制

2.3.2.2 矢量控制

A 矢量控制简介

从前面介绍的几种变频调速系统的动静态性能看，转速开环的变频调速系统，只适用于风机类负载或负载平稳的一般生产机械。

矢量控制是一种高性能异步电动机控制方式。它基于电动机的动态数学模型，分别控制电动机的转矩电流和励磁电流，具有直流电动机相类似的控制性能。

直流电动机具有两套绕组，励磁绕组和电枢绕组。两套绕组在机械上是独立的，在空间上互差90°；两套绕组在电气上也是分开的，分别由不同电源供电。在励磁电流恒定时，直流电动机所产生的电磁转矩和电枢电流成正比，控制直流电动机的电枢电流可以控制电动机的转矩。因而，直流电动机具有良好的控制性能。当进行闭环控制时，可以很方便地构成速度、电流双闭环控制，系统具有良好的静、动态性能。

异步电动机亦有两套多相绕组（定子绕组和转子绕组），其中定子绕组和外部电源相接，在定子绕组中流过定子电流。转子绕组只是通过电磁感应在转子绕组中产生感应电动势，并流过电流。同时，定子侧的电磁能量转变为机械能供给负载。因此异步电动机的定子电流包括两个分量：励磁电流分量和转子电流分量。由于励磁电流是异步电动机定子电流的一部分，很难像直流电动机那样仅仅控制异步电动机的定子电流达到控制电动机转矩的目的。事实上，异步电动机所产生的电磁转矩和定子电流并不成比例，定子电流大并不能保证电动机的转矩大。

但是，根据异步电动机的动态数学方程式，它具有和直流电动机的动态方程式相同的形式。因而，如果选择合适的控制策略，异步电动机应能得到和直流电动机相类似的控制性能，这就是矢量控制思路。

从产生旋转磁场角度考虑，旋转磁场是交流电流产生的还是由直流电流产生的，这并不影响电动机性能的分析。如果设想它是由直流电产生的，那产生磁场的绕组需要以电动机的同步转速旋转。这时，在控制计算中需要增加旋转变换，即将静止的定子绕组通以交流电产生的旋转变换，即将静止的定子绕组通以交流电产生的旋转磁场等效为由旋转的绕组通以直流电所产生的磁场。旋转变换是矢量控制又一重要变换。矢量控制和标量控制的主要区别是，前者不仅控制电流的大小，而且控制电流的相位，而标量控制只控制电流的大小。有关矢量控制的原理在有关专业书籍中有详细的分析。

在认识矢量控制原理时，经常要碰到所谓的3/2、2/3变换的计算，这里的3、2指的是电动机的3相和2相。从产生电动机的旋转磁场看，3相绕组中通以3相对称电流可以产生圆形旋转磁场；2相绕组中通以互差90°的电流亦可以产生圆形旋转磁场。因此从磁场的作用看，3相绕组所产生的磁场可以用2相绕组所产生的磁场来等效，这是分析电动机运行原理的基本方式。矢量控制中的3/2、2/3变换的计算亦是一种等效计算。将3相电动机等效为2相电动机后，电动机的定子绕组只有两个，而且在空间上互差90°。同样，可以用2相绕组等效多相转子绕组。从几何上看，直流电动机的两套绕组在空间上亦是互差90°，因而变换后的异步电动机具有和直流电动机相类似的绕组结构。

矢量控制技术经过20多年的发展，在异步电动机变频调速中已经获得广泛应用。但是，矢量控制技术需要对电动机参数进行正确估算，如何提高参数的准确性是一直研究的课题。如果能对电动机参数（主要是转子电阻 R_2）进行实时辨识，则可随时修改系统参数。另外一种思路是设计新的控制方法，降低性能参数的敏感性。近年发展起来的直接转矩控制采用滞环比较控制电压矢量，使得磁通、转矩跟踪给定值，系统具有良好的静、动态性能，在电气机车、交流伺服系统中展现良好的应用前景。

B 矢量控制理论

20世纪70年代初，国外相继提出了"异步电机磁场定向的控制原理"，奠定了矢量控制的基础。对于他励直流电动机，电动机的磁场由励磁绕组产生，在励磁电流不变时，如果忽略电枢反应所造成的影响，电动机的转矩与电枢电流成正比，控制电枢电流即可控制电动机的转矩。而对于异步电动机，简单地控制电动机的定子电流大小并不能控制电动机的转矩。这是因为异步电动机的转矩不仅与电动机磁通和电流的大小有关，而且还和它们之间的相位差有关。电动机的定子电流大，并不意味着电动机的转矩大。

矢量控制的基本出发点是将异步电动机构造上不能分离的转矩电流和励磁电流，分离成相位差90°的转矩电流和励磁电流分别进行控制，从而改善了异步电动机的动态控制性能。为了实现矢量控制的目的，需要将电动机的3相电流按坐标变换的方法变换成2相电流。在2相坐标系上，确定电动机的转矩电流和励磁电流大小，并分别进行控制。再将2相电流变换成3相电流设定值，然后采用电流闭环控制实际电流。

a 异步机在同步旋转 MT 坐标系按转子磁链定向的数学模型

按异步电机磁场定向控制原理，提出如将同步旋转 d 轴定位在与电机转子磁链矢量 $\boldsymbol{\Psi}_r$ 相同方向（如图2–36所示），则可使电机数学模型更为简化使用。一般称此旋转坐标系为按转子磁链定向的旋转坐标系，用 MT 坐标系表示，以此与 dq 旋转系区别。

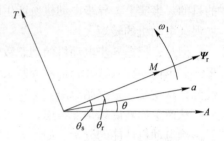

图2–36 按转子磁链定向的 MT 旋转坐标系

在规定了同步旋转坐标系的空间位置后，即可写出经坐标变换后异步电机的动态数学模型。

考虑 M 轴已定向在矢量 $\boldsymbol{\Psi}_t$ 方向，所以 $\boldsymbol{\Psi}_t$ 在 t 轴无分量，$\boldsymbol{\Psi}_{rm}$ 即为 $\boldsymbol{\Psi}_r$。经整理后，可得有关的电压方程与转矩方程为

$$\begin{bmatrix} u_{sm} \\ u_{st} \\ u_{rm} \\ u_{rt} \end{bmatrix} = \begin{bmatrix} R_s + L_s p & -\omega_1 L_s & L_m p & -\omega_1 L_m \\ \omega_1 L_s & R_s + L_s p & \omega_1 L_m & L_m p \\ L_m p & 0 & R_r + L_r p & 0 \\ \omega_s L_m & 0 & \omega_s L_r & R_r \end{bmatrix} \begin{bmatrix} i_{sm} \\ i_{st} \\ i_m \\ i_{rt} \end{bmatrix} \tag{2-13}$$

$$T_e = p_n \frac{L_m}{L_r} i_{st} \boldsymbol{\Psi}_r \tag{2-14}$$

考虑到三相电动机为笼型电动机，转子被短路，所以 $U_{rm} = U_{rt} = 0$。另外，对同步旋转坐标系来说，$\omega_{mts} = p\theta_s = \omega_1$，$\omega_{mtr} = p\theta_2 = p(\theta_1 - \theta) = \omega_1 - \omega = \omega_s$（转差角速度）。

从上式看到，电压方程仍为四阶，但矩阵中含有好几个零元素，方程简单了；转矩方程的耦合量少，形式也简单了。

把式（2–13）矩阵表示式中的第三行单独列出，即

$$0 = L_m p i_{sm} + (R_r + L_r p) i_m = R_r i_{rm} + p\boldsymbol{\Psi}_r \tag{2-15}$$

所以

$$i_{sm} = -\frac{p\boldsymbol{\Psi}_r}{R_r} \tag{2-16}$$

由于 $\boldsymbol{\Psi}_r = L_m i_{sm} + L_r i_{rm}$，把式（2–15）代入，可得

$$\boldsymbol{\varPsi}_{\mathrm{r}} = \frac{L_{\mathrm{m}}}{T_{\mathrm{r}}p + 1}i_{\mathrm{sm}} \qquad (2-17)$$

式中，$T_{\mathrm{r}} = \dfrac{L_{\mathrm{r}}}{R_{\mathrm{r}}}$，为转子励磁时间常数。

式（2-15）与式（2-17）表明了在稳态工作时，$\boldsymbol{\varPsi}_{\mathrm{r}}$ 仅由 i_{sm} 产生，与 i_{rm} 无关，且当 i_{sm} = 常数时，$\boldsymbol{\varPsi}_{\mathrm{r}}$ 也为恒值，称为 i_{sm} 定子电流励磁分量。

将式（2-17）代入式（2-14），可得

$$T_{\mathrm{e}} = p_{\mathrm{n}}\frac{L_{\mathrm{m}}^{2}}{L_{\mathrm{r}}}i_{\mathrm{st}} \cdot \frac{i_{\mathrm{sm}}}{T_{\mathrm{r}}p + 1} \qquad (2-18)$$

当 $\boldsymbol{\varPsi}_{\mathrm{r}} = ct$ 时， $\qquad\qquad T_{\mathrm{e}} = p_{\mathrm{n}}\dfrac{L_{\mathrm{m}}^{2}}{L_{\mathrm{r}}}i_{\mathrm{st}}i_{\mathrm{sm}} \qquad (2-19)$

式（2-19）是在 $\boldsymbol{\varPsi}_{\mathrm{r}} = ct$ 的条件下得到的，显然 i_{sm} 也为常数，此时电磁转矩 T_{e} 仅受 i_{st} 控制，称 i_{st} 为转矩的有效电流分量。

这样，按转子磁链定向 MT 坐标系的正交性质实现了定子两个电流分量的解耦，使数学模型性质改善，并和直流电动机的控制性质趋于一致。至此，对坐标系 MT 名称的意义就更清楚了，M 轴（Magnetization）表示电机励磁绕组所在位置的轴，T 轴（Torque）表示产生转矩电流分量绕组所在位置的轴。

b 矢量控制的基本思想

由于异步电动机在 A、B、C 三相坐标系上的动态数学模型有高阶、非线性、多变量、强耦合的性质，不能实用，所以要应用坐标变换的方法将它变换到一个以同步转速旋转的正交坐标系 MT 上，并可等效为一直流电动机的模型。等效的原则是电机的旋转磁场或磁势的幅值与转速、转向与原三相异步电动机一致。而经过一系列的工作，已完成了将定、转子绕组都变换到以转子磁链矢量方向定向的同步旋转坐标系 MT 上，得到了如图2-37所示的等效直流电机物理模型。

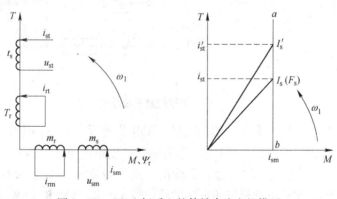

图 2-37 MT 坐标系上的等效直流电机模型

图2-37中 m_{s}、t_{s} 分别表示位于 M、T 轴上的等效直流电机定子绕组，m_{r}、t_{r} 分别表示位于 M、T 轴上的等效直流电机转子绕组。图2-37中电机模型呈现了以下几点直流电机性质：

（1）产生励磁的绕组 m_{s} 在 M 轴上，它所产生的磁动势与 $\boldsymbol{\varPsi}_{\mathrm{r}}$ 矢量同向。

（2）产生转矩的绕组 t_s 在 T 轴上，它所产生的磁动势与 $\boldsymbol{\varPsi}_r$ 矢量正交。

（3）励磁绕组与产生转矩的绕组（或电枢绕组）所产生的磁势 F_{sm} 与 F_{st} 矢量关系如图 2 - 37 所示，它们是正交的，其合成矢量即为电机磁势合成空间矢量 F_s（或电机定子电流合成空间矢量 I_s）。

矢量控制（Vector Control）指的是对磁势空间矢量 F_s 或电流空间矢量 F_s 的幅值与相角的控制。在坐标变换过程中，变换前后 F_s 的大小与旋转速不变，是指在某一瞬态下的工作。在整个动态过程中，电机及其控制系统都处于自动调节过程，如逆变器输入到电机的电压及频率会变化，以及克服各种扰动之需，都将使电机磁场的旋转速、电机定子电压、电流以及磁势发生变化。为能应用直流电动机系统的控制规律以获得优良的动态品质，希望在动态时也能维持 i_{sm} 为常数，才有 $T_e \propto i_{ts}$ 的关系。这样矢量 $F_s(I_s)$ 端点就只能沿着 ab 垂线滑动，从而形成对矢量 $F_s(I_s)$ 的幅值及它与 M 轴夹角的控制。实际上，F_s (I_s) 矢量在控制系统中并不出现，还是反映在对 i_{sm} 与 i_{st} 的控制上，即控制 i_{sm} 不变，调节 i_{st} 对以满足系统要求。

c　矢量控制系统的构成

图 2 - 38 为滑差矢量控制系统结构图。

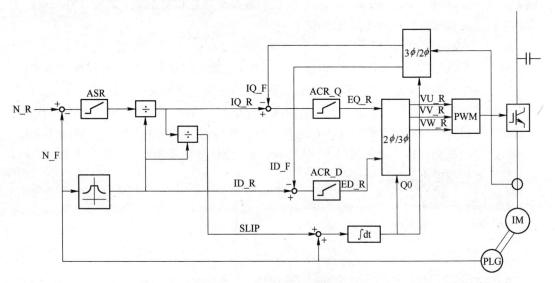

图 2 - 38　矢量控制系统结构图

图 2 - 38 中输入为 N_R 为转速给定信号，ASR 为速度调节器，速度调节器输出 IQ_R 作为转矩（电枢电流）给定信号，ID_R 作为励磁电流给定信号。ACR_Q 和 ACR_D 分别为转矩电流调节器和励磁电流调节器，其输出分别为 Q 轴电压给定和 D 轴电压给定。经过 2ϕ/3ϕ 变换得到对异步电动机三相电压的给定值 VU_R、VV_R、VW_R。经 PWM 调制器控制变频器主回路，输出异步电动机所需的三相变频电压。

2.3.2.3　直接转矩控制系统

异步电动机矢量控制变频调速系统是按转子磁链定向的，这种系统在理论分析的基础上，很好地解决了电机转矩的控制问题。所以系统一经问世，其优良的静、动态性能即受到广泛的关注，并在交流传动领域确立了主导地位。但这种系统也存在着明显的不足之处，主要为：

（1）为了模拟直流电机的控制，所以需要进行复杂的坐标变换（特别是旋转变换）以及解耦运算，从而导致系统软、硬件复杂、运算费时。

（2）由于按转子磁链定向，必需测得转子电阻、电感等参数值，但它们在运行中不可能维持为恒值，所以转子参数的变化对系统控制精度有很大的影响。

在应用按转子磁链定向的矢量控制系统同时，科技工作者也在研究着其他控制策略。德国学者 M. Depenbrock 于 1985 年首次提出了直接转矩控制的理论，并于 20 世纪 90 年代形成系统，应用于工业装置，至今已有系列产品问世。

A　直接转矩控制系统的工作原理

图 2-39 所示为按定子磁链控制的异步电机变频调速系统，习惯称作直接转矩控制系统（Direct Torque Control，DTC）。与一般系统相似，它具有转速环，并借助转速调节器 ASR 以获得对转速控制的优良静态性能。利用对异步机定子参数组成的磁链模型观测到的定子磁链值 Ψ_s 与转矩值 T_e，分别与定子磁链给定值 Ψ_s^* 和转矩给定值 T_e^* 作滞环比较，实现对磁链与转矩的非线性跟踪控制方式（两位式控制）。从离线建立的变频器开关状态选择环节中，确定磁链跟踪型 PWM 控制变频器的开关模式，以达到直接控制电动机转矩的目的。

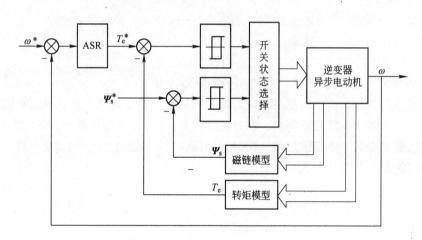

图 2-39　直接转矩控制系统原理图

由于下述特点，DTC 系统在结构上比矢量控制系统简单，且仍具有优良的静、动态性能。

（1）DTC 系统选择电机定子磁链作为被控制量，系统中的磁链模型都在静止坐标系下求得，模型不受转子参数变化的影响。

（2）DTC 系统通过对转矩的两位式砰-砰控制实现转矩直接控制，并把转矩波动限制在一定的容差范围内，控制既直接又简化。不需像矢量控制系统那样要把电流分解成转矩分量与励磁分量，再通过对电流的控制间接地控制转矩。

（3）DTC 系统中采用了磁链跟踪型 PWM 控制变频器，它的开关状态由两位式调节器进行最佳选择，从而可获得对转矩控制的高动态性能。在加减速或扰动时，有快速的转矩响应。

B DTC 系统的控制策略

DTC 系统控制电机的另一个问题便是如何控制电机的定子磁通与转矩使之符合给定值的要求。电动机 Ψ_s 与 T_e 的数学模型使控制系统可运算得 Ψ_s 与 T_e 的即时值，它们与给定值作比较后的误差值分别作为两个双位调节器的输入，并通过 SVPWM 变频器对 Ψ_s 与 T_e 进行砰－砰控制。显然电机的 Ψ_s 与 T_e 都是以指数规律作脉动变化。只要确定了双位调节器的动作上、下限，就相应确定了 Ψ_s 与 T_e 的脉动范围。

由于一般的 SVPWM 控制变频器，属于六拍工作，它只有六个空间磁链矢量，且其大小无法任意控制。DTC 系统要求能按要求控制 Ψ_s 的大小，所以在系统中采用了具有磁链跟踪的 PWM 控制变频器。图 2-40 中给出了理想的磁链圆，外圆与内圆分别表示磁链脉动允许的最大值与最小值（亦即对应双位调节器的动作上、下限），显然它们的平均值就是给定值。以电压空间矢量的不同线性组合可控制空间磁链矢量的增量运动轨迹都在外圆与内圆之间。例如磁链矢量增量到达了外圆 a 点，表明磁链误差为最大，此时通过双位调节器工作与 SVPWM 变频器产生另一磁链矢量增量以使 Ψ_s 减小；到了内圆 b 点，表明磁链太小了，则要使之增大。如此不断地砰－砰工作（实际上是在控制 SVPWM 变频器的开关工作状态），形成一系列的空间磁链增量，而最终使 Ψ_s 值被控制在规定的误差范围之内（即外圆与内圆之间）。显然误差范围受变频器件开

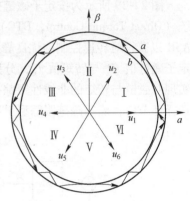

图 2-40 Ψ_s 的控制

关频率所限。图 2-40 给出的是一种较为简单的磁链矢量增量获得法，从图可以看出，这些增量分别与各电压空间矢量同向，在扇区 1 只要 U_2、U_3 即可形成所要的磁链矢量增量。表明通过选择合理的误差范围与设计控制程序所确定选用的电压空间矢量、作用顺序和存在时间即可控制定子磁链的大小与方向。

在选定了电机转矩的容差范围后，同样由双位调节器通过 SVPWM 变频器控制电机的转矩。定、转子磁链表示的方程式

$$T_e = n_p \frac{L_m}{\sigma L_s L_r}(\Psi_{s\beta}\Psi_{ra} - \Psi_{sa}\Psi_{r\beta}) \qquad (2-20)$$

或

$$T_e = n_p \frac{L_m}{\sigma L_s L_r}(\Psi_s \otimes \Psi_r) \qquad (2-21)$$

定子磁链 Ψ_s 与转子磁链 Ψ_r 都是空间矢量，它们在空间的旋转速完全一致，但由于异步机存在转差率，所以它们在空间的位置并不一致，相差一个角度。由于 DTC 系统中要求保持 Ψ_s 为给定值，所以不能通过改变 Ψ_s 的大小来控制 T_e，而是改变 Ψ_s 与 Ψ_r 间的夹角来控制 T_e 的大小。具体说只要通过改变定子磁链 Ψ_s 的旋转速就可改变 Ψ_s 与 Ψ_r 间的夹角；由于电机的转速不能突变，所以在调节瞬间 Ψ_r 的旋转速也不会发生变化，从而可控制 T_e。当 T_e 小到一定值时，可以通过 SVPWM 变频器使磁链空间矢量 Ψ_s 旋转快些，T_e 就增大；若 T_e 大到上限值时，可使 SVPWM 变频器处于零矢量工作状态，Ψ_s 不动，T_e 就下降。变频器不断地在有效电压矢量与零电压矢量状态交替工作，Ψ_s 处于走走停停的状态。T_e 不断地增大与减小在容差范围内呈脉动的变化，其脉动频率与变频器开关频率有关，通

常是较高的。需要指出除零电压矢量工作状态外，转矩控制时变频器的开关工作状态与磁链控制时所要求的开关工作状态应很好配合。

一般两电平变频器只有 8 种开关工作状态，相应的电压空间矢量也仅有 8 种，将它再现于图 2-40 中。当在某一扇区工作时，这 8 个电压空间矢量对转矩和磁链的作用是不同的。TDC 系统的控制就是在当前的电压矢量工作区域内，根据磁链和转矩的要求来选择相应的电压矢量（或组合电压矢量）。设电压定子磁链逆时针旋转为正方向，以在扇区 I 工作的时刻为例，按对转矩与磁链的作用要求可选择的电压矢量见表 2-1。

表 2-1 扇区 I 工作的时刻可选择的电压矢量表

对磁链的作用	对转矩的作用	选用电压矢量
增 大	增 大	U_2
减 小	增 大	U_3
增 大	减 小	U_0（U_7）或 U_6
减 小	减 小	U_0（U_7）或 U_6

其余各扇区所用电压矢量可同理推出。将这些数据存表即形成开关状态选择表，电机工作时即可根据转矩与磁通的开关信号（两位调节器的输出信号）及当前的工作扇区读出所需工作的电压空间矢量以控制变频器的开关工作状态。当然上述仅仅是诸多方法中的一种。

从以上分析可知，DTC 系统由于采用了砰-砰控制，所以在系统稳态工作时，其转矩与磁链都是脉动的，这一点不如矢量控制系统。但是它也具有控制简单、对转矩控制具有高动态性能等诸多优点，所以在实践上也得到了很好的应用。

C 直接转矩控制的应用

直接转矩控制（DTC）是交流传动方面独特的电机控制方式。逆变器的导通与关断，由电机的核心变量——磁通和转矩直接控制。直接转矩调速技术应用的典型代表就是 ABB 公司，目前 ABB 公司的主流交流调速装置产品基本上均采用直接转矩控制方式，图 2-41 是典型的用于异步电机的 DTC 方框图。

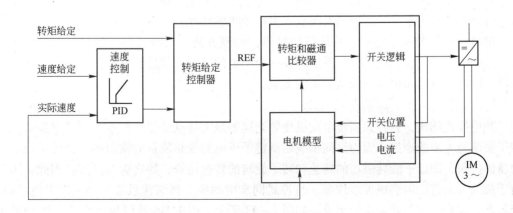

图 2-41 用于异步电机的 DTC 方框图

在 DTC 的控制系统中，测量的电机电流值和直流回路电压值输入到一个自适应的电机模型，并精确地计算出电机转矩和磁通。磁通和转矩比较器把实际值与磁通和转矩控制器计算的给定值进行比较。根据磁滞控制器的输出，由最优的开关逻辑直接确定逆变器最优的开关位置。而在传统的脉冲宽度调制（PWM）控制方式中，逆变器的开关根据预设的模式执行，而不管是否有必要，这导致它的较慢响应。

总的来说，DTC 系统对转矩的两位式砰－砰控制，实现转矩直接控制并把转矩波动限制在一定容差范围内，可以获得对转矩控制的高动态性能。但也存在以下的一些缺点：

（1）鉴于砰－砰控制，即使在稳态状态下，其转矩和磁链仍有脉动。

（2）由于其开关频率是不确定，无法像矢量控制那样，在确定的开关频率条件下，采用消除部分谐波的 PWM 控制方法。

（3）变频器输出电压、电流的谐波较大。

（4）由于 DTC 砰－砰控制使其输出电压有较大的 du/dt，故 DTC 变频器输出都加装滤波器，以减少 du/dt 对电机绝缘的影响，而滤波器增加了线路电感，在减少了 du/dt 同时，也降低了转矩响应。

2.3.3　同步电机变频调速系统

2.3.3.1　同步电动机调速的分类

同步电机变频调速系统从控制上可分为两类：一类为他控式变频调速；另一类为自控式变频调速。他控式变频调速装置的输出频率直接由外部信号决定，属速度开环控制。由于这种控制方式存在同步机的失步与振荡等问题，所以在实际应用很少。同步机调速系统一般采用自控式运行，即变频器给同步机的定子供电，其输出频率由同步机转子位置检测或磁场位置检测器决定，并跟随转子位置的旋转变化而自动变化。自控式同步电机不存在他控式同步电机的失步问题。

A　他控式同步电动机调速

图 2-42 是转速开环、恒压频比控制的小容量同步电动机调速系统，是一种最简单的他控变频调速系统，多用于纺织、化纤等工业小容量多电动机传动系统中。由统一的频率给定信号，来调节各台电动机的转速。图 2-42 中的变频器采用电压源型 PWM 变频器。在 PWM 变频器中，带定子压降补偿的恒压频比控制保证了同步电动机气隙磁通恒定。通过缓慢地调节给定频率，可以同时改变各台电动机的转速。

他控式变频调速的特点：系统结构简单，控制方便，只需一台变频器供电，成本低廉。但由于采用开环调速方式，系统存在一个明显的缺点，就是转子振荡和失步问题并未解决，因此各台同步电动机的负载不能太大。

B　自控式同步电动机变频调速

和他控式相比，自控式同步电动机变频调速的最大特点是能从根本上消除同步电动机转子振荡与失步的隐患。因为给同步电动机定子供电的变频装置的输出频率受转子位置检测器的控制，即定子旋转磁场的转速和转子旋转的转速相等，始终保持同步。因此，不会由于负载冲击等原因造成失步现象。自控式同步电动机变频调速系统主要由同步电动机、变频器、位置检测与处理单元组成，如图 2-43 所示。图中 MS 是同步电动机，PS 是转子位置检测器，ASR 是速度调节器，ACR 是电流调节器。位置检测与处理单元的作用是把

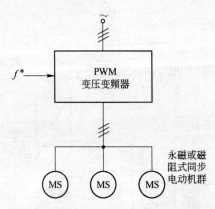

图 2-42 多台同步电动机他控式恒 V/f 控制调速系统

来自转子位置检测器的信号进行分析，判明转子的真实位置及电机转速。然后变频器根据转子转速与磁极位置按照一定的控制规律输出控制信号，通过 PWM 调制控制变频器输出的三相电流的频率、幅值与相位，从而达到调速的目的。目前，绝大多数同步电动机调速均采用自控式变频调速装置。

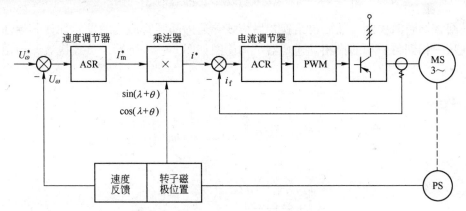

图 2-43 自控式同步电动机调速原理图

2.3.3.2 典型同步电动机的自控式变频调速系统

A 负载换流同步电动机变频调速

对于经常在高速运行的机械设备，调速精度不高时，或大型同步电动机启动时，可以采用同步电动机负载换流调速装置。同步电动机负载换流调速采用交直交电流型变频器。利用同步电动机功率因数可以超前的特点，比给异步电动机供电时更简单，可以省去强迫换流电路。这样的逆变器称作负载换流逆变器（Load-commutated Inverter，LCI）。负载换流逆变器的结构简图如图 2-44 所示。

负载换流逆变器的功率器件为晶闸管。由于晶闸管为半控开关器件，一旦触发导通后，门极就失去控制作用。要想关断它必须给晶闸管施加反向电压，使其电流减少到维持电流以下，再把反向电压保持一段时间后，晶闸管才能可靠的关断。在同步机的速度较高时，晶闸管可利用电动机产生的反电动势进行换相，即自然换相。但在电机转速较低时，由于同步机的反电动势很低，无法保证晶闸管可靠换流，通常采用电流断续换相法，即强迫换流。即当晶闸管需要换相时，先使整流器的输入电流降到零，让逆变器的

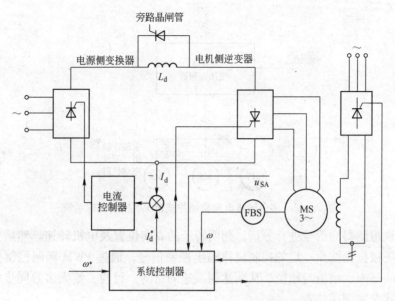

图 2 - 44　同步电动机负载换流逆变器的结构简图

所有晶闸管均暂时关断。然后再给换相后应该导通的晶闸管加上触发脉冲使其导通，从而实现从一相到另一相的换相。逆变器结构简图如图 2 - 45 所示，负载换流原理图如图 2 - 46 所示。

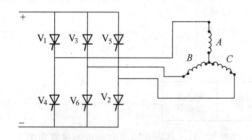

图 2 - 45　逆变器结构简图

　　在负载换流同步机中，当高速旋转的同步机转子有激励电流通过，就会在电枢绕组中感应出反电动势。假设在换流前，晶闸管 V_1 与 V_2 导通，电流由电源正极经过晶闸管 V_1 →同步机 A 相绕组→ C 相绕组→晶闸管 V_2 →电源负极。现在要使电流由 A 相切换到 B 相，则触发 V_3 晶闸管。当在图 2 - 46（b）中 K 点触发晶闸管 V_3 时，由于在 V_3 导通的瞬间，V_1 没有承受反压而继续导通，结果造成换流失败。因此，换流时刻因在 K 点之前提前一个换流超前角 γ_0，如在图 2 - 46（b）中 S 点触发晶闸管 V_3，此时由于电动势 $e_A > e_B$，晶闸管 V_1 承受的电压为 $V_{BA} = e_B - e_A < 0$，然后 V_1 中电流逐步下降至零而关断，负载电流则完全转移到 V_3，至此 A、B 两相之间的换流结束。

　　在实际工程中，为了提高负载换流同步电动机的输出转矩和系统的功率因数，可采用恒定换流剩余角 γ_c 控制（参见图 2 - 47）。根据设定的换流剩余角 γ_c 与负荷重叠角 μ 计算同步电动机电流超前端电压的角度 φ^*，然后在保证定子磁链 $\boldsymbol{\Psi}_s$ 不变的前提下，根据 $\boldsymbol{\Psi}_s = \boldsymbol{\Psi}_a + \boldsymbol{\Psi}_f$ 的矢量关系，来计算 $\boldsymbol{\Psi}_f$ 的幅值。再通过反磁化曲线来计算希望的励磁电流给定，通过励磁电流调节器来控制励磁绕组的电流。

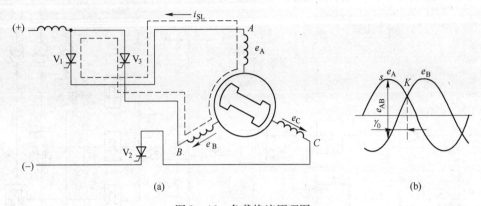

图 2-46　负载换流原理图

(a) A、B 相换相电路；(b) 反电动势波形

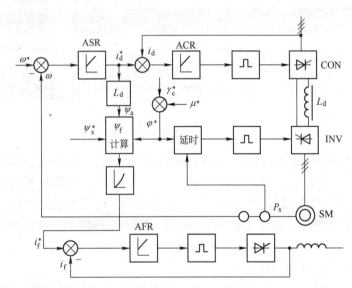

图 2-47　负载换流同步电动机换流剩余角 γ_c 控制框图

同步电动机负载环流调速的特点如下：

（1）由于受逆变器晶闸管换相稳态的限制，为了保证晶闸管可靠关断，换相超前角必须大于晶闸管关断时间，所以也就导致同步电动机过载能力不足。

（2）由于负载换流变频器是电流型变频器，同步电动机定子合成磁动势矢量并不是连续旋转，而是步进式的，导致同步电动机输出转矩脉动大，调速精度低。

B　由交交变频器供电的大容量同步电动机调速系统

低速大容量电气传动常采用同步电动机变压变频调速系统，例如无齿轮传动的可逆轧机、矿井提升机、水泥转窑等。此类系统交交变压变频器又称周波变换器，功率器件为晶闸管，可以实现四象限运行。当电网频率为 50Hz 时，输出频率上限为 20~25Hz，对于一台 20 极的同步电动机，同步转速只有 120~150r/min，直接用来传动轧钢机等设备是很合适的，可以省去庞大的齿轮传动装置。这类调速系统的控制框图如图 2-48 所示，一般采用气隙磁链定向的矢量控制。

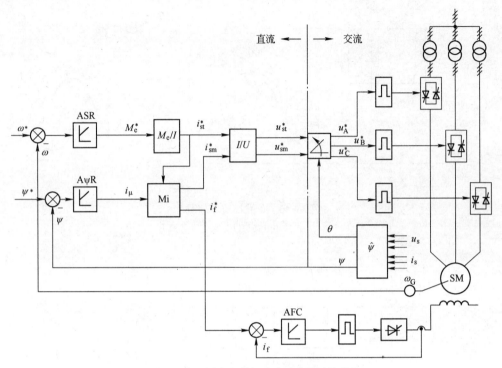

图 2 – 48　同步电动机交交变频控制框图

　　由交交变频装置驱动的同步机，应用于动态响应快、精度高的轧钢机时，一般采用气隙磁链定向的矢量控制，采用了和直流电动机调速系统相仿的双闭环控制结构。图 2 – 48 中 ASR 的输出是转矩给定信号 M_e^*，M_e^* 除以磁通 Ψ 后，得定子电流转矩分量的给定信号 i_{st}^*，磁通调节器输出气隙合成磁化电流给定信号 i_μ^*，经电流模型输出定子电流磁化电流分量 i_{sm}^* 与转子励磁电流给定 i_f^*，并由电流模型与电压模型相互配合计算气隙磁通幅值以及磁通定向角，来进行同步机气隙磁通矢量控制。

　　交交变频装置的特点：交交变频装置的结构及控制均与可逆直流调速装置相似，而且调速性能高，技术成熟。此外，由于交交变频装置的功率器件为晶闸管，而高电压、大电流的晶闸管器件的制造技术很成熟，价格也比较便宜。所以，大容量同步电动机的交交变频装置已广泛应用在轧钢机上。但交交变频装置也存在明显的缺点：输入功率因数低、低次谐波含量大，必须配备功率补偿和谐波吸收装置；而且输出频率低，一般不超过 25Hz。

2.3.3.3　交直交电压型同步电动机变频调速矢量控制技术

　　由于交交变频装置的输出频率低，输入功率因数低，低次谐波大，目前在高性能、大容量的同步电动机调速装置中广泛采用交直交电压型变频器。整流器与逆变器都采用三电平空间矢量 PWM 控制。整流器采用电压、电流双闭环控制，可以实现输入侧功率因数为 1。还可以通过无功功率环来控制电网侧的无功功率，使整流器向电网吸收或输出感性无功。逆变器采用气隙磁链定向的矢量控制技术，可以实现速度与张力的协调控制。

　　交直交电压型变频装置驱动同步电动机时，仿效直流电机电枢电流与磁通正交解耦可分别控制转矩的特性，将旋转的气隙磁通作为空间矢量的参考轴，利用旋转变换方法把定子电流变换为转矩电流分量与激磁电流分量，相互正交，可以分别进行控制，从而像直流电机一样实现转矩与磁通的准确控制。按气隙磁场定向的同步电动机矢量控制系统如图 2-49 所示。

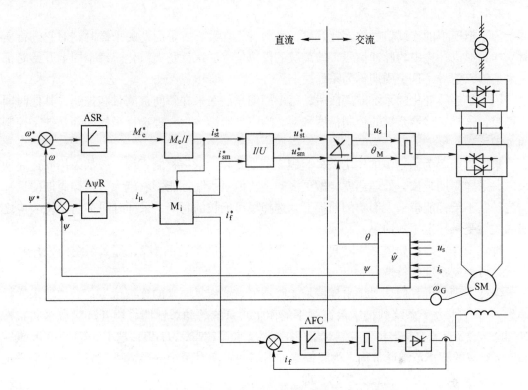

图 2-49　按气隙磁场定向的同步电动机矢量控制系统

同步电动机矢量控制系统的特点：同步电动机磁场定向控制的精度与动态性能都很高，满足现场设备高性能传动的要求。同时由于同步电动机功率因数高，变频装置的容量可以充分利用，所以同步电动机磁场定向控制广泛应用大型轧钢机上。但磁场定向的精度取决于同步机模型，如电机参数辨识不当，或由于电机温度变化导致定转子电阻变化，影响磁场定向的精度，从而影响调速性能。

2.4　调速系统的数字控制

以微处理器为核心的数字控制系统（简称微机数字控制系统）硬件电路的标准化程度高，制作成本低，且不受器件温度漂移的影响。其控制软件能够进行逻辑判断和复杂运算，可以实现不同于一般线性调节的最优化、自适应、非线性、智能化等控制规律，而且更改起来灵活方便。

2.4.1　数字控制技术

微机数字控制系统的稳定性好，可靠性高，可以提高控制性能。此外，还拥有信息存储、数据通信和故障诊断等模拟控制系统无法实现的功能。目前的传动控制装置已实现数字化和微机化。

由于计算机只能处理数字信号，因此，与模拟控制系统相比，微机数字控制系统的主要特点是离散化和数字化。

2.4.1.1　离散化和采样

为了把模拟的连续信号输入计算机，必须首先在具有一定周期的采样时刻对它进行实时采样，形成一连串的脉冲信号，即离散的模拟信号，这就是离散化。每个周期开始时都先采集输入信号，这个周期称为采样周期。

原本是连续变化的系统被离散后，每个周期只能在采样瞬间被测量和控制，其他时间不可控，这样必然给系统的控制精度和动态响应带来影响，合理选择采样周期是数字控制的关键之一。采样周期分为两类：固定周期采样和变周期采样。

采样周期 T 为固定值的均匀采样是固定周期采样。数字控制系统一般都采用固定周期采样。采样周期越长，处理器就能做更多的事，但对系统性能影响越大。采样周期的选择应该是在不给性能带来大影响的前提下，选择尽可能长的时间，采样时间 T 与系统响应之间的关系受采样定理的约束。

香农采样定理：如果采样时间 T 小于系统最小时间常数的 1/2，那么系统经采样和保持后，可恢复系统的特性。

采样定理告诉我们，要想采样信号能够不失真地恢复原来的连续信号，必须使采样频率 $f(f = 1/T)$ 大于系统频谱中最高频率的两倍。系统的动态性能可用开环对数幅频特性 $M(dB) = f(\omega)$ 来表征。由于控制对象存在惯性，频率越高，$M(dB)$ 越小，$M \geqslant -3dB$ 或 $-6dB$ 所对应的频率范围通常称之为频带宽，更高的频率对系统的影响可忽略。根据采样定理，采样频率应大于 2 倍最大频率，即

$$f \geqslant \omega_{max}/\pi$$

式中，ω_{max} 为 $M \geqslant -3dB$ 或 $-6dB$ 所对应的频率。

在系统设计时，实际 ω_{max} 并不知道，f 按预期的 ω_{max} 选取。

2.4.1.2　数字化

系统中，许多被控量都是连续变化的连续变量，例如电压、电流、转速等。在数字系统中，需要先将它们量化为不连续的数字量，才能进行计算和控制。连续量的量化也是数字控制与模拟控制的重要区别之一。量化时，两个相邻数之间的信息被失去，影响系统精度。如何合理量化，使失去的信息最少，对精度影响最小，是数字控制系统设计的又一个关键问题。在选定处理器和存储器硬件后，二进制数字量的位数就确定了，现在一般为 16 位或 32 位，最新的处理器可以达到 64 位。合理量化就是如何合理选择变量当量，即规定数字量"1"代表变量的什么值，当量的选取要考虑以下两个因素：

（1）使系统中所有变量都有相同的精度，都能充分利用数字量位数资源。

（2）尽量减少控制和计算中由当量选取带来的变换系数。

从上述原则出发，在通用的数字控制器中，当量都按百分数（%）规定，百分数基值（分母）为该变量的最大值，例如额定电压、最大工作过载电流、最高转速等。为充分利用数字量位数资源，规定去掉一个符号位的数为 200%（100% 调节裕量），这样 100% 为

"位数－2"对应的数。以 16 位数为例，100% 对应 $2^{14} = 16384$，全部数的范围是 $\pm 100\%$，对应 $\pm 2^{14} = \pm 16384$。

在系统计算中，使用相对位时无计量单位，并可以去掉许多公式中的比例系数。按上述方法规定当量，同时使用相对值，将使控制和计算中的变换系数最少，也不容易出错。有些设计者选取当量往往从方便记忆和换算出发，喜欢选较整的值作为当量，轻易规定"1"代表多少"V"、"A"或"r/min"，结果给控制和计算增添了许多变换系数，还使数字量的位数资源得不到充分利用，所以用测量值定义当量是不可取的。

为适应上述标定方法，在控制器的输入端都有信号标定模块（增益可标定的放大器），把从传感器来的基值信号都变换成标准电压（10V 或 5V），再经 A/D 转换进入数字控制器。在控制器中，将不再出现带计量单位的量。

2.4.2 微机数字控制器

微机数字控制双闭环交流变频调速系统硬件结构如图 2-50 所示，系统由以下部分组成：主电路、检测电路、控制电路、给定电路、显示电路。

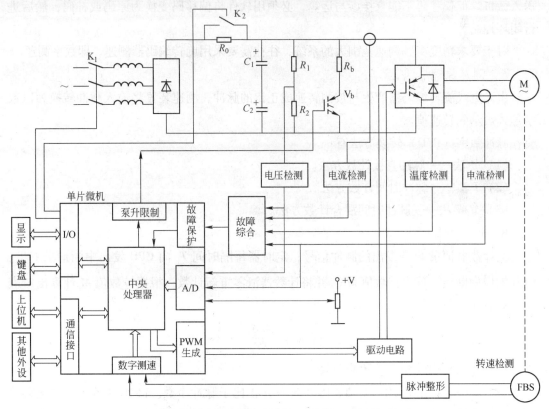

图 2-50 微机数字控制双闭环交流变频调速系统

数字控制器是系统的核心，可选用单片微机或数字信号处理器（DSP）如 Intel 8X196MC 系列或 TMS320X 系列等专为电机控制设计的微处理器，本身都带有 A/D 转换器、通用 I/O 和通信接口，还带有一般微机并不具备的故障保护、数字测速和 PWM 生成功能，可大大简化数字控制系统的硬件电路。

2.4.3 检测回路和数据通信

检测回路包括电压、电流、温度和转速检测，其中电压、电流和温度检测由 A/D 转换通道变为数字量送入微机；转速检测用数字测速。

2.4.3.1 电流和电压检测

电流和电压检测除了用来构成相应的反馈控制外，还是各种保护和故障诊断信息的来源。电流、电压信号也存在幅值和极性的问题，需经过一定的处理后，经 A/D 转换送入微机。

2.4.3.2 转速检测

转速检测有模拟和数字两种检测方法。

模拟测速一般采用测速发电机，其输出电压不仅表示了转速的大小，还包含了转速的方向。在调速系统中（尤其在可逆系统中），转速的方向也是不可缺少的。因此必须经过适当的变换，将双极性的电压信号转换为单极性电压信号，经 A/D 转换后得到的数字量送入微机。但偏移码不能直接参与运算，必须用软件将偏移码变换为原码或补码，然后进行闭环控制。

对于要求精度高、调速范围大的系统，往往需要采用旋转编码器测速，即数字测速。

A 测速原理

由光电式旋转编码器产生与被测转速成正比的脉冲，测速装置将输入脉冲转换为以数字形式表示的转速值。

脉冲数字（P/D）转换方法有：

（1）M 法——脉冲直接计数方法。

（2）T 法——脉冲时间计数方法。

（3）M/T 法——脉冲时间混合计数方法。

B M 法测速

由计数器记录 PLG 发出的脉冲信号；定时器每隔时间 T_c 向 CPU 发出中断请求 INT_t；CPU 响应中断后，读出计数值 M_1，并将计数器清零重新计数；根据计数值 M 计算出对应的转速值 n。

计算公式

$$n = \frac{60M_1}{ZT_c}$$

式中，Z 为 PLG 每转输出的脉冲个数。

在上式中，Z 和 T_c 均为常值，因此转速 n 正比于脉冲个数。高速时 Z 大，量化误差较小，随着转速的降低误差增大。所以，M 法测速只适用于高速段。

C T 法测速

计数器记录来自 CPU 的高频脉冲 f_0；PLG 每输出一个脉冲，中断电路向 CPU 发出一次中断请求；CPU 响应 INTn 中断，从计数器中读出计数值 M_2，并立即清零，重新计数。

计算公式
$$n = \frac{60f_0}{ZM_2}$$

低速时，编码器相邻脉冲间隔时间长，测得的高频时钟脉冲个数 M_2 多，所以误差率小，测速精度高，故 T 法测速适用于低速段。

D M/T 法测速

M 法测速在高速段分辨率强，T 法测速在低速段分辨率强，因此，可以将两种测速方法相结合，取长补短。既检测 T_c 时间内旋转编码器输出的脉冲个数 M_1，又检测同一时间间隔的高频时钟脉冲个数 M_2，用来计算转速，称作 M/T 法测速。

图 2-51 所示为 M/T 法测速波形图，T_0 定时器控制采样时间；M_1 计数器记录 PLG 脉冲；M_2 计数器记录时钟脉冲。

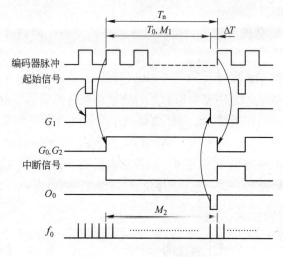

图 2-51 M/T 法测速波形图

计算公式
$$n = \frac{60M_1}{ZT_t} = \frac{60M_1f_0}{ZM_2}$$

低速时 M/T 法趋向于 T 法，在高速段 M/T 法相当于 T 法的 M_1 次平均，而在这 M_1 次中最多产生一个高频时钟脉冲的误差。因此，M/T 法测速可在较宽的转速范围内，具有较高的测速精度。

2.4.3.3 数据通信

全数字化的电气传动系统是钢铁生产控制系统中的基本组成部分，要求其具有通信功能，能够与控制系统进行通信连接。

目前传动装置常用的通信协议有：PROFIBUS、MODBUS、CAN、CC-LINK 等。

2.5 典型传动系统方案

2.5.1 轧钢机辊道传动控制系统

轧钢车间的辊道用于轧件的输送，常采用一台电机驱动一个辊的单独传动方式。电机尽量采用不带减速机的直接传动方式，由于环境恶劣，辊道电机常采用交流鼠笼异步电机。

辊道在正常输送轧件时，所需的静转矩很小，但辊道传动的特点是要考虑打滑。在辊道输送轧件时，轧件可能受阻被堵住，这时辊道不能不转，而是要求辊道与轧件之间打滑，以免电机堵转而烧损。这样要求电机的最大转矩要大于辊子与轧件之间的打滑转矩。另外，由于电机没有减速机，所以折算到电机轴上的转动惯量较大，而辊道传动又需要起制动，这样其起制动转矩较大。所以辊道电动机的容量，实际上是由打滑转矩和加速转矩决定的。

辊道的电机数量很多，没有高速度精度控制要求，可以允许辊子打滑。电动机常采用成组供电传动方式，即一个逆变器同时驱动多个电机。根据传动性质和工艺区域对电机进行分组。而多个逆变器又挂在一个公共直流母线上，由公共直流母线整流器来供电。

辊道电机成组传动的分组原则：

（1）同一台逆变器驱动的电动机，应该属于同一速度段，即具有相同的转速和线速度，运行频率相同。

（2）同一台逆变器驱动的电动机，尽可能电机的电气数据相同，如容量相同。

（3）同一台逆变器供电的每组电动机数量，应依据单台电动机容量及所配逆变器容量综合考虑。既不使逆变器的容量过大，又能使全线所配的逆变器在数量和规格品种上配置合理。

（4）在逆变器与其对应组的电机之间，要设置电机配电保护柜，将逆变器通过配电开关分配给对应的电机。所配的开关应具有短路和过载保护功能。

2.5.2 开卷卷取张力控制系统

开卷机和卷取机是轧钢生产线上常见的生产设备，需要采用电气传动系统实现恒张力控制。

开卷卷取示意图如图 2-52 所示。

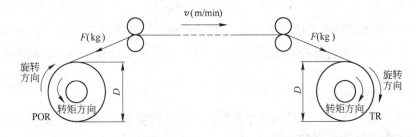

图 2-52 开卷卷取示意图

电机功率 $P(\mathrm{kW})$、张力 $F(\mathrm{kg})$、主线运行速度 $v(\mathrm{m/min})$ 的关系如下：

$$P = \frac{FV}{6120} = \frac{TN}{974} \qquad T = F\frac{D}{2} \qquad N = \frac{60V}{\pi D}$$

式中　F——开卷张力；

　　　　T——开卷转矩；

　　　　N——开卷机转速；

D——钢卷直径。

在开卷过程中张力要保持不变,在线速度恒定时,开卷过程中开卷机的功率保持不变,即开卷机的机械特性为恒功率,但开卷机过程中钢卷直径逐渐变小,转矩与钢卷直径成正比,转速与钢卷直径成反比。对开卷张力进行控制需要对其转矩进行控制,需要知道钢卷直径,由于钢卷直径在开卷过程中是变化的,必须对钢卷直径进行实时检测。钢卷直径通过测量线速度和转速经计算得到,线速度一般取自转向辊或附近的张紧辊。

在穿带时,开卷机工作在速度工作方式。建张时,开卷机工作在张力控制方式。设定张力值转换成转矩设定值,对电机的转矩进行控制。卷取机的控制方式与开卷机相同,只是转矩方向不同。

开卷机和卷取机采用的是带有限幅值的转速、电流双闭环调速系统。利用转换开关,可以选择张力控制和速度控制中的一种。在张力控制模式下,速度调节器 SC 给定总是为主线速度上附加一个速度偏差 BIAS,因此,在不断带时开卷机的 SC 的输入总是存在一个负偏差,开卷机速度给定低于主线速度,这样 SC 就处于饱和状态,外部张力给定起作用,作为电流调节器 CC 的输入进行反向张力控制。卷取机同样在张力控制模式时 SC 的输入总是存在一个正偏差,卷取机速度给定高于主线速度,SC 饱和,外部张力给定起作用,作为 CC 的输入进行正向张力控制。在断带时,速度调节器自动退出饱和,转入 BIAS 速度运行。开卷机张力控制框图如图 2 - 53 所示。

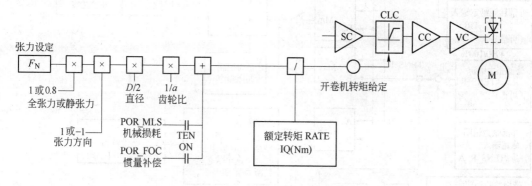

图 2 - 53　开卷机张力控制框图

速度控制与张力控制的切换见图 2 - 54。

切换开关的作用:切换到 1 为速度控制模式;切换到 2 为采用外部张力给定纯张力控制模式;切换到 3 为速度控制 + 张力控制的模式,即在速度调节器饱和时为张力控制,而在断带时速度调节器退饱和自动转为速度控制。速度控制模式时切换到 1 进行控制,在张力控制模式时切换到 3 进行控制。

2.5.3　多辊传动同步控制

板带处理线的张紧辊、轧机的上下辊等传动系统,除了要具备速度协调和稳速的性能外,还需要平衡分配电动机的负载。

张紧辊传动的主从控制:

在轧钢厂的板带处理线中，为在不同的工艺段实现不同的张力，采用张紧辊进行张力分割。张紧辊由两个或多个辊子组成，钢带在辊子之间以 S 形状穿过，在辊子表面形成大面积包角，产生尽量大的摩擦力。

其中一个辊子作为主辊，其他作为从动辊。以速度补充控制方式进行各辊子的负载平衡控制，按照各辊电机功率比例分配各自所承担的力矩。

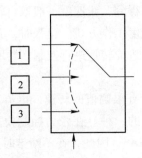

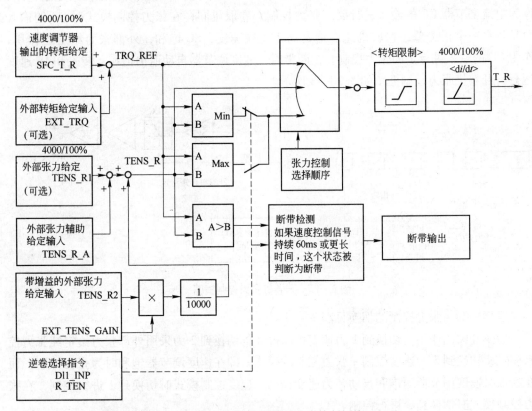

图 2 - 54　速度控制与张力控制切换

图 2 - 55 为由四个辊子所组成的张紧辊主从控制框图。

将这组张紧辊总转矩，按照各辊子额定转矩按比例分配给各个辊子，对各辊子进行负荷平衡控制。负荷平衡控制的输出对各辊子的给定速度进行补偿，从而实现张紧辊的负荷平衡控制。

图 2 - 55 中的平衡控制环节内部框图如图 2 - 56 所示。

$$I_R = \frac{\sum I_{FN}}{\sum I_{AN}} I_A K$$

式中　I_R——每个电机的负荷给定值；

　　　I_F——每个电机的转矩电流反馈；

　　　I_A——每个电机的额定转矩电流值；

　　　K——每个电机的负荷系数。

在主线加减速时，关闭负荷平衡功能。

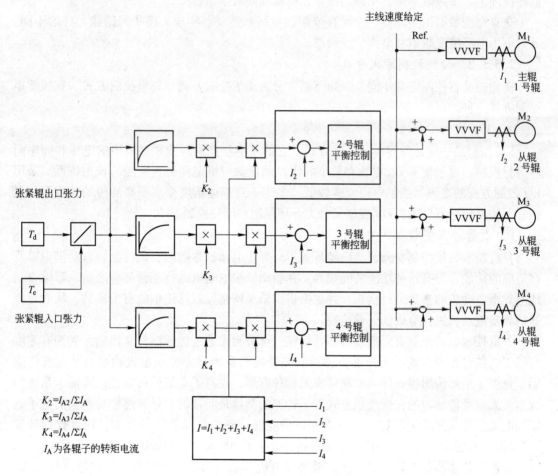

图 2-55　张紧辊主从控制框图

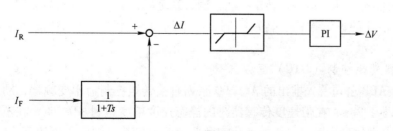

图 2-56　图 2-55 中平衡控制环节内部框图

2.6 变频装置的选型

2.6.1 变频装置的种类

2.6.1.1 按主电路结构形式进行分类

变频器按其主电路结构形式可分为交交变频器和交直交变频器两大类。

交交变频器一般采用晶闸管自然换流方式，也叫做周波换流器。交交变频没有中间直流滤波环节，变频效率高，主回路简单，可实现四象限运行。

交直交变频器由整流器、中间直流储能电路和逆变器构成。按中间储能元件的不同，又可分为电压型变频器和电流型变频器。

2.6.1.2 按照控制方式分类

按照逆变器控制方式不同，变频器通常分为 V/f 控制方式、矢量控制方式、直接转矩控制方式三种。

A V/f 控制变频器

V/f 控制是一种比较简单的控制方式。它的基本特点是对变频器输出的电压和频率同时进行控制，通过使 V/f（电压和频率的比）的值保持恒定而得到所需的转矩特性。采用 V/f 控制方式的变频器控制电路成本较低，多用于对调速精度要求不高的传动装置上。根据有无速度传感器反馈，V/f 控制又分为开环控制和闭环控制。

B 矢量控制变频器

目前新型矢量控制变频器，已经具备了对异步电动机参数的自动检测、自动辨识以及自适应的功能，带有这种功能的变频器，在驱动异步电动机进行正常运转之前，可以自动地对异步电动机的参数进行辨识，并根据辨识结果调整控制算法中的有关参数，从而对普通的异步电动机进行有效的矢量控制。

矢量控制方式根据有无速度传感器反馈，可分为无速度传感器矢量控制方式和有速度传感器的矢量控制方式。无速度传感器的矢量控制系统不需要在电机轴端安装速度传感器，免去了增加传感器硬件和线路带来的种种麻烦，提高了系统的可靠性，降低了系统的成本。无速度传感器的矢量控制方式对于转速的测量是间接的，是通过容易测量的定子电压和电流信号间接求得转速。这种方式一般能够达到的技术性能指标为：速度控制精度 $\pm 0.2\%$，速度控制范围 1:100，转矩控制响应小于 200ms，起动转矩大于 150%/1Hz。

有速度传感器的矢量控制方式，需要在电机轴端配置旋转编码器之类的速度传感器，并将反馈信号送入变频器。它具有调速精度高（可达调速 $\pm 0.02\%$）、调速范围广（可达 1:1000）、可实现零速下运行、转矩控制精确、系统动态响应快、电机加速特性好等优点，主要用于高精度的速度控制、转矩控制、简单伺服控制等对控制性能要求严格的使用场合。

C 直接转矩控制（DTC）变频器

1995 年 ABB 公司首先推出的 ACS600 系列直接转矩控制通用变频器，动态转矩响应速度已达到小于 2ms，在带速度传感器时的静态速度精度达到 $\pm 0.1\%$。在不带速度传感器的情况下，即使受到输入电压的变化或负载突变的影响，同样可以达到 $\pm 0.1\%$ 的速度控制精度。

变频器不同控制方式的性能特点见表 2-2。

表 2-2　变频器不同控制方式的性能特点

控制方式		U/f 控制		矢量控制		直接转矩控制
比较项目		开环	闭环	无速度传感器	带速度传感器	
调速范围		<1:40	<1:40	1:100	1:1000	1:100
起动转矩		3Hz 时 150%	3Hz 时 150%	1Hz 时 150%	0Hz 时 150%	0Hz 时 200%
静态速度精度/%		±(2~3)	±0.03	±0.2	±0.02	±(0.1~0.5)
反馈装置		无	速度传感器	无	速度传感器	无
零速运行		不可以	不可以	不可以	可以	可以
响应性能		慢	慢	较快	快	快
特点	优点	结构简单、调节容易、可用于通用笼形异步电动机	结构简单、调速精度高、可用于通用笼形异步电动机	不需要速度传感器，力矩响应好，结构较简单，速度控制范围较广	力矩控制性能良好，力矩的响应好，调速精度高，调速范围广	不需要速度传感器，力矩响应好，结构较简单，速度控制范围较广
	缺点	低速力矩难保证，不能力矩控制，调速范围偏小	低速力矩难保证，不能力矩控制，调速范围小，要增加速度传感器	需要正确设定电机参数，需有自动测试功能	需要正确设定电机参数，需有自动测试功能，需要高精度速度传感器	需要正确设定电机参数，需有自动测试功能
主要应用场合		一般的风机、泵类节能调速或者一台变频器带多台电机场合	用于保持压力、温度、流量等过程控制场合	一般工业设备，大多数调速场合	要求精确控制力矩和速度的高动态性能应用场合	要求精确控制力矩和速度的高动态性能应用场合，如起重机、电梯、轧机等

2.6.1.3　按照供电电压等级分类

按照变频装置的供电电压不同，可将变频器分为低压变频器（1kV 以下）和高（中）压变频器（1kV 以上）。

A　低压变频器

产品定义电压等级低于 1kV 的变频装置，一般归类为低压变频器，常见的电压等级有 220V、400V、690V。低压变频器的应用已经十分广泛，技术已经非常成熟，一般电机功率在 1000kW 以下的，均以采用低压变频器为主。一些大型的变频装置生产商（如 ABB 等），由于掌握了逆变单元的并联输出技术，其低压变频器容量可以做到 2900kW。

B　高（中）压变频器

产品定义电压等级高于 1kV 的变频装置，一般归类为高压变频器，常见的电压等级有 1.5kV、3kV、6kV、10kV。它是相对于输电电网的电压等级而言的。国外通常把 1~10kV 之间的供电电压称为中压，由于我国没有中压输电电网的说法，因此习惯将这个电压范围的电动机称为高压电动机，相应的变频器也通常称为高压变频器。

高压变频器根据有无中间低压回路，可分为高高变频器和高低高变频器；根据输出电平数，可分为两电平、三电平、五电平及多电平变频器；根据嵌位方式，可分为二极管嵌位型和电容嵌位型变频器等等。

2.6.1.4 按照用途分类

当按照用途对变频器进行分类时变频器可以分为以下几种类型。

A 通用变频器

顾名思义，通用变频器的特点是其通用性。这里通用性指的是通用变频器可以对普通的异步电动机进行调速控制。随着变频器技术的发展和市场需要的不断扩大，通用变频器也在朝着两个方向发展：低成本的简易型通用变频器和高性能多功能的通用变频器。

简易型通用变频器是一种以节能为主要目的，并削减了部分系统功能的通用变频器。它主要应用于水泵、风扇、鼓风机等对于系统的调速性能要求不高的场所，并具有体积小，价格低等方面的优势。

高性能多功能通用变频器，在设计过程中充分考虑了在变频器应用中可能需求，并为满足这些需求在系统软件和硬件方面都做了相应的准备。在使用时，用户可以根据负载特性选择算法，并对变频器的各种参数进行设定，也可以根据系统的需要，选择厂家所提供的各种选件来满足系统的特殊需要。高性能多功能变频器，除了可以应用于简易型变频器的所有应用领域之外，还广泛应用于传送带、升降装置以及各种机床、电动车辆等对调速系统的性能和功能有较高要求的许多场合。

过去，通用型变频器基本上采用的是比较简单的 V/f 控制方式，与采用了转矩矢量控制方式的高性能变频器相比，在转矩控制性能方面要差一些。但是，随着变频器技术的发展和变频器参数自调整的实用化，目前一些厂家已经推出了采用矢量控制方式的高性能多功能通用变频器，以适应竞争日趋激烈的变频器市场的需要。这种高性能多功能通用变频器在性能上已经接近过去的高性能矢量控制变频器，但在价格方面却与过去采用 V/f 控制方式的通用变频器基本持平。因此，可以相信，随着电力电子技术和计算机技术的发展，今后变频器的性能价格比将会不断提高。

B 高性能专用变频器

随着控制理论，交流调速理论和电力电子技术的发展，异步电动机的矢量控制方式得到了充分的重视和发展。采用矢量控制方式高性能变频器和变频器专用电动机所组成的调速系统，在性能上已经达到和超过了直流伺服系统。此外，异步电动机还具有对环境适应性强、维护简单，许多直流伺服电动机所不具备的优点，在许多需要进行高速高精度控制的应用中，这种高性能交流调速系统正在逐步替代直流伺服系统。

同通用变频器相比，高性能专用变频器基本上采用了矢量控制方式。其驱动对象通常是变频器厂家指定的专用电动机，并且主要应用于对电动机的控制性能要求较高的系统。此外，高性能专用变频器往往是为了满足某些特定产业或区域的需要，使变频器在该区域中具有最好的性能价格比而设计生产的。例如，在机床主轴驱动专用的高性能变频器中，为了便于和数控装置配合完成各种工作，变频器的主电路、回馈制动电路和各种接口电路等被做成一体，从而达到了缩小体积和降低成本的要求。而在纤维机械驱动方面，为了便于维修保养，变频器则采用了可以简单地进行拆装的盒式结构。

C 高频变频器

在超精密加工和高性能机械领域中常常要用到高速电动机。为了满足这些高速电动机驱动的需要，出现了采用 PAM 控制方式的高速电动机驱动用变频器。这类变频器的输出频率可以达到 3kHz，所以，在驱动两极异步电动机时电动机的最高转速可以达到 180000r/min。

D　单相变频器和三相变频器

交流电动机可以分为单相交流电动机和三相交流电动机两种类型。与此相对应，变频器也分为单相变频器和三相变频器。二者的工作原理相同，但电路的结构不同。

E　公共直流母线变频器

公共直流母线变频器整流器和逆变器分离。整流器将交流电转换成直流电，通过直流母线向一组逆变器进行供电，逆变器挂在公共直流母线上。此类变频器用于同一生产线大量电机传动。

2.6.2　变频装置的选型

变频器的正确选用，对于机械设备电控系统的正常运行是至关重要的。选择变频器，首先要按照机械设备的类型、负载转矩特性、调速范围、静态速度精度、起动转矩和使用环境的要求，然后决定选用何种控制方式和防护结构的变频器最合适。所谓合适是在满足机械设备的实际工艺生产要求和使用场合的前提下，实现变频器应用的最佳性价比。

2.6.2.1　变频装置的产品规格指标

A　电压级别

根据各国的工业标准或用途不同，其电压级别也各不相同。在选择变频器时首先应该注意其电压级别是否与输入电源和所驱动的电动机的电压级别相适应。普通通用变频器的电压级别分为 220V 级和 400V 级两种。用于特殊用途的还有 575V、690V、3000V 级等。一般是以适用电压范围给出，如 220V 级给出（208～240）（1±10%）V，400V 级给出（380～480）（1±10%）V 等。在这一技术数据中，均对电源电压的波动范围作出规定，它是允许的输入电压变化范围。如果电压大幅度上升超过变频器内部器件的允许电压时，整流二极管（模块）、电解电容器、逆变器模块（包括 IGBT、IPM 等）、开关电源等元件均会有被损坏的危险。相反，若电源电压大幅度下降，就有可能造成控制电源电压下降，引起 CPU 工作异常、逆变器驱动功率不足、管压降增加、损耗加大而造成逆变器模块永久性损坏。因此，电压过高、过低对变频器都是有害的。

B　最大适配电动机功率

变频器上所标注的最大适配电动机功率（kW）及对应的额定输出电流（A）是以 4 极普通异步电动机为对象制定的。6 极以上电动机和变极电动机等特殊电动机，其额定电流大于 4 极普通异步电动机。因此，在驱动 4 极以上电动机及特殊电动机时，就不能依据功率指标选择变频器，要考虑变频器的额定输出电流是否满足所选用的电动机额定电流。

C　额定输出指标

变频器的额定输出指标有额定功率、额定输入与输出电压、额定输出电流、额定输出频率和短时过载能力等内容。其中额定功率为通用变频器在额定输出电流下的三相视在输出功率；额定输出电压是变频器在额定输入条件下，以额定容量输出时，可连续输出的电压；额定输出电流则是通用变频器在额定输入条件下，以额定容量输出时，可连续输出的电流。这是选择适配电动机的重要参数，其中电流值为有效值。短时过载能力是在规定的负载类型及过载运行时间内，在额定输入条件下，变频器可承受的最大电流。例如，400V、15kW、4 极异步电动机的额定输出电流为 32A，若用过载能力为 150%/1min 的变频器来驱动，则允许短时最大输出电流为 32A×1.5 = 48A。如果电机的瞬时负载超过了变频器的过载能力，即使变频器与电动机的额定容量相符，也应该选择大一档的变频器。

D 电源

变频器对电源的要求主要有输入电源电压、频率、允许电压波动范围、允许电压不平衡度和允许频率波动范围等。其中输入电源电压指标包括输入电源的相数，如，三相、380V，+10% ~ −15%，相间不平衡度≤2%，50(1±5%) Hz；允许电压波动范围和允许频率波动范围为额定输入电压幅值和频率的允许波动的范围。但有的变频器对电源电压指标给出的是一个允许输入电压的范围，如 200 ~ 240V，380 ~ 480V，660 ~ 690V 等。

E 效率

变频器的效率是指综合效率。即通用变频器本身的效率与电动机的效率的乘积，也即电动机的输出功率与电网输入的有功功率之比。变频器的综合效率与负载及运行频率有关，在电动机负载超过 75% 以上且运行频率在 40Hz 以上时，通用变频器本身的效率可达 95% 以上，综合效率也可达 85% 以上。对于高压大功率变频器，其系统效率可达 96% 以上。

F 功率因数

变频器的功率因数是指整个系统的功率因数。它不仅与电压和电流之间的相位差有关，还与电流基波含量有关。在基频和满载下运行时功率因数一般不会小于电动机满载工频运行时的功率因数。所以我们一般可不予以考虑。电动机本身的功率因数一般在 0.7 ~ 0.96 之间。小容量电动机小一些，大容量电动机大一些，2 极电动机大一些，8 极、10 极电动机小一些。整个系统的功率因数又与系统的负载情况有关，轻载时小，满载时大；低速时小，高速时大。我们常提到的加装改善功率因数的直流电抗器，实际上是为了降低网侧输入电流的畸变率，减小谐波无功功率，因而也提高了整个系统的功率因数。

G 主要控制特性

变频器控制特性的指标较多，通常包括以下内容：

（1）变频器运行控制方式。变频器运行控制方式是指针对被拖动电动机的自身特性、负载特性以及运转速度的要求，控制变频器的输出电压（电流）和频率的方式，即运行中电动机的速度与变频器的输出电压之间可以有多种不同的控制关系。一般可分为 V/f 控制方式、转差频率控制方式、矢量控制方式和直接转矩控制方式，新型的通用变频器还派生了多种用途的 V/f 控制方式，如西门子公司的 MM440 变频器有多种运行控制方式，用户可以根据需要进行设定。现将 MM440 变频器的各种控制方式简要说明如下：

1）线性 V/f 控制方式。线性 V/f 控制方式可用于降转矩和恒转矩负载。

2）带磁通电流控制（FCC）的线性 V/f 控制方式。这一控制方式可用于提高电动机的效率和改善动态响应特性。

3）抛物线 V/f 控制方式。这一控制方式可用于降转矩负载，获得较理想的工作特性，例如，风机、水泵控制等。

4）带节能运行方式的线性 V/f 控制方式。这一控制方式的特点是变频器可以自动搜寻并运行在电动机功率损耗最小点，达到节能的目的。

5）纺织机械的 V/f 控制方式。这一控制方式设有转差补偿或谐振阻尼功能。电流最大值随电压变化而变化，而不是频率。

6）用于纺织机械的带 FCC 功能的 V/f 控制方式。这一控制方式是带磁通电流控制（FCC）的线性 V/f 控制方式和纺织机械的 V/f 控制方式的组合。设有转差补偿或谐振阻尼功能，可提高电动机的效率，改善动态响应特性。

7）与电压设定值无关的 V/f 控制方式。电压设定值可以由参数 P1330 给定，与斜坡函数发生器频率无关。

8）无传感器矢量控制。这一控制方式的特点是，用固有的转差补偿对电动机速度进行控制。低频运行转矩大、瞬态响应快、速度控制稳定。

9）无传感器的矢量转矩控制。这一控制方式的特点是变频器可以控制电动机的转矩，可以通过设定转矩给定值，使变频器输出转矩维持在设定值。

10）转差补偿控制。在异步电动机运行过程中，当负载发生变化，转差也会同时发生变化，电动机的转速也随之变化。所谓转差补偿控制，是指不需要速度反馈而在负载大小发生变化时，电动机依然保持原恒定的旋转速度，若负载增大而速度降低时，设定的转差补偿频率加上原设定的频率会使电动机恢复到原先的旋转速度；若负载减小，则与上述动作相反，使增大的速度降低，保持电动机速度恒定。不难理解，转差补偿一旦投入，实际的输出频率将随着负载变化大小引起的转差变化而变化，已不是原来所设定的恒定输出频率。

（2）频率特性。变频器的频率特性通常包括以下内容：

1）输出频率范围。是指变频器可控制的输出频率范围。最低的起动频率一般为 0.1Hz，最高频率则因变频器性能指标而异，一般为 400Hz，有的机型是 650Hz。输出频率再高就属于中频变频器范围。

2）设定频率分辨率。设定频率分辨率为可设定的最小频率值。在数字化通用变频器中，若通过外部模拟信号 0~10V，4~20mA 对频率进行设定，其分辨率由内部 A/D 转换器决定。若以数字信号进行设定，其分辨率由输入信号的数字位数决定。模拟设定分辨率可达到 1/3000，键盘设定分辨率可达到 0.01Hz。有的变频器还有对外部信号进行偏置调整、增益调整、上下限调整等功能。对需要较高控制精度的场合，还可通过可选件解决。有的变频器可选用数字（BCD 码、二进制码）输入及 RS232C/RS484 串行通信信号输入模块。

3）输出频率精度。输出频率精度为输出频率根据运行条件改变而变化的程度。输出频率精度 = 频率变动值/最高频率×100%，通常这种变动都是由温度变化或漂移引起的。当模拟设定时，输出频率精度为 ±0.2% 以下，当数字设定时，输出频率精度为 ±0.01% 以下。

（3）V/f 特性。V/f 特性是在频率可变化范围内，变频器输出电压与频率的比。一般的通用变频器可以在基本频率和最高频率时分别设定输出电压，通常给出电压范围，如 400V 级输入，160~480V。

（4）转矩特性。由变频器驱动通用电动机时，其温升要比使用工频电源时略高。另外在低速运行时，电动机冷却效果下降，允许的输出转矩相应下降。通用变频器的转矩特性通常包括以下内容：

1）起动转矩。对应于 0Hz 时的最大输出转矩，通常给出 0.5Hz 时最大输出转矩的百分数，如 0.5Hz，200% 。

2）转矩提升。由变频器驱动通用电动机时，在低频区会欠励磁。为了顺利起动电动机，应补偿电动机的欠励磁，使低频运行时减小的转矩增强。转矩提升功能通常是可设定或自整定。

3）转矩限制。通常在产品说明书中说明转矩限制功能的特性，如当电动机转矩达到设定值时，转矩限制功能将自动调整输出频率，防止变频器过电流跳闸。转矩限制功能通常是可设定，并可用接点输入信号选择。

（5）PID 控制。通常在产品说明书中说明 PID 控制功能的控制信号及反馈信号的类型及设定值，如键盘面板设定、电压输入 0 ~ +10V、电流输入 DC 4 ~ 20mA、多段速设定、串行通信接口连接设定：RS485，设定频率/最高频率 100% 、反馈信号 0 ~ 10V、4 ~ 20mA 等。

（6）调速比。调速比是上限频率（如 50Hz）与可以达到的最低运行频率（如 0.5Hz）之比。最低频率所对应的标称值，如转矩性能、稳速精度、速度响应等应能满足运行要求。如最低频率是 0.5Hz，上限频率为 50Hz，则调速比为 1∶100。调速比间接表达了变频器的低频性能和速度控制精度。

（7）制动方式。采用变频器控制电动机时，可以进行电气制动。变频器的电气制动分为内部制动和外部制动，内部制动一般有交流制动和直流制动。外部制动有制动电阻制动和电源回馈制动。一般产品样本中给出的直流制动开始频率为 0.1 ~ 60Hz，制动时间为 0 ~ 30s，制动转矩值为 0 ~ 100%。不加外接制动电阻的场合，制动转矩约为 20%，加外接制动电阻时可达 100%。从最大转速降到额定转速 10% 附近，电气制动是很有用的，对于低于 10% 的转速，如果需要制动应采用直流制动。

H　使用环境和防护等级

变频器属于电力电子产品，对于使用环境有一定的要求。在变频器产品技术数据中，通常会有对使用环境的一些基本规定，主要包括：

（1）运行环境温度。变频器的运行环境温度一般要求在 0 ~ +40℃，环境温度若高于 40℃ 时候，每升高 1℃，变频器应降低额定容量 5% 使用。运行环境温度及变频器的散热条件对于变频器的使用寿命有很大的影响。

（2）环境湿度。变频器安装环境的空气相对湿度一般应小于 90%，无结露。湿度太高且湿度变化较大时，变频器内部易出现结露现象，其绝缘性能就会大大降低，甚至可能引发短路事故。

（3）安装高度。变频器安装在海拔高度 1000m 以下时，可以足额输出功率。海拔高度若超过 1000m，其输出功率要下降，需降低额定容量使用。

（4）防护等级。变频器的防护等级是用来表示装置防止外来固体和液体侵入的能力指标。根据 IEC 标准，防护等级由 IP 加两个数字组成，第 1 个数字表示防止外来固体物（灰尘、颗粒等）侵入的防护等级，第 2 个数字表示防水侵入的封闭程度。这两个数字越大表示相应的防护等级越高。大多数变频器厂商可提供以下几种常用的防护结构供用户选用：

1）开放型 IP00，它从正面保护人体不能触摸到变频器内部的带电部分，适用于安装在电控柜内或电气室内的屏、盘、架上，尤其是多台变频器集中使用，但它对安装环境要求较高。

2）封闭型 IP20、IP21，这种防护结构的变频器四周都有外罩，可在建筑物内的墙上壁挂式安装，它适用于大多数的室内安装环境。

3）密封型 IP40、IP42，它适用于工业现场环境条件较差的场合。

4）密闭型 IP54、IP55，它具有防尘、防水的防护结构。适用于工业现场环境条件差，有水淋、粉尘及一定腐蚀性气体的场合。

变频器的防护等级要与其安装环境相适应。需要考虑安装地点的粉尘、水汽、酸碱度、腐蚀性气体等因素，这与变频器能否长期、安全、可靠运行关系重大。

2.6.2.2 根据不同负载类型选择变频器

人们在实践中常将生产机械根据负载转矩特性的不同，分为恒转矩负载、恒功率负载和降转矩负载三大类型。选择变频器时，应以负载特性为基本依据。恒转矩负载特性的通用变频器可以用于风机、水泵类负载，反过来，降转矩负载特性的变频器不能用于恒转矩特性的负载。对于恒功率负载特性是依靠 V/f 控制方式来实现的，并没有恒功率特性的变频器。有些通用型变频器对三种类型的负载都可适用。

A 恒转矩负载

恒转矩负载的负载转矩基本上与转速无关，任何转速下转矩总保持恒定或基本恒定，负载功率则随着负载速度的增高而增加，例如提升机、吊车、运输机械、传送带、喂料机、搅拌机、挤压机及加工机械的行走机构等摩擦类负载、位能负载都属于恒转矩负载。这类负载采用通用变频器控制的目的是实现设备自动化、提高劳动生产率、提高产品质量。变频器拖动恒转矩负载时，低速下的转矩要足够大，并且有足够的过载能力。如果需要在低速下长时间稳速运行，应该考虑异步电动机的散热能力，避免电动机的温升过高。恒转矩负载应选具有恒转矩性能的通用变频器，其过载能力一般为150%额定电流，持续时间1min。例如西门子公司 MM4 系列、6SE70 系列，ABB 公司 ACS600 系列、富士公司FrenicG9/G11 系列等。恒转矩负载采用变频器控制时，应注意下面几点：

（1）由于恒转矩负载类设备都存在一定静摩擦力，有时负载的惯量很大。在起动时，要求有足够的起动转矩。这就要求通用变频器有足够的低频转矩提升能力和短时过流能力。但当低速时负载较重的情况下，为提高转矩提升能力而使电压补偿提升过高，往往容易引起过电流保护动作。选型时应充分考虑这些情况，必要时应将变频器的容量提高一挡，或者采用具有矢量控制或直接转矩控制的变频器。采用矢量控制或直接转矩控制变频器可以在不过电流的情况下提供较大的起动转矩。

（2）对于恒转矩负载需要长期在低速下运行时，电动机温升会增高，电动机输出转矩会下降，必要时应换用变频器专用电动机或改用6、8极电动机。变频器专用电动机和普通异步电动机的主要差别是变频器专用电动机绕组线径较粗，铁心较长，且自身带有独立的冷却风扇，能保证在全频率变化范围内输出100%的额定转矩。改用6、8极电动机可使电动机运转在较高频率附近。

（3）对于升降类恒转矩负载，如提升机、电梯等，这类负载的特点是起动的冲击电流大，在其下降过程中需要一定的制动转矩，同时会有能量回馈，因此要求变频器有一定余量。变频器本身提供的制动转矩往往不能满足要求，必须外加制动单元。

对于如轧钢机机械、粉碎机械、搅拌机等机械，负载有时轻，有时重，应按照重负载的情况来选择变频器容量。

对于如离心机、冲床、水泥厂的旋转窑等设备属于大惯性负载，起动时可能会发生振荡，电动机减速时有能量回馈。应选用容量稍大的变频器来加快起动避免振荡，配合制动单元消除回馈电能。

（4）选择通用变频器时，恒转矩负载的功率表达式为

$$P = \frac{Tn}{9550}$$

式中　　P——异步电动机的功率，kW；

　　　　T——异步电动机的转矩，N·m；

　　　　n——异步电动机的转速，r/min。

系统设计时应注意适当增大异步电动机的容量或增大变频器的容量。变频器的容量一般取 1.1~1.5 倍异步电动机的容量。

B　恒功率负载

恒功率负载的特点是负载转矩 T_L 与转速 n 大体成反比，但其乘积即功率却近似保持不变。金属切削机床的主轴和轧机、造纸机、薄膜生产线中的卷取机、开卷机等，都属于恒功率负载。

负载的恒功率性质应该是对一定的速度变化范围而言的。当速度很低时，受机械强度的限制，T_L 不可能无限增大，在低速下转变为恒转矩性质。负载的恒功率区和恒转矩区对传动方案的选择有很大的影响。电动机在恒磁通调速时，最大允许输出转矩不变，属于恒转矩调速；而在弱磁调速时，最大允许输出转矩与速度成反比，属于恒功率调速。如果电动机的恒转矩和恒功率调速的范围与负载的恒转矩和恒功率范围相一致时，即所谓"匹配"的情况下，电动机的容量和变频器的容量均最小。

恒功率负载的负载转矩大体与转速成反比。这类负载随着电动机转速的下降，输出转矩反而增加，即在调速范围内，转速低力矩大、转速高力矩小。电动机的输出功率不变，称为恒功率负载。但负载的恒功率特性是就一定的速度变化范围而言的，在低速区呈恒转矩特性。

典型的恒功率负载设备如机床主轴、轧机、造纸机、塑料薄膜生产线中的卷取机和开卷机等。车床的主轴传动在低转速时，往往进刀较深，切削量大，此时要求大转矩；而在高转速时，进刀较浅，切削量小，此时所需转矩较小。过去一般是通过机械变速来满足恒功率的要求，如果取消机械变速而完全采用变频调速，虽然可满足无级调速的要求，但却不能满足低转速时输出大转矩的要求，这是由恒功率负载特性所决定的。目前已在台钻、剃齿机及机加工中心等设备上采用变频调速。随着通用变频器性能的不断提高及专用变频器的出现，在恒功率负载设备上采用通用变频器会越来越多。在恒功率负载设备上采用变频调速时，为了不过分增大通用变频器的容量，又能满足恒功率的要求，一般采用如下方法：

（1）当在整个调速范围内可分段进行调速时，可以采用变极电动机与变频器相结合，或者机械变速与变频器相结合的办法。

（2）如果在整个调速范围内要求不间断地连续调速，则在异步电动机的额定转速选择上应慎重考虑。一般选择的依据是在异步电动机的机械强度和输出转矩能满足转速的要求时，尽量采用6、8极电动机。这样，在低转速时，电动机的输出转矩会相应提高。在高

速区，如果电动机的机械强度和输出转矩能满足要求，则应将基底频率（或称转折频率、弱磁频率）与尽量低的转速对应（如 1000r/min 或 750r/min）。

（3）选择变频器时，恒功率负载的功率表达式为

$$P = \frac{Tn}{9550} = 常数$$

恒功率负载的机械特性较复杂，系统设计时应注意不能使异步电动机超过其同步转速运行，否则易造成破坏性机械故障。变频器的容量一般取 1.1 ~ 1.5 倍异步电动机的容量。

C 降转矩特性负载

在各种风机、水泵、液压泵中，随着叶轮的转动，空气或液体在一定的速度范围内所产生的阻力大致与速度的二次方成正比，转矩按转速的二次方变化，负载功率按速度的三次方成正比变化。因此，当所需风量、流量减小时，利用变频器调速方式来调节，可以大幅度地减少电能消耗。这种负载特性称为降转矩特性。

由于高速时所需功率与速度的三次方成正比，所以不应使风机、泵类等降转矩负载超过工频运行，而以最高运行频率略低于工频运行为好。在运行频率低于 15Hz 以下时，异步电动机也很难达到额定输出转矩，而风机、泵类负载在低速运行时所要求的转矩也相应降低，这正好适应了采用变频器驱动异步电动机在低速运行时输出转矩下降的特点，所以变频器用于风机、泵类负载的调速是非常适宜的。降转矩特性负载应选用风机、泵类负载专用变频器，也可选用具有降转矩特性的通用型变频器，风机、泵类负载专用变频器的过载能力较小，一般为 110% ~ 120% 额定电流，持续时间 1min，例如西门子 Eco 系列，ABB 公司 ACS400 系列，富士公司 FrenicP9/P11 系列等。但在实际应用中应注意下面几点：

（1）变频器的上限频率不要在接近 50Hz 附近运行，否则会引起功率消耗急剧增加，失去应用变频器节能运行的意义。而且，风机、泵类负载电动机的机械强度及通用变频器的容量都将个符合安全运行要求。使用时应设定上限频率，限制最高运行频率。

（2）一般风机、泵类负载不宜在某一低频以下运行，以免发生逆流、喘振等现象。另外，如果确需在低频下长期运行，应在确保不发生逆流、喘振等现象的前提下，使电动机的温升不超出允许值。必要时应采用强迫冷却措施，即在电动机附近外加一个适当功率的风扇对电动机进行强制冷却。

（3）在满足异步电动机起动转矩的前提下，应尽量采用节能模式，如降转矩 V/f 模式，以获得更大的节能效果。对于转动惯量较大的风机、泵类负载，应适当加大加减速时间，以避免在加减速过程中过电流保护或过电压保护动作，影响正常运行。

（4）对于空压机、深井水泵、泥沙泵等负载需加大变频器容量。

（5）选择变频器时，降转矩负载的功率表达式为

$$P = Kn^3$$

转矩的表达式为

$$T = Kn^2$$

式中 n——异步电动机的转速。

系统设计时应注意，一般情况下风机、水泵采用变频调速的主要目的是节能，理论与实践证明，可节能范围为 20% ~ 50% 左右。变频器的容量应与异步电动机的额定功率相同，并应核对变频器的额定电流是否与异步电动机的额定电流一致。

2.6.2.3　根据系统控制方式选择变频器

由变频器和异步电动机构成的变频调速控制系统主要有开环控制方式和闭环控制方式两种。

A　开环控制方式

开环控制方式一般采用普通功能的 V/f 控制变频器或无速度传感器矢量控制变频器。开环控制方案结构简单、运行可靠，但调速精度和动态响应特性不高，尤其是在低速区域显得较为突出。此外，由于异步电动机存在转差率，转速随负荷转矩变化而变化，即使采用变频器的转差补偿功能及转矩提升功能，也难以达到很高的精度，但对于一般控制要求的场合及风机、水泵类流体机械的控制，足以满足工艺要求。采用无速度传感器矢量控制变频器的开环控制系统，可以对异步电动机的磁通和转矩进行检测和控制，具有较高的静态控制精度和动态性能，转速精度可达 0.5% 以上，并且转速响应较快。在一般精度要求的场合下，采用这种开环控制系统是非常适宜的，可以达到满意的控制性能，并且系统结构简单，可靠性高，但应注意变频器的额定参数、输入和设定的电动机参数应与实际负载匹配，否则难以达到预期效果。

如果将上述方式中的异步电动机换成永磁同步电动机，就构成了永磁同步电动机开环控制变频调速控制系统。这种变频调速控制方式具有控制电路简单、可靠件高的特点。由于采用同步电动机，它的轴转速始终等于同步转速，转速只取决于同步电动机的供电频率，而与负载大小无关，其机械特性曲线为一根平行于横轴的直线，具有良好的机械硬特性。如果采用高精度的通用变频器，在开环控制情况下，同步电动机的转速精度可达到 0.01% 以上，并且容易达到同步电动机的转速精度与变频器频率控制精度相一致，特别适合多电动机同步传动系统，如对于静态转速精度要求甚高的化纤纺丝机等，是比较理想、简单的控制方案。采用这种开环控制系统，具有系统控制电路结构简单、调整方便、调速精度与变频器控制频率精度相同、运行效率高的特点，特别适用于纺织、化纤、造纸等行业的高精度、多电动机同步传动系统。

B　闭环控制方式

闭环控制方式一般采用带 PID 控制器的 V/f 控制变频器或有速度传感器矢量控制变频器组成，适用于速度、张力、位置、等过程参数控制的场合。采用有速度传感器矢量控制变频器需要在异步电动机上安装一个速度传感器或编码器，速度传感器或编码器的输出量输入到变频器中构成闭环系统。这是一种较理想的控制方式，有许多优点，调速范围可达 1:100、1:1000，甚至更高，并可精确地进行转矩控制，且系统的动态响应快、性能好。但它需要在异步电动机轴上安装速度传感器或编码器，在某些情况下实现起来比较困难，因此，除非工艺设备对速度或转矩控制精度要求较高时才采用这种闭环控制系统。采用这种带速度传感器的矢量闭环控制系统同样要注意变频器额定参数、输入和设定的电动机参数应与实际负载匹配。此外，要合理选择速度传感器或编码器。

需要注意的是，矢量控制方式只能对应一台变频器驱动一台电机，而且变频器的额定电流应等于或大于电机额定电流，电机的实际运行电流不能比额定电流太小（不低于变频器额定电流的 1/8）。当一台变频器驱动多台电机时，只能选择 V/f 控制模式，不能采用矢量控制模式。

2.6.2.4 变频器容量的选择

A 基本原则

选择变频器时，主要是以电动机的额定电流和负载特性为依据来选择变频器的额定容量。变频器的容量多数是以千瓦数及相应的额定电流标注的。对于三相通用变频器而言，该千瓦数是指该变频器可以适配的规定极数的三相异步电动机满载连续运行的电动机功率，如 SIEMENS 公司是按照其 6 极标准电机的额定电流来计算的适配功率。一般情况下，可以根据电机功率确定需要的变频器容量。但是，有些电机的额定电流值较特殊，不在常用标准规格附近；又有的电机极数高，额定电流偏大，此时要求变频器的额定电流必须等于或大于电机额定电流。因此，变频器容量选择的基本原则，是以电机电流值作为变频器容量选择的主要依据。驱动单台电机的变频器的额定输出电流 I_v 一定要大于电机额定电流 I_n，即 $I_v \geq I_n$。驱动多台电机的变频器额定输出电流一定要大于所有电机额定电流的总和，即 $I_v \geq \sum I_n$。

B 其他需要考虑的因素

变频器的输出含有丰富的高次谐波，会使电动机的功率因数和效率变坏。因此，用变频器给电动机供电与用工频电网供电相比较，电动机的电流会增加 10%，而温升会增加 20% 左右。所以在选择电动机和变频器时，应适当留有余量，以防止温升过高，影响电动机的使用寿命。

变频器的过载能力没有电机过载能力强，一旦电机有过载，损坏的首先是变频器（如果变频器的保护功能不完善的话）。因此，变频器的功率选择最好比电机额定功率大一点。一般当电动机属频繁起动、制动工作或经常处于重载起动时，变频器的容量应适当加大，一般 $I_v > (1.1 \sim 1.5) I_n$，可选取大一挡的变频器，以利于变频器长期、安全地运行。

对于一些特殊的应用场合，如环境温度高、海拔高度高于 1000m 等，会引起变频器过电流，选择的变频器容量需放大一挡。环境温度长期较高，安装在通风冷却不良的机柜内时，会造成变频器寿命缩短。电子器件，特别是电解电容等器件，在高于额定温度后，每升高 10℃ 寿命会下降一半。因此，环境温度应保持较低。除设置完善的通风冷却系统以保证变频器正常运行外，在选用上增大一个容量等级，以使额定运行时，温升有所下降是完全必要的。高海拔地区因空气密度降低，散热器不能达到额定散热器效果。一般在 1000m 以上，每增加 100m 容量下降 1%，必要时可加大容量等级，以免变频器过热。

变频器用于控制高速电动机时，由于高速电动机电抗小，会产生较多的谐波，这些谐波会使变频器的输出电流值增加。因此，选择的变频器容量应比拖动普通电动机的变频器容量稍大一些。

变频器用于变极电动机时，应充分注意选择变频器的容量，使变频器的额定输出电流大于电动机的最大运行电流。另外，在运行中进行极数转换时，应先停止电动机工作，否则会造成电动机空载加速，严重时会造成变频器损坏。

变频器用于驱动绕线转子异步电动机时，由于绕线转子异步电动机与普通异步电动机相比，绕线转子异步电动机绕组的阻抗小，容易发生由于谐波电流而引起的过电流跳闸现象，应选择比通常容量稍大的变频器。一般绕线转子异步电动机多用于飞轮力矩 GD^2 较大的场合，在设定加减速时间时应特别注意核对，必要时应经过计算。

变频器用于驱动同步电动机时，与工频电源相比会降低输出容量 10% ~ 20%，变频器的连续输出电流要大于同步电动机额定电流。

变频器用于压缩机、振动机等转矩波动大的负载及油压泵等有功率峰值的负载时，有时按照电动机的额定电流选择变频器可能会发生峰值电流使过电流保护动作的情况。因此，变频器的额定电流应该比电动机额定电流要大一些。

变频器用于驱动潜水泵电动机时，因为潜水泵电动机的额定电流比通常电动机的额定电流大，选择变频器时，其额定电流要大于潜水泵电动机的额定电流。

变频器用于驱动罗茨风机或特种风机时，由于其起动电流很大，所以选择变频器时一定要使变频器的容量足够大，以防过电流跳电发生。

2.7 几种典型的变频器介绍

2.7.1 西门子变频器产品

2.7.1.1 MasterDrive 系列

SIMOVERT MasterDrive 系列为适用于单机或多机传动的全数字式电压源型变频器。适用的电压是 380V 到 690V ±15% ，频率要求 50/60Hz ±6%。SIMOVERT MasterDrive 矢量变频系统具有极高的调速精度，有适合单机传动的变频器，也有适合多机传动的采用公共直流母线方式的逆变器。

MasterDrive 系列功率范围 2.2 ~ 2300kW，防护等级 IP20。现有书本型、增强书本型、装机装柜型 3 种规格形式。

MasterDrive 系列变频器和逆变器的主要技术参数参见表 2 - 3。

表 2 - 3　MasterDrive 系列变频器和逆变器的主要技术参数

变频器类型	书 本 型	增强书本型	装机装柜型	
变频器电压/V	AC 500 ~ 600	AC 380 ~ 480	AC 380 ~ 480	AC 660 ~ 690
逆变器电压/V	DC 675 ~ 810	DC 510 ~ 650	DC 510 ~ 650	DC 890 ~ 930
输出电压/V	500	400	400	690
输出功率范围/kW	变频：2.2 ~ 315 逆变：2.2 ~ 900	0.55 ~ 18.5	变频：2.2 ~ 400 逆变：2.2 ~ 710	变频：55 ~ 400 逆变：55 ~ 1200
逆变器并联输出功率/kW	1000 ~ 1700	—	900 ~ 1300	1300 ~ 2300
制动单元	可外置	内置制动单元	可外置	可外置
接口	多种通信接口	多种通信接口	多种通信接口	多种通信接口

MasterDrive 系列公共整流装置的主要技术参数参见表2-4。

表2-4 MasterDrive 系列公共整流装置的主要技术参数

整流装置	AFE 有源整流回馈	晶闸管整流装置	整流回馈	增强书本型整流
电源电压/V	AC 380~460	AC 380~480	AC 380~480	AC 380~460
	AC 500~575	AC 500~600	AC 500~600	
	AC 660~690	AC 660~690	AC 660~690	
输出电压/V	DC 600	DC 510~650	DC 510~650	DC 510~650
	DC 790	DC 675~810	DC 675~810	
	DC 1040	DC 890~930	DC 890~930	
输出功率范围/kW	6.8~250	15~800	15~800	15~100
	51~192	22~1100	22~1100	
	70~245	160~1500	160~1500	
特点	功率部分同逆变器采用 IGBT，电源谐波小，功率因数高	晶闸管整流，可并联扩容使用	采用两组反并桥，可以将能量回馈至电网，可并联扩容使用	晶闸管整流
控制板	CUSA	CUR	CUR	CUR
接口	多种通信接口	多种通信接口	多种通信接口	多种通信接口

冶金行业应用多采用公共直流母线供电交流变频调速方案，一般应用场合整流装置多采用晶闸管整流装置。可以通过装置并联进行扩容，最多可并联相同规格的3个装置。装置并联扩容运行需要在网侧加阻抗为2%的进线电抗器。两套相同的整流装置还可以通过相位差为30°的整流变压器，构成12脉波整流装置。由此可以消除电网5次、7次等低次谐波，大大减小对电网的谐波影响。

2.7.1.2 Sinamics S120 系列

Sinamics 系列变频器是西门子新开发推出的产品，产品系列全，覆盖多种应用场合。与 MasterDrive 系列产品相对应的是 S120 系列变频器，它具有更合理的结构和更强的控制功能。Sinamics 系列变频器包含多个产品系列，如图2-57所示。

Sinamics S120 是西门子公司推出的全新的集 V/f、矢量控制及伺服控制于一体的驱动控制系统。它不仅能控制普通的三相异步电动机，还能控制同步电机、扭矩电机及直线电机。S120 变频器作为西门子新型变频器产品，将逐步替代 MasterDrive 系列变频器。S120 变频器也分为模块型、书本型、装机装柜型等，具有更灵活的维护结构，如图2-58所示。

Sinamics S120 产品包括：用于共直流母线的 DC/AC 逆变器和用于单轴的 AC/AC 变频器。用于单轴驱动的 AC/AC 变频器由控制单元、适配器和功率模型部分构成，见表2-5。

S120 系列多轴控制变频系统由控制模块、电源模块和电机模块三个部分组成。

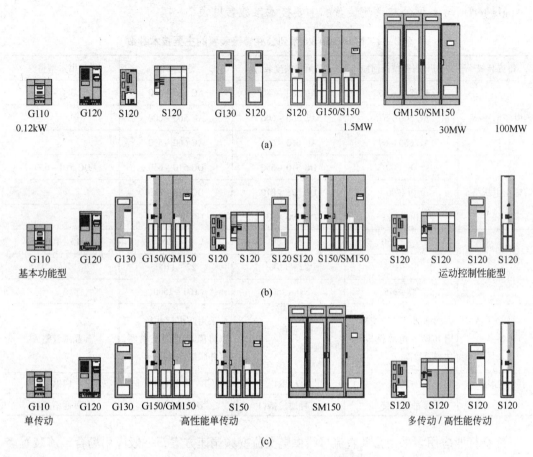

图2-57 Sinamics系列变频器

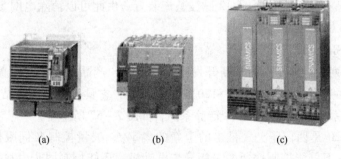

图2-58 S120变频器
(a) 模块型; (b) 书本型; (c) 装机装柜型

电源模块（整流装置）有基本型——BLM（Basic Line Module）、智能型电源模块——SLM（Smart Line Module）、主动型电源模块——ALM（Active Line Module）三种类型，见表2-6。

电机模块就是我们常说的逆变单元，它是将540V或600V的直流电逆变成三相交流电。目前的电机模块有两种类型：书本型和装机装柜型。书本型又分为单轴电机模块和双轴电机模块，单轴为3~200A；双轴为3~18A。装机装柜型为210~1405A（380~480V

电网）；85～1270A（660～690V 电网）。电机模块和主控单元之间通过 DRIVE – CLIQ 接口，进行快速数据交换。

表 2 – 5 用于单轴驱动的 AC/AC 变频器构成

控制单元		适配器	功率模块（PM340）	
CU310DP	CU310PN	CUA31	模块型	装机装柜型

表 2 – 6 电源模块类型

电源模块类型	基本型电源模块 BLM	智能型电源模块 SLM	调节型电源模块 ALM	
	装机装柜型	书本型	书本型	装机装柜型（ALM + AIM）
图标				
功率范围	3AC 380～480V，20～710kW 3AC 660～690V，250～1100kW	3AC 380～480V，5～36kW	3AC 380～480V，16～120kW	3AC 380～480V，132～900kW 3AC 660～690V，560～1400kW
基本特征	（1）整流，没有回馈功能；（2）$1.41 \times V_L > V_{DC} > 1.32 \times V_L$	（1）整流回馈，但母线电压不可调；（2）$1.41 \times V_L > V_{DC} > 1.32 \times V_L$	（1）整流/回馈，母线电压可调；（2）3AC 380～400V，$V_{DC} = 600V$ 3AC 400～415V，$V_{DC} = 625V$ 3AC 416～480V，$V_{DC} = 1.35 \times V_L$ （此时，ALM 工作在 Smart 方式）	（1）装机装柜型的 ALM 模块总是与其接口模块 AIM（Active Interface Module）一起使用，AIM 位于电网和 ALM 之间；（2）整流/回馈，母线电压可调，还能实现无功补偿；（3）AIM 包含基本滤波器、预充电回路及电网电压检测电路
电源要求	（1）3AC 380～480V ± 10%（ – 15% < 1min）或 3AC 660～690V ± 10%（ – 15% < 1min）；（2）频率：47～63Hz；（3）24V DC 供电：+24V – 15%/ + 20%			

注：V_L—电网电压；V_{DC}—直流母线电压。

控制单元即 CU320，它是驱动系统的大脑，负责控制和协调整个驱动系统中的所有模块，完成各轴的电流环、速度环甚至位置环的控制。同一块 CU320 控制的各轴之间能相互交换数据，即任意一根轴能够读取控制单元上其他轴的数据，这一特征广泛被用作多轴之间的简单的速度同步。

根据连接外围 I/O 模块的数量、轴控制模式、所需的功能以及 CF 卡的不同，1 块 CU320 能够控制轴的数量也不同。

用作速度控制最大控制的轴数（指用带性能扩展 1 的 CF 卡）：通常为 6 个伺服轴或 4 个矢量轴或 8 个 V/f 轴。

用作位置控制最大控制的轴数（指用带性能扩展 1 的 CF 卡）：用作伺服控制时，最大为 4 个轴；用作矢量控制时，最大为 2 个轴。

2.7.2 ABB 变频器

2.7.2.1 通用系列

ABB 通用变频器主要有 ACS50/150、ACS350、ACS550 等多个系列产品，都为单电机传动应用，主要参数和特点见表 2 - 7。

表 2 - 7   ABB 通用变频器参数

系 列	ACS150 系列	ACS350 系列	ACS510 系列	ACS550 系列
应 用	小功率通用型	小功率通用型	风机水泵专用控制	矢量控制
电压和功率	单相，200～240V，0.37～2.2kW 三相，200～240V，0.37～2.2kW 三相，380～480V，0.37～4kW	单相，200～240V，0.37～2.2kW 三相，200～240V，0.37～4kW 三相，380～480V，0.37～7.5kW	三相，380～480V ±10% 1.1～110kW	三相，380～480V ±10% 1.1～110kW
特 点	内置制动斩波结构紧凑	内置制动斩波结构紧凑	两个独立的 PID 控制器循环软启动功能	PID 控制器矢量控制
接口数量	5 个 DI，1 个 DO 1 个 AI	5 个 DI，1 个 DO 1 个 AI，1 个 AO 可选现场总线接口	6 个 DI，3 个 DO 2 个 AI，2 个 AO 可选现场总线接口	6 个 DI，3 个 DO 2 个 AI，2 个 AO 可选现场总线接口
适用场合	风机、泵和皮带传送等	风机、泵和皮带传送等	典型的应用包括恒压供水，冷却风机，地铁和隧道通风机等	典型的应用包括风机、水泵和恒转矩应用
外 形				

2.7.2.2 ACS800 系列单传动

ACS800 系列为 ABB 工业传动高性能变频器，采用直接转矩控制方式（DTC），动态控制性能好，电压等级从 380～690V，功率范围从 0.55～2800kW，适合工业过程控制各个应用领域，见表 2-8。

表 2-8 ACS800 系列单传动变频器参数

系 列	ACS800-01	ACS800-04	ACS800-02	ACS800-07
应 用	壁挂式传动	单电机传动模块	落地式安装传动	柜体式机构
电压和功率	三相，208～240V，0.55～37kW 三相，380～415V，1.1～75kW 三相，380～500V，1.5～90kW 三相，525～690V，5.5～75kW	三相，208～240V，0.55～200kW 三相，380～415V，1.1～355kW 三相，380～500V，1.5～450kW 三相，525～690V，5.5～450kW	三相，208～240V，45～200kW 三相，380～415V，90～355kW 三相，380～500V，110～450kW 三相，525～690V，90～450kW	三相，380～415V，45～1120kW 三相，380～500V，55～1400kW 三相，525～690V，45～2100kW
特 点	DTC 控制方式 R_2～R_6 尺寸 ACS800-11 具有能量再生功能	DTC 控制方式 R_2～R_8 尺寸 结构设计紧凑	DTC 控制方式 结构设计紧凑	DTC 控制方式 R_6～R_8 多个并联 结构设计紧凑
接 口	模拟数字 I/O 模块 现场总线接口 编码器接口	模拟数字 I/O 模块 现场总线接口 编码器接口	模拟数字 I/O 模块 现场总线接口 编码器接口	模拟数字 I/O 模块 现场总线接口 编码器接口
适用场合	高性能单电机控制	高性能单电机控制	高性能单电机控制	高性能单电机控制 输出功率大
外 形				

2.7.2.3 ACS800M 系列多传动

ACS800M 系列为 ABB 工业传动高性能变频器，采用直接转矩控制方式（DTC），动态控制性能好，电压等级从 380～690V，功率范围从 1.5～5600kW，适合工业控制大规模、高性能传动系统的应用。

ACS800 多传动变频器由连接到公共直流母线的多台逆变器模块构成。传动装置由一套整流单元供电，通过公共直流母线为多台传动单元供电。直流公共母线结构简化了整个装置，并且带来了以下优点：节省连线、安装和维护费用；减小线电流并且简化了制动装置；公共直流母线实现电能内部循环，提高了效率；减少了器件数量，提高了可靠性；节省了空间。

ACS800 变频器共有 3 个电压等级，即 400V、500V、690V。ABB 提供三种类型的整流装置：二极管整流单元（DSU）、晶闸管整流单元（TSU）、IGBT 整流单元（ISU）。IGBT 整流单元将三相交流电压整流为直流电压，同时也可以将电机回馈的能量反馈至电网。整流装置主电路包括主开关、滤波器和整流器，整流器与逆变器硬件兼容，它通过控制 IG-BT 以保持直流电压的恒定和线电流的正弦度，同时控制系统能提供接近 1 的功率因数。因此，不需要功率因数补偿装置。由于使用 DTC 技术和 LCL 滤波技术，极大降低了电源谐波含量。

ACS800 变频器采用世界领先的控制技术，即直接转矩控制（DTC 控制）技术。与目前其他大多数公司采用的矢量控制方式相比，直接转矩控制具有更快的动态响应性能。采用直接转矩控制方式时，IGBT 的开关频率不再是一个恒定值，特别在电机低速运行时，大大降低了 IGBT 的开关频率。这也有助于减少变频器功率器件的开关损耗，降低变频器的谐波，延长变频器至电机的允许电缆距离。

ACS800 变频器采用模块化结构形式，见图 2-59。400V 等级逆变单元容量从 1.5 ~ 2400kW，共有 R2i ~ R8i 共 7 种不同尺寸模块。132kW 以上变频器全部由 R8i 单元单个模块或并联连接配置而成。R8i 模块后部内置插接端子，模块底下配备有滚轮。R8i 小车与传动柜体通过接插件形式连接，方便了安装和快速维护。模块可以自由并联连接以获得更大的输出电流。

图 2-59 ACS800 变频器

ACS800 变频器的一个显著特点就是主回路和控制回路完全分离。主控制板及通信等控制回路可以独立于逆变器主回路单元，单独安装于一面控制盘，控制板与逆变单元之间通过光纤连接，避免信号受干扰。

由于主控制板与逆变单元分离，通过光纤连接，这种结构方式使逆变器的并联运行连接十分方便。主控制板只需通过一个光纤分配器即可控制多台并联运行的逆变单元，无需增加其他并联运行控制组件。

另外，逆变单元内部已包含输出电抗器。因此，并联连接的逆变单元外部不需要再加平衡电抗器，变频器柜结构十分简洁紧凑。并联运行所用的 R8i 小车与单台运行的小车结构完全相同，可以互换，大大减少了运行维护所需的备件种类和数量。

2.7.3 日立变频器

2.7.3.1 L300P/SJ300 系列变频器

L300P/SJ300 是日立公司的两个系列通用型变频器。L300P 为风机水泵专用系列变频器，SJ300 为具有高性能矢量控制的变频器，可以适合多种场合的应用，见表 2－9。

表 2－9 日立 L300P/SJ300 系列变频器参数

系　列	L300P	SJ300
应　用	通用型变频器	矢量控制变频器
电压和功率	三相，200～240V，5.5～55kW 三相，380～480V，11～132kW	三相，200～240V，0.37～55kW 三相，380～480V，0.75～132kW
特　点	风机水泵专用变频 自动节能运行功能 瞬时停电重起动 电网电压自动稳压，保持输出稳定 内置 PID 功能及 3 线运行功能	32 位日立 SuperH（SH4）微处理器 0.5Hz 时 200% 起动转矩 0Hz 时 150% 停止维持转矩 具有专利技术的无速度传感器矢量控制
接口数量	智能输入与输出端子可分配多种功能	智能输入与输出端子可分配多种功能
适用场合	主要应用于风机及水泵节能运行控制	应用于低速时需要大力矩的场合 应用于需要高速力矩和速度响应的场合
外　形		

2.7.3.2 工业应用专用变频器

日立变频装置有大容量变频器（HIVECTOL－VSI－MH）、中容量变频器（HIVECTOL－VSI－MS）、小容量变频器（HIVECTOL－VSI－S）等矢量变频器系列（见表 2－10）。

表 2－10 日立工业应用专用变频器参数

序号	项　目	中容量变频器	小容量变频器	大容量变频器
1	整流变压器要求	短路主抗 $Z\%=9\%\sim11\%$ 连接方式：三角形/三角形－三角形 矢量组 Dd0－d0	短路主抗 $Z\%=9\%\sim11\%$ 连接方式：三角形/三角形－三角形 矢量组 Dd0－d0	短路主抗 $Z\%=16\%$ 连接方式：三角形/三角形 矢量组 Dd0
2	变频器形式	交－直－交 （HIVECTOL－VSI－MS）	交－直－交 （HIVECTOL－VSI－S）	交－直－交 （HIVECTOL－VSI－MH）
3	功率元件	IGBT（3.3kV/1.2kA）	IPM IGBT（1.2kV/1kA）	IGBT（3.3kV/1.2kA）

续表2-10

序号	项目	中容量变频器	小容量变频器	大容量变频器
4	DC母线电压及输出电压电平	DC母线电压1200V 二电平（-600～+600V）	DC母线电压600V 二电平（-300～+300V）	DC母线电压3300V 三电平（-1650～0～+1650V）
5	规格种类	3种规格： 800/1500/2100 kVA	8种规格： 15/30/55/90/135/200/400/800kVA	4种规格： 2500/4800/6800/8800kVA
6	冷却方式	强迫风冷	强迫风冷	纯水冷却
7	与上级通信	（1）通过CAN总线与PLC上的PI/O连接； （2）通过以太网与HM/MICA连接	通过CAN总线与PLC上的PI/O连接或与PIO站连接	（1）通过CAN总线与PLC上的PI/O连接； （2）通过以太网与HM/MICA连接
8	空载速度控制精度	≤±0.05%（使用PLG）	≤±0.05%（使用PLG） ≤±0.5%（无PLG）	≤±0.01%（使用S/E）
9	空载速度响应时间	<10～30rad/s	<10～20rad/s（A1型） <10～30rad/s（A2型） <5～10rad/s（无PLG）	<40～50rad/s
11	调速范围	1:100（使用PLG）	1:100（使用PLG） 1:20（无PLG）	≒0:100（使用S/E）
12	力矩电流控制精度	≤±1%	≤±1.5%（使用PLG） ≤±3.0%（无PLG）	≤±1%
13	力矩电流响应时间	<400rad/s	<200rad/s（A1型） <300rad/s（A2型） <150rad/s（无PLG）	<400～600rad/s

2.7.4 三菱变频器

三菱电机 FR-A700/F700 系列变频器是 FR-A500/F500 系列变频器的更新产品，增添了更多控制功能，具有更强的控制性能（见表2-11）。

表2-11 三菱变频器参数

系列	FR-A740	FR-F740	FR-E540
电压和功率	400V：0.4～500kW	400V：0.75～630kW	单相200V：0.4～2.2kW； 三相200V/400V：0.4～7.5kW
控制功能	先进的PWM控制，V/f控制、磁通矢量控制、无传感器矢量控制、带编码器的矢量控制	V/f控制、最佳励磁控制、磁通矢量控制	V/f控制、磁通矢量控制

系 列	FR - A740	FR - F740	FR - E540
特 点	可以支持直流母线供电方式 闭环矢量控制可以实现转矩控制/位置控制，具有高精度、高响应性能 速度控制精度：±0.01% 转矩控制范围：1:50	多泵控制功能，最多可以控制4台水泵	经济型高性能变频器，紧凑型结构
接 口	模拟数字 I/O 模块 多种现场总线接口 编码器接口	模拟数字 I/O 模块 多种现场总线接口	模拟数字 I/O 模块 多种现场总线接口
适用场合	高性能驱动	风机水泵控制	一般机械传动
外 形			

2.7.5 安川变频器

VS - 676H5 系列变频器采用最新的驱动技术和高速处理技术，在很多领域实现最优化驱动，从需要高性能驱动的精加工机器及多驱动装置（见表 2 - 12）。

表 2 - 12 安川变频器参数

系 列	VS - 676H5 系列变频器	VS - 656DC5 系列整流器
电压和功率	200V 级：0.4 ~ 75kW 400V 级：0.4 ~ 800kW 600V 级：0.4 ~ 1200kW	200V 级：DC 330V 400V 级：DC 660V
特 点	多种控制方式：正弦波 PWM 方式、V/f，无传感器矢量控制、带 PG 矢量控制 速度控制范围：1:1000（带 PG） 速度控制精度：±0.01 转矩控制范围：1:50 功能：自动整定，监控，零速控制	具有电源回馈功能，变频器驱动的制动能力达到最大的发挥。通过电源功率因数 1 控制与 PWM 控制，电源设备的成本降低 输入效率：0.95 以上（额定电流时） 输出电压精度：±5%
适用场合	高性能驱动和多电机传动系统	PWM 整流回馈装置
外 形		

参 考 文 献

[1] P. D. EVANS. PWM 逆变器输出谐波 [J]. 国外电气自动化, 1990 (45).

[2] 陈伯时, 陈敏逊. 交流调速系统 [M]. 北京: 机械工业出版社, 1993.

[3] 陈伯时. 电力拖动自动控制系统 [M]. 2 版. 北京: 机械工业出版社, 2005.

[4] 陈国呈. PWM 变频调速及软开关电力变换技术 [M]. 北京: 机械工业出版社, 2000.

[5] 刘宗富. 电机学 [M]. 北京: 冶金工业出版社, 1992.

[6] 天津电气传动设计研究所. 电气传动自动化技术手册 [M]. 2 版. 北京: 机械工业出版社, 2005.

[7] 刘天赐. 晶闸管变流技术 [M]. 北京: 冶金工业出版社, 1989.

[8] 赵明, 张永丰. 电力拖动连续控制 [M]. 北京: 机械工业出版社, 1988.

[9] 赵影. 电机与电力拖动 [M]. 北京: 国防工业出版社, 2006.

[10] 姚舜才. 电机学与电力拖动技术 [M]. 北京: 国防工业出版社, 2006.

[11] 张连科. 电力拖动自动控制系统 [M]. 北京: 冶金工业出版社, 1989.

第3章　基础自动化控制系统

3.1　概述

3.1.1　基础自动化在冶金自动化系统中的位置

在我国冶金企业中，常把冶金自动化系统分为5级，即企业管理级（L4级）、生产控制级（L3级）、过程控制级（L2级）、基础自动化级（L1级）、现场级（传动和传感器等）（L0级），如图3-1所示。基础自动化级是冶金5级自动化系统的关键和核心，起到承上启下的作用。

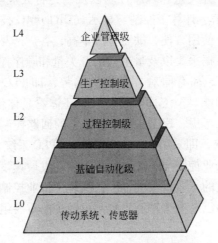

图3-1　自动化系统分级

3.1.2　基础自动化常规控制功能

基础自动化系统完成冶金冶炼、轧线等生产线及设备的顺序控制、逻辑控制、设备控制和模拟量调节等，通常使用PLC、DCS。在热轧，完成炉区、粗轧机、热卷箱、精轧机、液压活套、层流冷却、卷取机、运输链等设备的位置、压力、速度、张力等控制功能。包括可逆轧制控制、热卷箱控制、飞剪控制、精轧速度控制、液压活套高度及张力控制、液压HAPC控制、精轧液压HAGC控制、终轧温度控制、卷取速度张力控制、液压助卷辊自动踏步控制（AJC）、自动厚度控制（AGC）、自动位置控制（APC）、自动宽度控制（AWC）、板形控制（ASC）、卷取温度控制（CTC）等。在冷轧，完成冷连轧速度同步控制和张力控制、厚度自动控制、自动板形控制、轧辊偏心控制、动态变规格、自动卷径计算、拉矫平整控制，伸长率控制、炉温控制等。在基础自动化控制方面，以PLC、DCS为代表的计算机控制系统已在冶金企业全面普及。

3.1.3 基础自动化主要构成

基础自动化系统主要由 HMI、控制器组成，HMI 和控制器之间用以太网进行连接。现场工业控制网络实现控制器与传感器、传动系统、单体控制设备的通信连接。

人机界面（或简称为 HMI）是一个可以显示生产线状态的设备，操作员可以采用此设备对生产线及相关设备进行监视及操作控制。HMI 会链接到数据库，读取相关信息，以显示趋势、诊断数据及相关管理用的信息，如定期维护程序、物流信息、特定传感器或机器的细部线路图、或是可以协助故障排除的专家系统。通过 HMI 可对系统编程或修改，对现行设定值进行校正和再设定，显示生产过程的设定值和实际值，显示和控制各传动装置，显示辅助设施的运行状态，具有先进的、完善的故障诊断系统，对机组控制系统进行在线诊断和应急报警监视等。

常用的控制器有 PLC 和 DCS，PLC 和 DCS 被称为基础自动化的两大控制系统，各有特点，PLC 是从开关量控制发展到顺序控制、运送处理以及连续 PID 控制等多功能，特点是较为便宜和可靠，适宜于开关量和顺序控制以及不是特大规模的回路控制与数据采集。分散控制系统 DCS 是集通信、计算、控制与显示（CRT）4C 技术于一体的控制装置，从上到下的树状拓扑大系统，使用方便，缺点是成本高，各厂产品难以互换和相互操作，适宜于大规模的回路控制、数据采集以及量不大的开关量和顺序控制。

目前新型的 PLC 和 DCS 都有向对方靠拢的趋势，即 PLC 加强了回路控制的功能，DCS 也有很强的顺序控制功能。至于选哪一种系统还需看具体情况而定。但从方便联网、设备统一以减少备件等方面考虑，EIC 系统已由过去的回路控制采用 DCS、顺序控制采用 PLC，而变为 IE 一体化系统，即采用全 DCS 系统或全 PLC 系统。

现场工业控制网络在工业控制与工业自动化领域的发展速度惊人。工业通信的标准从早期的现场总线发展到现在的工业以太网标准，实现了工业控制与自动化网络的宽带化与实时控制。因此通信与网络已经成为控制系统不可缺少的重要组成部分。

3.1.4 基础自动化的发展

基础自动化系统经历了几十年的发展历程，目前，已经日臻成熟。从系统的分级与基本结构来看，它主要经历了单机控制、多机分级分区集中控制、分散系统控制这样几个阶段。它的发展特点主要集中在以下 5 个方面：

（1）计算机系统的结构逐步分散化。系统的结构从最初的单机集中控制，发展到后来的多级分区的集中控制，再发展到分散控制。这种变化过程是为了更好地满足生产技术发展的需要，也是随着计算机和电气传动技术的发展不断变化的。

（2）控制功能不断完善。控制功能从最初的代替人工操作的设定控制，发展到生产全线的自动控制、产品质量控制、节能控制，再发展到设备故障诊断，以及近年来的产品的微结构性能预报、性能控制。控制功能不断完善，从简单到复杂，从低级到高级，这些也是来自于提高产品质量、降低生产成本、减少环境污染等方面的需求。

（3）控制精度不断提高。随着控制功能的不断完善，对产品的控制精度也在不断提高。

（4）硬件标准化、应用软件产品化。

（5）基础自动化级使用高性能专用控制器和 PLC。较为著名的有美国 GE 公司的 IN-NOVATION 系统、VMIC 控制器；德国 Siemens 公司的 SIMATIC TDC、SIMATIC S7、SIMA-DYN – D 系统；日本三菱公司的 MELPLAC 系统；日本东芝公司的 V 系列、TMEIC 的 nV 系列；日立的 HISEC/R900；法国 ALSTOM 公司的 ALSPA 系统等。最近出现了一种基于开放型硬件和开放型软件平台的开放型 PLC，它就是 PAC（Programmable Automation Controller 可编程自动化控制器）。

伴随着计算机技术日新月异的发展，工业领域的基础自动化控制系统必将不断进步，为工业控制提供更先进、更可靠、更便利、性价比更高的平台。

3.2 系统架构

基础自动化控制系统是由直接控制层和操作监控层构成的。一般的基础自动化控制系统（L1 级）主要包括控制器、人机界面操作站 HMI、工程师站、网络、I/O 站等。典型的基础自动化系统结构如图 3 – 2 所示。

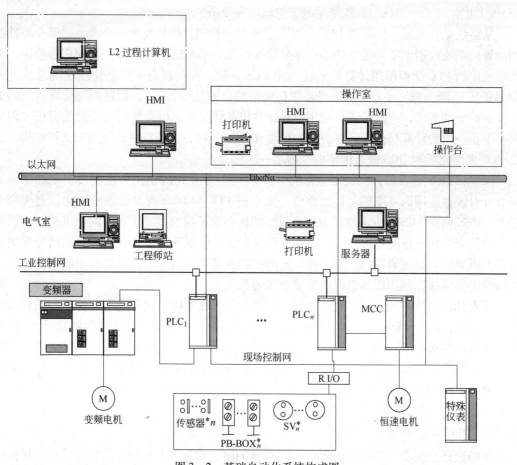

图 3 – 2　基础自动化系统构成图

基础自动化系统是钢铁企业计算机系统中的 L1 级。通过以太网与上级过程计算机（L2）以及人机界面操作站进行通信，通过现场控制网连接传动系统、传感器、电磁阀（L0），通过高速实时工业控制网实现各控制器间的高速互联。

一般而言，基础自动化的控制器、本地 I/O 站、工程师站、打印机等安装在电气室，人机界面操作站 HMI、主控操作台、HMI 打印机等放置在操作室，远程 I/O 站、现场操作站等安装于现场设备附近。

3.2.1 控制器

基础自动化系统的控制器可分为 DCS 和 PLC 两种类型控制器。DCS 从传统的仪表盘监控系统发展而来，因此，DCS 从先天性来说较为侧重仪表的控制。PLC 从传统的继电器回路发展而来，最初的 PLC 甚至没有模拟量的处理能力，因此，PLC 最初强调的是逻辑运算能力。

PLC 与 DCS 发展到今天，事实上都在向彼此靠拢。严格地说，现在的 PLC 与 DCS 已经不能一刀切开，很多时候之间的概念已经模糊了。现在彼此有很多相同之处。

从功能来说，PLC 已经具备了模拟量的控制功能，有的 PLC 系统模拟量处理能力甚至还相当强大，比如 S7 - 400 系统。而 DCS 也具备相当强劲的逻辑处理能力，比如在 CS3000 上实现了一切我们可能使用的工艺联锁和设备的联动启停。

从系统结构来说，PLC 与 DCS 的基本结构是一样的。PLC 发展到今天，已经全面移植到计算机系统控制上了，传统的编程器早就被淘汰。小型应用的 PLC 一般使用触摸屏，大规模应用的 PLC 全面使用计算机系统。和 DCS 一样，控制器与 I/O 站使用现场总线（一般都是基于 RS -485 或 RS -232 异步串口通信协议的总线方式），控制器与计算机之间如果没有扩展的要求，也就是说只使用一台计算机的情况下，也会使用这个总线通信。但如果有不止一台的计算机使用，系统结构就会和 DCS 一样，上位机平台使用以太网结构。这是 PLC 大型化后和 DCS 概念模糊的原因之一。

PLC 和 DCS 的发展方向是小型化的 PLC 将向更专业化的使用角度发展，比如功能更加有针对性、应用的环境更有针对性等。大型的 PLC 与 DCS 的界线逐步淡化，直至完全融和。DCS 将向 FCS 的方向继续发展。FCS 的核心除了控制系统更加分散化以外，特别重要的是仪表。FCS 在国外的应用已经发展到仪表级。控制系统需要处理的只是信号采集和提供人机界面以及逻辑控制，整个模拟量的控制分散到现场仪表，仪表与控制系统之间无需传统电缆连接，使用现场总线连接整个仪表系统。

随着计算机技术的发展，最近出现了一种基于开放型硬件和开放型软件平台的开放型 PLC，它就是 PAC（Programmable Automation Controller，可编程自动化控制器）。PAC 控制器可以采用普通的 PC 机也可以采用 VME 总线控制器作为控制器硬件，采用嵌入式实时操作系统，组合支持 IEC61131 -3 标准的可编程逻辑控制 PLC 的开发软件，构成一种区别于传统 PLC 的开放型 PLC 系统。

3.2.1.1 PLC

A PLC 基础知识

可编程序控制器（Programmable Logic Controller，简称 PLC）是一种数字式运算操作的电子系统，专为工业环境应用而设计。它采用可编程序的存储器，用来在其内部存储执行逻辑运算、顺序控制、定时、计时和算术运算操作的指令，并通过数字式、模拟式的输入和输出，控制各种类型的机械或生产过程。由于其具有可靠性高、编程简单、使用方便、通用性好以及适应工业现场恶劣环境等特点，所以应用极为广泛。

可编程序控制器（PLC）是一种以微处理器为核心的工业通用自动控制装置，其实质是工业控制专用计算机。因此，它的组成与一般的微型计算机基本相同，也是由中央处理单元（CPU）、存储器（EEPROM、RAM）、输入/输出（I/O）接口、电源等组成。

PLC 问世以来，尽管时间不长，但发展迅速。为了使其生产和发展标准化，美国电气制造商协会 NEMA（National Electrical Manufactory Association）经过四年的调查工作，于1984 年首先将其正式命名为 PC（Programmable Controller），并给 PC 作了如下定义：

"PC 是一个数字式的电子装置，它使用了可编程序的记忆体储存指令。用来执行诸如逻辑，顺序，计时，计数与演算等功能，并通过数字或类似的输入/输出模块，以控制各种机械或工作程序。一部数字电子计算机若是从事执行 PC 功能，亦被视为 PC，但不包括鼓式或类似的机械式顺序控制器。"

以后国际电工委员会（IEC）又先后颁布了 PLC 标准的草案第一稿，第二稿，并在1987 年 2 月通过了对它的定义：

"可编程控制器是一种数字运算操作的电子系统，专为在工业环境应用而设计的。它采用一类可编程的存储器，用于其内部存储程序，执行逻辑运算，顺序控制，定时，计数与算术操作等面向用户的指令，并通过数字或模拟式输入/输出控制各种类型的机械或生产过程。可编程控制器及其有关外部设备，都按易于与工业控制系统联成一个整体，易于扩充其功能的原则设计。"

总之，可编程控制器是一台计算机，它是专为工业环境应用而设计制造的计算机。它具有丰富的输入/输出接口，并且具有较强的驱动能力。但可编程控制器产品并不针对某一具体工业应用，在实际应用时，其硬件需根据实际需要进行选用配置，其软件需根据控制要求进行设计编制。

B   PLC 硬件组成

用 PLC 作为控制器的自动控制系统，它既可进行开关量的控制，也可实现模拟量的控制。PLC 的组成如图 3 – 3 所示。

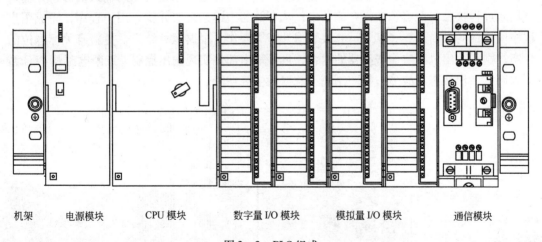

机架   电源模块   CPU 模块   数字量 I/O 模块   模拟量 I/O 模块   通信模块

图 3 – 3   PLC 组成

将组成 PLC 的各种模块、组件按产品体系进行分类，可得到下述的产品分类：CPU 模块单元、数字量输入模块单元、数字量输出模块单元、模拟量输入/输出模块单元、智能

I/O 模块单元、扩展模块单元、通信模块单元、编程器单元、电源模块单元。

a CPU 模块单元

PLC 的 CPU 模块是含有中央处理器、存储器、总线驱动、通信等功能的综合结构体。CPU 是中央处理器的简称。

微处理器就是微型计算机中的中央处理器。微处理器包括算术逻辑部件、控制部件和寄存器组三个基本部分，通常由一片或几片大规模集成电路、超大规模集成电路器件组成。

微型和小型 PLC 均为单 CPU 系统，而大、中型 PLC 通常是双 CPU 或多 CPU 系统。所谓双 CPU 系统，是在 CPU 模板上装有两个 CPU 芯片，一个用于字处理器，一个用于位处理器。字处理器是主处理器，它执行所有的编程器接口的功能，监视内部定时器（WDT）及扫描时间，完成字节指令的处理，并对系统总线进行控制。位处理器是从处理器，它主要完成对位指令的处理，以减轻字处理器的负担，提高位指令的处理速度，并将面向控制过程的编程语言（如梯形图、流程图）转换成机器语言。

PLC 的 CPU 模块的结构如图 3-4 所示。图中的 MCU 是微处理器，RAM、ROM 分别是模块内的数据存储器和程序存储器；CB、DB、AB 分别是模块内的控制总线、数据总线、地址总线信号驱动器；通信电路也是模块主要功能之一。CPU 模块主要功能分为两个：

（1）I/O 模块控制功能的实现，即：

1）通过地址总线选通所要访问的 I/O 模块，激活所要读写的 I/O 器件电路。

2）通过控制总线直接控制所要访问的 I/O 器件读写操作。

3）通过数据总线与各个所要访问的 I/O 器件交换数据信息（读写操作内容）。

（2）程序控制功能的实现，即：

1）接受和存储用户由编程器输入的用户程序和数据。

2）在 PLC 系统程序的控制下，按 PLC 工作模式，接收来自现场的输入信号，并输入到输入过程映像寄存器和数据存储器中；从存储器中逐条读取并执行用户程序，完成用户程序所规定的逻辑运算、算术运算及数据处理等操作；根据运算结果，更新有关标志位的状态，刷新输出过程映像寄存器的内容，再经输出部件实现输出控制、诊断电源及 PLC 系统内部的工作状态及故障；打印制表或数据通信等功能。

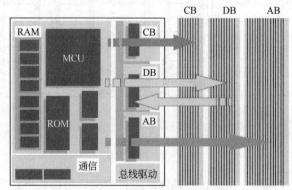

图 3-4 CPU 模块功能示意图

b　数字量（或开关量）输入模板

PLC 中的数字量输入信号是由开关量组合而成的。数字量输入模板接受现场送来的开关量信号（如按钮信号、各种行程开关信号、继电器触点的闭合或打开信号等）。这些外部信号器件与输入模板连接，构成可编程序控制器的输入电路。

数字量输入模板的功用是将现场送来的开关信号接至光电耦合电路（也称光电隔离电路），在电气隔离的条件下，通过光电信号转换，将外部开关量信号转换成 CPU 可处理的数字信号。根据所送来信号电压的类型，可以是直流数字量信号，或交流数字量信号。输入模板因此分为直流输入模板（通常是 24V）和交流输入模板（通常是 220V）两种类型。用户可以根据输入信号的类型选择合适的输入接口。在一般情况下，推荐使用直流输入模板。

数字量（或开关量）输入模板电路结构　常见的直流数字量输入模板信号工作电压为 DC24V。输入模板是由输入信号处理、光电耦合/隔离、信号锁存、口地址译码和控制逻辑电路组成（图 3-5）。模板通过 3 类总线形成 I/O 模块与 CPU 模块的信号交换接口，这是"总线+模板"型计算机结构组织体系的通用形式。输入接口的外部设有接线端子排，便于与现场信号的连接。

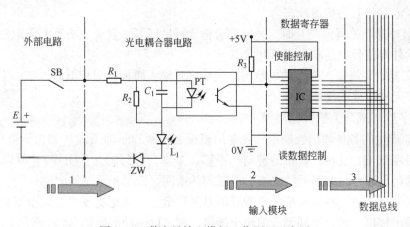

图 3-5　数字量输入模板工作原理示意图

输入模板中的地址译码电路　输入模块上的每个输入点在 PLC 内部都有一个具体的物理地址。因而 CPU 要访问该点时，通过地址总线输出一个该点的地址值信号，地址译码电路接收到 CPU 模板给出的地址信号，由此确定需要访问的相应数据寄存器，产生该数据寄存器选通信号，激活数据寄存器电路，存储光电耦合电路上的数据信号，将输入数据信号送至 PLC 的数据总线。

输入模板中的数据寄存器电路　数据寄存器是用于寄存信号，又称作信号锁存器。这部分电路常由若干片 8D 锁存器（IC 电路）组成。每片电路连接 8 个光电耦合电路，寄存 1 个字节数据信号。在 CPU 送来的选通信号控制下，将由光电耦合器送来的外部开关量信号存入数据锁存器电路。在 CPU 模板需要读取端口信号时，按译码器确定的端口读取此端口的数据信号至 PLC 的数据总线上，然后由 PLC 的数据总线进入 PLC 的 CPU。

输入模板中的光电耦合电路　光电耦合电路的功用是在电气隔离的条件下，接受 PLC 外部开关量信号，因而它是采用光电转换原理传递信号，并实现电气隔离，防止现场电气干扰信号串入 PLC 控制器电路。

数据寄存器的每个输入端点都连有一个光电耦合电路。光电耦合电路由电阻 R_1、R_2 电容 C、R_3、光电耦合器 PT、发光管 L_1、稳压管 ZW 组成。由电阻 R_1、R_2 电容 C 组成模拟滤波电路,消除信号噪声。发光二极管 L 为外部信号电路状态指示;电阻 R_1、R_2 组成分压电路,稳压管 ZW 为过压保护作用。

光电耦合电路的工作过程如下所述:

(1) 当外部开关器件闭合时,光电耦合器 PT 输入回路闭合,光电耦合器的原边侧电路中有电流流过,光电耦合器内的发光二极管导通发光,光电耦合器的副边侧(输出侧)的光电三极管受光激励导通,使输出端对地电压降为零。

(2) 当外部开关器件断开时,光电耦合器输入回路断开时,电路中无电流流过,光电耦合器电路内的发光二极管不发光,光电耦合器输出侧的光电三极管处于截止状态,使输出端对地电压为 VDD。

(3) 以上两个状态,使得光电耦合器输出侧的电压处于两个电平区;0V 和 +5V,因此形成数字逻辑电平:"1"、"0"。

(4) 当外部开关器件闭合时,在光电耦合输入回路闭合同时,发光二极管 L 导通,指示外部信号电路状态为接通状态。

(5) 当外部开关器件断开时,光电耦合输入回路断开,发光二极管 L 无电流流过,不发光,指示外部信号电路状态为断开状态。

(6) 交流数字量输入模板的电路与直流数字量输入模板是很相似的,唯一不同之处是增加由整流元件组成的换流电路。

c 数字量(或开关量)输出模块

由 PLC 产生的各种输出控制信号经输出模板去控制和驱动负载(如指示灯的亮或灭,电动机的启停或正、反转,设备的转动、平移、升降,阀门的开、闭等)。所以 PLC 输出接口所带的负载通常是接触器的线圈、电磁阀的线圈、信号指示灯等。

同输入模板一样,输出模板的负载有的是直流量,有的是交流量,要根据负载性质选择合适的输出接口。针对不同类型的输出接口,配之以不同的驱动电路。

数字量输出模板的负载电源可以是直流,也可以是交流,它必须由用户提供。

直流数字量输出模板电路结构 数字量输出模板含有译码、控制逻辑、信号锁存、光电隔离和输出驱动 5 个部分。其中前 4 个部分与直流数字量输入模板电路非常相似,所不同之处主要是数据流向相反。

输出驱动电路类型 输出模板和输入模板的最大不同处是有输出驱动电路。输出驱动电路是输出模板的主要部分。它对外部信号的作用犹如一个"开关触点",串接在外部控制电器的控制回路中。在源自光电耦合电路的控制信号作用下,形成开关触点的通断响应,将 PLC 输出的"1"、"0"信号转换成了对外部电路的通断控制。输出驱动电路的不同形式构成了不同的输出方式,可以配适不同的控制电器。

数字量模块驱动电路类型分为晶体管输出型、双向晶闸管、继电器输出型 3 种。

(1) 晶体管输出型:晶体管输出型适用于小电流工作的直流负载。具有高速运行特点,其最高工作频率可达 20k～100kHz,其电气参数有 CMOS 电平和 TTL 电平等标准。

(2) 双向晶闸管(可控硅)输出型:双向晶闸管(可控硅)输出型适用于交流负载。

其工作寿命长，具有一定的功率驱动能力，其最高工作频率低于晶体管输出型。

（3）继电器输出型：继电器输出型既可用于直流负载，又可用于交流负载。使用时，只要外接一个与负载要求相符的电源即可，因而采用继电器输出型，对用户显得方便和灵活。但由于它是触点的机械动作形成的接通、断开操作，所以其工作频率不能很高，工作寿命不如无触点的半导体元件长。其工作时，每秒通断频率不大于 10Hz。

输出模板驱动电路电路工作原理　现以继电器输出型模板为例。该驱动电路结构如图 3-6 所示。图中光电耦合电路的输出侧接继电器的激磁线圈回路，光电耦合器的输出信号直接控制继电器的激磁回路的通断。电路中的 L 为 LED 发光二极管，用于指示输出信号状态，被安装于模块的面板处。其中 R_1 是电流限流控制，R_2 是指示输出信号电路限流控制。

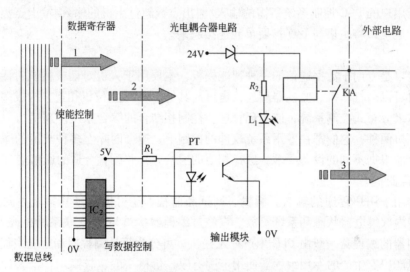

图 3-6　继电器型输出模板的驱动电路工作原理图

输出模块驱动能力决定于继电器输出触点的额定电压与电流参数，即继电器触点闭合时可通过的最大电流和触点打开时可承受的最高电压。

d　PLC 模拟量输入/输出模块

模拟量输入接口模块的任务是把现场中被测的模拟量信号转变成 PLC 可以处理的数字量信号。模拟量输出接口模板的任务是输出模拟量控制信号，用于驱动控制现场设备，如加热设备、电动机转速等。通常生产现场信号电路存在共模干扰信号和串模干扰信号，因而必须采用相关的抗干扰技术措施。

小型 PLC 一般没有模拟量输入/输出接口模块，或者只有通道数有限的 8 位 A/D、D/A 模块。大、中型 PLC 可以配置成百上千的模拟量通道. 它们的 A/D、D/A 转换器一般是 10 位、12 位或 16 位的。

模拟量 I/O 接口模块的模拟输入信号或模拟输出信号可以是电压，也可以是电流。可以是单极性的，如 0~5V、0~10V、1~5V、4~20mA；也可以是双极性的，如 ±50mV、±5V、±10V、±20mA。

一个模拟量 I/O 接口模块的通道数，可能有 2、4、6、8 个。也有的模板既有输入通道，也有输出通道。

　　e　智能 I/O 模块

　　为适应和满足更加复杂控制功能的需要，PLC 生产厂家均生产了各种不同功能的智能 I/O 接口板。这些 I/O 接口板上一般都有独立的微处理器和控制软件，可以独立地工作，以便减少对 CPU 模板的压力。在众多的智能 I/O 接口中，常见智能 I/O 模块的有：具有位置控制功能的位置控制模块；具有 PID 调节器控制功能的闭环控制模板；具有高速计数功能（频率高达 100kHz 甚至上兆赫兹）的高速计数器模板、具有称重控制功能的称重模块等。

　　f　扩展模块

　　PLC 的扩展模块主要是用于 I/O（数字量 I/O 或模拟量 I/O）功能扩展，它常用于整体式可编程序控制器系列中，弥补整体式 PLC 中 I/O 点有限而设置的，用于扩展输入/输出点数。当用户的 PLC 控制系统所需的输入/输出点数超过主机的输入/输出点数时，就要通过 I/O 扩展接口将主机与 I/O 扩展单元连接起来。

　　g　通信模块

　　通信接口是专用于数据通信的一种智能模板，主要用于人机对话或机机对话。PLC 通过通信接口可以与打印机、监视器相连，也可与其他 PLC 或上位机相连，构成多机局部网络系统或多级分布式控制系统，或实现管理与控制相结合的综合系统。通信接口有串行接口和并行接口两种，它们都在专用系统软件的控制下，遵循国际上多种规范的通信协议来工作。用户应根据不同的设备要求，选择相应的通信方式并配置合适的通信接口。

　　h　编程器

　　编程器用于用户程序的输入、编辑、调试和监视，还可以通过其键盘去调用和显示 PLC 的一些内部继电器状态和系统参数。它经过编程器接口与 CPU 联系，完成人机对话。可编程控制器的编程器一般由 PLC 生产厂家提供，可分为简易编程器和智能编程器。

　　PLC 生产厂家生产的专用编程器使用范围有限，价格一般也较高。在个人计算机不断更新换代的今天，出现了使用以个人计算机为基础的编程系统。PLC 的生产厂家可能把工业标准的个人计算机，作为程序开发系统的硬件提供给用户，大多数厂家只向用户提供编程软件，而个人计算机则由用户自己选择。

　　i　电源模块

　　PLC 的外部工作电源一般为单相 85 ~ 260V（50/60Hz）交流电源，也可采用 24 ~ 26V 直流电源。使用单相交流电源的 PLC，往往还能同时提供 24V 直流电源，供直流输入使用。PLC 对其外部工作电源的稳定度要求不高，一般可允许 ±15% 左右。对接在 PLC 输出端子 L 的负载所需的负载工作电源，必须由用户提供。PLC 的内部电源系统一般有 3 类：第一类是供 PLC 中的数字电路芯片和集成运算放大器使用的基本电源（+5V 和 ±15V 直流电源）；第二类是供输出接口使用的高压大电流的功率电源；第三类是锂电池及其充电电源。根据 PLC 的规模及所允许扩展的接口模板数，各种 PLC 的电源种类和容量往往是不同的。

　　C　PLC 工作原理

　　PLC 的工作原理：可编程序控制器是采用"顺序扫描、不断循环"的方式进行工作的。即可编程序控制器运行时，CPU 根据用户程序储存器中的用户程序，按指令步序号（或地址号）作周期性循环扫描。如果无跳转指令，则从第一条指令开始逐条顺序执行用户程序，直到程序结束，然后重新返回第一条指令，开始下一轮新的扫描。在每次扫描过程中，还要完成对输入信号的采样和对输出状态的刷新等工作。

可编程序控制器的扫描工作过程可分为输入采样、程序执行和输出刷新三个阶段。

（1）输入采样阶段。PLC 在输入采样阶段，首先以扫描方式按顺序将所有暂存在输入锁存器中的输入端子的通断状态或输入数据读入，并将其存入（写入）各对应的输入状态锁存器中，即刷新输入，随即关闭输入端口，进入程序执行阶段。在程序执行阶段，即使输入状态有变化，输入状态存储器的内容也不会改变。变化了的输入状态只能在下一个扫描周期的输入采样阶段被读入。

（2）程序执行阶段。PLC 在程序执行阶段，按用户程序指令存放的先后顺序扫描执行每条指令，所需要的执行条件可从输入状态寄存器和当前输出状态寄存器中读入，经过相应的运算和处理后，其结果再写入输出状态存储器中。所以，输出状态存储中所有的内容随着程序的执行而改变。

（3）输出刷新阶段。当所有的指令执行完毕后，输出状态寄存器的通断状态在输出刷新阶段送至输出锁存器中，并通过一定方式（继电器、晶体管或晶闸管）输出，驱动相应的输出设备工作，这就是 PLC 的实际输出。经过这三个阶段，完成一个扫描周期。对于小型 PLC，由于采用这种集中采样，集中输出的方式，使得在每一个扫描周期中，只对输入状态采样一次，对输出状态刷新一次，在一定程度上降低了系统的响应速度，即存在输入/输出滞后的现象。但从另一个角度看，却大大提高了系统的抗干扰能力，使可靠性增强。另外，PLC 几毫秒至几十微秒的响应延迟对一般工业系统的控制是无关紧要的。

D　PLC 编程语言

PLC 的编程语言：与计算机一样，PLC 的操作是按其程序要求进行的，而程序是用程序语言表达的。PLC 是工业自动控制的专用装置，其主要使用者是广大工程技术人员及操作维护人员，为了满足他们的传统习惯和掌握能力，采用了具有自身特色的编程语言或方式。

国际电工委员会（IEC）于 1994 年公布了 PLC 的编程语言标准（IEC1131-3），该标准定义了 5 种 PLC 编程语言的表达方式：梯形图 LAD、语句表 STL、功能块图 FBD、结构文本 ST、顺序功能图 SFC。

（1）梯形图 LAD。梯形图是在传统的继电器控制系统原理图的基础上演变而来的，在形式上类似于继电器控制电路。它继承了传统的继电器控制逻辑中使用的框架结构、逻辑运算方式和输入输出形式，使得程序直观易懂。大多数厂家生产的 PLC 都采用梯形图语言编程。

（2）语句表 STL。语句表是与计算机汇编语言相类似的助记符表达方式，它由操作码和操作熟练部分组成。

（3）功能块图 FBD。功能块图是一种与逻辑控制电路图结构相类似的图形编程语言。它类似于"与"、"或"、"非"的逻辑电路结构的编程方式。一般来说，用这三种逻辑能够表达所有的控制逻辑。

（4）顺序功能图 SFC。顺序功能图又叫做状态转移图。它是描述控制系统的控制过程、功能和特性的一种图形，同时也是设计 PLC 顺序控制程序的一种有力工具。

E PLC控制功能

a 顺序控制

根据生产过程的要求，按照一定的工艺流程，对开关量进行逻辑运算的控制过程，称之为顺序控制。

b 过程控制

过程控制以表征生产过程的参量为被控制量，使之接近给定值或保持在给定范围内的自动控制系统。这里"过程"是指在生产装置或设备中进行的物质和能量的相互作用和转换过程。表征过程的主要参量有温度、压力、流量、液位、成分、浓度等。通过对过程参量的控制，可使生产过程中产品的产量增加、质量提高和能耗减少。一般的过程控制系统通常采用反馈控制的形式，这是过程控制的主要方式。

c 运动控制

运动控制是指PLC对直线运动或圆周运动的控制，也称为位置控制，早期PLC通过开关量I/O模块与位置传感器和执行机构的连接来实现这一功能，现在一般都使用专用的运动控制模块来完成。目前，PLC的运动控制功能广泛应用在金属切削机床、电梯、机器人等各种机械设备上。典型的如PLC和计算机数控装置（CNC）组合成一体，构成先进的数控机床。

d 信息控制

PLC具有通信联网的功能，它使PLC与PLC之间、PLC与上位计算机以及其他智能设备之间能够交换信息，形成一个统一的整体，实现分散集中控制。现在几乎所有的PLC新产品都有通信联网功能，通过双绞线、同轴电缆或光缆，可以在几公里甚至几十公里的范围内交换信息。

当然，PLC之间的通信网络是各厂家专用的。PLC与计算机之间的通信，一些生产厂家采用工业标准总线，并向标准通信协议靠拢。这将使不同机型的PLC之间、PLC与计算机之间可以方便地进行通信与联网。

e 远程控制

PLC具有远程控制的功能。远程I/O控制系统的控制结构比较独特，类似于集中控制系统，又具有分散型控制系统的特点。它利用现代数据通讯技术和网络技术，将部分输入/输出模块移至现场，实现就近采集、就近控制，整个系统由主站和若干个远程站以及相应的本地I/O通道和远程I/O通道组成，主站和远程站之间通过通信电缆传递信息。

用户程序放在主站控制器中。主站控制器是系统的核心部分，负责采集本地输入通道的信息，接收远程站的工作状态及其采集的远程输入通道的信息，并解算用户程序，直接控制本地输出通道，或将输出信息传至远程站，间接控制远程输出通道。远程站控制器无用户程序，不能独立运行。它的任务是：采集所属输入通道的信息，并将采集结果及本身的工作状态上传至主站；同时接收主站的输出信息，直接控制所属的输出通道。远程I/O控制系统具有集中型控制和分散型控制的特点。远程站通过远程终端处理器，和主站中央处理单元，建立通信联系，这样做可以降低系统费用。物理结构上，采用分散就近控制，节省控制电缆，减少线路对信号的干扰，降低工程费用，提高系统可靠性。系统构成灵活，扩展容易，便于分期投资、建设。但由于采用单主机控制方式，对主机要求较高，危险相对集中。远程I/O控制系统用于控制规模中等，控制对象比较分散、工程费用较低的场合。

f 通信联网

通信联网是指 PLC 与 PLC 之间、PLC 和上位计算机或其他智能设备间的通信。常用的通信方式有 RS-232、RS-422、RS-485 串行通信和以太网通信。用双绞线和同轴电缆或光缆将它们连成网络，可实现相互间的信息交流，构成"集中管理、分散控制"的多级分布式控制系统，建立工厂的自动化网络。

F PLC 性能指标

PLC 性能指标有：

(1) 用户程序存储容量。用户程序存储容量是衡量 PLC 存储用户程序的一项指标，通常以字为单位。每 16 位相邻的二进制数为一个字，1024 个字为 1K。对于一般的逻辑操作指令，每条指令占一个字；定时/计数、移位指令每条占 2 个字；数据操作指令每条占 2~4 个字。

(2) I/O 总点数。I/O 总点数是 PLC 可接受输入信号和输出信号的数量。PLC 的输入和输出量有开关量和模拟量两种。对于开关量，用最大 I/O 点数表示；对于模拟量，用最大 I/O 通道数表示。

(3) 扫描速度。扫描速度是指 PLC 扫描 1K 字用户程序所需的时间，通常以 ms/K 字为单位表示。也有些 PLC 也以 μs/步来表示扫描速度。

(4) 指令种类。指令种类是衡量 PLC 软件功能强弱的重要指标，PLC 具有的指令种类越多，说明其软件功能越强。

(5) 内部寄存器的配置及容量。PLC 内部有许多寄存器用于存放变量状态、中间结果、定时计数等数据，其数量的多少、容量的大小，直接关系到用户编程时的方便灵活与否。因此，内部寄存器的配置及容量也是衡量 PLC 硬件功能的一个指标。

(6) 特殊功能。PLC 除了基本功能外，还有很多特殊功能，如自诊断功能、通信联网功能、监控功能、高速计数功能，远程 I/O 和特殊功能模块等。特殊功能越多，则 PLC 系统配置、软件开发就越灵活，越方便，适应性越强。因此，特殊功能的强弱，种类的多少也是衡量 PLC 技术水平高低的一个重要指标。

3.2.1.2 DCS

A DCS 基础知识

集散控制系统（Distributed Control System，简称 DCS）是用多台计算机为基础构成的分散控制和集中操作监控的系统，专为工业生产过程应用而设计。它是 20 世纪 70 年代中期随着微型计算机、大规模集成电路技术的快速发展，同时也由于工业生产规模的不断扩大和生产工艺的复杂化，对生产过程提出更高的控制要求，而常规仪表和计算机集中控制系统又不能满足现代化生产需要的背景下研制出的产物，它既有危险分散、安全性好的分散控制的优点，又具有集中操作、监控的集中控制的优点。

DCS 系统的结构主要包括直接控制层、操作监控层以及控制网络。直接控制层的核心是控制站，对过程信号进行输入、输出处理、并具有丰富功能块对过程进行运算、控制。操作监控层主要包括操作站和工程师站，操作站用于对过程进行操作和监控，在工程师站利用监控组态软件对控制站的功能块等进行组态并下装到控制站实现生产过程的回路控制、逻辑控制和顺序控制。监控组态软件还可对工艺过程进行画面绘制、组态并下装到操作站对生产过程进行直观的实时监控。早期的 DCS 控制网络采用专门的通信协议，开放性差，因此对系统互联极为不便。现在逐步采用标准的通信协议，如以太网等。

DCS 控制系统自问世以来，由于其具有可靠性高、编程简单、可扩展性、通用性好以及适应工业现场恶劣环境等特点，所以在钢铁、化工、电力等工业领域得到了广泛的应用。另外随着现场总线技术的发展，将现场仪表信号数字化，即将 DCS 控制站的输入、输出、运算、控制功能下放到现场仪表中，并用现场总线互连，在操作站进行统一的编程和组态实现回路控制，达到完全的分散控制。这就是新一代的 DCS 控制系统 – 现场总线控制系统 FCS。

B DCS 控制站的硬件组成

控制站是 DCS 直接控制层的核心设备，其直接与现场的检测仪表和执行机构相连。主要完成连续控制、顺序控制、算法运算、报警检查、过程 I/O、数据处理和通信功能。提供的控制算法和数学运算有：PID、非线性增益、位式控制、选择性控制、函数计算和 smith 预估等。控制站主要由输入/输出模块单元、主控模块单元、通信模块单元、电源模块单元组成。

a 主控模块单元

主控模块单元是控制站的核心，其为多处理器结构，主要包括控制处理器、输入输出接口处理器、通信处理器和冗余处理器等。控制处理器主要负责运算、控制和实时数据处理；输入输出接口处理器负责和 DCS 的输入输出接口单元进行通信，交换输入输出的信息；通信处理器是 DCS 控制站与控制网络进行通信的接口，实现控制站与控制网络的信息交换功能；冗余处理器负责主控单元的切换和故障分析功能。

对于一些可靠性要求很高的生产工艺，DCS 控制站可配置成双机热备冗余结构。冗余控制站由两个并行运行的主控制模块单元组成，当其中一个模块发生硬件故障时，这个冗余的仍然能提供连续的操作，两个模块同步接收和处理信息，故障由模块各自检测。故障检测的一个主要方法是比较模块外部接口上通信信息，一旦检测到故障，两个模块都进行自诊断，以确定哪个模块失效。另一个无故障的模块接着进行控制，而不会影响系统的正常运行。

b 控制站的输入/输出模块单元

输入/输出模块单元是控制站的基础，其直接与现场传感器/执行器连接。输入/输出模块单元主要有：数字量（信号为接点或电平）输入（DI）、数字量（信号为接点或脉宽）输出（DO）、模拟量（信号为 4~20mA、0~10mA、热电偶、热电阻）输入（AI）、模拟量（信号为 4~20mA、0~10mA）输出（AO）、脉冲量（信号为方波、正弦波、频率）输入（PI）。模块的各通道信号均隔离；输入/输出模块使用全封装的模件结构，没有暴露的电子线路，可靠性高；允许带电插拔；支持实时的状态显示，可实时显示本模块的运行状态和通信状态。

输入/输出模块可安装在生产现场，并通过总线通信方式与控制器连接，从而节省电缆，节约工程投资。另外，对于重要的工艺对象，也可配置冗余的总线和冗余的 I/O，以提高系统的可靠性和安全性。

c 通信模块单元

通信模块单元是专用于数据通信的一种智能模板。通过通信模块单元可以将控制站与操作站、工程师站相连，也可与其他 PLC 或 DCS 相连，构成多机局部网络系统或多级分布式控制系统，实现管理与控制相结合的综合系统。通信接口有串行接口和并行接口两种，它们都在专用系统软件的控制下，遵循国际上多种规范的通信协议来工作。用户应根据不同的设备要求，选择相应的通信方式并配置合适的通信接口。

d　电源模块

DCS 的外部工作电源一般为单相 85~260V（50/60Hz）交流电源，电源模块是为 DCS 的控制器、输入/输出模块提供 DC 24V 的直流电源。对于重要的工艺对象可配置冗余的电源模块，以提高系统的可靠性和安全性。

C　DCS 的软件

DCS 软件包括系统软件和应用软件。系统软件包括操作系统、通信软件、组态软件。应用软件是在工程师站上，利用组态软件将系统提供的功能块连接起来组成控制回路、控制策略，以达到过程控制功能的要求。例如模拟控制回路的组态是首先对每个功能块进行定义，填写功能块的参数，将模拟输入通道与选定的控制算法连接起来，再通过模拟输出通道将控制输出的结果送到执行器。应用软件组态可直接在 DCS 的工程师站进行。组态方式一般有填表组态、编程组态、图形组态和前面三种的混合组态，再将组态好的应用软件下装到控制器运行。一般不同的 DCS 系统有不同的组态软件。

应用软件组态包括流程画面组态，控制回路组态，趋势画面组态、报警画面组态、报表组态、数据库的生成、历史库的生成、操作、维护权限组态等。

DCS 除了软件组态还包括 DCS 的硬件系统组态。硬件系统组态是根据系统规模及控制要求选择硬件，包括通信系统、人机接口、过程接口和电源系统的选择，并为 DCS 的硬件设备分配节点地址等，便于硬件设备的诊断、维护和管理。硬件组态应在满足生产工艺要求时，选择性价比高的配置。还需考虑未来的扩展性，操作人员的易操作性，系统的可维护性。

3.2.2　SCADA 系统

数据采集与监控系统（Supervisory Control and Data Acquisition，简称 SCADA）一般是有监控程序及数据收集能力的计算机控制系统。可以用在工业程序、基础设施或是设备中。

3.2.2.1　系统的组成元素

SCADA 系统一般包括以下子系统：

（1）人机界面（Human Machine Interface，简称 HMI）是一个可以显示程序状态的设备，操作员可以依此设备监控及控制程序。

（2）监控系统可以采集数据，也可以提交命令监控程序的进行。

（3）远程终端控制系统（Remote Terminal Unit，简称 RTU）连接许多程序中用到的传感器，数据采集（Data acquisition）后将数字的数据传送给监控系统。

（4）可编程序控制器（Programmable Logic Controller，简称 PLC）因为其价格便宜，用途广泛，也常用作现场设备，取代特殊功能的远程终端控制系统。

（5）通信网络则是提供监控系统及 RTU（或 PLC）之间传输数据的通道。

3.2.2.2 系统概念

SCADA一词是指一个可以监控及控制所有设备的集中式系统，或是在由分散在一个区域中许多系统的组合。其中大部分的控制是由远程终端控制系统（RTU）或PLC进行，主系统一般只作系统监控层级的控制。例如在一个系统中，由PLC来控制过程中冷却水的流量，而SCADA系统可以让操作员改变流量的目标值，设置需显示及记录的警告条件（例如流量过低，温度过高）。PLC或RTU会利用反馈控制来控制流量或温度，而SCADA则监控系统的整体性能。

数据采集（Data acquisition）由RTU或PLC进行，包括读取传感器数据，依SCADA需求通信传送设备的状态报告。数据有特定的格式，控制室中的操作员可以用HMI了解系统状态，并决定是否要调整RTU（或PLC）的控制，或是暂停正常的控制，进行特殊的处理。数据也会传送到历史记录器（Operational historian），以便追踪趋势并进行分析。

SCADA系统会配合分散式数据库使用，一般称为标签数据库（tag database），其中的数据元素称为标签（tag）或点（point）。一个点表示一个单一的输入或输出值，由系统所监视或是控制。点可以是硬件（hard）的或是软件（soft）的。一个硬件的点表示系统中实际的输入或是输出，而软件的点则是根据其他点进行数学运算或逻辑运算后的结果（有些系统会把所有的点都视为软件的点）。一个点通常都是会以数据－时间戳记对的方式存储，其中有数据，以及数据计算或记录时的时间戳记。一个点的历史记录即可以用一连串的数据－时间戳记对来表示。常常也会在存储时加上其他的信息，例如现场设备或PLC暂存器的路径，设计的注解及警告信息。

3.2.2.3 人机界面

人机界面（或简称为HMI）一个可以显示程序状态的设备，操作员可以依此设备监控及控制程序。HMI会链接到SCADA系统的数据库及软件，读取相关信息，以显示趋势、诊断数据及相关管理用的信息。如定期维护程序、物流信息、特定传感器或机器的细部线路图或是可以协助故障排除的专家系统。

HMI系统常会用图像方式显示系统信息，而且会用图像模拟实际的系统。操作员可以看到待控制系统的示意图。例如一个连接到管路的泵图标，可以显示泵正在运转，及管路中液体的流量，操作员可以使泵停机，HMI软件会显示管路中液体流量随时间下降。模拟图会包括线路图及示意图来表示过程中的元素，也可能用过程设备的图片，上面再加上动画说明过程情形。

SCADA系统的HMI软件一般会包括绘图软件，可以让系统维护者修改系统在HMI中的呈现方式。呈现方式可以简单到只有屏幕上的灯号，用灯号表示现场实际的状态情形；也可以复杂到是用多台投影机显示摩天大楼中所有的电梯位置或是铁路中所有列车的位置。

实现SCADA系统时，报警处理是很重要的一个部分。系统会监控指定的报警条件是否成立，以确定是否有报警事件（alarm event）发生。当有报警事件时，系统会采取对应的响应，例如启动一个或多个报警指示（alarm indicator），或发出电子邮件或短信给系统管理者或SCADA操作员，告知已有报警事件。SCADA操作员需确认（acknowledge）报警事件，有些报警事件在确认后其报警指示就会关闭，也有一些报警指示要在报警条件清除后才会关闭。

报警条件可能是外在（explicit）的，例如一个表示阀门是否正常的数字状态点，其状态可能是依据其他数字或模拟点的数据，配合公式决定。报警条件可能是内在（implicit）的，例如 SCADA 会定期确认某模拟点的数值是否超过其允许上下限的范围。报警指示可能是报警音，屏幕上的弹出视窗，或是屏幕中某个区域闪烁或是用特殊颜色标示。报警指示的形式虽有不同，但其目的相同：提醒操作员系统的某部分有问题，需采取适当的对策。在设计 SCADA 系统时，需特别注意当短时间出现一连串报警事件时的处理方式，否则报警的根本原因（不一定是最早发生的事件）可能会被遗漏，不被记录。

在 SCADA 系统中，报警（alarm）一词可能用来指称许多事物，可能是报警点、报警指示或是报警事件本身。

3.2.2.4 相关硬件

SCADA 系统常使用分散式控制系统（Distributed Control System，简称 DCS）中的组件。越来越多的系统使用智能型的远程终端控制系统（RTU）或可编程序控制器（PLC），可以自行处理一些简单的逻辑程序，不需主系统的介入。在撰写这些设备的程序时，常使用一种利用功能方块来描述的编程语言 IEC 61131-3，也就是阶梯图逻辑。可编程自动化控制器（Programmable Automation Controller，简称 PAC）是一个结合 PC 控制系统及传统 PLC 特点的简洁型控制器，可达到 RTU 或 PLC 可做到的机能，也在许多 SCADA 系统中使用。

大约从 1998 年起，大部分主要的 PLC 供应商都可提供 HMI/SCADA 的集成式系统，其中许多使用开放式、非专用的通信协定。许多特殊的第三方 HMI/SCADA 包也自带和许多主要 PLC 通信的能力，因此机械工程师、电机工程师或技术员也可以自行规划 HMI，不需要由软件开发商为客户的需要撰写软件。

A 远程终端控制系统（RTU）

远程终端控制系统（RTU）可连接到其他设备。RTU 可将设备上的电气信号转换为数字的值，例如一个开关或阀开/关的状态，或是仪器测量到的压力、流量、电压或电流。也可以借由信号转换及传送信号来控制设备，例如特定开关或阀的打开/关闭，或是设置一个泵的速度。

B 监控用设备

监控站（supervisory station）是指要和现场设备（例如 RTU 或 PLC）及在控制室（或其他地方）工作站上 HMI 软件通信所需要的服务器及软件。在较小的 SCADA 系统中，监控站就是一台计算机。较大 SCADA 系统的监控站可能包括多台服务器、分散式应用软件后备系统。为了提高系统的可靠性，多个服务器设计成为双冗余或是热备件（hot-standby），在其中一台服务器故障时仍然可以继续控制及监控整个系统。

C 可靠度的提升

对于一些特定的应用，因控制系统故障所产生的损失非常大。甚至会导致人员的伤亡。有些 SCADA 系统的硬件会设计在极端的温度、振动或电压下，仍可以正常运转。这类系统可靠度的提升是借着硬件或通信通道的冗余，甚至有冗余的控制系统。异常的设备可以很快的识别出来，系统会自动切换，由其他备援的设备负责该设备原有的功能。也可以在不中断系统进行的条件下，更换异常的设备。这类系统的可靠度可以用统计的方法计算，表示为失效前平均时间（mean time to failure），是一种 MTBF（平均失效间隔时间）的变体。高可靠度的系统所计算失效前平均时间可以到数个世纪之久。

D 通信协定及通信方式

传统的 SCADA 系统会使用广播、串行或是调制解调器（modem）来达到通信的机能。有些大型的 SCADA 系统（例如发电厂或铁路）也常会使用架构在同步光网络（SONET）或同步数字体系（SDH）上的以太网或网络协定。SCADA 系统中的远程管理或监视机能常称为遥测。

有些用户希望 SCADA 系统的数据传输可以运用公司网络，或和其他应用一起共用网络，而有些 SCADA 仍使用早期传统的低带宽通信协定。SCADA 的通信协定会设计得非常精简，设备只有在被主站轮询到才需要传送数据。典型早期的 SCADA 通信协定包括 Modbus RTU、RP－570、Profibus 及 Conitel。这些通信协定都是由 SCADA 设备商指定的专用协定，不过目前已广为使用。标准的通信协定包括 IEC 60870－5、IEC 60850 或是 DNP3。这些通信协定是标准的，且已获得主要 SCADA 设备商的认可。许多这类的通信协定可扩展到 TCP/IP 上运作。不过依安全性的考量，最好还是避免将 SCADA 连接外界的以太网，以减少被未授权用户攻击的可能。

在许多 RTU 及其他的控制设备问世时，当时工业界还没有创建互操作性标准。因此系统开发者及管理层创建了许多专属的通信协定，其中规模较大的设备商也想要用自己的通信协定来"锁定"其客户群。有关自动化通信协定的列表请参见自动化通信协定列表（automation protocols）。

3.2.2.5 系统架构及演进

SCADA 系统可分为以下的三个时代：

（1）第一代：单体的（Monolithic）。在第一代 SCADA 系统中，计算由大型计算机（mainframe）进行。在 SCADA 系统开发时还没有网络存在，因此 SCADA 系统是一个单独的系统，没有和其他系统链接的能力。后来 RTU 供应商为了和 RTU 通信，设计了广域网。多半使用各厂商专属的通信协定。当时的 SCADA 有冗余（Redundancy）功能，做法是有一台备援的大型计算机系统，当主要系统故障时，就使用备援系统。

（2）第二代：分散式（Distributed）。控制分散在许多的设备上，这些设备以局域网（Local Area Network，简称 LAN）相连接，也分享实时的信息。每个设备只需处理特定的工作，因此价格比第一代的系统低，体积也比较小。此时通信多半还是使用厂商专属的通信协定，因此被黑客注意，造成了许多安全性的问题。使用厂商专属的通信协定，除了系统开发者及黑客之外，其他人很难评断一个 SCADA 的安全性程度。因为对安全问题保密的做法，SCADA 系统的安全性多半不佳。即使声称有考虑安全性，其实际的安全性往往远低于其声称的情形。

（3）第三代：网络化（Networked）。这是指使用开放系统架构，不使用供应商控制专属环境的 SCADA 系统。这一代的 SCADA 系统使用开放式的标准及通信协定，可以借由广域网扩充其功能，不是只限制在局域网（LAN）上。SCADA 系统的开放式架构比较容易和第三方的周边设备连接。

主机和通信设备之间的通信利用广域网常用的协定，例如网际协议（IP）。因为使用标准的协定，许多网络化的 SCADA 系统可以借由以太网来访问，这些 SCADA 系统会成为远程网络攻击的目标。另一方面，因为使用标准的协定及安全性技术，意即在时常维护及更新的情形下，针对一般网络的标准安全性标准也可以适用在 SCADA 系统。

3.2.2.6 未来趋势

北美电力可靠度协会（North American Electric Reliability Corporation）已制订标准，规定电力系统数据必须标记时间，以最接近的微秒为准。电力 SCADA 系统需提供事件顺序记录器（sequence of events recorder）的功能，利用电波时间来对 RTU 或分散式 RTU 的时间进行同步。

SCADA 系统将依据标准的网络技术，以以太网及 TCP/IP 为基础的通信协定取代旧的专用协定。大部分的市场都已经接受了以太网的 HMI/SCADA 系统，只有一些少数特殊的应用会因为以帧为基础的网络通信特性（如确定性、同步、通信协定选择及耐环境性），无法使用以太网通信。

许多设备商已经开始提供特殊应用的 SCADA 系统，其主站在是在以太网的远程平台上。这样就不用在终端用户的设备上安装及规划系统，而且可以利用以太网技术、虚拟私人网络（VPN）及传输层安全中已有的安全特性。相关的问题包括安全性、以太网链接的可靠度及延迟时间。

SCADA 系统会变得越来越普遍。当终端客户可以很方便地在远程观看过程，其实也就派生了安全性的问题。类似的问题其实已在其他应用以太网服务的领域出现，而且也已有解决方案。不过并非所有 SCADA 系统规划者都了解当系统连接到以太网时，所带来可接入性（accessibility）的改变及其隐含的威胁。

3.2.2.7 安全性问题

目前 SCADA 系统的趋势是由专有的技术转向更标准化及开放式的解决方案，而越来越多的 SCADA 系统和办公室网络及以太网相连，因此 SCADA 系统也更容易成为攻击的目标。其安全性也开始受到质疑。

SCADA 系统的安全性问题主要有以下几项：

（1）在 SCADA 系统设计、部署及运作时未充分考虑有关安全性及验证的问题。

（2）认为因为 SCADA 系统使用特殊的协定及专有的接口，而可以依隐晦式安全得到安全性。

（3）认为只要 SCADA 系统的硬件是安全的，整个 SCADA 网络就是安全的。

（4）认为只要 SCADA 系统不和外界的以太网相连，整个 SCADA 网络就是安全的。

SCADA 系统的安全威胁主要来自两种：第一种是对控制软件的未授权访问，访问可以是无意的或蓄意的，可能来自人员、病毒或是监控设备中其他的软件威胁。第二种通过网络的分组攻击主机。大部分的应用例中没有分组控制协定，即使有，也只有很基本的协定，因此任何人只要可以寄分组给 SCADA 设备，也就可以控制设备。一般 SCADA 用户认为 SCADA 系统使用的 en：VPN 已经可以提供足够的安全防护，不知道威胁可以通过 SCA-DA 网络接头及交换器的实体访问来控制整个 SCADA 系统，完全绕过控制系统的安全性防护。这种实体访问攻击可以绕过防火墙及 VPN，而且最适用在端点对端点（endpoint – to – endpoint）认证及授权机制，例如非 SCADA 系统中最常用的传输层安全（SSL）或是其他加密技术。

在 2010 年 6 月时白俄罗斯的安全公司 VirusBlokAda 发现了第一个攻击 SCADA 系统的

计算机蠕虫，名称为震网（Stuxnet）。震网攻击在 Windows 操作系统下运作的西门子 WinCC/PCS7 系统，利用 4 个 0day 漏洞，安装一个 Rootkit，在 SCADA 系统中登录，并且窃取设计及控制的文件。此蠕虫可以修改整个控制系统，隐藏其变动的内容。VirusBlokAda 在许多系统中发现此蠕虫，大部分是在伊朗、印度及印尼。

3.2.2.8　WinCC 简介

西门子视窗控制中心 SIMATIC WinCC（Windows Control Center）是 HMI/SCADA 软件中的后起之秀，1996 年进入世界工控组态软件市场，当年就被美国 Control Engineering 杂志评为最佳 HMI 软件，以最短的时间发展成第三个在世界范围内成功的 SCADA 系统；而在欧洲，它无可争议地成为第一。

在设计思想上，SIMATIC WinCC 秉承西门子公司博大精深的企业文化理念，性能最全面、技术最先进、系统最开放的 HMI/SCADA 软件是 WinCC 开发者的追求。WinCC 是按世界范围内使用的系统进行设计的，从一开始就适合于世界上各主要制造商生产的控制系统，如 A – B、Modicon、GE 等，WinCC 还可以与更多的第三方控制器进行通信。

WinCC V6.0 采用标准 Microsoft SQL Server 2000（WinCC V6.0 以前版本采用 Sybase）数据库进行生产数据的归档，同时具有 Web 浏览器功能，可使经理、厂长在办公室内看到生产流程的动态画面，从而更好地调度指挥生产，是工业企业中 MES 和 ERP 系统首选的生产实时数据平台软件。

作为 SIMATIC 全集成自动化系统的重要组成部分，WinCC 确保与 SIMATIC S5、S7 和 505 系列的 PLC 连接的方便和通信的高效；WinCC 与 STEP7 编程软件的紧密结合缩短了项目开发的周期。此外，WinCC 还有对 SIMATIC PLC 进行系统诊断的选项，给硬件维护提供了方便。

3.2.2.9　WinCC 性能特点

WinCC 具有以下性能特点：

（1）创新软件技术的使用。WinCC 是基于最新发展的软件技术，西门子公司与 Microsoft 公司的密切合作保证了用户获得不断创新的技术。

（2）包括所有 SCADA 功能在内的客户机/服务器系统。即使最基本的 WinCC 系统仍能够提供生成复杂可视化任务的组件和函数，生成画面、脚本、报警、趋势和报表的编辑器由最基本的 WinCC 系统组件建立。

（3）可灵活裁剪，由简单任务扩展到复杂任务。WinCC 是一个模块化的自动化组件，既可以灵活地进行扩展，从简单的工程到复杂的多用户应用，又可以应用到工业和机械制造的多服务器分布式系统中。

（4）众多的选件和附加件扩展了基本功能。已开发的、应用范围广泛的、不同的 WinCC 选件和附加件，均基于开放式编程接口，覆盖了不同工业分支的需求。

（5）使用 Microsoft SQL Server 2000 作为其组态数据和归档数据的存储数据库，可以使用 ODBC，DAO，OLE – DB，WinCC OLE – DB 和 ADO 方便地访问归档数据。

（6）强大的标准接口（如 OLE、ActiveX 和 OPC）。WinCC 提供了 OLE、DDE、ActiveX、OPC 服务器和客户机等接口或控件，可以很方便地与其他应用程序交换数据。

（7）使用方便的脚本语言。WinCC 可编写 ANSI – C 和 Visual Basic 脚本程序。

（8）开放 API 编程接口可以访问 WinCC 的模块。所有的 WinCC 模块都有一个开放的

C 编程接口 CC – AFU。这意味着可以在用户程序中集成 WinCC 的部分功能。

（9）具有向导的简易（在线）组态。WinCC 提供了大量的向导来简化组态工作，在调试阶段还可进行在线修改。

（10）可选择语言的组态软件和在线语言切换。WinCC 软件是基于多语言设计的。这意味着可以在英语、德语、法语以及其他众多的亚洲语言之间进行选择，也可以在系统运行时选择所需要的语言。

（11）提供所有主要 PLC 系统的通信通道。作为标准，WinCC 支持所有连接 SIMATIC S5/S7/505 控制器的通信通道，还包括 PROFIBUS DP、DDE 和 OPC 等非特定控制器的通信通道。此外，更广泛的通信通道可以由选件和附加件提供。

（12）与基于 PC 的控制器 SIMATIC WinAC 紧密接口，软/插槽式 PLC 和操作、监控系统在一台 PC 机上相结合，无疑是一个面向未来的概念。在此前提下，WinCC 和 WinAC 实现了西门子公司基于 PC 的、强大的自动化解决方案。

（13）全集成自动化 TIA（Totally Integrated Automation）的部件。TIA 集成了西门子公司的各种产品包括 WinCC。WinCC 是工程控制的窗口，是 TIA 的中心部件。TIA 意味着在组态、编程、数据存储和通信等方面的一致性。

（14）SIMATIC PCS7 过程控制系统中的 SCADA 部件，是结合了基于控制器的制造业自动化优点和基于 PC 的过程工业自动化优点的过程处理系统（PCS）。基于控制器的 PCS7 对过程可视化使用标准的 SIMATIC 部件。WinCC 作为 PCS7 的操作员站。

（15）符合 FDA 21 CFR Part 11 的要求。

（16）集成到 MES 和 ERP 中。标准接口使 SIMATIC WinCC 成为在全公司范围 IT 环境下的一个完整部件。这超越了自动控制过程，将范围扩展到工厂监控级，为公司管理 MES（制造执行系统）和 ERP（企业资源管理）提供管理数据。

3.2.3 网络

随着信息技术与计算机技术的飞速发展，分布式控制系统在工厂自动化和过程自动化中的应用速度迅速增长，现场总线技术已成为工业网络通信中的佼佼者。信息技术的飞速发展，促进了自动化系统结构的变革，以网络为主干的自动化分布式控制系统已成为发展趋势。

工业网络已经成为当今自动化过程应用的重要内容，从现场设备、可编程序控制器、I/O 设备到操作系统、驱动设备以及人机接口，网络的应用无处不在。

3.2.3.1 PLC 控制网络的基本特点

PLC 是工业领域基础自动化的主要工具，其通信系统应具有各种不同的能力和性能，以满足各种通信方式，组成 PLC 网络，完成上下级控制系统之间的数据交换等不同的要求。其中要求最严格的就是在工业应用环境中保证数据传输的可靠性。为了满足自动化系统对 PLC 网络的要求，PLC 控制网络应具有以下特点：

（1）传输介质和连接组件标准化。在一个控制网络的环境中，需要相互通信的自动化部件分布广泛，加入的点很多，因此传输介质和接口组件数量很大，这就要求传输介质和接口组件要互相兼容。

（2）良好的覆盖面积。由于进行自动化控制的工厂、车间常常是相当分散的，PLC 网络必须具有足够的传输距离，以保证能在许多站点之间任意通信。

（3）良好的系统扩展性。一个自动化系统的结构常有可能要更改或变动，需要网络系统也作相应的调整，这种变动应该简单易行，并且对系统影响尽可能小。

（4）较高的数据传输率。随着技术不断进步，在自动化系统中，需要处理和传输的数据量不断增加。特别是当几个站点同时要求通信时，传输介质负荷非常大。只有具有足够高的数据传输率，才能保证参加通信的每个站都能畅通地与其他站点通信，获得最短的反应时间。

（5）传输高度可靠。PLC 网络用于工业环境中，在传输过程中出错的数据如果不能及时检测出来并加以纠正，将会给控制过程造成巨大的危险。

3.2.3.2 PLC 的通信功能

PLC 的通信功能有以下三种类型：

（1）远程控制。远程控制属于 PLC 控制系统的扩展部分，PLC 进行远程的 I/O 控制，它采用串行数据传输方式经主站 PLC 与远处从站的 I/O 终端或 PLC 连接起来，这时在主站一端应安装一个远程 I/O 主单元，而在从站一端则要安装远程 I/O 从单元或称为 I/O 连接单元。

（2）PLC 与上位机进行点对点通信，一台上位机可以连接多台 PLC。这时各个 PLC 均可以接收上位机的命令，并将执行结果送给上位机。这就构成了一个简单的"集中监督管理，分散控制"的分布式控制系统。

（3）PLC 局域网络系统，将分布在不同位置的 PLC 及其他数据终端设备（DTE）通过传输介质连接起来，按照网络协议进行通信的系统。

3.2.3.3 工业网络基础知识

工业网络以现场总线和开放网络技术为信息传送纽带，采用公开的规范的协议，将多个分散的具有数字通信能力的设备构成一个有机整体，从而实现从现场设备到控制管理系统，信息集成与信息传递，满足生产的管理要求。

工业网络在工业控制与工业自动化领域的发展速度惊人。工业通信的标准从早期的现场总线发展到现在的工业以太网标准，实现了工业控制与自动化网络的宽带化与实时控制。因此通信与网络已经成为控制系统不可缺少的重要组成部分。

按所覆盖的区域范围大小，即通信距离的远近，工业网络可分为远程网、局域网和分布式处理机三类。

远程网的传输距离通常从几千米到几万千米。因分布范围太大，一般借用电话、电报等公共传输网，故数据传输速率较低，常小于 100kbit/s。

局域网是小区域内各种通信设备互连在一起的通信网络。区域距离从几百米到几千米，数据传输速率为 0.1~100Mbit/s。它的误码率低，为 10^{-11}~10^{-8}。互连控制设备可达几百台。

分布式多处理机的传输距离局限于几百米内，系统耦合紧密，通信功能相对集中。

A　数据通信方式

a　并行数据通信与串行数据通信方式

并行数据通信一般以字节为单位传输数据，需要 8 根数据线、1 根公共线，还需要通信双方联络用的控制线。并行数据通信的传输速度快，但是传输线要多，抗干扰能力较差，一般用于近距离数据传输。

串行数据通信是以二进制的位（bit）为单位的数据传输方式，每次只传送一位，最少需要两根线（双绞线）就可以连接多台设备，组成控制网络。串行数据通信需要的信号线少，适用于远距离传输的场合。PLC 和计算机都有串行通信接口，例如 RS－232 或 RS－485接口，工业网络中广泛采用串行通信方式。现在有些串行通信网络已经达到了很高的通信速率，已出现了10Gbit/s 的以太网。

b 异步数据通信方式

串行数据通信中，接收和发送方应使用相同的传输速率。尽管接收和发送方应使用相同的传输速率，但是它们之间总是存在一些微小的差异。如果不采取措施，在连续传送大量信息时，会因积累误差造成发送和接收数据错位，使接收方收到错误的信息。为了防止这个问题，就要使发送过程和接收过程同步。按同步方式的不同，串行数据通信方式可以分为异步数据通信方式和同步数据通信方式。

异步数据通信方式采用字符同步方式，字符信息格式如图 3－7 所示。发送的字符由 1 位起始位、7 位或 8 位数据位、1 位奇偶效验位（可以不用）和停止位（1 位或 2 位）组成。数据通信双方需要对采用的信息格式和数据的传输速率作相同的约定。接收方检测到停止位和起始位之间的下降沿后，把它作为接收的起始点，在每一位的中点接收信息。由于一个字符信息格式包含的位数不多，即使发送方和接收方的发送、接收频率略有不同，也不会因为两台设备之间的时钟周期的累积误差导致信息发送、接收错位。异步数据通信的缺点是传送附加的非有效信息较多，传输的效率较低。随着通信速率的提高，目前已完全可以满足控制系统数据通信的要求。

图 3－7 异步通信的字符信息格式

c 同步数据通信方式

同步数据通信方式以字节为单位，一个字节由 8 位二进制数组成。每次传送 1 ~ 2 个同步字符（SYN）使收发双方进入同步、若干个数据字节和校验字符。同步字符起联络作用，用来通知接收方开始接收数据。在同步数据通信方式中，发送方和接收方要始终保持完全同步，发送方和接收方要使用同一个时钟脉冲。发送方在发送数据时，要对发送数据进行编码，形成编码数据后再发送出去。编码数据中包含有时钟信息，接收方经过解码，得到与发送方同步的接收时钟信号。

d 单工与双工数据通信方式

单工数据通信方式只能沿单一方向传输数据。双工数据通信方式的信息可以沿两个方向传送，每一个站既可以发送数据，也可以接收数据。双工方式又可以分为全双工传输方式和半双工传输方式。

全双工传输方式数据的发送和接收分别用两组不同的数据线传输，通信双方都能在同一时刻接收和发送信息（见图 3－8）。

半双工传输方式用同一组线接收和发送数据，通信双方在同一时刻只能发送数据或只能接收数据（见图3-9）。半双工传输方式需要进行通信方向的切换，因此会产生切换时间延时。

图 3-8 全双工方式   图 3-9 半双工方式

e 数据传输速率

在串行数据通信中，传输速率（又称波特率）的单位为波特，即每秒传送的二进制位数，其符号为 bit/s，常用的传输速率为 300~38400bit/s，从 300 开始成倍数增加。不同的数据通信网络的传输速率差别极大，有的只有数百 bit/s，高速串行数据通信网络的传输速率可达 1Gbit/s 或更高。

B 网络性能评价

数据通信的任务是传输信息，因此信息传输的有效性和可靠性是通信系统最主要的质量指标。有效性是指传输信息的内容多少，而可靠性是指接收信息的可靠程度。

二进制信号的数据传输速率用每秒比特（bit/s）为单位，称为比特率。如比特率为 9600bit/s，就是每秒钟可传述 9600 个二进制脉冲。当信道一定时，信息速率越高，有效性越好。

数据传输速率可度量通信系统每秒传输的信息量，由下式求得：

$$S_b = 1/T\log_2 n$$

式中，T 为传输代码的最小时间，n 为信道的有效状态。例如对串行传输而言，如某一个脉冲只包含两种状态，则 $n=2$ 国际上常用的标准数据信号传输速率为 50，100，200，300，600，1200，2400，4800，9600bit/s，240Kbit/s，1Mbit/s，10Mbit/s 等。

误码率（BER：bit error ratio）是衡量数据在规定时间内数据传输精确性的指标。误码率=传输中的误码/所传输的总码数×100%。如果有误码就有误码率。理解误码率定义时应注意以下几个问题：

（1）误码率应该是衡量数据传输系统正常工作状态下传输可靠性的参数。

（2）对于一个实际的数据传输系统，不能笼统地说误码率越低越好，要根据实际传输要求提出误码率要求；在数据传输速率确定后，误码率越低，数据传输系统设备越复杂，造价越高。

（3）对于实际数据传输系统，如果传输的不是二进制码元，要折合成二进制码元来计算。差错的出现具有随机性，在实际测量一个数据传输系统时，被测量的传输二进制码元数越大，越接近于真正的误码率值。在实际的数据传输系统中，人们需要对一种通信信道进行大量、重复的测试，才能求出该信道的平均误码率。计算机通信的平均误码率要求低于 10^{-9}。

通信信道的频率特性是描述通信信道在不同频率的信号通过以后，其波形发生变化的特性。

频率特性分为幅频特性和相频特性：幅频特性指不同频率信号，通过信道后其幅值受到不同程度的衰减的特性。相频特性是指不同频率的信号通过信道后，其相角发生不同程度改变的特性。实际信道的频率特性并非理想，数据信号通过信道后波形会发生畸变。如果数据信号的频率在信道带宽范围内，传输的数据信号基本不失真，反之，信号失真就比较严重。通信信道的频率特性不理想，是由于传输线路存在电感、电容的阻抗随信号频率的变化而变，使信号的各次谐波幅值衰减不同，它们的相位角也不同。这些都与通信设备的电气特性有关。

信道功率与噪声功率的比值，称为信噪比。信噪比一般用 $10\lg S/N$ 来表示，单位为分贝。提高信噪比能增加信道容量。只要信号速率低于信道容量，就可以实现低误码传输。若实际传输速率超过信道容量，其传输误码率就会增加。

C 网络拓扑结构

由于数据通信技术的发展，为用户提供了分散而有效的数据处理与计算能力。以计算机为基础的智能设备除了处理本身的事务之外，还要求与其他智能设备交换信息，资源共享，协同工作。为实现以上功能，出现了用通信线路将各个智能设备连接起来的控制网络。

在网络中通过传输线路互联的站点称为节点，节点也可以定义为网络中通向任何一个分支的端点，或通向两个或两个以上分支的公共点，节点间的物理连接称为拓扑。网络的拓扑结构是指网络中节点的互联形式，基本的网络拓扑结构有星型、环型和总线型 3 种（见图 3 - 10）。

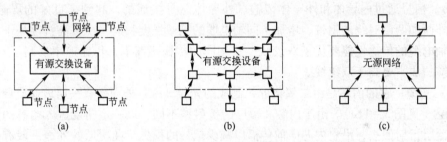

图 3 - 10 通信网络的拓扑结构
（a）星型结构；（b）环型结构；（c）总线型结构

（1）星型拓扑：每个站通过点 - 点连接到中央节点，任何两站之间通信都需通过中央节点进行。中央节点必须建立和维持许多并行数据通路，因此中央节点的结构非常复杂，其他站点的通信处理负担很小，结构较简单。

（2）环型拓扑：所有的节点通过链路组成一个环形。需要发送信息的节点将信息送到环上，信息在环上只能按某一确定的方向传输。当信息到达接收节点时，该节点识别信息中的目的地址与自己的地址相同，就将信息取出，并加上确认标记，以便由发送节点清除。

由于传输是单方向的，所以不存在确定信息传输路径的问题，这可以简化链路的控制。当某一节点故障时，可以将该节点旁路，以保证信息畅通无阻。为了进一步提高可靠性，在某些分散控制系统中采用双环，或者在故障时支持双向传输。环型拓扑的主要问题是在节点数量较多时会影响通信速度，另外环是封闭的，不便于扩充。

（3）总线型拓扑：总线拓扑采用的是一种完全不同的方式。它的通信网络仅仅是一种传输介质，既不像星型拓扑中的中央节点那样，具有信息交换的功能，也不像环型拓扑中的节点那样，具有信息中继功能。总线拓扑中的所有站都通过相应硬件接口直接接到总线上。由于所有节点都共享一条公用传输线路，所以每次只能由一个节点发送信息，信息由发送它的节点向两端扩散。如同广播电台发射的信号向空间扩散一样。所以，这种结构的网络又称为广播式网络。某节点发送信息之前，必须保证总线上没有其他信息正在传输。当这一条件满足时，它才能把信息送上总线。在有用信息之前有一个询问信息，询问信息中包含着接收该信息的节点地址，总线上其他节点同时接收这些信息。当某个节点由询问信息中鉴别出与自己的地址相符时，这个节点便做好准备，接收后面所传送的信息。总线拓扑的优点是结构简单，便于扩充。另外，由于网络是无源的，所以当采取冗余措施时并不增加系统的复杂性。总线拓扑对总线的电气性能要求很高，对总线的长度也有一定的限制。因此，它的通信距离不可能太长。

D 传输介质

目前，常用的传输介质有双绞线、同轴电缆、光缆（见图 3 - 11），其他介质如无线电、红外线、微波在工业网络中也有应用。

（1）双绞线：双绞线是由两根相互绝缘的导线纽绞而成的线对，在线对外面常有金属箔的屏蔽层和专用的屏蔽线。双绞线的成本比较低，但在传输距离比较远时，它的传输速率受到限制，一般不超过 10Mbit/s。

（2）同轴电缆：它是由内导体、中间绝缘层、外导体和外绝缘层组成（见图 3 - 11b）。信号通过内导体和外导体传输。外导体总是接地的，起到了良好的屏蔽作用。有时在外面加两层对绕的钢带，增加了同轴电缆的机械强度和进一步提高抗磁场干扰的能力。同轴电缆的传输性能要优于双绞线。在相同的传输距离下，传输速率要高于双绞线。同轴电缆的成本要高于双绞线。

（3）光缆：它的内芯是由二氧化硅拉制成的光导纤维，外面敷有一层玻璃或聚丙烯材料的覆层（见图 3 - 11c）。由于内芯和覆层的折射率不同，以一定角度进入内芯的光线能够通过覆层折射回去，沿着内芯向前传播以减少信号的损失。在覆层的外面一般有一层称为 Kevlar 的合成纤维，以增加光缆的机械强度。光缆不仅具有良好的信息传输特性，同时具有很好的抗干扰性能。光缆可以在更远的传输距离上以更高的速率传输信息。

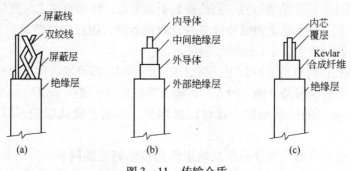

图 3 - 11 传输介质
（a）双绞线；（b）同轴电缆；（c）光缆

E 连接方式

双绞线的连接比较简单，只需通过接线端子就可以把各种设备与通信网络连在一起，不需要任何专用设备。

同轴电缆的连接，一般采用"T"连接器连接。这是一种标准配套件，结构简单，用起来很方便。

光缆的连接比较困难，需要专用工具和设备进行连接。

3.2.3.4 工业以太网技术

A 工业以太网发展

工业以太网（Industrial Ethernet）是为工业应用专门设计的，它是遵循国际标准IEEE802.3（Ethernet）的开放式、多供应商、高性能的区域和单元网络。工业以太网已经广泛应用于控制网络的最高层，并且有向控制网络的中间层和底层（现场层）发展的趋势。还可以通过工业以太网将自动化系统连接到办公网络、企业内部网、外部互联网。工业以太网一般用于对时间要求不太严格，需要传送大量数据的通信场合。工业以太网提供IT（Information Technology，信息技术）服务，允许用户在办公室访问生产数据。

继 10Mbit/s 以太网成功运行之后，具有交换功能、全双工和自适应的 100Mbit/s、IEEE802.3u 标准的快速以太网也已经成功运行多年。

随着工厂纵向集成重要性的显著提高，工业通信在自动化领域的地位越来越重要。

B 工业以太网功能

以太网支持广域的开放型网络模型，可以采用传输媒体。以太网具有以下优点：

（1）可以采用冗余的网络拓扑，可靠性高。

（2）通过交换技术可以提供实际上没有限制的通信性能。

（3）灵活性好，现有的设备可以不受影响地扩展。

（4）在不断发展的过程中具有良好的向下兼容性。

（5）易于实现管理信息系统和工业控制网络的联网，即管理控制网络的一体化。

（6）通过接入 WAN（广域网），例如综合服务数字网（ISDN）或互联网，可以实现公司内部或公司之间的通信。

C 工业以太网组成（以西门子产品为例）

典型的工业以太网由以下 4 类网络器件组成：

（1）连接部件 FC 快速连接插座，电气链接模块（ELM），电气交换模块（ESM），光纤交换模块（OSM）和光纤电气转换模块（MC TP11）。

（2）通信媒体可以采用普通双绞线、工业屏蔽双绞线和光纤。

（3）SIMATIC PLC 的工业以太网通信处理器，用于 PLC 连接到工业以太网。

（4）PG/PC 的工业以太网通信处理器，用于将 PG/PC 连接到工业以太网。

D 工业以太网特点（以西门子产品为例）

为了在严酷的工业环境中应用，确保安全可靠，SIMATIC NET 为工业以太网技术增添了以下重要的性能：

（1）与 IEEE802.3/802.3u 兼容，使用 ISO 和 TCP/IP 通信协议。

（2）10Mbit/s 和 100Mbit/s 自适应传输速率。

（3）DC 24V 冗余供电。

（4）机柜导轨安装。

（5）能方便地组成星型、环型、总线型拓扑网络结构。

（6）高速冗余的安全网络，最大网络重构时间为 0.3 秒。

（7）用于严酷工业环境的网络元件，通过 EMC（电磁兼容性）测试。

（8）通过 RJ-45 接口、工业级的 Sub-D 连接技术和安装专用屏蔽电缆的 Fast Connect 连接技术，确保现场电缆安装工作的快速进行。

（9）简单高效的信号装置不断监视网络元件。

（10）符合 SNMP（简单的网络管理协议）。

（11）可以使用基于 Web（World Wide Web，万维网）的网络管理器。

（12）使用 VB/VC 或组态软件即可以监控管理网络。

E 工业以太网的网络方案（以西门子产品为例）

（1）同轴电缆网络。以同轴电缆作为传输媒体，由若干条总线组成，每段的最大长度为 500m。一条总线段最多可以连接 100 个收发器，同轴电缆网络有分别带一个或两个终端设备接口的收发器，可以通过中继接入更多的网段。因为采用了无源设计和一致性接地的设计，极其坚固耐用。网络中各设备共享 10Mbit/s 带宽。电气网络和光纤网络可以混合使用。

（2）双绞线和光纤网络。可以是总线型或星型网络结构。使用光纤链接模块（OLM）和电气链接模块（ELM）。OLM、ELM 是安装在导轨上的中继器，它们遵循 IEEE802.3 标准，带有三个双绞线接口。在一个网络中最多可以链接 11 个 OLM 或 13 个 ELM。

（3）高速工业以太网。传输速率为 100Mbit/s，使用光纤交换模块（OSM）或电气交换模块（ESM）。使用的电缆都是相同的。

3.2.3.5 现场总线技术

A 现场总线的发展

现场总线（Fieldbus）是 20 世纪 90 年代发展形成的，用于过程自动化、制造自动化、楼宇自动化、家庭自动化等领域的现场设备互连的通信网络，是现代通信网络与控制系统的集成。

现场总线技术将专用微处理器置入传统的测量仪表，使它们各自都具有数字计算和数字通信能力，成为能独立承担某些控制、通信任务的网络节点。通过普通双绞线等多种传输介质作为总线，把多个测量控制仪表、计算机等作为节点链接成网络系统，并按规范的通信协议，在现场仪表与远程监控、管理计算机之间，实现数据传输与信息交换，形成各种适应实际需要的自动控制系统。

现场总线适应了工业控制系统向分散化、网络化、智能化的发展方向，它一经产生便成为全球工业自动化技术的热点，受到全世界的普遍关注。现场总线的出现，导致了目前生产的自动化仪表、DCS、PLC 在产品体系结构和功能方面的较大变革，自动化设备面临更新换代的挑战。传统模拟仪表逐步让位于数字仪表，出现了一批集检测、运算、控制功能于一体的变送控制器；出现了可检测温度、压力、流量于一身的多变量变送器；出现了带控制模块和具有故障诊断信息的执行器；由此，改变了现有设备的维护管理方法。给工业生产带来了巨大效益，降低了现场仪表、传感器、执行器等的初始安装费用，节省了电缆、施工费，增强了现场控制的灵活性，提高了信号传递精度，减少了系统运行维护成本。

B 现场总线的分类

1984 年，现场总线的概念得到正式提出。IEC（International Electrotechnical Commission，国际电工委员会）对现场总线（Fieldbus）的定义为：现场总线是一种应用于生产现场，在现场设备之间、现场设备和控制装置之间实行双向、串形、多节点的数字通信技术。不同的机构和不同的人可能对现场总线有着不同的定义，大家公认现场总线的本质体现在以下六个方面：

（1）现场通信网络。用于过程自动化和制造自动化的现场设备或现场仪表互连的现场通信网络。

（2）现场设备互联。依据实际需要使用不同的传输介质把不同的现场设备或者现场仪表相互关联。

（3）互操作性。用户可以根据自身的需求选择不同厂家或不同型号的产品构成所需的控制回路，从而可以自由地集成 FCS。

（4）分散功能块。FCS 废弃了 DCS 的输入/输出单元和控制站，把 DCS 控制站的功能块分配给现场仪表，从而构成虚拟控制站，彻底地实现了分散控制。

（5）通信线供电。通信线供电方式允许现场仪表直接从通信线上摄取能量，这种方式提供用于本质安全环境的低功耗现场仪表，与其配套的还有安全栅。

（6）开放式互联网络。现场总线为开放式互联网络，既可以与同层网络互联，也可与不同层网络互联，还可以实现网络数据库的共享。

早在 1984 年国际电工技术委员会/国际标准协会（IEC/ISA）就着手开始制定现场总线的标准，至今统一的标准仍未完成。很多公司也推出其各自的现场总线技术，但彼此的开放性和互操作性还难以统一。

这些现场总线大都用于过程自动化、医药领域、加工制造、交通运输、国防、航天、农业和楼宇等领域。比如 FF、PROFIBUS - PA 适用于石油、化工、医药、冶金等行业的过程控制领域；LonWorks、PROFIBUS - FMS、DeviceNet 适用于楼宇、交通运输、农业等领域；DeviceNet、PROFIBUS - DP 适用于加工制造业这些划分也不是绝对的，每种现场总线都力图将其应用领域扩大，彼此渗透。

C　几种主流现场总线简介

a　基金会现场总线

基金会现场总线（Foundation Fieldbus，简称 FF）是以美国 Fisher - Rousemount 公司为首的联合了横河、ABB、西门子、英维斯等 80 家公司制定的 ISP 协议，和以 Honeywell 公司为首的联合欧洲等地 150 余家公司制定的 WorldFIP 协议，于 1994 年 9 月合并的。该总线在过程自动化领域得到了广泛的应用，具有良好的发展前景。

基金会现场总线采用国际标准化组织 ISO 的开放化系统互联 OSI 的简化模型（1，2，7 层），即物理层、数据链路层、应用层，另外增加了用户层。FF 分低速 H1 和高速 H2 两种通信速率。前者传输速率为 31.25kbit/s，通信距离可达 1900m，可支持总线供电和本质安全防爆环境。后者传输速率为 1Mbit/s 和 2.5Mbit/s，通信距离为 750m 和 500m，支持双绞线、光缆和无线发射，协议符号 IEC1158 - 2 标准。FF 的物理媒介的传输信号采用曼切斯特编码。

b　CAN

CAN（Controller Area Network，控制器局域网）最早由德国 BOSCH 公司推出，它广泛用于离散控制领域。其总线规范已被 ISO 国际标准组织制定为国际标准，得到了 Intel、

Motorola、NEC 等公司的支持。CAN 协议分为两层：物理层和数据链路层。CAN 的信号传输采用短帧结构，传输时间短，具有自动关闭功能，具有较强的抗干扰能力。CAN 支持多主工作方式，并采用了非破坏性总线仲裁技术，通过设置优先级来避免冲突。通信距离最远可达 10km/5kbit/s，通信速率最高可达 40m/1Mbit/s，网络节点数实际可达 110 个。目前已有多家公司开发了符合 CAN 协议的通信芯片。

c LonWorks

LonWorks 由美国 Echelon 公司推出，并由 Motorola、Toshiba 公司共同倡导。它采用 ISO/OSI 模型的全部 7 层通信协议，采用面向对象的设计方法，通过网络变量把网络通信设计简化为参数设置。支持双绞线、同轴电缆、光缆和红外线等多种通信介质。通信速率从 300bit/s 至 1.5Mbit/s 不等，直接通信距离可达 2700m（78kbit/s），被誉为通用控制网络。LonWorks 技术采用的 LonTalk 协议被封装到 Neuron（神经元）的芯片中，并得以实现。采用 LonWorks 技术和神经元芯片的产品，被广泛应用在楼宇自动化、家庭自动化、保安系统、办公设备、交通运输、工业过程控制等行业。

d DeviceNet

DeviceNet 是一种低成本的通信连接，也是一种简单的网络解决方案，有着开放的网络标准。DeviceNet 具有的直接互联性不仅改善了设备间的通信，而且提供了相当重要的设备级阵地功能。DeviceNet 基于 CAN 技术，传输率为 125k~500kbit/s，每个网络的最大节点为 64 个。其通信模式为：生产者/客户（Producer/Consumer），采用多信道广播信息发送方式。位于 DeviceNet 网络上的设备可以自由连接或断开，不影响网上的其他设备，而且其设备的安装布线成本也较低。DeviceNet 总线的组织结构是 Open DeviceNet Vendor Association（开放式设备网络供应商协会，简称"ODVA"）。

e PROFIBUS

PROFIBUS 是德国标准（DIN19245）和欧洲标准（EN50170）的现场总线标准。由 PROFIBUS – DP、PROFIBUS – FMS、PROFIBUS – PA 系列组成。DP 用于分散外设间高速数据传输，适用于加工自动化领域。FMS 适用于纺织、楼宇自动化、可编程控制器、低压开关等。PA 用于过程自动化的总线类型，服从 IEC1158 – 2 标准。PROFIBUS 支持主 – 从系统、纯主站系统、多主多从混合系统等几种传输方式。PROFIBUS 的传输速率为 9.6kbit/s 至 12Mbit/s，最大传输距离在 9.6kbit/s 下为 1200m，在 12Mbit/s 下为 200m，可采用中继器延长至 10km，传输介质为双绞线或者光缆，最多可挂接 127 个站点。

f HART

HART 是 Highway Addressable Remote Transducer 的缩写，最早由 Rosemount 公司开发。其特点是在现有模拟信号传输线上实现数字信号通信，属于模拟系统向数字系统转变的过渡产品。支持点对点主从应答方式和多点广播方式。由于它采用模拟数字信号混合，难以开发通用的通信接口芯片。HART 能利用总线供电，可满足本质安全防爆的要求，并可用于由手持编程器与管理系统主机作为主设备的双主设备系统。

g CC – Link

CC – Link 是 Control & Communication Link（控制与通信链路系统）的缩写，由三菱电机为主导的多家公司推出，其增长势头迅猛，在亚洲占有较大份额。在其系统中，可以将控制和信息数据同时以 10Mbit/s 高速传送至现场网络，具有性能卓越、使用简单、应用广泛、节省成本等优点。其不仅解决了工业现场配线复杂的问题，同时具有优异的抗干扰性能和兼容性。CC – Link 是一个以设备层为主的网络，同时也可覆盖较高层次的控制层和较低层次的传感层。2005 年 7 月 CC – Link 被中国国家标准委员会批准为中国国家标准指导性技术文件。

h WorldFIP

WorkdFIP 的北美部分与 ISP 合并为 FF 以后，WorldFIP 的欧洲部分仍保持独立，总部设在法国。其在欧洲市场占有重要地位，特别是在法国占有率大约为 60%。WorldFIP 的特点是具有单一的总线结构，来适用不同的应用领域的需求，而且没有任何网关或网桥，用软件的办法来解决高速和低速的衔接。WorldFIP 与 FFHSE 可以实现"透明联接"，并对 FF 的 H1 进行了技术拓展，如速率等。在与 IEC61158 第一类型的连接方面，WorldFIP 做得最好，走在世界前列。

i INTERBUS

INTERBUS 是德国 Phoenix 公司推出的较早的现场总线，2000 年 2 月成为国际标准 IEC61158。INTERBUS 采用国际标准化组织 ISO 的开放化系统互联 OSI 的简化模型（1，2，7 层），即物理层、数据链路层、应用层，具有强大的可靠性、可诊断性和易维护性。其采用集总帧型的数据环通信，具有低速度、高效率的特点，并严格保证了数据传输的同步性和周期性；该总线的实时性、抗干扰性和可维护性也非常出色。INTERBUS 广泛地应用到汽车、烟草、仓储、造纸、包装、食品等工业，成为国际现场总线的领先者。

D 功能和特点

现场总线的功能和特点体现在以下几方面：

（1）数字化。将企业管理与生产自动化结合在一起，消除生产中的信息孤岛，只有在 FCS 出现后才有可能高效、低成本地实现。在采用 FCS 的企业中，用于生产管理的局域网，能够通过现场总线网关与自动控制的现场总线网络紧密衔接。此外，数字化信号固有的高精度、抗干扰特性，也能提高控制系统的可靠性。

（2）分布式。在 FCS 中各现场设备有足够的自主性，它们彼此之间相互通信，完全可以把各种控制功能分散到各种设备中，而不再需要一个中央控制计算机，实现真正的分布式控制。

（3）开放性。1999 年底现场总线协议已被 IEC 批准正式成为国际标准，从而使现场总线成为一种开放的技术。虽然多种现场总线都被列入国际标准，因为工业现场的复杂性，将来还要扩充，对其他企业有很高的进入门槛，但已经向开放性迈出了关键的一步。特别是工业以太网技术，会成为各种总线的粘结剂。

（4）双向串行传输。传统的 4～20mA 电流信号，一条线只能传递一路信号。现场总线设备则在一条线上即可以向上传递传感器信号，也可以向下传递控制信息。

（5）互操作性。现场总线标准保证不同厂家的产品可以互操作，就可以在一个企业中由用户根据产品的性能、价格选用不同厂商的产品，集成在一起。避免了传统控制系统中必须选用同一厂家的产品限制，促进了有效的竞争，降低了控制系统的成本。

（6）节省布线空间。传统的控制系统每个仪表都需要一条线连到中央控制室，在中央控制室装备一个大配线架。而在 FCS 系统中多台现场设备可连接在一条总线上，这样只需极少的线进入中央控制室，大量节省了布线费用，同时也降低了中央控制室的造价。

（7）智能自诊断性。现场总线设备能处理各种参数、运行状态信息及故障信息，具有很高的智能化，能在部件、甚至网络故障的情况下独立工作，大大提高了整个控制系统的可靠性和容错能力。

3.2.3.6 PLC控制网络的数据通信方式

近年来，很多企业已大量使用各式各样的可编程控制设备，例如PLC、工业控制计算机、变频器、数控加工中心、机器人等。有的已实现了车间和全厂的综合自动化，把不同厂家生产PLC等自动化控制设备连接到多层网络上，相互之间进行数据通信，实现集中管理和分散控制。因此通信与网络已成为控制系统不可缺少的重要组成部分。

A　PLC常用网络和支持的网络（以西门子PLC为例）

a　工业以太网（Industrial Ethernet）

工业以太网是用于工厂管理层和车间监控层的通信系统，符合IEEE 802.3国际标准。用于对时间要求不太严格、需要传输大量数据的场合，可以通过网关来连接远程网络。它支持广域的开放型网络模型，可以采用多种传输媒体。西门子的工业以太网传输速率为10M/100Mbit/s，最多1024个网络节点，网络的最大范围为150km。

PROFINET/工业以太网基于IEEE 802.3标准，能够将自动化系统连接到办公网络。工业以太网提供IT服务，使得从办公环境就能访问生产数据。

PROFINET是符合IEEE 61158标准的开放标准，适用于基于工业以太网的工业自动化。PROFINET在现场级完全采用IT标准并支持全厂范围的工程（见图3-12）。

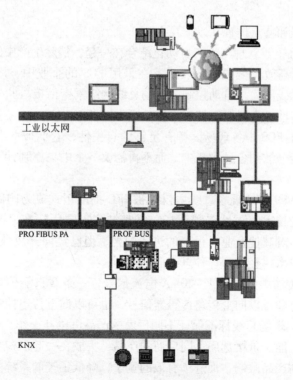

图3-12　通过工业以太网的PROFINET

PROFINET使用以太网的TCP/IP作为通信基础，提供了以太网设备通过本地和分布式网络的透明通道为数据交换的基础。对快速性没有严格要求的数据通信使用，响应时间在100ms数量级，可以满足工厂控制级的要求。

PROFINET 能同时用一条工业以太网电缆满足三个自动化领域的需求，包括 IT 集成化领域、自动化领域和运动控制领域，它们不会相互影响。

PROFINET 支持通信服务 PROFINET I/O、PROFINET CBA 和各种配置文件（例如PROFIsafe 和 PROFIdrive）。PROFINET I/O 和 PROFINET CBA 通信服务确保了自动化系统所需的功能：

（1）PROFINET I/O 使分布式现场设备（I/O 设备，例如信号模块）能够直接连接到工业以太网。要获得对故障安全应用的其他支持，设备可使用 PROFIsafe 配置文件通过PROFINET I/O 进行通信。

（2）可对 PROFINET I/O 使用标准 SIMATIC 软件工具，例如用于现场级工程和诊断的STEP 7 以及用于组态运动控制应用的 SIMOTION Scout。

（3）在 IRT 通信时（IRT：等时实时），将保留一部分传输时间进行循环（确定性）数据通信。这意味着通信周期被分成确定部分和开放部分。

（4）可在同一网络上同时路由 IRT 和 TCP/IP 通信，而不会出现它们相互影响的情况。

（5）通过支持等时实时通信，PROFINET 提供了短且具决定性的发送周期，这对运动控制应用而言至关重要。

（6）使用 PROFINET CBA（基于组件的自动化）可实现分布式自动化系统的模块化解决方案。使用 PROFINET CBA 基于组件的功能，可将自动化系统构建为独立模块。模块之间的连接是通过图形工程工具 SIMATIC iMap 来实现的。通过该工具可互连全厂或全系统的模块。

（7）PROFINET CBA 支持循环和非循环通信，尤其适用于控制器之间的数据传输，因为其发送周期最大为10ms。

（8）PROFIdrive 是 PROFINET 和 PROFIBUS 中的控制系统与驱动器之间的功能接口。PROFIdrive 由 PROFIBUS 用户组织（PNO）的 PROFIdrive 驱动器配置文件所定义。PROFIdrive 驱动器配置文件为电气驱动装置（下至简单的频率转换器，上至高性能伺服控制器）定义了设备特性和访问驱动器数据的步骤。

（9）PROFIsafe 是针对面向安全通信的 PROFINET 和 PROFIBUS 配置文件。PROFIsafe使用 PROFINET 和 PROFIBUS 的传统标准自动化，并经过最高至 IEC 61508 的 SIL 3（安全集成等级）安全等级和 EN954 – 1 类别4的认证。

（10）PROFINET 为自动化系统定义了信息安全要求，并为用户提供了可能的安全解决方案（尤其是针对工业环境）。

b 现场总线 PROFIBUS

现场总线 PROFIBUS 用于将现场设备（例如，分布式 I/O 设备、阀或驱动器）连接到自动化系统（例如，SIMATIC S7、SIMOTION、SINUMERIK 或 PC）。根据 IEC 61158 和 EN 50170 而标准化的 PROFIBUS 是一款功能强大、开放、稳定且反应时间较短的现场总线系统。自动化行业中的大多数重要公司都支持此开放式现场总线标准。PROFIBUS 以快速、可靠数据交换功能以及集成诊断功能，为完整系统和过程自动化提供现场总线解决方案。PROFIBUS 还可在危险区中使用，并可用于故障安全应用场合和 HART 设备（见图 3 – 13）。

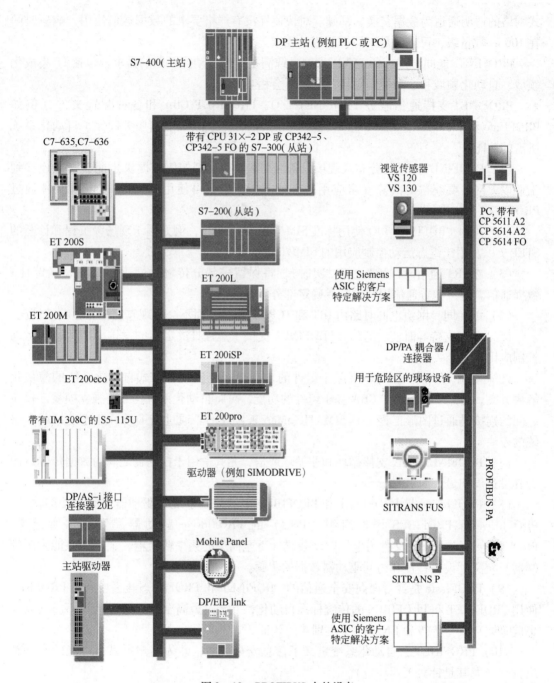

图 3 - 13 PROFIBUS 中的设备

PROFIBUS 支持在单元级和现场级的现场设备，以及较高级别系统之间进行数据交换。PROFIBUS 拥有适用于各种用途的不同形式：

（1）使用 PROFIBUS DP 可与分布式 I/O 的智能设备进行快速通讯。例如 SIMATIC ET200 和变频器等设备。PROFIBUS DP 主站之间的通信为令牌方式，主站与从站之间为主从方式。部分 S7 - 300/400 的 CPU 配有集成的 DP 接口，也可以通过通信处理器连接到 PROFIBUS DP。

（2）PROFIBUS PA 用于 PLC 与过程自动化的现场传感器和执行器的低速数据传输。通过同一线路为传感器和执行器提供信号和电能。

（3）PROFIBUS FMS 用于系统级和车间级的不同供应商的自动化系统之间的数据传输，处理单元级（PLC 和 PC）的多主站数据通信。

由于利用了模块化概念和各种特定应用、特定分支的配置文件（例如，PROFIdrive 或 PROFIsafe），以及统一的通信协议，PROFIBUS 成为工厂自动化和过程工业的现场总线（见表 3 -1）。

表 3 -1　PROFIBUS 中的介质和拓扑结构

介 质	拓 扑	节 点 数	网络长度
铜缆（电气）	总线型、树型	最多 125 个	最长 9.6km
光 纤	星型、环型、总线型	最多 125 个	最长 90km
红外（无线）	点对点、点对多点	点对点 2 个 点对多点最多 32 个	最长 15m

（4）网络组件 PROFIBUS 中存在无源和有源网络组件：例如，电源线和插头连接器属于无源网络组件；中继器和连接模块属于有源网络组件。表 3 -2 列出了 PROFIBUS 中可以使用的有源网络组件。

表 3 -2　PROFIBUS 中可以使用的有源网络组件

介 质	组 件	注 释
铜缆（电气）	中继器	用于耦合两个网段
	DP/DP 耦合器	用于耦合两个 DP 网段
	DP/PA 耦合器，DP/PA 连接器	用于从 PROFIBUS PA 到 DP 的转换
光 纤	光连接模块（OLM）	用于连接节点和建立光网络
	光纤总线端子（OBT）	用于连接没有集成光纤包的节点
红外（无线）	红外连接模块 ILM	用于近距离无线传输

c　AS -i 接口（执行器传感器接口）

AS -i 接口是一种开放式国际标准，用于在最底控制层进行分布式执行器和传感器之间的现场总线通信。AS -i 符合 IEC 61158 和 EN 50295 标准，因此专门用于符合这些标准的二进制传感器和执行器之间的互联。通过 AS -i，可以使用总线代替传感器和执行器之间的点对点电缆连接（见图 3 -14）。

AS -i 子网的电缆用于处理数据传输以及为传感器和执行器分配辅助电能。AS -i 子网使用电气总线，AS -i 不支持光和无线网络。AS -i 主站循环轮询 AS -i 从站设备，以保证预定义的响应时间。所有从站都有一个唯一地址，该地址通过指定的地址编程设备来进行设置。对于故障安全应用场合，ASIsafe 支持在 AS -i 子网中使用故障安全设备。当前的 AS -i 接口标准是规范 3.0。

网络结构 AS -i 接口中允许使用总线型、树型和星型拓扑。总线的长度不能超过 100m。可以将以下设备连接到 AS -i：最多 31 个标准 AS -i 从站，或最多 62 个带有扩展

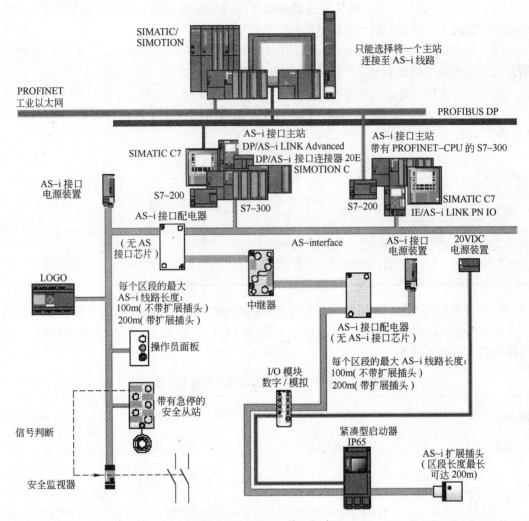

图 3－14　AS－i 接口组态

寻址区的 AS－i 从站，循环时间达到 5ms 或 10ms。

模拟从站是特殊的标准 AS－i 从站，它们可以通过特殊配置文件与主站交换模拟数据。AS－i 从站可以是：具有集成 AS－i 连接的传感器/执行器，或 AS－i 模块，每个 AS－i 模块最多可连接八个传统二进制传感器/执行器。

AS－i 网络包括以下网络组件：铜质电缆（通常是外观呈黄色的扁平电缆）；用于延长 AS－i 总线的中继器和扩展器。此外，中继器还可以将两个网段彼此进行电隔离；为传感器和执行器供电的 AS－i 供电装置。

d　MPI（多点接口）

MPI 是用于 SIMATIC 产品的集成接口。MPI 支持的波特率范围是 187.5k～12Mbit/s。MPI 节点的地址必须唯一并且通过编程设备 PC 进行设置（见图 3－15）。

MPI 子网连接任意组合的 SIMATIC 设备：

（1）S7 控制器（S7－300、S7－400、C7）。

（2）HMI 设备（操作员面板、触摸面板）。

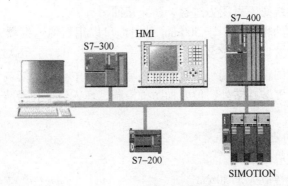

图 3 – 15 MPI 网络

（3）编程设备（PG、PC）。

每个 SIMATIC CPU 均支持 MPI 协议。不必添加 CP（通信处理器）便可将 S7 设备连接至 MPI 网络。PLC 通过 MPI 能同时连接运行 STEP7 的编程器/计算机（HMI）及其他 SI-MATIC S7、M7、C7。每个 CPU 可以使用的 MPI 连接总数与 CPU 的型号有关。

B 网络及设备安装要求

网络施工人员和技术人员要熟悉网络布线施工要求、施工方法、材料使用。要掌握网络施工场所的环境资料，根据环境资料提出保证网络可靠性的防护措施。室外电缆一般应穿入埋在地下的管道内，如需架空，则应架高（高 4m 以上），而且一定要固定在墙上或电线杆上，切勿搭在电杆上、电线上、墙头上甚至门框、窗框上。室内电缆一般应铺设在墙壁顶端的电缆槽内。

通信设备和各种电缆线都应加以固定，防止随意移动，影响系统的可靠性。为了保护室内环境，室内要安装电缆槽，电缆放在电缆槽内。全部电缆进房间、穿楼层均需打电缆洞，全部走线都要横平竖直。通信网络电缆敷设在电缆沟内必须要有专用的电缆槽，并且应与动力电缆保持足够的距离。

为保证通信性能，根据介质材料特点，提出不同布线施工要求。网络系统的通信介质有许多种，不同通信介质的布线施工要求不同，具体如下。

a 对光纤电缆的要求

（1）光纤电缆铺设不应绞结。

（2）光纤电缆弯角时，其曲率半径应大于 30mm。

（3）光纤电缆裸露在室外的部分应加保护钢管，钢管应牢固地固定在墙壁上。

（4）光纤电缆穿在地下管道中时，应加 PVC。

（5）光缆电缆室内走线应安装在线槽内。

（6）光纤电缆铺设应有胀缩余量，并且余量要适当，不可拉得太紧或太松。

b 对同轴粗缆的要求

（1）粗缆铺设不应绞结和扭曲，应自然平直铺设。

（2）粗缆弯角半径应大于 30mm。

（3）安装在粗缆上各工作站点间的距离应大于 25mm。

（4）粗缆接头安装要牢靠，并且要防止信号短路。

（5）粗缆走线应在电缆槽内，防止电缆损坏。

（6）粗缆铺设拉线时不可用力过猛，防止扭曲。

（7）每一网络段的粗缆应小于 500mm 段粗缆可以用粗缆连接器连接使用，但总长度不可大于 500mm，连接器不可太多。

（8）每一网络段的粗缆两端一定要安装终端器，其中有一个终端器必须接地。

（9）同轴粗缆可安装在室外，但要加防护措施，埋入地下和沿墙走线的部分要外加钢管，防止意外损坏。

c　对同轴细缆的要求

（1）细缆铺设不应绞结。

（2）细缆弯角半径应大于 20mm。

（3）安装在细缆上各工作站点间的距离应大于 0.5m。

（4）细缆接头安装要牢靠，且应防止信号短路。

（5）细缆走线应在电缆槽内，防止电缆损坏。

（6）细缆铺设时，不可用力拉扯，防止拉断。

（7）一段细缆应小于 183m，183m 以内的两段细缆一般可用"T"头连接加长。

（8）两端一定要安装终端器，每段至少有一个终端器要接地。

（9）同轴细缆一般不可安装在室外，安装在室外的部分应加装套管。

d　对双绞线的要求

（1）双绞线在走廊和室内走线应在电缆槽内，应平直走线。

（2）工作站到 Hub 的双绞线最长距离为 100m，超过 100m 的可用双绞线连接器连接加长。

（3）双绞线在机房内走线要捆成线札，走线要有一定的规则，不可乱放。

（4）双绞线两端要标明编号，便于了解结点与 Hub（集线器）接口的对应关系。

（5）双绞线应牢靠地插入 Hub 和工作站的网卡上。

（6）结点不用时，不必拔下双绞线，它不影响其他结点工作。

（7）双绞线一般不得安装在室外，少部分安装在室外时，安装在室外的部分应加装套管。

（8）选用八芯双绞线，自己安装接头时，八根线都应安装好，不要只安装四根线、剪断另外四根线。

e　网络设备安装

为保证网络安装的质量，安装网络设备时，首先要仔细阅读设备手册和设备安装说明书。设备开箱要按照装箱单进行清点，对设备外观进行检查，认真详细地做好记录。

安装工作应从服务器开始，按说明书要求逐一接好电缆。逐台设备分别进行加电，做好自检。逐台设备分别连到服务器上，进行联机检查，出现问题应逐一解决。有故障的设备留在最后解决。安装系统软件，进行主系统的联调工作。安装各工作站软件，各工作站可正常上网工作。逐个解决遗留的所有问题。按操作规程可任意上机检查，网络系统的各种功能。

f　屏蔽的含义

屏蔽系统是为了保证在有干扰环境下系统的传输性能。抗干扰性能包括两个方面，即系统抵御外来电磁干扰的能力和系统本身向外辐射电磁干扰的能力，对于后者，欧洲通过了电磁兼容性测试标准 EMC 规范。实现屏蔽的一般方法是在连接硬件外层包上金属屏蔽层，以滤除不必要的电磁波。

屏蔽系统的屏蔽层应该接地。在频率低于 1MHz 时，一点接地即可。当频率高于 1MHz 时，EMC 认为最好在多个位置接地。如果接地不良接地电阻过大，会产生电势差，这样，将构成保证屏蔽系统性能的最大障碍和隐患。

屏蔽电缆不能决定系统的整体 EMC 性能。屏蔽系统的整体性取决于系统中最弱的元器件。若屏蔽线在安装过程中出现裂缝，则构成了屏蔽系统中最危险的环节。

屏蔽系统的屏蔽层并不能抵御频率较低的干扰。在低频时，屏蔽系统的干扰至少与非屏蔽一样。而且，由于屏蔽式 8 芯模块插头无统一标准，无现场测试屏蔽有效程序的方法等原因，人们一般不采用屏蔽双绞线。

g 布线测试

局域网的安装从电缆开始，电缆是整个网络系统的基础。对结构化布线系统的测试，实质上就是对线缆的测试。据统计，约有一半以上的网络故障与电缆有关，电缆本身的质量及电缆安装的质量都直接影响到网络能否正常运行。而且，线缆一旦施工完毕，想要维护很困难。

用户当前的应用环境大多体现在 10M 网络基础上，因此，有必要对结构化布线系统的性能进行测试，以保证将来应用。

对于电缆的测试，一般遵循"随装随测"的原则。根据 TSB67 的定义，现场测试一般包括：接线图、链路长度、衰减和近端串扰（NEXT）等几部分。

光缆布线系统安装完成之后需要对链路传输特性进行测试，其中最主要的几个测试项目是链路的衰减特性、连接器的插入损耗、回波损耗等。下面我们就光缆布线系统的关键物理参数的测量及网络中的故障排除、维护等方面进行简单的介绍。

光缆链路的关键物理参数 衰减是光纤传输过程中光功率的减少。光纤损耗是指光纤输出端的功率与发射到光纤时的功率的比值。损耗是同光纤的长度成正比的，所以总衰减不仅表明了光纤损耗本身，还反映了光纤的长度。

因为光纤连接到光源和光功率计时不可避免地会造成额外的损耗。所以在现场测试时，必须先进行对测试仪的测试参考点的设置（即归零的设置）。测试参考点有几种方法，主要是根据所测试的链路对象来选用这些方法。在光缆布线系统中，由于光纤本身的长度通常不长，在测试方法上会更加注重连接器和测试跳线上。

反射损耗又称为回波损耗，它是指在光纤连接处，后向反射光相对输入光的比率的分贝数，回波损耗愈大愈好，以减少反射光对光源和系统的影响。改进回波损耗的方法是，尽量将光纤端面加工成球面或斜球面，这也是改进回波损耗的有效方法。

插入损耗是指光纤中的光信号通过活动连接器之后，其输出光功率相对输入光功率的比率的分贝数，插入损耗愈小愈好。插入损耗的测量方法同衰减的测量方法相同。

光纤网络的测试测量设备 光纤网络的测试测量设备有：

（1）光纤识别器：它是一个很灵敏的光电探测器。当你将一根光纤弯曲时，有些光会从纤芯中辐射出来。这些光就会被光纤识别器检测到，技术人员根据这些光可以将多芯光缆或是接插板中的单根光纤从其他光纤中标识出来。光纤识别器可以在不影响传输的情况下检测光的状态及方向。为了使这项工作更为简单，通常会在发送端将测试信号调制成

270Hz、1000Hz 或 2000Hz 并注入特定的光纤中。大多数的光纤识别器用于工作波长为 1310nm 或 1550nm 的单模光纤光缆布线系统,最好的光纤识别器是可以利用宏弯技术在线识别光缆和测试光缆中的传输方向和功率。

(2)故障定位器(故障跟踪器):此设备基于激光二极管可见光(红光)源,当光注入光纤时,若出现光纤断裂、连接器故障、弯曲过度、熔接质量差等类似的故障时,通过发射到光纤的光就可以对光纤的故障进行可视定位。可视故障定位器以连续波(CW)或脉冲的模式发射。典型的频率为 1Hz 或 2Hz,但也可工作在千赫兹(kHz)的范围。通常的输出功率为 0dBm(1MW)或更少,工作距离为 2~5km,并支持所有的通用连接器。

(3)光损耗测试设备(又称光万用表或光功率计):为了测量一条光缆链路的损耗,需要在一端发射校准过的稳定光,并在接收端读出输出功率。这两种设备就构成了光损耗测试仪。将光源和功率计合成一套仪器时,常称作光损耗测试仪(也有人称作光万用表)。当我们测量一条链路的损耗时,需要有一个人在发送端操作测试光源,而另一个人在接收端用光功率计进行测量,这样也只能得出一个方向上的损耗值。通常,我们需要测量两个方向上的损耗(因为存在有向连接损耗,或者说是由于光缆传输损耗的非对称性所致的)。这时,测量人员就必须相互交换设备,并再进行另一个方向的测量。如果这两个人每人都有一个光源和一个光功率计,那么他们就可以在两边同时测量了。

C 数据通信方式

a 并行传输与串行传输

并行传输指的是数据以成组的方式,在多条并行信道上同时进行传输。常用的就是将构成一个字符代码的几位二进制码,分别在几个并行信道上进行传输。例如,采用 8 单位代码的字符,可以用 8 个信道并行传输。一次传送一个字符,因此收、发双方不存在字符的同步问题,不需要另加"起"、"止"信号或其他同步信号来实现收、发双方的字符同步,这是并行传输的主要优点。但是,并行传输必须有并行信道,这往往带来了设备上或实施条件上的限制,因此,实际应用受限。

串行传输指的是数据流以串行方式,在一条信道上传输。一个字符的 8 个二进制代码,由高位到低位顺序排列,再接下一个字符的 8 位二进制码,这样串接起来形成串行数据流传输。串行传输只需要一条传输信道,易于实现,是目前主要采用的一种传输方式。但是串行传输存在一个收、发双方如何保持码组或字符同步的问题,这个问题不解决,接收方就不能从接收到的数据流中正确地区分出一个个字符来,因而传输将失去意义。如何解决码组或字符的同步问题,目前有两种不同的解决办法,即异步传输方式和同步传输方式。

b 基带传输与频带传输

根据数据传输系统在传输由终端形成的数据信号过程中,是否搬移信号的频谱和是否进行调制,可将数据传输系统分为基带传输与频带传输两种。

基带传输的基带是指电信号的基本频带。数字设备产生"0"和"1"的电信号脉冲序列就是基带信号。基带传输是指数据传输系统对信号不做任何调制,直接传输的数据传输方式。PLC 网络中,大多数采用基带传输,但是传输距离较远时,则可以采用调制解调器进行频带传输。为了满足基带传输的实际需要,通常要求把单极性脉冲序列经过适当的基带编码,确保传输码型中不含有直流分量,并且有一定的检测错误状态的能力。基带传输的传输码型很多，常用的有曼彻斯特（Manchester）码，又称双相码、差分双相码、密勒码、传号交替反转码（AMI）、三阶高密度双极型码等。

PLC 网络中，一般采用的是曼彻斯特编码方式。这种编码方式在传输过程中，为了避免当存在多个连续的"0"和"1"时系统无同步参考，故在编码中发送"1"时前半周期为低电平后半周期为高电平，传输"0"时前半周期为高电平后半周期为低电平。这样在每个码元的中心位置都存在着电平跳变，具有内含时钟的性质。在连续传输多个"0"和"1"时，波形也有跳变，有利于提取定时同步信号。

频带传输是把信号调制到某一频带上的传输方法。用调制器把二进制信号调制成能在公共电话上传输的音频信号（模拟信号）在通信线路上进行传输。在接收端，再经过解调器的解调，把音频信号还原成二进制信号。可以采用调幅、调频和调相三种调制方式。

c 异步传输与同步传输

异步传输一般以字符为单位。不论所采用的字符代码长度为多少位，在发送每一字符代码时，前面均加上一个"起"信号，其长度规定为 1 个码元，极性为"0"，即空号的极性；字符代码后面均加上一个"止"信号，其长度为 1 个或 2 个码元，极性皆为"1"，即与信号极性相同。加上起、止信号的作用就是为了能区分串行传输的"字符"，也就是实现串行传输收、发双方码组或字符的同步。这种传输方式的特点是同步实现简单，收发双方的时钟信号不需要严格同步。缺点是对每一字符都需加入"起、止"码元，使传输效率降低，故适用于 1200bit/s 以下的低速数据传输。

同步传输是以同步的时钟节拍来发送数据信号的，因此在一个串行的数据流中，各信号码元之间的相对位置都是固定的（即同步的）。接收端为了从收到的数据流中正确地区分出一个个信号码元，首先必须建立准确的时钟信号。数据的发送一般以组（或称帧）为单位，一组数据包含多个字符收发之间的码组或帧同步，是通过传输特定的传输控制字符或同步序列来完成的，传输效率较高。同步传输在数据开始处用同步字符"SYN"来指示，由定时信号（同步时钟）来实现发送和接收端同步。一旦检测到与规定的字符相符合，就按顺序传输数据。但同步传输所需的硬件和软件的价格比异步传输要高，因此，在数据传输速率较高的系统中才采用同步传输。

d 线路通信方式和传输速率

数据在通信线路上传输有方向性，按照数据在某一时间传输的方向，线路通信方式可分为单工通信、半双工通信和全双工通信方式。

单工通信方式是指信息的传输始终保持一个方向，而不能进行反向传送，其中 A 端只能作为发送端，B 端只能作为接收端。

半双工通信是指信息流可以在两个方向上传送，但同一时刻只限于一个方向传送，其中 A 端和 B 端都具有发送和接收的功能，但传输线路只有一条，或者 A 端发送 B 端接收；或者 B 端发送 A 端接收。

全双工通信能在两个方向上同时发送和接收，A 端和 B 端双方都可以一面发送数据，一面接收数据。

传输速率是指单位时间内传输的信息量，它是衡量系统传输的主要指标。在数据传输中定义了调制速率、数据信号速率、数据传输速率三种速率。

调制速率又称码元速率，是脉冲信号经过调制后的传输速率。即信号在调制过程中，单位时间内调制信号波形的变化次数，也就是单位时间内所能调制的调制次数，单位为波特（Baud）。

数据信号速率是单位时间内通过信道的信息量，用 bit/s 表示。调制速率和数据信号速率在传输调制信号是二态串行传输时，两者的速率在数值上是相等的。因此，笼统地把它们称为传输速率又称为波特率，即每秒传输的二进制位数，用 bit/s 表示。

数据传输速率是指单位时间内传输的数据量。数据量的单位可以是比特、字符等，通常以字符/分钟为单位。例如数据信号速率为 1200bit/s 的传输线路，按异步传输方式传输 ASCII 码数据时：

$$数据传输速率 = (1200 \times 60)/(8 + 2) 字符/min = 7200 字符/min$$

分母中的"2"指在一个字符位附加的起始位和终止位。

e　差错控制方式

数据信号经过远距离的传输往往会受到各种各样的干扰，导致接收到的数据信号出现差错。差错控制方式是指对传输的数据信号进行错误检测和错误纠正。

（1）自动检错重传（ARQ）：发送端按编码规则对拟发送的信号码附加冗余码后再发送。接收端对收到的信号序列进行差错检测，判断有无错码，并把判断结果反馈给发送端。若判断有错码，发送端重新发送原来的数据，直到接收端认为无错为止，发送端才继续发送下一个新的数据。

（2）前向纠错（FEC）：发送端按照一定的编码规则对拟发送的信号码元附加冗余码，构成纠错码。接收端将附加冗余码元按照一定的译码规则进行变换，若有错自动确定错误位置，并加以纠正。无需反馈信道，适用于实时通信系统，但译码器比较复杂。

（3）混合纠错（HEC）：混合纠错是前向纠错与自动检错重传两种方式的综合。发送端发送具有检测和纠错能力的码元，接收端对所接收的码组中的差错个数，在纠错的能力范围内能够自动进行纠错。否则接收端将通过反馈信道，要求发送端重新发送该信息。混合纠错综合了 ARQ 和 FFC 的优点，但未能克服它们的缺点，在实际应用中受到一定的限制。

（4）不用编码的差错控制：是指不需对传送的信号码元进行信号编码，而在传输方法中附加冗余措施，来减少传输中的差错。

f　检错码

常用的检错码有奇偶校验码和循环冗余校验码（CRC 码）等。由于奇偶校验码只需附加一位奇偶校验位进行编码，效率较高，得到了广泛应用。

奇偶校验码是以字符为单位的校验方法。一个字符由 8 位组成，低 7 位是信息字符的 ASCⅡ码，最高位是奇偶校验位。其原则是：使整个编码中"1"的个数为奇数或偶数，若"1"的个数为奇数就称为奇校验，发送端发送一个字符编码（含校验码）则"1"的个数一定为奇数，接收端对"1"的个数进行统计，如果统计结果"1"的个数为偶数，说明传输过程中有错误。如果发生了偶数个位错误接收端就无法查出。同样，若"1"的个数为偶数就称为偶校验。

g　传输介质

目前，PLC 网络中常用的传输介质有同轴电缆、双绞线、光缆等。其中双绞线成本低，安装简单；光缆体积小，重量轻，传输距离远，但成本高，安装维修需专用仪器，表

3-3 为双绞线、同轴电缆、光缆三种传输介质的性能比较。

表3-3 传输介质性能比较

性　能	传　输　介　质		
	双绞线	同轴电缆	光　缆
传输速率/（Mbit/s）	0.0096~2	1~450	10~500
连接方法	点对点 多点 1.5km 不用中继器	点对点 多点 10km 不用中继（宽带） 1~3km 不用中继（基带）	点对点 50km 不用中继
传输信号	数字调制信号、 纯模拟信号（基带）	调制信号、数字（基带） 数字、声音、图像（宽带）	调制信号（基带） 数字、声音、图像（宽带）
支持网络	星型、环型、 小型交换机	总线型、环型	总线型、环型
抗干扰能力	好（需外屏蔽）	很好	极好
抗恶劣环境能力	好（需外屏蔽）	好	极好

h　串行通信接口标准

RS-232、RS-422 与 RS-485 都是串行数据接口标准。最初都是由电子工业协会（EIA）制订并发布的，RS-232 在 1962 年发布，命名为 EIA-232-E，作为工业标准，以保证不同厂家产品之间的兼容。RS-422 由 RS-232 发展而来，它是为弥补 RS-232 之不足而提出的。为改进 RS-232 通信距离短、速率低的缺点，RS-422 定义了一种平衡通信接口，将传输速率提高到 10Mbit/s，传输距离延长到 1219m（4000 英尺）（速率低于100kbit/s 时），并允许在一条平衡总线上连接最多 10 个接收器。RS-422 是一种单机发送、多机接收的单向、平衡传输规范，被命名为 TIA/EIA-422-A 标准。为扩展应用范围，EIA 又于 1983 年在 RS-422 基础上制定了 RS-485 标准，增加了多点、双向通信能力，即允许多个发送器连接到同一条总线上，同时增加了发送器的驱动能力和冲突保护特性，扩展了总线共模范围，后命名为 TIA/EIA-485-A 标准。由于 EIA 提出的建议标准都是以“RS”作为前缀，所以在通信工业领域，仍然习惯将上述标准以 RS 作前缀称谓。RS-232、RS-422 与 RS-485 标准只对接口的电气特性做出规定，而不涉及接插件、电缆或协议。在此基础上用户可以建立自己的高层通信协议。

（1）RS-232 串行接口标准：RS-232 是 PC 机与通信工业中应用最广泛的一种串行接口。RS-232 被定义为一种在低速率串行通信中增加通信距离的单端标准。RS-232 采取不平衡传输方式，即所谓单端通信。

RS-232 是为点对点（即只用一对收、发设备）通信而设计的，所以 RS-232 适合本地设备之间的通信。

（2）RS-422 电气规定：RS-422 标准全称是“平衡电压数字接口电路的电气特性”，它定义了接口电路的特性。图 3-16 是典型的 RS-422 四线接口。实际上还有一根信号地线，共 5 根线。由于接收器采用高输入阻抗和发送驱动器比 RS232 更强的驱动能力，故允许在相同传输线上连接多个接收节点，最多可接 10 个节点。RS-422 支持点对多的双向通信。RS-422 四线接口由于采用单独的发送和接收通道，因此不必控制数据方向，各装置之间任何必需的信号交换均可以按软件方式（XON/XOFF 握手）或硬件方式（一对单独的双绞线）。

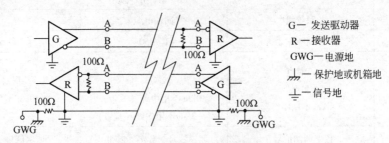

G — 发送驱动器
R — 接收器
GWG — 电源地
⏚ — 保护地或机箱地
⎓ — 信号地

图 3-16 RS-422 四线接口

RS-422 的最大传输距离约为 1219m，最大传输速率为 10Mbit/s。其平衡双绞线的长度与传输速率成反比，在 100kbit/s 速率以下，才可能达到最大传输距离。只有在很短的距离下才能获得最高速率传输。一般 100m 长的双绞线上所能获得的最大传输速率仅为 1Mbit/s。

RS-422 需要一终端电阻，要求其阻值约等于传输电缆的特性阻抗。在短距离传输时可不需终接电阻，即一般在 300m 以下不需终端电阻。终端电阻接在传输电缆的最远端。

（3）RS-485 电气规定：由于 RS-485 是从 RS-422 基础上发展而来的，所以 RS-485 许多电气规定与 RS-422 相仿。如都采用平衡传输方式、都需要在传输线上接终端电阻等。RS-485 可以采用二线与四线方式，二线制可实现真正的多点双向通信，参见图 3-17（a）。而采用四线连接时，与 RS-422 一样只能实现点对多的通信，即只能有一个主（Master）设备，其余为从设备。但它比 RS-422 有改进，无论四线还是二线连接方式，总线上可最多接到 32 个设备。参见图 3-17（b）。

RS-485 与 RS-422 的不同还在于其共模输出电压是不同的，RS-485 是 -7V 至 +12V 之间，而 RS-422 在 -7V 至 +7V 之间，RS-485 接收器最小输入阻抗为 12k，RS-422 是 4k。RS-485 满足所有 RS-422 的规范，所以 RS-485 的驱动器可以用在 RS-422 网络中应用。

RS-485 与 RS-422 一样，其最大传输距离约为 1219m，最大传输速率为 10Mbit/s。平衡双绞线的长度与传输速率成反比，在 100kbit/s 速率以下，才可能使用规定最长的电缆长度。只有在很短的距离下才能获得最高速率传输。一般 100 米长双绞线最大传输速率仅为 1Mbit/s。

RS-485 需要两个终端电阻，其阻值要求等于传输电缆的特性阻抗。在短距离传输时可不需终端电阻，即一般在 300m 以下不需终端电阻。终端电阻接在传输总线的两端。

（4）RS-422 与 RS-485 的网络安装注意要点：RS-422 可支持 10 个节点，RS-485 支持 32 个节点，多节点构成网络。网络拓扑一般采用终端匹配的总线型结构，不支持环型或星型网络。在构建网络时，当采用一条双绞线电缆作总线，将各个节点串接起来，从总线到每个节点的引出线长度应尽量短，以便使引出线中的反射信号对总线信号的影响最低。图 3-18 所示为实际应用中常见的一些错误连接方式（a，c，e）和正确的连接方式（b，d，f）。（a）、（c）、（e）这三种网络连接尽管不正确，在短距离、低速率仍可能

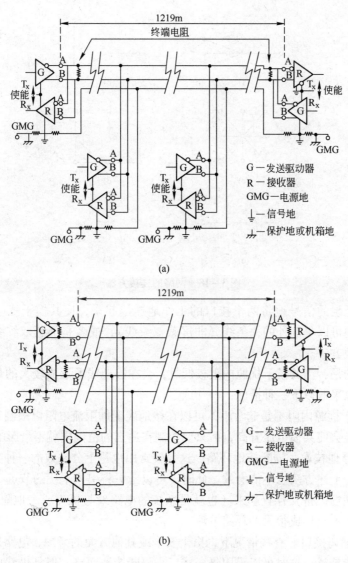

图 3 – 17　RS – 485 传输方式

（a）采用传输二线方式；（b）采用传输四线方式

正常工作，但随着通信距离的延长或通信速率的提高，其不良影响会越来越严重。主要原因是信号在各支路末端反射后与原信号叠加，会造成信号质量下降。另外，应注意总线特性阻抗的连续性，在阻抗不连续点就会发生信号的反射。下列几种情况易产生这种不连续性：总线的不同区段采用了不同电缆，或某一段总线上有过多收发器紧靠在一起安装，再者是过长的分支线引出到总线。总之，应该提供一条单一、连续的信号通道作为总线。

（5）RS – 422 与 RS – 485 的接地问题，电子系统接地是很重要的，但常常被忽视。接地处理不当往往会导致电子系统不能稳定工作甚至危及系统安全。RS – 422 与 RS – 485 传输网络的接地同样也是很重要的，接地系统不合理会影响整个网络的稳定性。尤其是在工作环境比较恶劣和传输距离较远的情况下，对于接地的要求更为严格。RS – 422、RS – 485 尽管采用差分平衡传输方式，但对整个 RS – 422 或 RS – 485 网络，必须有一条低阻的

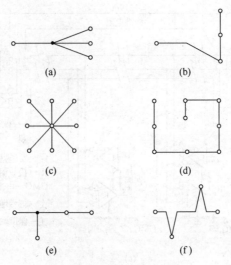

图 3 – 18　网络的连接方法

信号地。一条低阻的信号地将两个接口的工作地连接起来，使共模干扰电压 VGPD 被短路。这条信号地可以是额外的一条线（非屏蔽双绞线），或者是屏蔽双绞线的屏蔽层。这是最通常的接地方法。

值得注意的是，当共模干扰源内阻较低时，会在接地线上形成较大的环路电流，影响正常通信。可以采取以下三种措施：

（1）如果干扰源内阻不是非常小，可以在接地线上加限流电阻以限制干扰电流。接地电阻的增加可能会使共模电压升高，但只要控制在适当的范围内就不会影响正常通信。

（2）采用浮地技术，隔断接地环路。这是较常用也是十分有效的一种方法，当共模干扰内阻很小时，上述方法已不能奏效。此时，可以考虑将引入干扰的节点（例如处于恶劣的工作环境的现场设备）浮置起来（也就是系统的电路地与机壳或大地隔离），这样就隔断了接地环路，不会形成很大的环路电流。

（3）采用隔离接口。有些情况下，出于安全或其他方面的考虑，电路地必须与机壳或大地相连，不能悬浮。这时可以采用隔离接口来隔断接地回路，但是仍然应该有一条地线将隔离侧的公共端与其他接口的工作地相连，参见图 3 – 19。

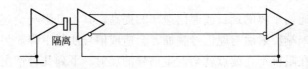

图 3 – 19　隔离侧的公共端与其他接口的工作地相连

3.2.4　特殊仪表

检测仪表按功能分为用于温度、压力、流量、液位等热工参数测量的常规现场检测仪表，和用于厚度、宽度、凸度、涂层厚度、张力、板形测量等机械量检测的特殊仪表。相对常规现场检测仪表，特殊仪表的构成相对复杂，价格较高。近年来，高精度检测仪表在钢铁生产中的应用，生产过程检测控制水平的提高，对于钢铁制造业的技术进步发挥了巨大的作用。钢铁生产在产品质量方面的高要求，驱动了钢铁冶金特殊检测技术与装备的发展。反之，检测技术的提升，也提高了钢铁制造水平。因此，在钢铁工业的激烈竞争要素中，检测技术与装备也是重要的组成部分。随着通信技术的发展，特殊仪表具有多种通信接口功能，和基础自动化系统的信号交换更简单、快速，有利于生产更方便的采集和分析测量数据。本章主要介绍钢铁生产中常用的几种在线特殊仪表。

3.2.4.1　测厚仪

A　功能

在热轧和冷轧生产中，板带的厚度公差是衡量产品质量的重要指标。在轧钢生产中，厚度测量技术得到了广泛的应用，主要用于成品板带的厚度测量和轧制过程中厚度自动控制。

由于现代热轧和冷轧生产为连续高速生产，现场环境较恶劣等特点，需采用非接触式厚度测量方式。一般多采用抗干扰能力较强的 X 射线测厚仪和同位素（多使用 γ 射线 Am241 或 Cs137）测厚仪。热连轧机，一般在精轧机出口设置 1 台测厚仪，用于测量成品的厚度。随着测量技术的发展和设备可靠性的提高，目前，若轧机配置了凸度仪，可不再配置测厚仪，以节约投资。冷连轧机一般在每个机架的出口设置 1 台测厚仪，用于厚度自动控制（AGC），第五机架后的 1 台同时用于产品厚度测量。

B　测量原理

厚度测量是根据同位素或 X 射线穿透被测金属物时，射线会被金属物吸收，从而减弱射线的强度（图 3-20），穿透被测金属后的射线强度变化符合比尔-朗伯（Beer-Lambert）定律：

$$I_t = I_0 e^{-\mu_x t} = I_0 e^{-\mu_m \rho t}$$

式中　I_0，I_t——射线穿透被测金属物前后的射线强度；

μ_x——线吸收系数；

μ_m——被测金属物的质量吸收系数；

t——被测金属物的厚度，mm；

ρ——被测板带的密度，kg/m³；

因此当被测金属的质量吸收系数和放射源强度不变时，金属物越厚，被吸收后的射线强度越小，也就是说通过测量穿透金属物的射线强度大小就可得出金属物的厚度，$t = 1/\mu t$（$\ln I_0 - \ln I_t$）。但不同材质金属其质量系数是不同的，测量时要选择不同的补偿系数。

C　设备构成

测厚仪一般由以下几部分构成（图 3-21）：

（1）测量单元：包含射线源、探测器、C 形测量框架、轨道及 C 形架的驱动装置等。

（2）信号采集和处理单元（安装在电控柜中）：电控柜一般布置在有空调的电气室或操作室中，但在布置时要考虑现场测量单元到信号采集处理单元之间特殊电缆长度的限制。

（3）信号输出接口单元：用于和机组的控制系统进行数据交换，可以是通信网络或 PI/O 信号。

（4）信号显示存储单元：根据生产工艺的需要也可设置 PC 机用于生产数据的收集和存储等。

（5）水冷单元：根据使用的环境情况，必要时需配置水冷单元。

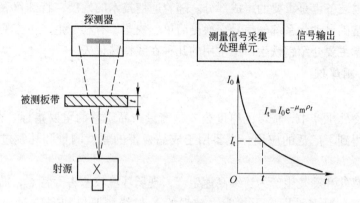

图 3 – 20 射线测量原理图

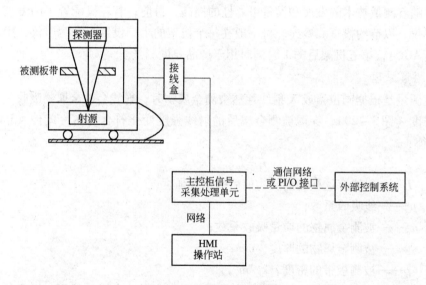

图 3 – 21 测厚仪构成简图

3.2.4.2 凸度仪

A 凸度的定义

凸度是描述板带横断面形状的主要参数，另外楔度、边缘降、局部高点也是表示板带横断面形状的参数。凸度采用板带宽度方向中心点的厚度与两侧边部标志点的平均厚度之差来表示（图 3 – 22）：

$$CR = h_c - 1/2(h_1 + h_2)$$

式中　CR——凸度；

h_c——板带宽度方向中心点处的厚度；

h_1，h_2——分别为板带两侧标志点处的厚度。

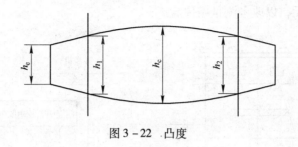

图 3 - 22 凸度

B 功能

随着技术的发展，目前凸度仪不仅可以测量板带的凸度，已经发展为可测量板带凸度、楔度、中心厚度、边缘降、局部高点、温度凸度、宽度值的多功能凸度测量装置。一般设置在热连轧机组精轧机的出口处。为提高测量精度具有凸度、中心厚度的带钢温度和合金补偿功能；具有通信接口技术，可通过通信网络接口与基础自动化或过程控制计算机连接，以方便实现检测数据输出，同时接受钢种代码、钢卷号等信息。

C 测量原理

测量原理和测厚仪类似，均是利用射线穿透金属时，射线会被金属物吸收，从而减弱射线的强度，区别是测厚仪仅测板带的中心点的单点厚度，而凸度仪是测整个板带宽度断面的厚度。

D 设备构成

常用的凸度仪有：单点扫描式、多通道式。单点扫描式是通过在板带宽度方向移动 C 形架的测量头进行测量的。由于测量时板带是运动的，板带断面的凸度是通过对测量值进行计算得到，是间接凸度测量，由于受 C 形架移动速度的限制，测量结果实时性差，不能用于反馈控制。而多通道式凸度仪在 C 形架有几个射线探测器组，1 个组含有 1 个安装在 C 形架上臂的射线源和安装在 C 形架下臂的一组探测器。组和探测器的数量取决于被测带钢的宽度和凸度的测量精度要求。探测器按照固定的间隔沿带钢宽度方向进行分布。每个探测器和相应的射线源形成一个完全独立的测量通道，测量响应速度快，实时性好，可直接用于凸度的反馈控制。一般凸度仪的设备构成主要包括（图 3 - 23）：

（1）C 形架测量单元：包含射线源、探测器、C 形测量框架、轨道及 C 形架的驱动装置等，热轧凸度仪一般在轧机的传动侧设置测量小房，以便 C 形测量架移到离线位置进行检修和维护。

（2）X 射线控制柜：主要包括 X 射线高压控制单元。

（3）信号采集和处理单元：主要包括微处理器、I/O 信号隔离单元等，安装在电控柜中，电控柜一般布置在有空调的控制室中。

（4）信号输出接口单元：用于和机组的自动化控制系统进行数据交换，可以是通信网络或 PI/O 信号。

（5）操作站：用于数据和画面的显示。

（6）数据存储及质量分析单元：根据生产工艺的需要也可设置 PC 机或 PC 服务器用于生产数据的收集和存储、分析等。

（7）水冷单元及吹扫单元：由于热轧凸度仪安装位置温度高、气雾、粉尘多，需配置水冷单元及吹扫单元，以改善测量条件。

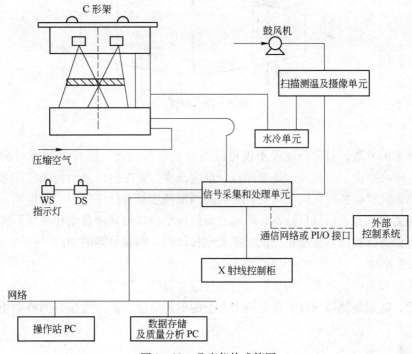

图 3 - 23 凸度仪构成简图

3.2.4.3 X 射线荧光涂（镀）层测厚仪

A 功能

在冷轧镀锌线、镀锡线和硅钢生产线中，需要对板带上下表面的金属镀层厚度和硅钢的涂层厚度进行测量。X 射线荧光测量法，作为一项非接触、快速检测板带的涂（镀）层厚度的成熟技术，已得到广泛的应用。

B 测量原理

图 3 - 24 中，当足够能量的 X 射线照射被测板带，激发被测板带表面的铁原子产生荧光。当被测板带的表面有其他镀、涂层时，荧光在穿透镀、涂层后会衰减。穿透的镀、涂层越厚，被吸收后的 X 射线荧光强度越小。因此对于特定的被测物质和确定的 X 射线，即根据下述的射线吸收公式，当 I_0 和 $-\mu_m$ 已知时，通过测量 X 射线荧光的强度，就可测

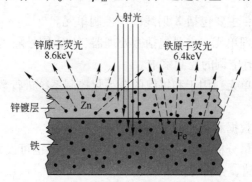

图 3 - 24 射线、荧光在被测物表面的特征示意图

出板带表面金属涂（镀）层的厚度。X 射线荧光的强度通过电离室探头进行检测。当被测物质的 X 射线荧光进入电离室内，在高压电场的作用下产生微电流，其大小与接受到射线的强度成正比。电流信号经放大器放大并转换为电压信号，经高精度 A/D 转换后送到计算机，与计算机内储存的参考曲线对比后得出测量结果。利用多个电离室可测量出混合镀、涂层中各成分所占比例。

射线吸收公式：

$$I_t = I_0 e^{-\mu_x t} = I_0 e^{-\mu_m \rho t}$$

式中　I_0，I_t——射线穿透被测涂（镀）层前后的射线强度；

　　　　μ_x——线吸收系数；

　　　　μ_m——被测涂（镀）层物的质量吸收系数；

　　　　t——被测涂（镀）层厚度，mm；

　　　　ρ——被测涂（镀）层密度，kg/m^3。

C　设备构成

X 射线荧光涂（镀）层测厚仪的构成除了测量头的构成和结构外（见图 3-25），其他部分和测厚仪的构成相似，也是包括信号采集和处理单元、信号输出接口单元、数据存储及质量分析单元、操作站等组成。

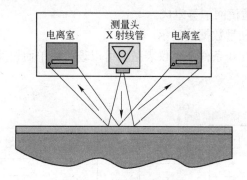

图 3-25　测量头构成图

由于 X 射线荧光涂（镀）层测厚仪的测量结果受测量头与被测板带之间的距离、角度影响，在实际使用中要选择带钢张力大而稳定、带钢抖动小的位置进行安装。根据机组具体的安装位置，测量头可设计为单臂悬梁式结构和 O 形框架式结构。单臂悬梁式结的测量头，一般选择安装在 S 辊的两侧。O 形框架式结构的测量头，一般选择安装在张力波动小的张紧辊之间，以减少带钢的抖动。

3.2.4.4　测宽仪

A　功能

测宽仪常用于钢铁生产的冷、热轧板带产品宽度的测量。一般设置在热轧机组的粗轧、精轧机出口和卷取机的入口。快速准确测出热轧板带的宽度是实现宽度控制的必要条件。板带的宽度也是衡量热轧产品质量的重要指标之一。在热轧粗轧机出口的测宽仪与测速仪相结合，完成钢板速度在粗轧机出口和飞剪入口位置的跟踪，得到头尾部的成像，并根据形状判断条件来确定优化剪切线的位置，用于实现板带的优化剪切；在冷轧处理线的连退机组、镀锌机组出口段常设置测宽仪用于成品宽度的测量。

B 测量原理

现代热轧机组、冷轧机常用的测宽仪多采用光电式测量原理，即利用板带发出的热辐射光或背光源，安装在被测板带上方的高分辨率的 CCD 扫描器，通过 CCD 线扫描成像原理和三角测量技术检测到板带的边部位置，并通过信号变换单元将位置信号转换成电信号输出。通过先进的软硬件及复杂的信号处理算法，克服板带表面的反射光、锯齿型边缘、带钢温度梯度、带钢横移以及蒸气等干扰，给出板带真实的边缘位置。

C 设备构成

热轧测宽仪主要由以下设备构成（图 3-26）：

（1）扫描器：双 CCD 镜头，测量范围覆盖整个板带的宽度，一般封装在一个具有良好隔热能力，并且具有循环水冷却的箱体中。

（2）空气喷射器：通过压缩空气的引入，将导管内大量的洁净空气从喷嘴向下喷射，形成吹扫气流，防止热轧高温、粉尘和潮湿环境对测量的影响，为测宽仪提供较好的测量条件。

（3）背光源：为扫描仪提供照明，以便进行测量。

（4）控制柜：中央控制柜负责现场设备的控制及配电，负责所用信号的处理、运算及控制，也是测宽系统与外部系统进行通信连接的处理、控制中心。由微处理器、I/O 信号隔离器、彩色监视器和通信网卡等组成。

（5）操作站：用于测量数据的显示。

（6）动态标定器：在线条件下对仪表精度可以进行简单而快速的检查，保证测宽仪具有稳定的测量精度。

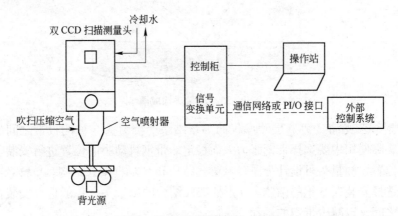

图 3-26 热轧测宽仪构成简图

冷轧处理线的测量环境好，一般是采用高精度的光电检测技术进行带钢宽度的测量。高精度光电探测头和高频交变光源发射器，安装在一个测量框架中，为防止外界光的干扰，提高测量精度，在带钢两侧的光电探测头均设有一个检测接收器和一个参比接收器来检测带钢的边部位置，并将信号送到信号变换输出单元，从而得出带钢的宽度。

3.2.4.5 平直度测量装置

A 平直度的定义

板带的平直度是指板带在不带张力的自然状态下，板带的平坦性。板带轧制过程中，如果板带在宽度方向各点的厚度压下不均匀，则板带的各点长度方向延伸也不均匀，因此导致板带水平面横向上内应力的产生，当内应力到达某一临界值时，即板带宽度方向的张应力分布不均匀，存在应力偏差，板带产生翘曲、局部凹凸和波浪，也就是板形缺陷。

平直度一般可用相对长度差或张应力差表示：

用相对长度差表示为：

$$\varepsilon(x) = [L(X) - L_0]/L_0$$

式中 L_0——带钢平直部分的基准长度；

  $L(X)$——带宽方向任意点 X 上波浪的弧长。

用张应力表示为：

$$T(X) = T_0 - \Delta T(X)$$

式中 T_0——基准长度部分上的单位张应力；

  $T(X)$——板宽上某一点的单位张应力。

在张应力作用下，板宽方向出现的张应力偏差 $\Delta T(X)$ 与相对长度差是成比例的，即：

$$\Delta T(X) = E\varepsilon(x)$$

式中 E——带钢的弹性模量，kN/mm^2；

平直度采用 I－UNIT 进行表示，规定相对长度差的 10^{-5} 为一个 I 单位，即一个 I 单位相当于 $1m$ 长的板带中有 $10\mu m$ 的长度差。

B 功能

用于对热轧和冷轧板带的平直度进行在线测量和为板形自动控制提供必要的手段。一般设置在热轧机组的精轧机出口、冷连轧机组的五机架出口、冷轧连续退火机组的平整机出口。

C 热轧带钢板形测量原理及设备构成

热轧板带平直度的测量方法很多，包括电磁、电阻、振动、激光等非接触式测量。在热轧高温、粉尘、潮湿的恶劣环境下，由于激光的穿透能力很强，热轧平直度测量常采用激光三角法测量原理（图 3－27 和图 3－28），即利用 CCD 测量头测量激光位移的方法测量带钢因波浪而上下摆动的离散位移量，再与各采样点的时间、速度一起经过运算，得到波浪在一定范围内的波长，再通过在板带宽度方向上设置的其他 CCD 激光位移测量头，测量板带不同宽度位置上带钢的纵向波长，从而计算出宽度方向的板带长度的延伸差，即平直度。

根据上述激光三角法测量原理，不同的仪表厂家开发了不同的测量产品，下面简单介绍比利时 IRM 公司的 F200 系列平直度仪。根据不同的带钢宽度可采用 3 点测量方式的固定和可移动的三角法，即由 9 组激光检测单元和 3 台摄像头组成（图 3－29），横置于带钢上方，分别布置在带钢中心位置和两侧，其间距可根据带钢宽度自动调节，中心点三点激光固定、边部可移动布置。所有测量点（排）沿板带宽度方向布置，测量沿轧制方向设三点间隔 50mm 的激光，钢板移动 50mm 的同时测量所有激光点。摄像仪捕捉每个测量点的 3 个激光反射点，通过计算机计算出这些激光反射点距离的差别，即带钢不同位置的高度差，每条曲线上三测量点提供给系统三个变量等式（垂直方向钢板运动、钢板的旋转和平直度高度），由此可获得带钢在轧制方向上的弯曲率即真实平直度幅度。

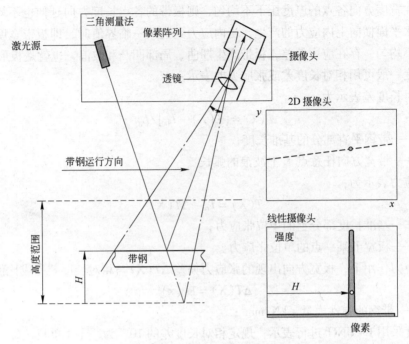

图 3-27 激光三角法测量原理

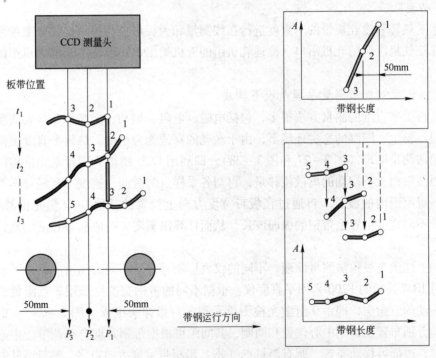

图 3-28 激光三角法测量原理详图

热轧平直度装置一般由测量箱、操作站、工程师站等组成。测量箱置于板带的上方，测量箱包括用于平直度测量（三个面阵列摄像头）的三排横向测量单元、激光三角测量器、PC 微处理单元（带有实时多任务处理系统）等。测量箱带有气/水冷却装置，激光测量单元的安装支架采用防振动垫支撑,以防止轧机的振动对测量的影响。

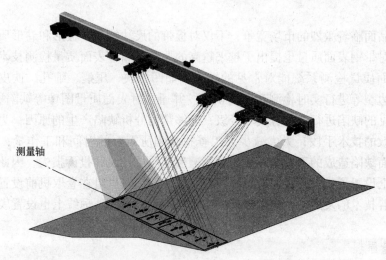

图 3-29 激光平直度仪测量头构成图

D 冷轧带钢平直度测量原理及设备构成

冷轧带钢平直度测量常采用多段接触辊式板形测量装置,如 ASEA 辊(压磁式传感器)、BFI 辊(压电式传感器)。带钢与板形测量辊形成一定的包角,在板形测量辊内沿轴向布置多个压力传感器,即沿带钢宽度方向分成多个测量区,目前每个测量区的长度可为52mm 或 26mm。测量区的数量和板形测量辊的长度可根据带钢的宽度来确定。通过安装在板形测量辊内的压力传感器,测量带钢张应力沿宽度方向的分布。通过信号传输单元将张应力信号送到数据信号处理单元,从而得到带钢平直度的测量数据,并在 HMI 上进行数据显示和平直度曲线显示。

多段接触辊式平直度仪主要包括(图 3-30):测量辊(ASEA 测量辊每个测量区有 4个传感器按 90°分布,BFI 测量辊每个测量区布置 1 个传感器);信号传输单元(ASEA 测量辊采用碳刷传输,需要带空气加湿器;BFI 测量辊采用光电式,不需要压缩空气);轴承及轴承座;数据信号处理单元安装在测量柜中,测量柜需布置在有空调的电气室。

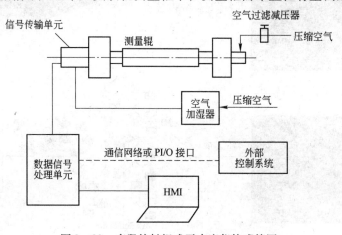

图 3-30 多段接触辊式平直度仪构成简图

3.2.4.6 板带表面质量检测装置

A 功能

钢铁产品面临着激烈的市场竞争，不仅对板带的尺寸精度、板形和卷形质量有较高的要求，而且对带钢表面质量也提出了越来越高的要求。随着表面质量检测技术的发展，实时在线的表面质量检测系统能对常见的缺陷，如凹凸块、压痕、细孔、铁皮、划伤、夹杂、翘皮和边裂等进行实时检测和自动识别。并通过对表面质量图像等缺陷数据的收集、分析能对常见的缺陷进行准确分类和分级，能够帮助分析缺陷产生的原因，为提高产品质量提供了有效的技术手段；大大减少人工查找缺陷所需要的时间和工作量；可提高成材率；避免表面缺陷造成的不合格产品出厂所遭遇的质量异议和投诉损失，因此，在大规模生产的轧线上设置了先进的表面质量检测系统。一般热轧机组在卷取机前设置表面质量检测装置，随着技术的发展，越来越多的酸洗、连退、镀锌等处理线上也设置表面质量检测装置。

B 测量原理

基于视觉技术的光电检测系统（图3-31），可以在带钢的全宽范围内，通过先进的成像技术，对板带的各类表面质量缺陷进行实时在线检测。即通过设置在板带上、下表面的CCD面扫描摄像机（面扫描摄像机检测系统能克服带钢上下抖动和左右摆动给检测带来的影响）及光源组成的成像系统对带钢上下表面进行不间断的扫描，形成高清晰的带钢表

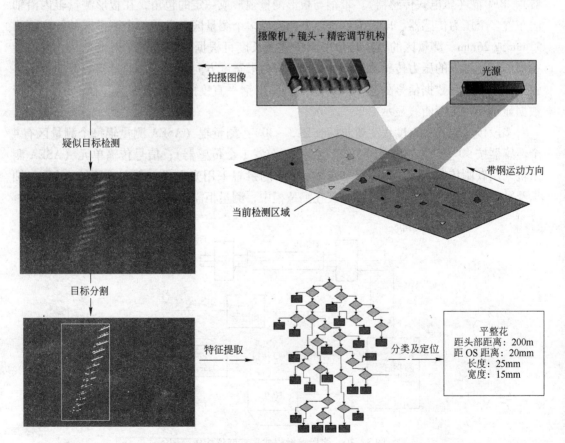

图3-31 基于视觉系统图像分析系统

面图像。再通过图像数据转换单元将信号送到图像数据处理计算机。计算机通过图像识别软件进行实时在线分析，自动判定出带钢上下表面的缺陷类型和等级（包括缺陷类别、位置、大小等信息），并可在多台计算终端显示、报警记录带钢的缺陷图像和数据。并可通过通信方式与轧线的基础自动化系统进行通信获得带钢的轧制数据，如带钢的代码、状态、钢种、速度、宽度和长度等信息，并将每块带钢的最终检测报告送轧线的管理计算机。CCD摄像机的数量根据工艺需要检出的最小缺陷，确定系统的分辨率，同时根据板带的宽度来决定。

C 系统构成

如图3-32所示，带钢表面质量检测装置通常由成像系统（包括高分辨率的CCD面扫描摄像头、光源）、图像数据转换单元、图像数据处理计算机、图像数据记录计算机、图像数据显示计算机、图像数据打印机、通信网络等组成。对于热连轧，为提供更好的测量环境，一般需为上、下表面检测单元设置测量小房。小房需配置空调设施，并在检测小房的摄像区域设置压缩空气吹扫装置。而冷连轧的测量环境较好，钢带有张力，一般可选择将检测单元安装在张紧辊处，减少带钢抖动对测量的影响。

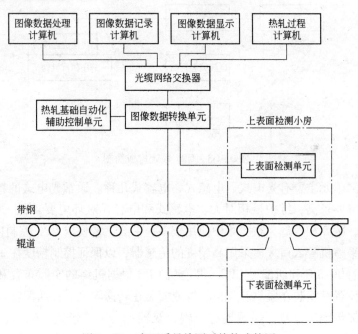

图3-32 表面质量检测系统构成简图

3.2.4.7 轧制力测量仪表

在热轧、冷轧的轧制过程中常要对每个机架的轧制力进行测量，轧制力测量方法采用力传感器进行直接测量。目前广泛使用的力传感器有电阻应变片式和压磁式两种，一般安装在轧机的上或下支撑辊轴承座、压下螺丝和支撑辊的轴承座之间，其主要由压力传感器、信号放大变换单元、信号输出单元构成。

3.2.4.8 带钢位置对中控制装置

A 功能

带钢位置对中控制装置（Center Position Control，CPC）在冷轧各种连续生产机组（如连续酸轧机组、连续退火机组和连续镀锌机组等冷轧处理线）中防止带钢跑偏，使带钢运行在机组的中心位置。对中装置有开卷机对中和纠偏辊对中两种。

B　工作原理

CPC 系统是一个连续的闭环电液伺服调节系统，由探测单元连续地测量行进板带两边的位置变化，并将板带中心位置转化为与之成比例的电信号输出到电控系统。电控系统将此信号和预先设定的板带纠偏基准点（纠偏零点）信号相比较，两者之间若有任何偏差都将使电控系统输出一偏差纠正信号至液压伺服阀系统。驱动液压油缸带动纠偏辊框架（或开卷机卷筒）移动，使板带侧向移动，以调整跑偏板带回到预定的中心线上，实现板带自动对中功能。

C　系统构成

CPC 对中系统主要由探测单元、电控柜（内装数字控制单元）、线性位置传感器、电液伺服阀、液压执行机构和液压站等组成。并可通过网络或点对点的方式与外部系统进行数据交换，见图 3 - 33。

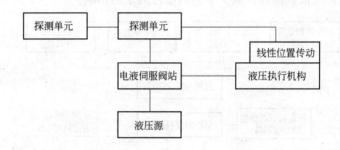

图 3 - 33　CPC 系统构成简图

常用的探测单元主要有光电式、电感式、电容式几种。通常光电式的精度高、但价格相对高，对环境要求高，维护量相对大。电感式和电容式对环境要求低，维护量相对少、价格相对便宜，精度相对低，在实际中使用较多。一般工艺要求 CPC 控制精度为 ±10mm，但在圆盘剪、平整机等入口大多采用高精度的传感器，以保证控制精度在 ±1mm。

CPC 有开卷机 CPC 和纠偏辊 CPC。开卷机 CPC 根据机组的实际布置和安装空间，探测单元的安装位置有安装在紧靠开卷机位置或安装在转向辊之后；纠偏辊 CPC 的探测单元安装在纠偏辊架带钢出口侧，纠偏辊有单辊、双辊、三辊等形式，带钢在纠偏辊前后有 90° 和 180° 两种布置方式。

在冷轧连续退火机组中，由于高速生产，带钢瓢曲等因素，炉内带钢易产生跑偏，需进行带钢对中控制。由于炉内温度高，为安全考虑多采样电动缸驱动的 CPC 对中控制装置。除探测头采用高温型传感器（高温电感或电磁波传感器）和执行机构采用电动缸驱动外，其他的原理和炉外的 CPC 对中控制装置类似。

CPC 的配置数量和安装位置应根据机组机械设备布置、机组的速度，张力等综合考虑。以连续退火机组为例，根据机组的设备布置情况，一般 CPC 的初步配置位置为：开卷机、清洗段的入、出口、入口活套的入出口，入口活套内、炉内、出口活套的入出口、出口活套内、平整机入出口等均设置 CPC 装置。

3.2.4.9 带钢对边控制装置

A 功能

在卷取机处安装对边控制装置（Edge Position Control，EPC），用于控制带钢齐边或错边卷取。

B 工作原理

EPC 自动对边控制系统是一个连续的闭环电液伺服调节系统，由探测单元连续地测量行进带钢边缘位置的变化，将带钢边缘位置偏差信号输入到电控系统，电控系统的输出再控制电液伺服阀，伺服阀驱动与卷取机相连的液压缸而使卷取机跟踪进带位置，达到精确带钢卷取的效果。卷取机的纠偏是对带钢边缘位置进行跟踪，使板带边缘对准一点卷取，达到板卷一边平齐的目的，而不是对带钢位置的偏差进行纠正。

任何卷取机的对边控制，探测单元必须安装在导向辊附近，并保证带钢在导向辊上没有相对移动。一般工艺要求 EPC 的控制精度为 ±1mm，探测头多采用光电式传感器。

EPC 有齐边卷取和错边卷取两种，多用齐边卷取，但对一些经涂镀后的带钢（如镀锌、镀锡、彩涂）有时由于边部增厚，这时则可采用错边卷取，防止出现马鞍形卷形。

C 系统构成

EPC 对中控制系统主要由带钢边部位置探测单元、电控柜（内装数字控制单元）、线性位置传感器、电液伺服阀、液压执行机构和液压站等组成。并可通过网络或点对点的方式与外部系统进行数据交换。

CPC 和 EPC 的液压单元可一对一配置，也可根据布置位置多套共用一套液压单元或与机组的液压单元共用，相对较经济。

3.2.4.10 典型应用

A 热连轧机特殊仪表的配置

一般热连轧机特殊仪表的配置如表 3-4 和图 3-34 所示。

表 3-4 一般热连轧机特殊仪表的配置

设备名称	数 量	测量形式	安装位置	设备功能
测宽仪	4	激光或 CCD CCD CCD CCD	SSP 入口 R_1 出口 R_2 出口 DC 入口	宽度测量 宽度测量 宽度测量并带切头成像、板带速度测量 宽度测量
凸度仪	1	X 射线	F_7 出口	中心厚度 厚度凸度 宽度 温度凸度
平直度仪	1	激光	F_7 出口	
表面质量检测装置	1	CCD	F_7 出口（上表面） DC 入口（下表面）	

续表 3 - 4

设备名称	数　量	测量形式	安装位置	设备功能
轧制力传感器	2		E_1 机架	各机架的轧制力测量
	2		E_2 机架	
	2		$F_1 E$ 机架	
	4		R_1、R_2 机架	
	14		$F_1 \sim F_7$ 机架	
测速仪	1	激光	CS 入口	板带速度测量
辐射高温计	2	红外辐射	SSP 入口	板带温度测量
	2		R_1 出口	
	2		R_2 出口	
	2		FM 入口	
	2		FM 出口	
	2		输出辊道中部	
	2		DC 入口	
扫描辐射高温计	1	红外辐射	CS 入口	板带温度凸度测量
	1		DC 入口	

热轧为高温、粉尘和潮湿环境，对特殊仪表的测量影响很大，仪表设计时应考虑必要的吹扫和冷却设施。特殊仪表的价格度较高，为防止生产中的机械碰撞，在安装设计时需考虑相关防护措施。

对一些同位素仪表，如测厚仪、凸度仪、膜厚仪等，为使测量结果与实验室结果相一致，机组生产后，逐步采集覆盖整个品种的样板进行测量并和实验室结果进行对比，得出这些样板的测量结果，再用这些样板来修正系统中已有的测量曲线。

B　冷连轧机特殊仪表配置

一般冷连轧机特殊仪表的配置如表 3 - 5 和图 3 - 35 所示。

表 3 - 5　一般冷连轧机特殊仪表的配置

设备名称	数　量	测量形式	安装位置	设备功能
测厚仪	2	X 射线	S_1 机架入、出口	AGC 控制及
	3		S_5 机架入、出口	成品厚度测量
平直度仪	1	板形测量辊式	S_5 机架出口	
张力计	6	$S_1 \sim S_5$ 机架前		张力测量
		S_5 机架后		
轧制力传感器	2		S_1 机架	机架的轧制力测量
	2		S_5 机架	
测速仪	2	激光	S_1 机架的入、出口	板带速度测量
	1		S_4 机架出口	
	1		S_5 机架出口	

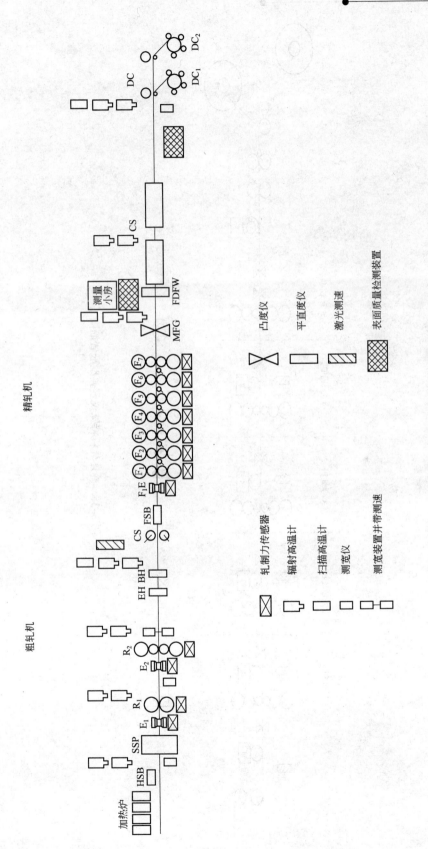

图 3-34 热连轧机特殊仪表典型配置简图

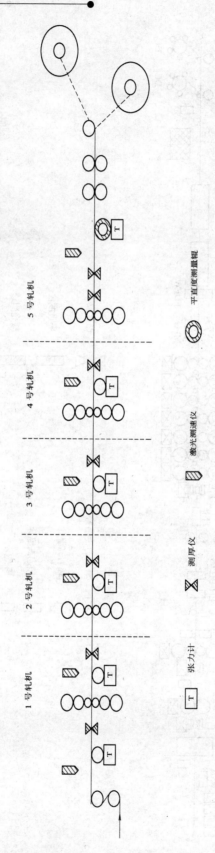

图 3-35 冷连轧机特殊仪表典型配置简图

3.3 主要控制功能

钢铁行业的生产工艺流程是既有连续性又有间断性的混合型生产过程。随着钢铁企业设备的大型化、生产过程的连续化、生产节奏的高速化和自动化的发展趋势，同时随着计算机技术、控制技术、网络技术和屏幕显示技术的快速发展，在许多大型现代钢铁企业均配置了包括生产过程自动化控制和生产过程信息管理的多级计算机控制与管理系统（可称之为产销一体化系统），以提高企业的综合效率。通常把这个庞大、复杂的计算机系统分为以下4层（见图3-36）：

（1）L4（全厂管理计算机）：属于企业生产经营管理层，也称为企业资源计划（ERP）管理系统，主要包括合同管理、质量设计、制订生产计划、销售/服务管理、企业资源规划等。

（2）L3（区域生产管理机）：接收L4的生产计划，进行区域的生产作业计划的调整和执行，生产实绩的收集、原料管理、成品管理。

（3）L2（过程控制计算机）：进行设定值计算并给L1下达设定值和从L1采集测量值、通过控制模型对过程进行优化控制。

（4）L1（基础自动化）：用于过程的连续控制、顺序控制、逻辑控制和过程状态的监视。

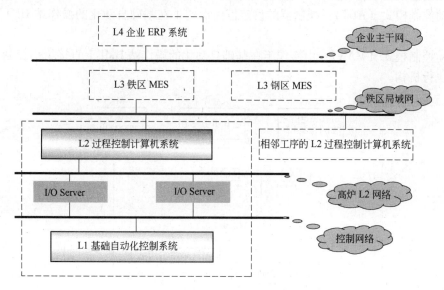

图3-36 钢铁企业四级计算机系统简图

过程控制通常是指石油、化工、电力、冶金、轻工、建材、核能等工业生产中连续的或按一定周期程序进行的生产过程自动控制，被控变量为温度、压力、液位、流量、湿度、pH值、黏度等热工参数和位移、转速、加速度、厚度、宽度等机械量参数。

基础自动化系统包括直接数字控制系统（Direct Digital Control，DDC）、集散控制系统（Distributed Control System，DCS）、可编程逻辑控制器（Programmable Logic Controller，PLC）、现场总线控制系统（Field-Bus Control System，FCS）等。

基础自动化控制系统是面向生产过程、面向设备的过程控制。按控制功能可分为：连续控制、顺序控制、逻辑控制、轧件跟踪及输送控制、过程状态的监视。钢铁生产过程控制的任务就是根据不同的工艺生产过程和特点，采用自动化工具，应用控制理论，设计生产过程控制系统，实现钢铁生产过程自动化。

根据钢铁生产不同的工艺过程和被控对象特点，通过基础自动化控制系统实现满足工艺需求的各种控制功能。冶炼工序控制对象的特点是物理、化学过程，以温度、压力、流量、液位等热工参数控制为主，且多为单变量控制；热连轧和冷连轧工序是通过传热及弹塑性力学原理进行的连续高速生产过程，其控制对象是以位置、速度、尺寸（厚度、宽度）及板形（凸度、平坦度、边降）、张力、跟踪控制为主的机电液设备，且是多变量控制，控制功能间相互耦合，如 AGC/AFC/张力控制；冷轧处理线控制对象的特点是既有连续高速生产的过程，又有清洗、酸洗和退火炉等热工过程，其控制对象既有机电液设备，也有热工控制。

3.3.1 连续过程控制功能

在冶炼工序和冷热轧处理线的清洗、酸洗循环系统及退火炉等控制对象主要为连续的过程调节，多采用经典的 PID 反馈控制、串级控制、双交叉限幅燃烧控制、三冲量控制。连续控制回路的操作控制模式有串级、自动、手动三种模式（图 3 - 37）。

串级控制模式（CAS）：控制器的设定值来自外部设定信号，如过程计算机 L2 给定或另一个控制器的输出信号。

自动控制模式（AUT）：控制器的设定值由操作工在基础自动化的操作站 HMI 上设定或选择。

手动控制模式（MAN）：由操作工在基础自动化的操作站 HMI 上直接给出控制器的输出值到执行机构。

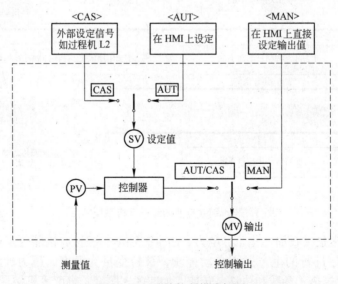

图 3 - 37 连续控制模式框图
PV—测量值；SV—设定值；MV—控制器输出

3.3.1.1 PID 反馈控制

PID 反馈控制是最常用的控制方式，是过程控制的基本功能。其原理是根据设定值与测量值的差值，由 PID 控制器进行运算并输出信号去控制执行机构动作，使测量值逐渐接近设定值，直到两者相等。各种工艺过程均要求一些重要的工艺参数稳定在一定的范围之内，以保证稳定生产和产品的质量，如转炉供氧流量控制回路（图3-38），冷轧酸洗机组的酸温调节回路、循环罐的液位调节、冷轧退火炉燃烧空气压力调节回路等。

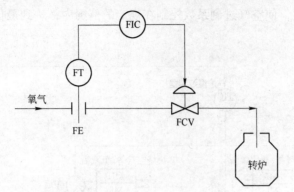

图3-38　转炉供氧流量调节回路

FE—孔板；FT—差压变送器；FIC—流量调节器；FCV—调节阀

3.3.1.2　串级控制

串级控制是主控制器的输出作为副控制器的设定值，主要用于滞后和时间常数较大的控制对象，增强抗干扰能力，改善控制质量。如冷轧退火炉带钢温度的控制（图3-39），将带钢温度控制器的输出值作为炉温控制器回路的设定值。

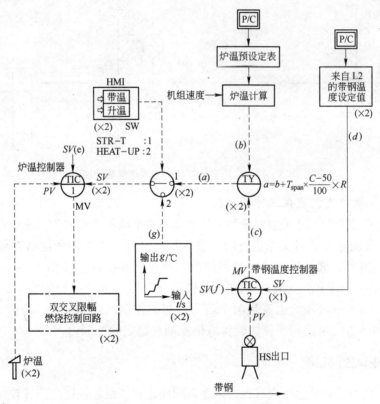

图3-39　冷轧退火炉带钢温度调节

SV—设定值；PV—测量值；MV—输出值；T_{span}—设定值范围；R—比率

3.3.1.3 双交叉限幅燃烧控制

双交叉限幅燃烧控制在钢铁生产的各种工业炉中有广泛的应用,如热轧加热炉、冷轧退火炉(图3-40)等,其特点是在炉子负荷发生变化时,空气流量和燃料流量相互制约,按比例同步变化,使空气过剩系数控制在规定的范围内,达到最佳的燃烧效果,既节能又不污染空气。

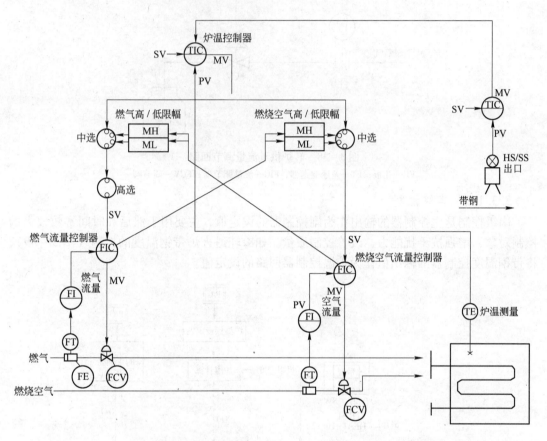

图3-40 冷轧退火炉双交叉限幅燃烧控制

3.3.1.4 锅炉汽包液位三冲量控制

在钢铁生产中有些工艺控制对象的被控变量与多个控制变量有关,要稳定控制被控变量则需要将多个变量按某种关系组合起来进行控制,以构成多冲量控制系统。如炼钢烟气系统、冷轧退火炉烟气系统的余热锅炉汽包液位三冲量控制(图3-41),在蒸汽负荷变化时,为防止锅炉因气泡产生的"虚假液位"影响锅炉运行的安全,在锅炉汽包液位控制中,引入蒸汽和给水流量两个信号,超前控制汽包的液位,减少液位的波动,使给水流量和蒸汽流量达到平衡,确保液位控制在稳定的范围内。

3.3.2 顺序逻辑控制功能

热轧、冷轧为连续高速生产过程,以逻辑顺序控制、跟踪控制、位置控制为主,一般有以下几类控制功能。

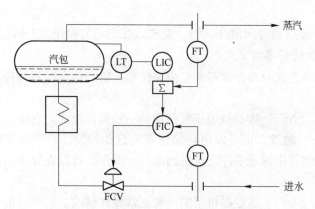

图 3-41 余热锅炉汽包液位三冲量控制

3.3.2.1 机组操作模式

以轧机为例，基础自动化系统的控制方式共有 A 方式、B 方式和 C 方式三种。

A 方式为维修操作方式。此种方式不能用于生产，此方式仅用于维修工作，调整工作，换辊和标定过程。设定值只可通过手动干预相应的传动来进行预设定。

B 方式为道次计划方式。道次计划的数据从存储在 WINCC 上的道次计划数据表取出，直接向基础自动化装载并进行生产。在 B 方式下，轧制过程所必需的传动设备、传动设备组，均根据当前的道次计划进行自动控制。在任何时间，只要不超过限定值，手动干预都是允许的。手动干预的设定值优先于自动状态下的设定值传送给过程计算机。B 方式也称为半自动方式。

C 方式为全自动方式。在全自动方式，基础自动化的全部功能投入运行。板坯每次轧制的道次计划数据由过程计算机传送给基础自动化系统，由基础自动化系统来实现。必要的材料跟踪信号由基础自动化系统发送给过程机。轧制的流程由基础自动化自动控制。压下设定值和速度设定值由基础自动化系统按照当时的板坯跟踪状态进行投入。运行方式通过人机接口 HMI 进行选择。在 C 方式下，轧制过程所必需的传动设备、传动设备组，均根据当前的道次计划进行自动控制。在任何时间，只要不超过限定值，手动干预都是允许的。手动干预的设定值优先于自动状态下的设定值传送给过程计算机。C 方式也称为全自动方式。

另外，冷轧机组及冷轧处理线有时也按如下方式对操作模式进行划分：

（1）正常运行：生产线相关的设备按照一定的斜坡加速到正常运行速度，进行正常生产。该运行状态能被停止指令、恒速指令、快速停止和紧急停车指令中断。

（2）停车：所有设备按正常的加速度减速至零。停止的操作模式能被运行指令、穿带控制、保持指令、快速停车和紧急停车指令中断。

（3）保持：这种操作模式用来中断运行和停止模式。指令执行时，当前机组的速度被保持。但是，如果活套到达某一设定位置，或开卷机上剩余的带钢长度到达自动减速所设定的长度。机组在此模式下可以自动减速。

（4）穿带/甩尾：穿带（甩尾）时机组相关的传动加速（减速），直到设定的固定速度。此状态可被正常停车、快速停车和紧急停车中断。

（5）组点动（向前/向后）：选定的某些设备可以在主操作台或现场操作盘进行点动

操作。

（6）设备的单独点动（向前/向后）：此模式在现场的操作盘上执行。

3.3.2.2 机组的停车方式

一般来说，停车方式分为正常停车、快速停车、紧急停车。每种停车方式的具体定义如下：

（1）正常停车（NS）：这是机组正常使用的一种操作模式。它可以由操作工通过操作按钮或在HMI上进行触发，也可以由自动化系统自动触发。当产生正常停车命令后，机组自动按正常停车的斜率减速来停止机组的运行。操作员可以在发出启动命令后，再启动机组的运行。

（2）快速停车（QS）：这也是机组的一种正常操作模式。它可以由操作工通过操作按钮进行触发，也可以由自动化系统自动触发，机组便进行停车动作。此时机组的减速度为快停斜率速度。当满足运行条件后，操作员可以再发出启动命令后启动机组的运行。

（3）紧急停车（ES）：这是机组的一种异常操作模式，是一种安全操作，用于防止发生人身和设备的安全事故。它可以由操作工通过按下主操作台或现场操作盘上的"紧停"按钮进行触发，也可以由自动化系统自动触发。"紧停"信号送紧停继电器回路，机组便能以最短的时间停车，并切断相关设备的电源输出。在发生紧停后，要再启动设备，必须在主操台进行紧停复位操作。

3.3.2.3 设定值处理功能

设定值处理功能接收并存储轧线上所有来自于过程计算机的带钢轧制道次设定数据，并对数据进行输入输出管理，按照一定的接口时序和逻辑把相应的设定数据分发到各个PLC框架和CPU对应的过程映象数据区，提供诸如宽度厚度控制功能单元、速度控制单元、冷却控制单元、张力控制单元的目标值和其他设定参数。

对于西门子的TDC系统，数据在各个CPU之间、控制功能包之间以报文的形式传输。报文的传输路径由系统自动建立和管理。

设定值的主要功能包括：

（1）管理轧线跟踪区域内所有带钢的有效设定数据，包括读写、删除等操作。

（2）轧制过程中，锁定与每个控制功能包相关的道次设定数据，并根据请求信息，分发设定数据。

（3）其他设定数据管理，包括轧辊数据、带钢基本数据、跟踪映象吊销复位、二级机时间及同步信息等。

（4）特殊工艺功能的设定数据，如"多级穿带功能"的设定数据处理等。

（5）接收过程机关于"机架间宽度动态控制"功能中的活套张力参数设定。

（6）接收过程机关于"机架间冷却水分段遮挡控制"预留功能的参数设定。

3.3.2.4 物料跟踪

在一条现代化的连续带钢生产线的自动控制系统中，带钢跟踪系统是其控制的核心。几乎所有的自动化带钢连续生产线，均配备有精确的带钢跟踪系统。

冷轧基础自动化L1的带钢跟踪系统的控制范围，从开卷机开始至卷取机结束，可以跟踪在机组上运行的所有的带钢的钢卷数据，如张力、厚度、宽度和带钢缺陷等。

带钢跟踪系统的主要功能包括：

（1）焊缝跟踪：提供在机组中移动的所有的焊缝的位置信息。使用焊缝检测器进行跟踪检测。

同步是焊缝跟踪系统的一个基本功能。基于焊缝检测器的跟踪同步，可以修正因机械测量或带钢滑动等所造成的位置误差。

（2）物料跟踪：链接在机组上运行的所有的带钢的钢卷数据，在机组运行期间，物料跟踪可以提供在机组中运行的各个带钢所拥有的钢卷数据，可以为机组控制激活新的设定值，如张力、速度等。

热轧线物料跟踪从加热炉出口至钢卷运输链，当加热炉卸料后板坯进入第一个 HMD 时，轧制程序根据板坯号为该板坯分配一个预先计算出的道次计划，轧制一个道次以后，过程计算机对后续轧制道次进行修正。

道次计划伴随所属板坯一起运行，在轧制过程中每个新板坯在相应位置重写先前的道次计划。当一个板坯在轧机轧完（通过最后一个道次）而且一个新板坯已经放入进料传动装置时，为了确保新的板坯使用新的道次计划进行轧制，在老板坯通过轧机情况下，新板坯的道次计划才被填入轧机区域。

板坯在轧机内轧完后清除其轧制道次计划，使之不再有效。

物料跟踪计算出的板坯理论位置会根据 HMD 的实际检测位置及轧机咬钢信号等进行校正、修改。

3.3.2.5 生产线协调控制

生产线协调控制（LCO）加上其他附属功能负责协调整个生产过程和板带在机组中的移动，并依据跟踪系统的设定，控制设备的动作，它是整个机组控制的总指挥。

LCO 主要负责轧线各区域逻辑控制以及区域主速度设定，其主要功能包括：

（1）轧线各设备启动、运行逻辑控制。

（2）进钢条件判断。

（3）自动轧钢步骤。

（4）摆钢及待温功能。

（5）区域主速度设定。

（6）辊道速度切换。

3.3.2.6 带钢定位控制

定位控制的核心有两个，一是实际带钢位置计算，另一个是制动距离的计算。所谓制动距离的计算就是系统根据目前的状态（目前的速度、给定的加/减速率和目标速度）计算出定位启动后到达目标值的带钢行程。结合带钢位置计算，定位控制器将给出一个进行速度变化的激活点（切换点），这个切换点作用于速度控制器，用于改变生产线的速度设定，达到控制带钢位置的目的。

3.3.2.7 活套控制

冷轧线的活套控制包含两个独立的控制器：带钢张力控制器和活套小车位置控制器。

带钢张力控制：无论入口速度和出口速度和活套小车位置如何变化，活套中的带钢都必须保持恒定的张力，即恒张力控制。卷扬电机的速度设定是根据活套入口的速度值和活套出口的速度值的差作为卷扬电机的速度设定值。

活套小车位置控制：活套小车的正常运行区间一般为（5% ~95%），活套的实际位置是通过对绝对值编码器测量值的计算得到的。活套位置控制的核心是一个行程预计算器，这个计算器根据卷扬机的速度，计算出活套到达满套（充套时，95%位置）或到达空套时（放套时5%位置）所需要的行程值。活套小车位置控制器将这个值不断与设定的位置值进行比较，当相等时，就给出一个空套或满套信号，这个信号作用于速度控制器，产生一个新的命令，改变入口段或出口段的速度设定值，来控制小车位置。

3.3.2.8 位置控制

自动位置控制过程：在压下位置控制过程中，压下位置设定值可以在操作画面上人工给出，也可以通过过程控制计算机来给定。由于电动压下装置是通过电动机来传动，所以压下实际位置可以借助安装在电动机上或者与其相连的压下螺丝上的脉冲发生器，通过脉冲数和脉冲尺度计算出来。计算机周期性地根据位置设定值与当时的实际位置值进行计算，得出位置偏差值，并根据行程特性曲线算出为了能最快地把压下螺丝移动到设定位置电动机应该具有的速度，然后将此速度通过模拟输出系统向传动系统的速度控制装置输出。这个模拟输出信号一直保持到下一个周期在这一点重新有模拟输出信号输出为止。电动压下位置调节如图3-42所示。

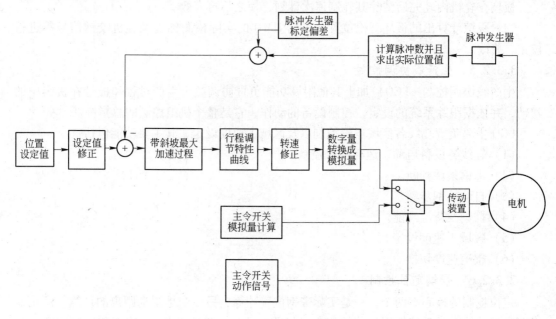

图3-42 电动压下位置调节

手动修正：在自动位置控制过程结束后，操作工如果对定位的结果需要修正，可以通过控制台上的按键或者主令开关手动进行干预。

设位置偏差为 S，位置的初始偏差为 S_0，压下装置的最大线速度为 v_m，受最大允许转矩限制的最大允许加速度和最大允许减速度都为 a_m。为了尽快地消除位置偏差，使压下装置能迅速移动到所要求的位置上，就应使电动机以最大加速度 a_m 起动。那么在加速阶段有下列关系：

$$v = a_m t \tag{3-1}$$

则位置偏差量 S 为：

$$S = S_0 - \int_0^t v \mathrm{d}t$$

$$= S_0 - \int_0^t a_m t \mathrm{d}t$$

$$= S_0 - \frac{1}{2} a_m t^2 \tag{3-2}$$

于是到达 v_m 的时间 t_1 为：

$$t_1 = \frac{v_m}{a_m} \tag{3-3}$$

将式（3-3）中的 t_1 代入式（3-2），则此时的位置偏差值为：

$$S_1 = S_0 - \frac{v_m^2}{2a_m} \tag{3-4}$$

式中的 $\frac{v_m^2}{2a_m}$ 为在加速阶段移动距离。如果此时还没有达到所要求的设定位置，还需要以最大速度 v_m 继续移动。减速点的选择也很重要，关系到定位时间最短和定位准确的问题。一般是采用最大允许加速度和最大允许减速度相等的原则，因此，在减速阶段移动的距离正好等于加速阶段移动的距离。如果在 $S_2 = v_m^2/(2a_m)$ 处开始以最大允许减速度 a_m 开始减速，那么速度减到零时，必定达到所要求的设定位置，即 $S = 0$。

从以上的分析可以看出，上述的定位过程可以分成三个阶段：

首先以最大加速度 a_m 加速到 $v = v_m$；

维持 $v = v_m$ 运行直到 $S_2 = v_m^2/(2a_m)$；

从 $S_2 = v_m^2/(2a_m)$ 处开始，以最大减速度 a_m 减速，直到 $v = 0$，$S = 0$。

从理论上说，这种定位过程在最短的时间内应达到完成定位动作的目的，但这是理想的定位过程，实际上不容易实现。由于受到采样控制和传动装置响应滞后的影响，使得切换实际时间不可能正好是理想减速曲线的减速点，而有可能延长定位时间。可以得出，在 S 为 S_2 到 0 的区间，速度与行程的关系为一抛物线（见图 2-43）。可以看出，在位置偏差很小的情况下，$\lim_{S \to 0} \frac{\mathrm{d}v}{\mathrm{d}S} = \infty$，要实现理想减速过程所需系统的开环放大系数很大，因此，由于减速不准，不容易控制在抱闸范围之内。

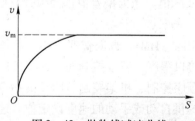

图 3-43 抛物线减速曲线

为了准确定位还采用了抱闸，由于抱闸作用是有一定范围限制的，S 的限制取决于定位精度，v 的限制取决于机械强度。考虑到这些因素，就可以看出，在 $S = 0$ 附近 $\mathrm{d}v/\mathrm{d}S$ 很大时，如果减速过迟，则 $v = f(S)$ 曲线经过精度范围时，可能速度很高，这就不能使用抱闸，而等速度降下来时，则已经超过精度范围了。这就是说，开始减速的切换时间不准，就不容易进入抱闸的作用范围。

3.3.2.9 偏心补偿

辊子偏心补偿的目的是为了降低由于支撑辊和工作辊之间的偏心而引起的周期性的厚度偏差。

将测厚仪的信号作为输入信号，输出信号用于位置控制的附加设定值，用于辊缝的开闭，这样可以消除辊子偏心的影响。

3.3.2.10 张力控制

为了保证冷轧线恒张力控制，必须使用闭环张力控制器，使每段内部张力恒定，才能正常投入 AGC。张力控制作用在开卷机或卷取机的转矩控制回路上。机架前后安装有测张辊，通过测张仪测得张力的实际值来进行张力的闭环控制。

（1）通过张力环进行张力控制。在轧机启动时，张力环开始投入。另外，它会跟随由于操作工干涉或张力预设定值计算而引起的张力设定值的变化。如道次的变化会引起张力预设定值的改变。张力是机组最重要的控制环节，它会直接影响 AGC 的动态性能，关系到带钢成品质量的好坏。因此系统中需要具有高质量的张力动态闭环控制回路。

（2）附加张力设定值。在低速时可以有一个附加张力设定值，在高速时此值会递减到 0（如当速度大于 30% 主令速度时，附加张力设定值等于 0）。

（3）张力控制器的调节因子分别计算。分别计算 $v=0$ 和 $v>0$ 时的调节器的比例和积分常数 K_p 和 T_i。

（4）断带信号/张力已建立信号。当张力实际值达到张力设定值的 30% 至少 0.5s 时，内部张力控制器产生"张力已建立"的状态信号，当张力实际值低于张力设定值的 30% 至少 1s 时，"张力已建立"的状态信号消失。

张力实际值突然消失是产生"断带"信号的基本条件，同时还必须判断：至少一个张力控制器激活着，并且可调节的速度值已经达到，而且此时不是在穿带方式，这时才会发出断带信号。

（5）操作工干涉。操作工可以通过操作台的增加/减少张力按钮来改变张力的设定值。

（6）零漂。每个测张仪是由两个安装在测张辊两侧的传感器组成，张力实际值是两边测量值之和。由于机械设备老化和温度的变化会引起测量值零漂，必须用软件方式，由程序来消除零漂的影响。

（7）监控功能。对张力实际值、张力偏差值都会检查它们的限幅值。

3.3.2.11 速度控制

轧机的速度控制是物料跟踪、HMI、数据管理、顺序控制与传动装置之间的桥梁和纽带，它是软件与硬件之间的接口程序，速度控制的好坏直接影响着产品的质量。

速度控制系统接受来自顺序控制、机架控制、HMI 的指令，接收来自数据库的数据以及现场的 I/O 信号，为电机提供自动或手动的速度设定值。速度控制主要实现速度设定点的计算、辊道组的自动与手动的控制、立辊与水平辊的自动与手动控制等主要功能。

在速度设定点的计算中，根据来自顺序控制的水平辊的速度设定值，计算出实际的水平辊的速度给定，其中已经考虑了翘扣头系数及咬钢时速度下降的补偿等因素；立辊的实际速度给定是根据水平辊的设定值，然后乘以超前/滞后因子，再加上 E/R 间的张力修正因子等，最终得出立辊的速度给定值；辊道的实际速度给定主要考虑同哪个机架的水平辊匹配，然后乘以超前/滞后因子。在计算速度设定点的过程中，速度都是带斜坡的。

辊道组的自动/手动的控制中，根据顺序控制的指令，选择相应的速度源，除匹配速度外，其他的速度有顺序控制给出。在自动过程中，可以完成手动干预的功能。此外，还可以实现自动与手动的切换。

立辊与水平辊的自动与手动控制根据速度设定点的计算结果来控制马达的速度，在自动过程中，可以完成手动干预的功能。此外，还可以实现自动与手动的切换。在手动的功能中还包含了与换辊的接口功能。

此外，为了防止堆钢和拉钢情况的发生，机架之间要进行微张力控制。这将很好的保证产品的质量。速度控制系统还可以通过 HMI 画面显示传动装置的一些具体状态和参数。

速度设定点被持续计算，并且周期性地输送给主辅传动的每一个相应的马达。送到传动中的速度类型有很多种，包括咬钢速度、轧制速度、抛钢速度、传输速度、摆动速度、炉子速度、飞剪速度等。有些速度值经过斜坡发生器进入设备组控制程序，有的直接进入设备组控制程序。不同的传动或传动组可以接收不同的速度类型。不同的速度进行切换时，为了防止板坯打滑，送到传动系统中的速度给定值必须经过最大加速度的限制。

速度控制程序主要的控制功能大致有以下几种：

（1）速度设定点的产生；

（2）咬钢补偿系数的计算；

（3）翘扣头系数的计算；

（4）立辊与水平辊间的张力控制；

（5）机架间的张力控制；

（6）翘扣头控制；

（7）负荷平衡控制；

（8）辊道组的速度控制；

（9）立辊的速度控制；

（10）水平辊的速度控制。

3.3.3　工艺控制功能

3.3.3.1　液压 HGC 控制

HGC（液压控制）功能用以实现高速响应的液压控制，为辊缝快速调节、带钢厚度准确控制创造条件，并具备相关性能测试、完善的故障诊断和设备保护功能。

HGC 控制模块具有油柱位置和轧制压力两种闭环控制模式。在轧制过程中采用位置闭环控制，在轧机辊缝零调时，可选择采用压力控制模式。

HGC 可以从过程机、其他功能模块（如 AGC）和外界（模拟量输入）获得相应的位置信号，并精确动作到位；根据不同命令字（人工或过程机）选择不同执行模式。

HGC 控制模型可以实现：

（1）位置控制；

（2）轧制力控制；

（3）摆动控制；

（4）不受控的液压辊缝打开；

（5）单侧轧制力控制；

（6）HGC 手动控制模式；

（7）模拟轧制时辊缝配合。

HGC 系统还实现下列监控功能并在 HMI 画面给出信息或报警：

（1）轧制力极限；

（2）轧制力偏差；

（3）两侧油柱位置偏差；

（4）位置传感器故障；

（5）测压头系统及压力传感器故障；

（6）伺服阀老化等。

HGC 系统还实现下列辅助功能：

（1）辊缝打开时的增益、速度调整；

（2）两侧油缸动作速度平衡控制；

（3）诊断值处理；

（4）平稳无冲击切换控制。

设定值斜坡输出功能。可变的设定值斜坡功能主要用来避免大的设定值跳变对设备状态造成不良影响。

位置控制用于完成各种条件下的油缸定位设置。

位置控制模式下，两个油缸由独立的位置闭环控制。每个独立的位置设定值由两位置控制器平均设定值与摆动值（LEVELING）（位置偏差设定）构成。摆动值控制方式为一侧位置增加，另一侧位置减少方式，平均值为定值。

油缸的位置自动控制可以根据 L2 设定和人工设定值进行自动调整（HPC/APC），在 APC 条件满足的情况下，油缸自动动作到设定位置；自动调整过程（APC）中，可以人工手动干预（BOTH/LEVELING 等），不影响 APC 执行。

控制原理和控制模块输入输出如图 3-44 所示。

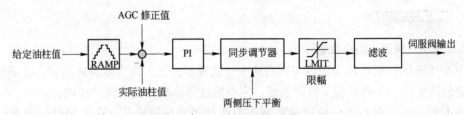

图 3-44　单侧油缸位置控制示意图

压力控制模式下，两个油缸位移由独立的压力闭环控制。每个独立的压力闭环控制设定值为总的压力设定值的一半，同样摆动值（压力偏差设定）控制方式为一侧压力增加另一侧压力减少方式，平均值为定值。

轧制力由测压头仪表检测，也可通过安装在油缸上的压力传感器计算得到轧制力方式。

为防止压下速度不同步造成辊缝不平、控制效果不佳，在 HGC 控制本身具有两侧油柱位置同步（平衡）功能（见图 3-45）。当两侧油缸油柱相同方向运动时动作速度偏差过大,该控制功能将降低动作较快的一侧油柱速度,提高较慢动作的油柱速度。

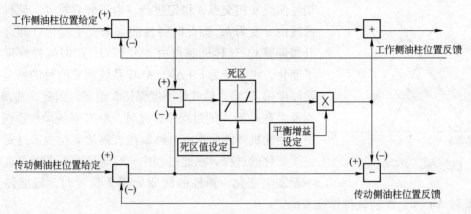

图 3 - 45   油柱位置同步压下功能示意图

3.3.3.2   板带厚度 AGC 控制

自动辊缝控制(AGC)是通过一定的手段,如调节辊缝或者张力等,达到预期目标厚度的一个过程。AGC 一般可以分为以下几种。

A   监控 AGC

监控 AGC 原理是:在粗轧机出口处设置 X 射线测厚仪,出口板厚的绝对值与目标值之间的差值被反馈到机架,以调整机架辊缝,从而使出口厚差在允许的公差范围内达到最佳值。

监控 AGC 属于闭环反馈控制,有较高的控制精度,广泛采用在冷热轧机组上。其基本模型是:

$$\Delta S = \frac{Q + M}{M}\Delta h$$

式中 ΔS——辊缝调节量;

   Q——轧件塑性系数;

   M——轧机刚度;

   Δh——厚度偏差。

B   压力 AGC

压力 AGC 是板带轧机广泛采用的厚度控制技术,它以弹跳方程为基础。弹跳方程是

$$H = S + P/M + \varepsilon$$

式中 H——轧件出口厚度;

   S——辊缝;

   P——轧制力;

   M——轧机刚度;

   ε——补偿系数。

其微分方程为:

$$\Delta h = \Delta S + \frac{\Delta P}{M} \tag{3-5}$$

$P - H$ 图是 AGC 分析最基本的形式,对 AGC 系统的调节过程进行分析。

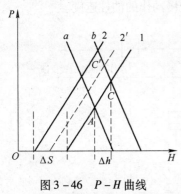

图3-46 $P-H$曲线

如图3-46所示，调节开始时，轧制在弹性曲线1与塑性曲线 a 相交点 A 稳定进行。由于外界扰动，轧件塑性曲线由 a 变为 b，而此时弹性曲线未发生变化（辊缝还未开始调整），这样轧制点由 A 变到 C，此时轧件厚度发生了变化，由 h 变为 $h+\Delta h$。AGC 系统调节的目的就是要消除厚度偏差 Δh，使轧件厚度保持 h 恒定。因此，其调节过程发生在 C 到 A' 的过程中，此时，AGC 系统动作，调节压下，使轧机弹性曲线由1经 $2'$ 位置到达2位置。这是一个连续变化的过程。在此过程中，轧制压力不断上升，辊缝不断发生变化，弹性曲线变化到2位置时，辊缝停止变化，此时 $\Delta h=0$，维持轧件厚度 h 恒定。

由以上过程可知，AGC 调节辊缝以保持轧件厚度不变。此过程是一个连续、动态变化的过程。

压力 AGC 的调节过程，实际上是解决外界扰动（坯料厚度和硬度差等）、调节量（辊缝）和目标量（厚度）等之间的相互影响关系。外界扰动影响轧制力，调节辊缝也引起轧制力的变化。此方程动态地反映了压力 AGC 的调节过程。外界扰动引起轧制力变化，要消除由此轧制力变化所引起的轧件厚度变化，必须调整辊缝；而辊缝的调整又引起轧制力的变化，轧制力的变化又引起轧件出口厚度的变化，因此，辊缝需要再次调整。上述过程反复进行，直到达到平衡状态为止。在 $P-H$ 图上可以动态地反应调节过程，但并不能反应调节过程中各量之间的定量关系，没有从根本上揭示轧制力、外扰、辊缝和轧件出口厚度之间的矛盾关系。

世界各国压力 AGC 广泛采用的是英国钢铁协会发明的厚度控制模型，即 BISRA 模型。其数学模型为式（3-5），辊缝调节量由下式决定：

$$\Delta S = -M' \frac{\Delta P}{M} \tag{3-6}$$

代入式（3-5）即可得到：

$$\Delta h = -M' \frac{\Delta P}{M} + \frac{\Delta P}{M} = \frac{\frac{\Delta P}{M}}{1-M'} \tag{3-7}$$

令 $M_c = \dfrac{M}{1-M'}$，M_c 称为当量刚度。于是上式变成：

$$\Delta h = \frac{\Delta P}{M_c} \tag{3-8}$$

由式（3-7）可以计算出厚度变化量。当 $M'=1$ 时，$M_c=\infty$，为无限硬当量刚度，在外界扰动作用下，$\Delta h=0$ 仍可得到恒定的出口厚度，反应在 $P-H$ 图上，$\Delta S' = \Delta S$，弹性曲线 $2'$ 和2重合；当 $M'<1$ 时，为硬刚度，可以部分消除干扰影响，随 M' 增大，消除外界扰动的能力加强，反应在 $P-H$ 图上，$\Delta S'$ 愈靠近 ΔS，弹性曲线 $2'$ 愈接近弹性曲线2；当 $M'=0$ 时，M_c 为自然刚度，是厚度控制系统不存在的情况，反应在 $P-H$ 图上，即为轧制点在 C 点，出口厚度为 $h+\Delta h$；当 $M'<0$ 时，即 M_c 小于轧机的自然刚度，使轧制过程

向恒压力过渡。

C 前馈 AGC

前馈 AGC 就是轧机的入口侧设一测厚仪，将测得的厚度与给定厚度值相比较，求出厚差 ΔH，然后利用 AGC 算法，完成辊缝调节量 ΔS 的厚度控制。

结合 $P - H$ 图，经过推算可得到

$$\Delta S = K\Delta h$$

其中 $K = Q/M$，Q 为材料轧件塑性系数，M 为轧机刚性系数。

前馈 AGC 广泛应用于冷热连轧第一机架，以校正来料厚差引起的第一机架出口厚度变化。

3.3.3.3 平直度控制

平直度反馈自动控制，根据精轧出口平直度仪的测量数据计算弯辊力修正量，弯辊力修正量将根据目标平直度和实际平直度的差和弯辊力影响系数进行 PI 控制。轧制前，板形预设定模型根据钢种和规格计算影响系数和增益，在平直度仪检测到数据后到卷取机咬钢之前，反馈控制过程定周期启动，弯辊力的修正按照定周期计算并输出给 F_7 机架，当 F_7 调节能力不足时，修正 F_6、F_5 机架弯辊力。卷取机咬钢后，弯辊力修正量将保持并作为弯辊力锁定数据应用在控制中。操作人员干预过程中，弯辊力修正量仍然进行计算，但是弯辊力输出保持不变。人工干预结束后将增加这一部分弯辊力的修正量。

采用 Smith 预估方式修正平直度偏差，控制目标是保持一个零偏差的平直度。一般采用最后机架的工作辊弯辊力进行控制。弯辊力控制器的功能包括平直度测量值、设定值、控制器输出、误差限幅、斜坡产生以及虚拟带钢跟踪。对平直度偏差预测值 dIC - 40FLT 进行限幅以避免弯辊力出现过大的调节量，并采用斜坡处理方式以保证平滑的弯辊力调节。虚拟带钢跟踪完成对偏差计算值的跟踪，以保证前一周期的偏差修正量与实测偏差在时间上同步。

3.3.3.4 伸长率控制

在平整作业时，必须控制带钢的伸长率，以达到预期的产品质量指标。伸长率控制的基本原理为：通过比较入口速度和出口速度，可计算出经过轧制后带钢的伸长率，伸长率测量一般公式：

$$\varepsilon = \frac{t_0 - t_i}{t_i} \times 100\%$$

式中 ε——带钢的实际伸长率；

      t_0——平整机出口单位时间长度；

      t_i——平整机入口单位时间长度。

在伸长率调节器输入端，实际延伸率和设定值相比较，从而进行自动伸长率控制调节。一般而言，有两种控制方法：

(1) 调整轧制力来控制伸长率。这种方法是利用调节器的输出去补偿轧制力给定值，改变轧制力。由于机架出口的张力恒定，改变轧制力后，构成伸长率自动闭环控制的设备（卷取机或 S 辊）的速度也会随之改变，从而起到控制伸长率的作用。

(2) 直接改变构成伸长率自动闭环控制的设备（卷取机或 S 辊）的速度来控制伸长

率。该方法是利用调节器的输出去补偿速度给定值，直接改变速度。由于机架轧制力不变，改变速度后，张力也随之改变，从而起到控制伸长率的作用。

图3-47所示为伸长率控制原理图。

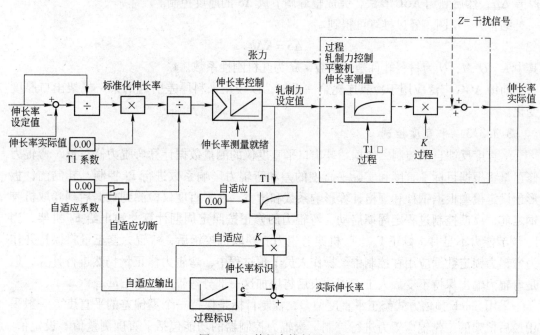

图3-47 伸长率控制原理图

3.4 典型控制系统的应用实例

3.4.1 某冷连轧机控制系统的配置方案及功能分担

3.4.1.1 SIEMENS S7-400方案

系统硬件配置如图3-48所示。系统的功能分担如下：

1号PLC：S7-400，负责连轧机的液压控制功能；2号PLC：S7-400，负责连轧机的润滑控制功能；3号PLC：S7-400，负责连轧机的乳化液控制功能；4号~7号PLC：S7-400，负责入口段及入口公共部分的顺序控制；8号~12号PLC：S7-400，分别负责1号~5号机架的顺序控制；13号PLC：S7-400，负责出口段的顺序控制；1号SIMATIC TDC：配置了3台CPU551负责公共协调控制，包括设定数据管理功能、物料跟踪功能、实时数据管理功能；2号SIMATIC TDC：配置了5台CPU551负责机组的主令控制，包括机组主令速度控制、自动厚度控制、前滑计算；3号SIMATIC TDC：配置了5台CPU551分别负责1号~5号机架的传动控制；4号SIMATIC TDC：配置了5台CPU551分别负责1号、2号开卷机、活套、1号、2号卷取机的传动控制；5号~9号SIMATIC TDC：均配置了3台CPU551分别1号~5号机架的机架控制管理、机架间的张力控制、液压压下控制、弯辊控制、窜辊控制；10号SIMATIC TDC：配置了1台CPU551负责入口部分的主令控制功能。

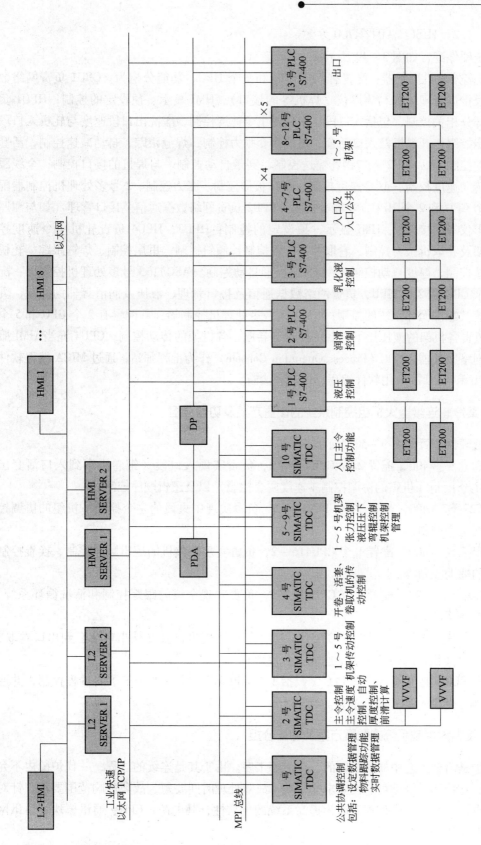

图 3-48 SIEMENS S7-400 构成的冷连轧控制系统构成图

3.4.1.2 HISEC-04/R700方案

系统硬件配置如图3-49所示。

1号多处理机控制器：配置有1个CPU和2个HPU，功能分担为：CPU1负责网络数据通信及接口管理（如与测厚仪、焊机等的接口）、HMI显示、预设定的控制；HPU1负责酸洗部分相关控制，包括入口段、中央段主令速度控制，酸洗出口段速度与轧机入口段速度同步控制，开卷机及入口活套、出口活套张力控制，焊缝跟踪，自动减速控制，活套位置自动控制等；HPU2入口钢卷输送控制、穿带自动控制、与焊机的接口控制；全线跟踪、主传动速度控制、AGC厚度控制、ASC板形控制、张力控制。2号多处理机控制器配置有1个CPU和2个HPU，功能分担为：CPU2负责网络数据通信及接口管理（如与测厚仪、板形仪等的接口）、HMI显示、预设定的控制；HPU3、HPU4负责轧机主令速度控制、机架及卷取机张力控制、卷取控制弯辊控制、倾斜控制、甩尾控制、焊缝跟踪、轧机自动减速控制、厚度自动控制（AGC）、板形自动控制（ASC）；3号多处理机控制器：配置有1个CPU和2个HPU，负责网络数据通信及接口管理、液压及润滑等辅助控制、乳化液系统及酸洗循环系统的控制；4号、5号多处理机控制器：共配置有2个CPU和5个HPU，负责各机架的液压压下控制、开卷、卷取、各机架的传动控制；CPU4充当HMI服务器和网络服务器；POC（Process Operation Console）作为工程师站，通过MICA编程软件进行HPU和CPU的应用软件编程、调试和诊断。

3.4.2 某冷轧连续退火机组控制系统的配置方案及功能分担

系统硬件配置如图3-50所示。

PLC1：S7-400，配置2个CPU416-2，负责实现入口段（钢卷小车到入口活套出口）的主令控制（机组的协调控制+速度主令控制）以及逻辑顺序控制。

PLC2：S7-400，配置2个CPU416-2，负责实现中央段的主令控制（机组的协调控制+速度主令控制）。

PLC3：S7-400，配置1个CPU416-2，负责实现平整机的逻辑顺序控制、换辊控制及相关的辅助控制等。

PLC4：S7-400，配置2个CPU416-2，负责实现全线的跟踪控制和清洗循环系统、平整液循环系统的控制。

PLC5：S7-400，配置2个CPU416-2，负责实现出口段（从出口活套到出口卷取）的主令控制（机组的协调控制+速度主令控制）。

炉子PLC：独立设置一套PLC（包括1个CPU417）实现整个炉子的过程控制，并通过以太网与机组的PLC进行通信。

3.4.3 某高炉控制系统的配置方案及功能分担

高炉是冶金工艺中非常关键的一道冶炼工序。由于其是连续的过程，一代炉龄内不允许中断，对控制系统的可靠性要求非常高，故障处理时间要短、故障影响范围要小。针对这些特点，控制系统硬件配置时为提高系统的可靠性，其电源、CPU、通讯模块、通讯网络和接口模块均冗余配置。

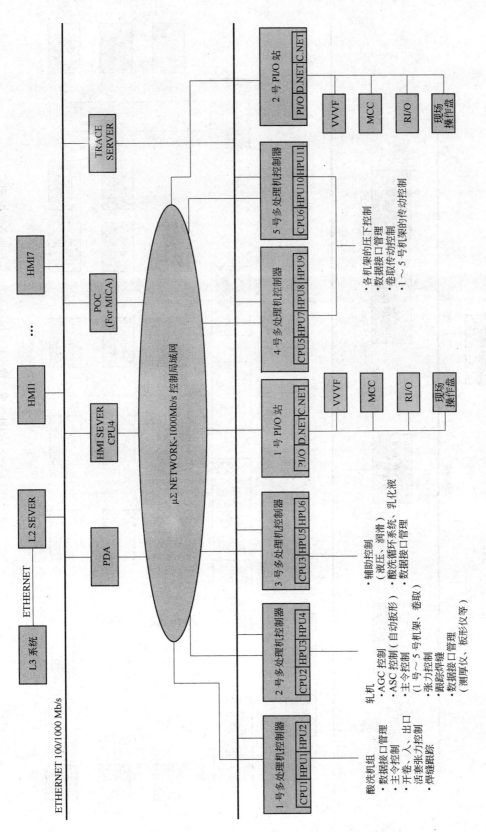

图 3-49　HISEC-04/R700 构成的酸连轧控制系统构成图

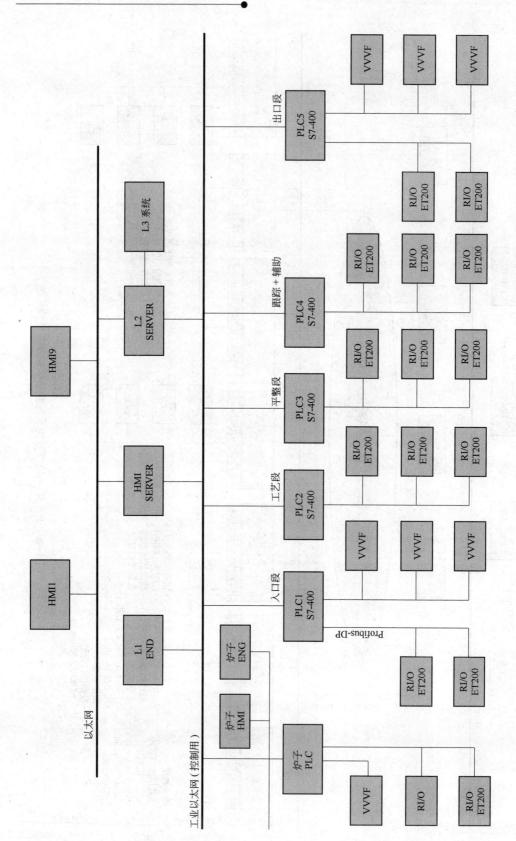

图 3-50 SIEMENS S7-400 构成的冷连轧连续退火炉机组控制系统构成图

本系统（图3-51）是采用日本横河 CENTUM CS3000 + 安川 CP317PLC 和 PC 服务器构成的 EIC 综合自动化控制系统。功能分担为：4 台 PLC 分别负责原料称量、炉顶给料、煤粉制备、热风炉换炉等相关的顺序控制。5 台现场控制站 FCS 分别负责高炉本体、喷煤单元、热风炉及余热回收、煤气清洗及 TRT 等相关的以连续控制为主的热工控制。

3.4.4 某热连轧机控制系统配置方案及功能分担

本方案（图3-52）是采用 TMEIC 公司的 V 系列控制器构成的控制系统，功能分担如下：

本系统板坯库和加热炉区域配置了 6 套 PLC，负责 4 个加热炉和板坯的输送辊道控制。

粗轧区域采用 6 套 PLC：

1 号 PLC：负责 SSP 相关的控制，如加热炉出口板坯输送辊道控制、SSP 入口侧导板控制、SSP 压力控制及宽度调整、高压水除磷控制；

2 号、4 号 PLC：分别负责粗轧机 R_1 和 R_2 的相关控制，如立辊开口度位置控制、除磷控制、入、出口导板顺序控制、压下控制、速度控制、宽度控制、换辊控制等、RM 区域的跟踪控制；

3 号 PLC、5 号 PLC 分别负责轧机 R_1、E_1、R_2、E_2 的 HGC 位置和压力控制。

6 号 PLC：负责粗轧区域的液压、润滑等辅助控制。

精轧区域采用 10 套 PLC：

7 号 PLC：负责精轧入口的主令控制，包括入口侧导板、除磷、飞剪等的顺序控制等；F1E 立辊的 HGC 控制；

8 号 PLC：负责感应加热器的相关控制；

9 号 PLC：负责 FM 的活套控制、速度、张力计算等；

10 号 PLC：负责 FM 的主令控制，如速度控制、头尾跟踪控制；FM（$F_1 \sim F_7$）的 AGC 控制及 HGC 顺序控制；

11 号 PLC：负责 FM（$F_1 \sim F_7$）的换辊控制；

12 号 ~14 号 PLC：负责 FM（$F_1 \sim F_7$）的 HGC 控制、工作辊弯辊等板形控制；

15 号 PLC：负责精轧区域的液压、润滑、轧辊冷却等辅助控制；

16 号 PLC：负责与传动控制装置的接口信号控制。

DC 区域采用 7 套 PLC：

17 号 PLC：负责 FM 出口主令控制，包括速度控制、头尾跟踪控制、输出辊道控制及辊缝调整控制；

18 号 ~21 号 PLC：负责 DC 区域的主令控制、卷取温度控制、卷径计算、钢卷包装等控制；

22 号 PLC：负责 DC 区域的液压、润滑等辅助系统的控制；

23 号 PLC：负责钢卷输送顺序控制；

ODG：配置 3 套在线数据采集分析服务器（分别用于 RM 区域、FM 区域、DC 区域），通过控制网 TC - NET100 采集关键的工艺参数，并采用 SERVER - CLIENT 结构配置了相应的 HMI 用于显示数据和分析结果。

V - TOOL：工程师站，为 SERVER - CLIENT 结构，用于应用软件的编程、调试，系统硬件组态、硬件状态诊断。

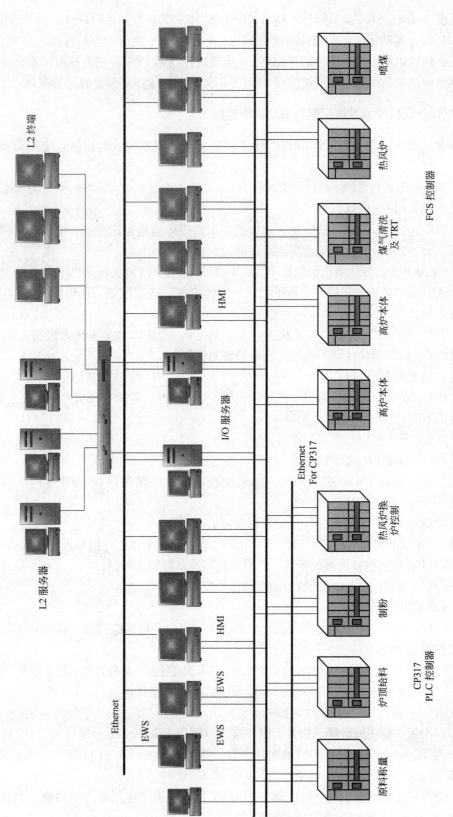

图3-51 CENTUM-CS3000系统构成的高炉控制系统构成图

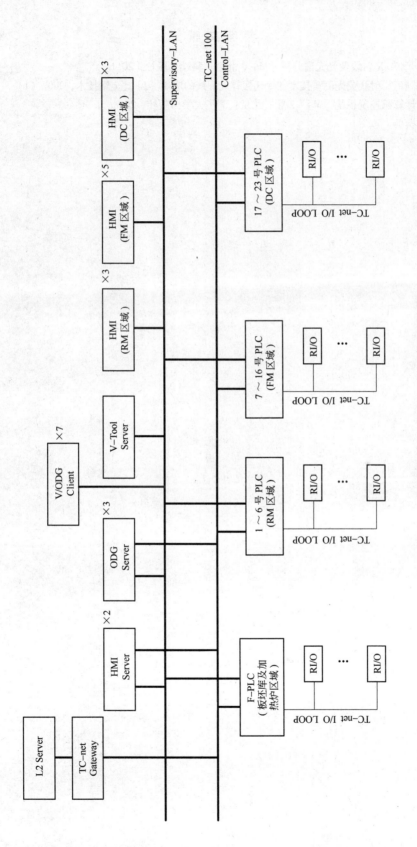

图 3-52 TMEIC-V 系列构成的热连轧控制系统图

参 考 文 献

［1］吉昂，陶光仪．X 射线荧光光谱分析［M］．北京：科学出版社，2011.

［2］卫巍，程国营．射线荧光测量技术在冷轧镀锌处理线的应用［J］．宝钢技术，2007（1）.

［3］王锦标．计算机控制系统［M］．2 版．北京：清华大学出版社，2008.

［4］宝信内部资料.

第4章 过程控制系统

4.1 概述

　　钢铁企业过程控制系统通常分为过程控制级和电气控制级，过程控制级是自动控制系统中重要的一个组成部分，它根据钢铁生产各个工艺，结合相应的数学模型，对生产线上全部机组和设备设定参数进行优化计算，以期获得最优的产品质量和使得设备处于最佳的工作状态。随着我国钢铁产量的日益扩大，各钢铁公司纷纷新建和改建生产线，采用新的计算机系统和过程控制技术。此外，随着计算机技术和人工智能的不断发展，过程控制系统在优化生产和产品质量提升等方面发挥出越来越重要的作用。

　　作为过程控制级系统从它所处的地位和功能，要具备高的实时性、高可靠性、可扩展性、可兼容性。

　　钢铁生产过程是物料化学或物理变化过程，需要有实时系统来满足生产的要求。所谓实时性是指系统对外界激励及时做出响应的能力，常用系统对外界激励的响应时间来定量描述。不同的应用系统对实时性的要求往往与其参数变化的时间常数相关。钢铁企业最为常见的有两类实时系统，一种是定周期性的实时控制系统，常在冶炼区域使用；而在轧钢区域常常以事件方式。过程控制的实时性要满足这两种响应的要求。

　　随着计算机技术、自动化技术和钢铁生产数模技术等新技术大量应用于钢铁生产过程，带来的是产品质量和性能不断提升，能源消耗和成本不断下降，但是也带来了系统的复杂性和系统故障的几率大大增加。钢铁企业过程控制系统控制的对象都是大型、危险、高速、高温和高成本的对象，因此对控制系统要求有很高的可靠性。

　　过程控制系统还要具有可扩展性和可兼容性。由于计算机软硬件技术发展十分的快，用户对产品品种和产品质量的要求不断扩展和提高，同时新的控制技术用于过程控制之中，因此，要求过程控制系统具有良好的扩展性、可开发性和可兼容性。

　　PCS 系统（Process Control System，过程控制系统）作为 ERP/MES/PCS 三级结构中的最基层系统，主要负责对生产过程通过现场监测设备、电气控制装置和计算机系统，对加工对象采用模型和调节算法等进行控制。典型的自动化系统结构参见图 4 - 1。

4.2 典型过程控制系统组成

　　过程控制系统由硬件和软件两部分组成。在硬件上，通常由完成数学模型运算和业务逻辑控制的主机系统、人机接口系统（HMI）、网络及外部存储器组成。在软件上，由系统软件和应用软件两部分组成。系统软件主要包括操作系统，数据库，编程软件和工具软件。应用软件按照类型可以分为控制（模型）和非控部分（应用）。控制部分主要由数学模型构成，负责控制对象的工艺参数设定计算，以及生产过程的优化。非控部分是为控制部分服务的应用软件，一般包含生产计划管理、数据采集、物料跟踪、通信、人机界面、

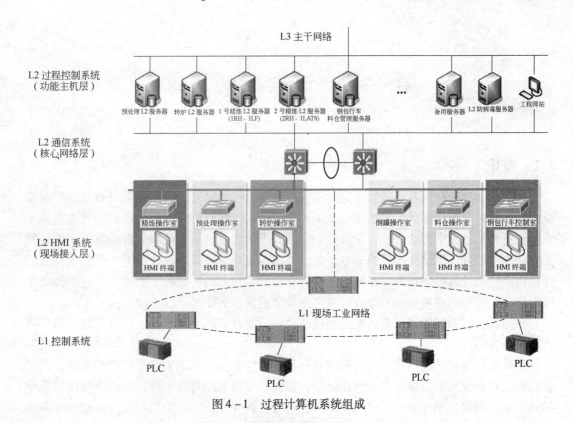

图 4-1 过程计算机系统组成

报表和生产过程监视和管理等功能。在后续的章节中会分别加以介绍。

4.2.1 硬件

4.2.1.1 小型机

小型机具有区别于 PC 服务器的特有体系结构，其中最重要的一点是其基于 RISC 的多处理器体系结构，同时其具有高 RAS（Reliability、Availability、Serviceability，高可靠性、高可用性、高服务性）特性：小型机能够保证持续运转，从来不停机；重要资源都有备份；能够检测到潜在要发生的问题，并且能够转移其上正在运行的任务到其他资源，以减少停机时间，保持生产的持续运转；具有实时在线维护和延迟性维护功能；同时能够实时在线诊断，精确定位出根本问题所在，做到准确无误的快速修复。

此外，小型机使用的操作系统一般是基于 Unix 的，像 Sun、Fujitsu 用的是 Sun Solaris，HP 是用 HP‑Unix，IBM 是 AIX。所以小型机是封闭专用的计算机系统。鉴于 Unix 操作系统的安全性、可靠性和专用服务器的高速运算能力，在诸多关键区域得以应用。近年来，小型机支持 Linux 操作系统，向开放型发展，大型系统首选其为控制系统。

4.2.1.2 PC 服务器

PC 服务器若以外形来分，大致可分为以下三类：

（1）塔式服务器：为可独立放置于桌面或地面的服务器，大都具有较多的扩充槽及硬盘空间。无需额外设备，插上电即可使用，因此使用最为广泛。

（2）机架式服务器：可安装在机柜中，主要作用为节省空间，机台高度以 1U 为单位，因空间局限，扩充性受限制，需要有机柜等设备，多为服务器用量较大的企业使用。

（3）刀片服务器：比机架式服务器更节省空间的产品。主要结构为一大型主体机箱，内部可插上许多卡片，一张卡片即相当于一台服务器，散热性通过装上大型强力风扇来保证。服务器空间较节省，除大型企业外较少使用。

目前 PC 服务器越来越得到企业管理和生产控制所使用。其低廉的价格，高的性能价格比，多 CPU 组合，支持 Linux 和 Windows 操作系统，可简单构成冗余系统，外挂磁盘阵列和多台服务器分担不同的功能，并集成为一完整的系统。这些性能都为 PC 服务器得以广泛的应用奠定了基础。

从性能和扩展性上看，塔式服务器一般支持的中档系列芯片，由于其较大的体积能够保证较高的扩展性；机架式服务器支持的芯片系列性能跨度较大，满足各类需要，能支持较多处理器和内存容量，扩展性也根据机箱大小有不同的选择；刀片服务器处理能力是通过单片服务器的处理性能来体现的，单片的处理能力与单个塔式服务器相当，同时可选择专门用于存储的刀片来提供集中存储，由多个刀片共享机箱底板上的插槽模块，硬件扩展性由机箱底板大小来决定。

4.2.1.3 工控机

工控机（Industrial Personal Computer，IPC）是一种加固的增强型个人计算机，它可以作为一个工业控制器在工业环境中可靠运行，其主要的组成部分为工业机箱、无源底板及可插入其上的各种板卡组成，如 CPU 卡、I/O 卡等。并采取全钢机壳、机卡压条过滤网，双正压风扇等设计及 EMC 技术以解决工业现场的电磁干扰、振动、灰尘、高/低温等问题。

工控机具有以下特点：

（1）可靠性：工业 PC 具有在粉尘、烟雾、高/低温、潮湿、振动、腐蚀和快速诊断和可维护性，平均无故障使用时间 10 万小时以上，而普通 PC 仅为 10000～15000h。

（2）实时性：工业 PC 对工业生产过程进行实时在线检测与控制，对工作状况的变化给予快速响应，及时进行采集和输出调节（看门狗功能这是普通 PC 所不具有的），遇险自复位，保证系统的正常运行。

（3）扩充性：工业 PC 由于采用底板＋CPU 卡结构，因而具有很强的输入输出功能，可扩充多个板卡，能与工业现场的各种外设、板卡相连，以完成各种任务。

（4）兼容性：能同时利用 ISA 与 PCI 及 PICMG 资源，并支持各种操作系统，多种语言汇编，多任务操作系统。

它常用于电气控制操作站、小型控制系统或用于对 PLC 及 DCS 设备进行状态监控和管理。

4.2.1.4 商用 PC 机

商用 PC 机主要用于办公，对于文字的处理能力也很强，存储量大，稳定性好，易于使用。同时鉴于办公需求，一般拥有多种扩展插槽，可用于连接各类设备满足多种任务需要。商用 PC 机常用于 L2 HMI 层作为桌面的设备控制器和 HMI 画面终端，提供过程控制系统的人机交互作用。

4.2.2 网络

从 20 世纪 70 年代推出以太网标准以来，网络硬件技术取得了高速的发展：从 10M 总线式网，发展到今天的基于全交换的100M/1000M/10G技术的多种网络拓扑结构（参见图4-2）。新的高速以太网技术标准的形成，使以太网技术走出LAN的狭小空间并完全可以承担WAN和MAN等大规模、长距离网络的建设。另外，MPLS技术的发展和快速自愈STP技术的逐渐成熟，使得以太网技术可以为用户提供不同QoS（服务质量）的网络业务，再加上以太网技术本身具有的组网成本低、网络扩容简单等特点，以太网在生产管理和生产控制系统得到了大量的应用。特别是近些年来，随着千兆网的商业使用，工业自动化系统控制级以上的通信网络正在逐步统一到工业以太网，并正在向现场设备级延伸[1]。

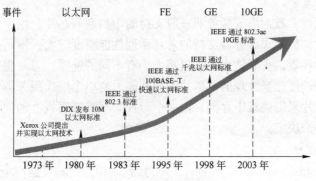

图4-2 以太网发展历史

4.2.2.1 商用以太网

从基于同轴电缆的传输方式的简单、低速网络发展到目前的基于光缆、双绞线、无线等技术的复杂、高效网络，整个网络的可靠性以及性能价格比有了很大的提高；组网技术经历了基于路由器的组网方式、基于全交换的组网方式和基于三层交换的组网技术。

商用以太网提供了高效率、高质量的数据交换和网络吞吐量，减轻网络负荷和减少传输延时。对于集中的过程控制系统来说，可靠而高效的数据交换是过程控制系统功能的必要保障，保证L2 HMI画面与过程控制系统的功能主机的数据交互，保证了人机界面的可靠带宽。

过程控制系统L2通讯系统使用的主要网络设备包括商用以太网交换机，路由器，防火墙，VPN设备等。

4.2.2.2 工业以太网

工业以太网是将以太网应用于工业控制和管理的局域网技术。首先是通信速率的提高，以太网从10M、100M到现在的10G，速率提高意味着，网络碰撞几率下降；其次采用双工星型网络拓扑结构和以太网交换技术，使以太网交换机的各端口之间数据帧的输入和输出不再受CSMA/CD机制的制约；再加上全双工通信方式使端口间两对双绞线（或两根光纤）上分别同时接收和发送数据，避免发生冲突，保障通信的实时性。随着以太网技术和应用的发展，同时结合工业自动化系统向分布式、智能化的实时控制方面发展，使其从办公自动化走向工业自动化。

考虑到工业现场的特点，类似于工控机与商用PC机的关系，相应的网络厂商也推出了满足工业环境的网络设备。对于过程控制而言，网络通信的技术重点在实时性和可靠性。因此，网络厂商也在产品中做了针对性的开发，提供专有或公有的冗余链路协议，保证了链路故障时能在毫秒级时间内双向快速愈合，不影响L1现场工业网络设备间的数据包交换。

4.2.3 操作系统

操作系统按类型可以分为通用操作系统和实时操作系统。通用操作系统是由分时操作系统发展而来，大部分都支持多用户和多进程，负责管理众多的进程并为它们分配系统资源。分时操作系统的基本设计原则是：尽量缩短系统的平均响应时间并提高系统的吞吐率，在单位时间内为尽可能多的用户请求提供服务。

而对于实时操作系统，它除了要满足应用的功能需求以外，更重要的是还要满足应用提出的实时性要求。而组成一个应用的众多实时任务，对于实时性的要求是各不相同的。此外，实时任务之间可能还会有一些复杂的关联和同步关系，如执行顺序限制、共享资源的互斥访问要求等。实时操作系统的资源调配策略能为争夺资源（包括 CPU、内存、网络带宽等）的多个实时任务合理地分配资源，使每个实时任务的实时性要求都能得到满足。

对于过程控制系统按照控制的对象实时性不同，其要求的过程控制的响应性也不同，大部分的过程控制系统都要求有高的响应性，因此，要根据任务实时性要求，分配任务调度的优先级，以满足实时性要求。

4.2.3.1 实时操作系统的特点

实时操作系统在资源调度策略的选择上以及操作系统实现的方法上，与通用操作系统都具有较大的差异，这些差异主要体现在以下几点：

（1）任务调度策略。通用操作系统中的任务调度策略一般采用基于优先级的抢先式调度策略。对于优先级相同的进程则采用时间片轮转调度方式，用户进程可以通过系统调用动态地调整自己的优先级，操作系统可根据情况调整某些进程的优先级。

实时操作系统中的任务调度策略目前使用最广泛的主要可分为两种，一种是静态表驱动方式，另一种是固定优先级抢先式调度方式。

（2）内存管理。实时操作系统一般采用如下两种内存管理方式：在原有虚存管理机制的基础上增加页面锁功能，用户可将关键页面锁定在内存中，从而不会被 swap 程序将该页面交换出内存；采用静态内存划分的方式，为每个实时任务划分固定的内存区域。

（3）中断处理。在通用操作系统中，大部分外部中断都是开启的，中断处理一般由设备驱动程序来完成。由于通用操作系统中的用户进程一般都没有实时性要求，而中断处理程序直接跟硬件设备交互，可能有实时性要求，因此中断处理程序的优先级被设定为高于任何用户进程。

一种较适合实时操作系统的中断处理方式为：除时钟中断外，屏蔽所有其他中断，中断处理程序变为周期性的轮询操作。

（4）共享资源的互斥访问。通用操作系统一般采用信号量机制来解决共享资源的互斥访问问题。

对于实时操作系统，如果任务调度采用静态表驱动方式，共享资源的互斥访问问题在生成运行时间表时已经考虑到了，在运行时无需再考虑。

（5）系统调用以及系统内部操作的时间开销。进程通过系统调用得到操作系统提供的服务，操作系统通过内部操作（内外存交换）来完成一些内部管理工作。为保证系统的可预测性，实时操作系统中的所有系统调用以及系统内部操作的时间开销都应是有界的，并且该界限是一个具体的量化数值。而在通用操作系统中对这些时间开销则未做这样的限制。

（6）系统的可重入性。在通用操作系统中，核心态系统调用往往是不可重入的。当一低优先级任务调用核心系统调用时，在该时间段内到达的高优先级任务必须等到低优先级的系统调用完成才能获得 CPU，这就降低了系统的可预测性。因此，实时操作系统中的核心系统调用往往设计为可重入的。

（7）辅助工具。实时操作系统额外提供了一些辅助工具，如实时任务在最坏情况下的执行时间估算工具、系统的实时性验证工具等，可帮助工程师进行系统的实时性验证工作。

此外，实时操作系统对系统硬件设计如 DMA、Cache 也提出了一些要求。

4.2.3.2 常用操作系统

A OpenVMS

虽然 OpenVMS 有过非凡的业绩，特别是在过程控制上，它特有的稳定性，实时的操作系统和满足过程控制的任务优先级等特点，在过去的工程项目中得到了大量的应用。但是由于目前只有 HP 一家厂商尚还支持 OpenVMS，其售后服务和技术支持等因素，使得该操作系统的市场份额越来越小。

B Unix

Unix 对工作站、微型计算机、大型机，甚至超级计算机等各种不同类型的计算机来说是一种标准的操作系统。早在 1970 年，Unix 就已经开发出来，由于它开放源代码，并且具有适应性和可变性，多年来 Unix 不断发展，它随着不同的需求以及新的计算机环境的变化而变化。同时，Unix 并不是必须和某一种类型的计算机捆绑在一起，而是可以轻松地适应任何类型的硬件而不损失标准特性。多年来在不同的 Unix 版本中所加入的功能并未影响底层的标准化。Unix 的众多版本之间只有微小的改变，并且工作模式极其类似。

Unix 是一个交互式的多用户、多任务的操作系统。Unix 起源于一个面向研究的分时系统，后来成为一个标准的操作系统，可用于网络、大型机和工作站。Unix 通常可以分为四个主要部分：内核、shell、文件结构和应用程序。

Unix 操作系统以其稳定，代码开放，支持多用户，多任务，多线程，效率高等特点，使其在大中型系统中得到大量的应用。可以这么认为，在目前的操作系统中，大中型系统基本上都选择它。尽管在 Windows 操作系统大行其道的今天，要想撼动 Unix 这棵大树还有待时日。

C Windows

近年来随着个人计算机的普及，Windows 操作系统越来越被人们所接受。Windows 产品以其窗口的直观性，产品的多样性，软件和测试实现方便，数据获取简单等特点，越来越被人们所接受。特别是 Windows NT 开发成功和企业级和部门级的 Windows 2000 到 2003 版的投放市场。同时，Windows 系统也具备实时操作系统的部分功能，PC 机的大量使用以及网络技术的普及，Windows 产品逐渐被各大厂商用于生产过程的控制，大有取代其他操作系统之势。但是，事物都有其两面性，Windows 操作系统由于开放性太大，来自网络等途径的病毒防不胜防。对于大型的，高安全的，高稳定性的系统要使用 Windows 操作系统还要三思而行。

D Linux

Linux 指的是开放源代码的 Unix 类操作系统的内核。包含内核、系统工具、完整的开发环境和应用的 Unix 类操作系统。支持多用户，多进程，实时性好的功能强大而稳定的操作系统。它可以运行在 x86 PC，Sun Sparc，Digital Alpha，PowerPC，MIPS 等平台上，可以说 Linux 是目前运行硬件平台最多的操作系统，但是它主要还是面向 Intel PC 硬件平台。所以也可以这样说：Linux 是 Unix 在 PC 机上的完整实现。

作为一个操作系统，Linux 几乎满足当今 Unix 操作系统的所有要求，因此，它具有 Unix 操作系统的基本特征。

（1）符合 POSIX 1003.1 标准。POSIX 1003.1 标准定义了一个最小的 Unix 操作系统接口，任何操作系统只有符合这一标准，才有可能运行 Unix 程序。

（2）支持多用户访问和多任务编程。Linux 是一个多用户操作系统，它允许多个用户同时访问系统，而不会造成用户之间的相互干扰。另外，Linux 还支持真正的多用户编程。一个用户可以创建多个进程，并使各个进程协同工作来完成用户的需求。

（3）采用页式存储管理。页式存储管理使 Linux 能更有效地利用物理存储空间，页面的换入换出为用户提供了更大的存储空间。

（4）支持动态链接。Linux 支持动态链接方式，当运行时才进行库链接，如果所需要的库已被其他进程装入内存，则不必再装入，否则才从硬盘中将库调入。这样能保证内存中的库程序代码是唯一的。

（5）支持多种文件系统。Linux 能支持多种文件系统。目前支持的文件系统有：EXT2、EXT、XIAFS、ISOFS、HPFS、MSDOS、UMSDOS、PROC、NFS、SYSV、MINIX、SMB、UFS、NCP、VFAT、AFFS。Linux 最常用的文件系统是 EXT2，它的文件名长度可达 255 字符，并且还有许多特有的功能，使它比常规的 Unix 文件系统更加安全。

（6）支持 TCP/IP、SLIP 和 PPP。在 Linux 中，用户可以使用所有的网络服务，如网络文件系统、远程登录等。SLIP 和 PPP 能支持串行线上的 TCP/IP 协议的使用，这意味着用户可用一个高速 Modem 通过电话线连入 Internet 网中。

（7）Linux 还具有其独有的特色。支持硬盘的动态 Cache；支持不同格式的可执行文件，价格低廉等。

Linux 虽然有以上的优点，但是它还有以下缺点：

（1）Linux 来源于 Unix，所以基于图形界面的应用程序非常少。

（2）Linux 应用程序的开发也是自由进行的，所以其应用程序的开发并没有太多大公司的支持，在开发大型应用程序方面，Linux 可以说先天不足。

（3）各家厂商标准不一，这个问题也对 Linux 的推广产生障碍。

尽管 Linux 在发展道路上还有很多问题，但是其强劲的市场份额说明其发展后劲十足。有调查资料表明 Linux 与 Unix、Windows 形成三足鼎立之势。

4.2.3.3 操作系统比较

不同操作系统比较见表 4-1。

表 4 - 1 操作系统比较

操作系统	可靠性	可维护性	安全性	可扩展性	可使用性	价格	适用性
OpenVMS	高	一般	高	一般	一般	高	差
Unix	较高	较好	高	较高	较高	较高	高
Windows Server	一般	好	一般	高	高	低	较高
Linux	较高	较好	较高	高	较高	低	高

4.2.4 数据库

4.2.4.1 实时数据库

连续生产中存在着大量的实时数据处理、存储和集成问题，仅靠采用集散式控制系统（DCS）和关系数据库技术并不能完全解决，通常我们引入实时数据库系统，它能够提供高速、及时的实时数据服务，能够有效地集成异构控制系统。它在工厂控制层（现场总线、DCS，PLC 等）与管理信息系统之间建立了实时的数据连接进行双向交换数据，使企业全生产控制过程和业务管理相结合，实现生产企业管控一体化。实时数据库是工艺模拟、先进控制、实时在线优化、生产全过程管理等系统的数据平台。

实时数据库是数据和事务都有定时特性或定时限制的数据库。实时数据库通常用于工厂过程数据的自动采集、存储和监视。作为大型实时数据库，可在线存储每个工艺过程点的多年数据。它提供了清晰、精确的操作情况画面，用户既可浏览工厂当前的生产情况，也可追溯过去的生产情况。

另一方面，实时数据库为最终用户提供了快捷、高效的工厂信息。由于工厂实时数据存放在统一的数据库中，工厂中的所有人，无论在什么地方都可看到和分析相同的信息。客户端的应用程序可使用户很容易对工厂实施管理，诸如工艺改进、质量控制、故障预防、运行维护等。通过实时数据库可集成产品计划、维护管理、专家系统、化验室信息系统、模拟与优化等应用程序，在业务管理和实时生产之间起到桥梁作用。

工厂的历史数据对公司来说是很有价值的。实时数据库的核心就是数据档案管理，它采集并存储与流程相关的大量数据，便于分析。此外，要改进产品，必须具备与之相关物料的信息，并了解当前和过去的操作状态。实时数据库采集、存储流程信息，用来指导工艺改进、降低物料、增加产量。

相对于传统的数据库系统来说，实时数据库系统对于事务处理的时间要求是特别严格的。系统的正确性不仅仅在于数据逻辑结果的正确，还在于结果产生的时间上。任何处理的事务都必须在时间限制到达之前完成，而绝大多数数据库系统都没有对实时应用进行专门的设计，或者缺乏对实时事务处理的支持。

事实上，不可预见的数据的产生是必然的。在实时数据库系统中，也不能保证任何时间限制事务的实现，但可以尽量减少这些不能达到要求的事务的数量。

4.2.4.2 实时文件系统

在某些过程控制计算机系统中，由于实时数据库过于昂贵，通常采用实时文件系统结合关系数据库来实现实时数据库功能，即：采用实时文件＋关系数据库所形成的两级数据存储解决方案，由实时文件系统来处理高速、瞬时数据，关系数据库用于永久保存过程数据并提供关系运算的支持。

实时文件系统通常用于对数据变化快，数据量小的过程数据进行存储维护，具有类似关系数据库永久数据管理（包括数据库的定义、存储、维护等）、各种数据存取操作、查询处理、并发控制等功能，还能够将实时文件中的数据同步到外部关系数据库中，并提供内存、磁盘等多种不同的数据存储方式，队列文件、索引文件等适合不同应用场景的文件类型供选择。

实时数据文件管理子系统是一个表格式的数据管理软件包。它管理的基本单元是表，每个表的构成与商用关系式数据库中的表相同，行是记录，列是字段。它们的主要区别是实时数据文件管理子系统所管理的表的记录数在定义时就决定了，并且是固定的，不能改变。每个表对应一个定义文件，应用程序根据表名（文件名）进行存取。一张表由多条记录构成，每条记录由多个字段构成。

实时文件系统访问方式大多采用专用 API，支持 C/C++ 等高级语言直接调用，通过预编译方式方便访问、存取数据，容易集成至过程控制计算机系统中。

4.2.4.3 关系数据库

关系型数据库是指存储在计算机上的、可共享的、有组织的关系型数据的集合。关系型数据库管理系统是位于操作系统和关系型数据库应用系统之间的数据库管理软件。

在自动化过程控制系统中通常使用的关系数据库有 Oracle、DB2 和 SQL Server，用于存储生产过程中产生的数据。

关系型数据库通常包含下列组件：

（1）客户端应用程序（Client）；

（2）数据库服务器（Server）；

（3）数据库（Database）。

SQL 是 Client 端通往 Server 端的桥梁，Client 通过 SQL 语句向 Server 端发送请求，Server 返回 Client 端要求的结果。

Oracle 目前市场占有率最高的关系数据库产品，它性能优异，使用方便，通常和上面介绍的实时数据库系统或实时文件系统一起组成过程控制计算机系统中的数据持久化存储解决平台。Oracle 是以高级结构化查询语言（SQL）为基础的大型关系数据库，通俗地讲，它是用方便逻辑管理的语言操纵大量有规律数据的集合。

常用的还有 IBM 的 DB2，DB2 主要应用于大型应用系统，具有较好的可伸缩性，也可支持从大型机到单用户环境。DB2 提供了高层次的数据利用性、完整性、安全性、可恢复性，以及小规模到大规模应用程序的执行能力，具有与平台无关的基本功能和 SQL 命令。DB2 采用了数据分级技术，能够使大型机数据很方便地下载到 LAN 数据库服务器，使得客户机/服务器用户和基于 LAN 的应用程序可以访问大型机数据，并使数据库本地化及远程连接透明化。它以拥有一个非常完备的查询优化器而著称，其外部连接改善了查询性能，并支持多任务并行查询。

4.3 典型过程控制系统架构

4.3.1 小型机及容错架构

小型机模式通常在系统中由一台至多台的小型机构成，小型机按照工艺或者按照功能进行分配，以便执行控制和管理功能。为确保过程控制系统的主机系统高效可靠运行，主机系统中通常设有一台备用系统。备用系统也可与开发系统合并构成冷备用，或也可采用 Cluster 模式构成热备用。

冷备用投入的资金少，技术要求简单，切换时要求手工操作，切换时间长。热备用可以做到负荷均衡，切换时间短，但是技术要求高，费用高昂。小型机系统结构模式一般都会设置一个外部磁盘阵列存储系统，几台机器共享外部的磁盘阵列，同时，每台主机都有本地的操作系统硬盘。

容错模式则采用容错计算机为主体，采用的是部件级别的冗余，即主机内部有冗余的 CPU 部件和 I/O 部件，同时 CPU 部件和 I/O 部件交叉通信，用部件冗余的方式消除了系统内部包括 CPU，内存、I/O 控制设备以及硬盘（RAID1）甚至底板的单点故障，实现完整的硬件热备用。

小型机及容错模式主要用于那些安全性，稳定性要求特别高，实时性强，数据不允许丢失的和不允许停机的生产厂，简单结构参见图 4-3。

电气控制系统中的 HMI 服务器往往采用冗余设计，热备用是首选方案。

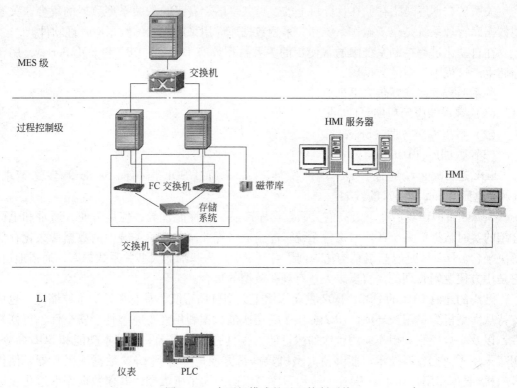

图 4-3 小型机模式的过程控制系统

人机接口系统设计中，实现一体化监控一直是人们关注的一个发展趋势。通常有以下两种可行的技术方案：

（1）将 L2 的画面与 L1 的 HMI 集成在一个画面中，从而实现一体化监控；但是，开发 HMI 画面的软件工具与 L1 的工控软件不同，例如使用 Oracle form 或 VB 将画面镶嵌在 L1 画面系统中，形成"三电一体化"系统。

（2）配置专用的 HMI 终端系统，与 L1 画面相互独立。在这种情况下，可以硬件独立，也可以在同一台终端安装 L1 和 L2 两套画面软件，需要切换才能显示和操作，从而实现硬件共享。该方案缺点是未能达到"三电一体化"。

L2 计算机与外部的通信一般都采用 TCP/IP Socket 模式。与下位机的通信以电文模式较为普遍。也可使用 OPC 模式直接访问 PLC 的数据块。

在钢铁生产中，由于轧钢过程速度快，生产节奏快，模型运算量大，控制复杂和生产过程不能停顿。小型机模式的过程自动化系统由于其可靠性高的特点而得到广泛应用。

4.3.2 PC 服务器多机架构

PC 服务器多机架构方案 PC 服务替代了小型机。通常在系统中有多台 PC Server 按照工艺或者按照功能进行分配，执行控制和管理功能。备用系统有的采用冷备用，也有的采用 Cluster 模式，特别是 Windows Server 操作系统支持集群功能，使用其构成冗余系统的模式也占有较大的比例。

PC 服务器多机架构主要用于那些安全性，稳定性要求高，L2 系统短暂停机能即刻恢复的生产厂。由于 PC 服务器制造技术的和系统稳定性逐步提高，PC 服务器也有了更广泛应用的趋势。PC 服务器多机模式结构参见图 4-4。

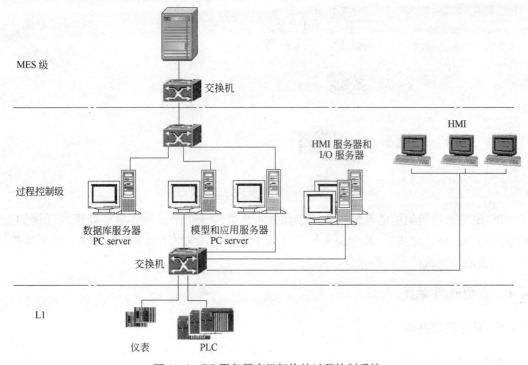

图 4-4 PC 服务器多机架构的过程控制系统

PC 服务器多机架构的系统主要用于像冷热轧及冷轧连续处理线、高炉、炼钢、连铸等过程计算机系统。

4.3.3 PC 服务器单机架构

PC 服务器单机架构是采用单台 PC 服务器构成过程计算机系统，这种系统控制的对象一般生产工艺为非连续过程，系统短暂的停机不会对生产造成很大的影响。如果系统发生了问题，也可采用冷切换的方式切换到备用系统上。

由于控制对象数据量比较小，L2 画面和 L1 画面系统合并，两者共用 HMI 服务器的情况较为普遍。PC 服务器单机架构参见图 4 – 5。

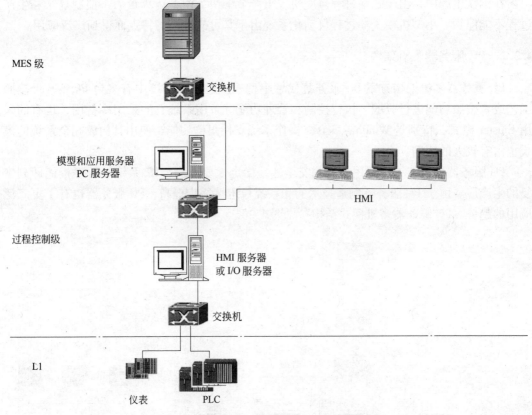

图 4 – 5　PC Server 简单模式的过程控制系统

　　PC 服务器单机架构的系统主要用于像铁水预处理，烧结，冷轧单机处理线（例如重卷这样的非连续处理线），几个退火炉等过程控制系统。或用于单个控制对象，如平整机，单一设备的控制或单一数据采集的系统，如 IPC 等。

4.4　主要软件系统

4.4.1　平台及中间件

4.4.1.1　概述

　　在综合自动化应用系统中的自动化过程控制计算机系统领域，软件开发中间件平台是基础。通过引入开发平台不但在开发上能够缩短开发周期、提高开发效率，更重要的是软件平台还能简化后期运行维护，对建设综合自动化系统有重要意义，因此得到了越来越多企业的重视。新开发过程控制系统中通常会要求中间件的支持。

　　但是中间件产品对计算机技术要求非常高，中间件和操作系统软件、数据库软件并称为基础软件的"三驾马车"。应用于操作系统和数据库与应用系统之间，被认为是未来软件领域的核心技术之一。过程控制使用的中间件，其主要的功能是任务间的信息传递，实时数据处理，任务报警信息管理，通信系统，画面管理，支持数据库存储等。

　　中间件的使用大大减轻了应用软件设计人员的工作量。如果没有中间件，设计人员将要面对着的是大量的和系统层面软件开发。不同的操作系统类型，不同的厂商以及不同的操作系统版本，将会使得设计人员无所适从。开发的中间产品其稳定性，可靠性，以及针对过程控制并发要求特点，这样开发出来的系统其质量可想而知。但随着信息化的推进，越来越多企业开始构建综合自动化系统，尤其冶金行业耗能大、物料成本高，企业的全局综合优化、管理扁平化、生产过程自动化，提高综合竞争力和经济效益成为必然需求，过程控制开发平台软件作为重要工具得到了更多的重视，市场前景广阔。

中间件产品由于技术门槛高，目前具有独立开发平台能力的企业主要是国外厂商，如三菱、东芝、西门子、奥钢联等。技术上呈现以下发展趋势：

（1）全方位集成支持：既支持数据集成，又支持功能集成和过程集成，通过提供开放的、面向应用领域的应用集成接口，实现应用间的功能集成。

（2）标准化和开放，高度的软件可重用性：采用新的开放性标准（CORBA、COM/DCOM、SOA），不断使平台的服务标准化，使系统具有强大的适应性和扩展性。

（3）安全性、可靠性：实现系统资源和数据的有效管理。

4.4.1.2 主要技术

A 外部通信

过程控制计算机应用系统外部通讯主要对象为 L1 和 L3，L2 之间前后工序也有通信发生，从所采用技术上来讲主要有下面三类：

（1）TCP/IP 技术。TCP/IP（传输控制协议/网间协议）是一种网络通信协议。它规范了网络上的所有通信设备，尤其是一个主机与另一个主机之间的数据往来格式以及传送方式。通信双方的应用程序间传递数据电文，这些电文可以在不同的通信规约（基于TCP/IP 协议）、不同的主机操作系统和不同的应用系统间进行传递。基于 TCP/IP 的工厂网络的可以将工厂的商务网、车间的制造网络和现场级的仪表、设备网络构成了畅通的透明网络，并与 WEB 功能相结合，与工厂的电子商务、物资供应链和 ERP 等形成整体，实现透明工厂。在过程控制计算机领域，TCP/IP 可用于与 PLC 通信、L2 过程机之间、与 L3 MES 系统通信等，具有标准、速度快、效率高的特点，支持多种设备和操作系统。

（2）OPC 技术。OPC 是 OLE for Process Control 的缩写，工业标准通讯协议，为基于Windows 的应用程序和现场过程控制应用建立了桥梁。在过去，为了存取现场设备的数据信息，每一个应用软件开发商都需要编写专用的接口函数。由于现场设备的种类繁多，且产品的不断升级，往往给用户和软件开发商带来了巨大的工作负担。通常这样也不能满足工作的实际需要，系统集成商和开发商急切需要一种具有高效性、可靠性、开放性、可互操作性的即插即用的设备驱动程序。在这种情况下，OPC 标准应运而生。OPC 标准以微软公司的 OLE 技术为基础，它的制定是通过提供一套标准的 OLE/COM 接口完成的。在 OPC技术中使用的是 OLE 2 技术，OLE 标准允许多台微机之间交换文档、图形等对象。通过DCOM 技术和 OPC 标准，完全可以创建一个开放的、可互操作的控制系统软件。使用方便，通常与 PLC 进行通信，具有通用、易用、简单的特点，但是 OPC Server 只支持 Window 操作系统，效率上不及 TCP/IP。

（3）DB‐LINK 技术。通过关系数据库提供的 DB‐LINK 技术，可以使你在一个数据库中操纵另一个数据库中的数据，就像访问本地数据，可以支持异种数据库。使用简单，充分利用关系数据提供的分布式能力和跨操作系统能力，实现数据交换。运行效率较低，通常用于对速度要求不高领域，如 MES 通信，比如计划、标准的下达等。

B　任务调度与管理

应用系统功能的实现由多个任务来体现，过程控制计算机应用系统需要有任务调度管理功能，实现对任务的管理，包括启动，状态监控等，还要提供各进程间方便的通信方法和任务编写的模板，主要有以下功能：

（1）任务编写模板。运用基类或模板技术提供基于 C++ 的任务模板，支持多种操作系统，屏蔽信号处理、通用配置等底层细节，开发人员只需实现工艺相关部分代码，开发出的任务能够根据应用需要动态配置而不是静态链接决定运行行为。

（2）任务间通信。提供简单应用程序接口（API）方便应用程序间调用，并交换启动数据和运行结果，支持同步、异步方式调用，通常采用基于消息的交互技术或面向对象的技术实现。

（3）周期处理调用。定周期（秒级）调用支持，通常采用独立的计时线程实现。

（4）订阅 – 发布支持。订阅和发布服务提供了一个间接层，解除了与系统之间的耦合。订阅者不需要了解发布者的状态，可以降低应用之间的耦合，让应用专注于自己的特有的职责，而不是管理上的琐事。

C　HMI 与报表

过程控制应用系统操作和结果显示要以可视化方式展现。由于对速度要求较高，以 Client/Server 体系结构居多，也有基于 WEB 的方式。通常需要有一个应用画面框架，各画面应用可以通过配置方式加入框架管理，通过提供的 API 可以访问关系数据库数据或实时过程数据，并绘制各种曲线、趋势，对于中间件平台需要提供以下功能：

（1）客户端应用统一入口。

（2）应用画面的管理，包括画面加载、显示和移除。

（3）应用画面数据主动刷新和被动刷新。

（4）应用画面开发模板。

（5）支持 DB 的控件。

（6）身份验证。

（7）基于角色的资源授权。

主要实现技术有 MS. Net、VB、Oralce Develop form 等。

报表是指定数据以指定运算方法得出结果后，以指定样式在指定纸张（页面）上的特殊表现形式，在过程控制计算机应用系统中报表类型通常有：班报、日报、月报，能源消耗、炉次报表和工程报表等。好的报表工具使用方便，制作报表效率高，支持自定义格式等，通常需要有可视化设计器，支持以 WEB 方式浏览报表，可以导出为 Excle、PDF、JPG 等多种文件格式。

D　关系数据库访问

随着计算机硬件的发展计算能力不断提高，以及关系数据库技术的发展，关系数据库越来越多的应用在过程控制计算机应用系统中。计划数据、标准、成分分析结果，以及生产过程中的大量实绩数据均可以保存到实时数据库中。目前在关系数据库领域以 Oracle 产品最为成熟，市场占有率最高，并且支持 Windows、Linux、AIX、HP – UX 等多种操作系统。关系数据库访问通常针对 Oracle 数据库，主要有 Proc*C、OCI、OCCI 等几种技术。Pro C 编程相对比较简单，但是它的使用需要经过预处理这个步骤，调试相对麻烦；ODBC 的 API 相当复杂，对跨平台支持不好；OCI 是一套访问 Oracle 数据库的底层接口，允许进行登陆、执行 SQL、操作数据等，但直接使用也相当麻烦；OCCI 是 Oracle 公司在 OCI 基础上封装的对象方式调用，但是目前发展还不成熟，对编译器和数据库版本要求很严格；过程控制开发中间件关系数据库访问需要的功能有：

（1）开发语言为 C/C＋＋，支持至结构体（struct）映射。

（2）连接管理：打开、关闭；连接状态监测、自动重连。

（3）事务管理：批量提交、回滚。

（4）发送 sql 语句并执行，支持可变参数。

（5）执行结果存储。

（6）异常处理。

E 实时数据

系统运行过程中必然有大量实时数据，这些数据往往随着生产的进行而相应的发生变化，同时这类数据不仅是一个进程需要处理，而且往往是多个进程需要处理，一般使用内存共享方式或者数据库方式。使用内存共享方式：速度快，但是编程使用麻烦，并且数据往往是纯二进制，类型的转换与使用非常不便；关系数据库方式：编程方便，但处理实时数据速度是个瓶颈，而且往往关系数据库的很多功能对实时数据处理不是必须的，比较浪费；还可以采用嵌入式数据库实现，通过封装直接处理对象，效率高，访问接口简单，但编程难度高。通常实时数据处理需要有以下功能：

（1）实时数据访问连接建立、断开。

（2）缓存大小设定；内存与磁盘数据同步。

（3）接口方式读取、增加、删除、更新记录。

（4）数据导入、导出；数据库状态维护。

（5）并发访问，事务支持。

（6）读锁、写锁支持。

F 跟踪日志

日志管理功能是针对过程控制计算机应用系统中调试需要，将程序运行信息通过统一接口、灵活、高效输出并管理。通常有以下功能：

（1）多级别输出：TRACE、DEBUG、INFO、WARNING、ERROR、FATAL 和用户自定义级别。

（2）多目的地输出：标准输出，文件，事件日志，Socket 等。

（3）多模式文件输出：指定大小；指定大小、版本数回滚输出；指定时间间隔输出。

（4）自定义输出格式：正则表达式定义。

4.4.1.3 常用的中间件

钢铁过程控制平台软件由于其技术要求高和工程应用结合紧密，目前只有少数国外一体化方案提供商，如三菱、东芝、西门子、奥钢联等，主要有：

（1）宝信软件 iPlature。iPlature 是上海宝信软件股份有限公司研制的面向冶金行业自动化系统的过程控制计算机系统软件开发平台，是一套基于通用硬件系统，适用各种操作系统，以客户机/服务器架构为基础的平台软件。iPlature 由两大部分组成：分布式计算基础构件；应用开发的业务模块，业务模块包括任务管理、画面管理、实时数据库、Tag 管理、Oracle 数据库访问、基础数据采集、报警日志和报表等（见图 4 - 6）。

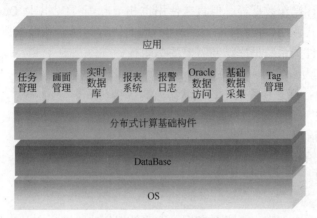

图 4 - 6   iPlature 功能模块图

（2）CORBA。Siemens 公司的 TAO 中间件是基于 CORBA 中间件产品。由于 CORBA 适用于对象之间的通信，所以 TAO 平台在通信机制上是较为先进的。其登录和分发功能使得进程之间的耦合变为松耦合，在软件实现变得简单。此外，TAO 平台还结合 Siemens 的 WINCC 的数据通信，构成了完整的画面系统。

（3）日本三菱电机。三菱的中间平台软件系统是一种基于过程处理的集成系统。在该系统中，包含了大量的中间调用，为应用软件的开发、HMI 画面的编制、与基础自动化通信和报警信息的统一管理等提供了很好的开发平台。中间软件共有 9 大部分，各部分提供的功能相对独立，但其内部又相互有联系。

（4）东芝 ToSteel。Tosteel 平台软件包括 TCP/IP 通信、数据采集、任务触发、时钟管理、HMI、跟踪等功能，通过配置高、中、低速扫描区可方便读取、设定 C3（C3 是二级与一级连接的通信设备）数据。通过设定可方便在在线模式、测试模式之间切换，方便调试。

（5）奥钢联 VAI。奥钢联的中间件平台 VAI 是一个基于 Client/Server 架构的软件系统，支持 Windows 和 OpenVMS 操作系统，完全面向对象，其提供的 OCL 可以实现分布式服务之间交换数据。基于 Tag 的过程数据是整个软件核心，能够实现 L1 OPC 数据映射，数据过滤、触发，高速数据缓存、数据归档、清理等，基于 .NET 的 HMI 和后台服务通过 Tag 来高效交换实时数据。

4.4.1.4   中间件比较

中间件性能比较见表 4 - 2。

表 4 - 2   中间件比较

中间件	Siemens	三菱电机	奥钢联	ToSteel	iPlature
通信机制	CORBA	队列	OCL	Device Driver	TCP/IP
数据库访问封装	无	无	无	无	有
数据文件系统	无	有	有	无	有
报表系统	无	有	有	有	有

续表 4 - 2

中间件	Siemens	三菱电机	奥钢联	ToSteel	iPlature
对外 TCP/IP 通信	有	有	有	有	有
支持 OPC	有	无	有	无	有
DB – LINK 支持	有	无	有	无	有
画面系统	无	无	有	无	有
Logging	有	有	有	有	有
Alarm	无	有	有	有	有
多操作系统的支持	Win/VMS	不全	Win/VMS	Window	除 VMS

产品技术是中间件软件生存的基础，而服务则是中间件软件发展的必需条件。用户的需求也表明，产品不是其看重的唯一因素，更专业化的高水平服务也是其衡量厂商和产品的一个重要标准。中间件软件通常应用在一些集成项目上，因为涉及企业的系统架构和业务应用，因此对项目要求的标准较高。从一开始，服务就成为用户需求的一部分，而且越来越成为区分不同厂商产品优劣的重要组成部分。

4.4.2 应用软件

过程控制级的主要任务是根据生产工艺和相关数学模型对生产线上的各机组和各设备按照一定的时序，进行优化设定，以使设备处于良好的工作状态并获得良好的产品质量。为了实现该任务，过程控制级一般应具备以下主要功能。

4.4.2.1 原始数据和制造命令管理

生产管理系统作为生产计划的编制、执行和管理层，编制的生产制造计划按照一定的组织命令形式下达给过程计算机。过程计算机作为生产执行单元，进行计划的接收，编排、修改和查询等操作。

图 4 - 7 为热轧生产线轧制计划管理程序的用例图，热轧轧制计划包含两部分内容：轧制顺序和 PDI 数据，为此除了要对接收的 PDI 数据进行管理外，还要对轧制计划进行顺序进行管理。

4.4.2.2 物料跟踪

物料跟踪功能是过程控制系统的神经中枢，起着软件功能调度和协调的作用。跟踪功能根据实际的物料在生产线的实际位置和情况，在确定的时刻点调用相关的应用软件，以便在限定的时间内完成指定的功能和运算。

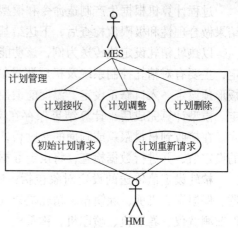

图 4 - 7 热轧轧制计划管理用例图

钢铁企业对于物料的跟踪在冶炼区和轧钢区是不一样的，冶炼区采用的大都是物料批的跟踪方式，采用定时或定量的跟踪模式来进行物料的跟踪。轧钢区采用的每一根或卷的跟踪方式，集成自动化按照加工控制的要求，细分辊道，确定跟踪窗口，采用速度、方向和位置计算方法计算物料的准确位置，同时通过冷热金属检测器或轧制力等检测信号进行物料的微跟踪，过程控制级是基础自动化的一个宏跟踪，将基础自动化具有代表性的信号作为宏跟踪的信号。

以热轧生产线材料跟踪为例，轧线材料跟踪主要的功能是映像跟踪，通过外部的材料跟踪信号的解析和校验来确定材料的运动，它有两个主要的功能，即对映像的处理和对带钢的操作。它与下位机的信号，同级机的有关跟踪的信息电文，以及画面上对材料的操作等有关，参见图4-8。

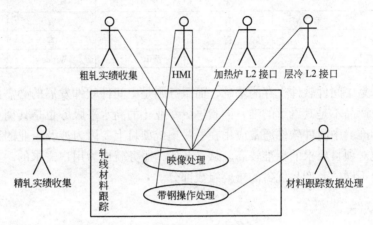

图4-8 热轧材料跟踪用例图

轧线跟踪有两个顶层的活动，一个是映像分析和判定，另一个是带钢的操作。它们都有相同的处理，即在处理好相应的事务后，都要对映像进行保存，画面的刷新，以及由于映像和带钢操作变动，而引起的带钢数据的变化处理。

4.4.2.3 设定计算和设定

过程计算机根据生产制造命令和模型计算所有的设备控制和工艺所需的参数，计算的结果做合理性和极限值检查后，下达给基础自动化和检测装置。

以热轧精轧设定值传送为例，该功能是作为精轧道次计划计算后对精轧相关系统的设定，主要有对精轧控制系统及机后测量仪表、板形控制系统进行设定。包括精轧预设定、板形预设定、入口修正设定、温度前馈控制设定、温度再调整动态设定和板形调节动态设定。模型计算完成后，计算结果保存在文件之中，或直接通过消息发送给设定值传送程序。在接收到材料跟踪或画面的激励后，设定值传送程序根据模型计算结果，准备好相应的设定值，并进行数据检查，将设定数据送给相应的 PLC 和检测仪表。

精轧设定值传送的设定对象包括：中间辊道上的设备，包括板坯加热器、边部加热器、保温罩、飞剪，除鳞箱、精轧机架（速度、压下、活套、弯辊等）等，多功能仪、卷取前测宽仪、卷取机、喷印机、称重机。

精轧区设定传送对象和时刻如表4-3和图4-9所示。

表4-3 精轧区设定对象和时序表

序 号	对 象	设定时刻
1	矫直、板坯加热器，边部加热器设定	R_2 第一道次； RDT 获得中间坯全长温度
2	飞剪	带钢头部到达 RTD； RDT 获得中间坯全长温度

序　号	对　　象	设 定 时 刻
3	$F_1E/F_1 \sim F_7$ 设定（轧制力、辊缝、弯辊力、力矩、APFC 参数、窜辊量、速度、张力）	第一次：粗轧最后道次带钢头部出 R_2； 第二次：带钢到达飞剪； 第三次：飞剪后每 15s，精轧预设定计算完成； 二分割设定：在飞剪切完后，由操作工在画面启动后半块的设定计算
4	温度前馈控制设定	根据 BH 设定计算的中间坯精轧入口温度形态，在温度前馈计算完成后
5	入口修正动态设定	带钢进入 F_1，入口修正计算完成； 带钢进入 F_2，入口修正计算完成； 带钢进入 F_3，入口修正计算完成
6	板形和平直度动态设定	带钢头部到达 F_7 后测量小房，带钢实绩收到，APFC 计算完成； 周期发送
7	温度反馈控制动态设定	带钢头部到达 F_7 后测量小房，段实绩收到，温度反馈计算完成； 按段发送
8	多功能仪设定	精轧机架预设定时
9	平直度仪设定	精轧机架预设定时
10	测宽仪（卷取前）设定	带钢到达 F_1 机架
11	表面检测设定	带钢到达 F_1 机架
12	喷印机设定	带钢称重结束后
13	称重机设定	带钢到达秤请求称重时

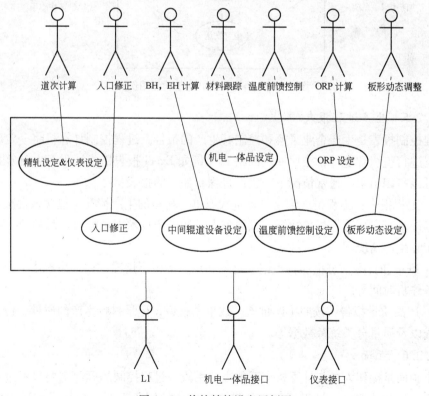

图 4 – 9　热轧精轧设定用例图

4.4.2.4 计算机通信

通常情况下，自动化系统大都由多个控制系统构成，它们之间都是采用计算机网络通信进行数据的交互。过程计算机系统要从生产管理级获得生产计划指令。过程控制系统将生产过程设定计算参数下传给基础自动化级，同时过程机从基础自动化获得实际的测量数据。在生产结束将测量的实际数据进行统计，并发送给生产管理系统。在大型的控制系统，有时过程机采用好几台进行控制计算，必要的话，过程机之间还要有数据的交换。

过程计算机与外部计算机的通信大都采用 TCP/IP 协议，双方约定好通信协议，采用专门的通信驱动进行计算机之间的通信。

以热轧加热炉与电气 PLC 的连接为例，该功能是介于底层通信软件和加热炉应用之间的程序。它主要功能是接收加热炉应用程序给 L1 设定电文，将其转换为外部系统的电文格式，然后调用底层通信软件接口，对外发送给 L1 系统。当收到加热炉电气 L1 系统来的电文时，要将收到的应用电文数据先转换为过程机内部使用的数据结构，发送给相应的程序（见图 4 – 10）。

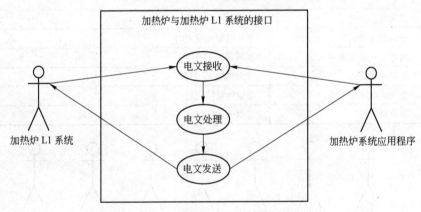

图 4 – 10　热轧加热炉通信功能用例图

4.4.2.5 生产过程报表

过程控制报表是生产企业了解和控制其生产的报告。过程控制计算机将一定时期内的生产数据进行组织和统计，按照一定的格式（例如 Excel 报表格式）保存在计算机中，需要的话可以打印出来。通常情况下，生产过程有如下的报表：

（1）工程报表：工程报表记录材料批次或单一材料的生产情况，包含该批次的生产计划、设定计算、实际值等相关数据，供模型人员和生产技术人员分析产品质量，控制参数和材料实际生产情况。

（2）班报和日报：班报和日报记录每班和每天的生产情况，如产品规格、产量、收得率、设备停机时间等。

（3）产品质量报告：按照生产批次，或单一材料，记录材料生产的质量，包含关键参数、曲线以及质量分类统计数据等。

4.4.2.6 画面

操作画面是操作人员与计算机交互的主要手段。过程控制的画面主要显示过程控制模型和应用产生的数据以及过程所需的模型参数和控制所需的数据。HMI 画面可由文字、输入/出字段、图形等构成。操作人员通过输入画面和键盘向计算机输入必要的数据和命令。并从计算机获得有关的信息。过程控制画面也可以与基础自动化监控画面做在一起，好处是只需从一个画面就可以获得全部两个系统的信息。但这也不是绝对的，在信息量大、显示的方式多样，操作频繁的工序，还是要单独设置过程控制 HMI。过程控制的画面通常采用 VB 或 C#来实现。

4.4.3 钢铁生产数学模型

随着科学技术的迅速发展，数学模型这个词汇越来越多地出现在现代生产、工作和社会活动中。在常规的工程技术领域，数学模型一直以来是这些学科的基础。以物理学对象的声、光、电、热、力等为基础的工程机械、发配电、土木等工程领域，数学建模的普遍性和重要性不言而喻，特别是新的技术和新的工艺所需的大量计算问题。随着高速大型的计算机的出现，原有建模所不能计算的问题，今天都得到了解决。像通信、航天、电力电子、自动化等高新技术领域数学建模是十分重要的工具。在计算机的支持下结合建模、数据分析，在许多高新技术领域起着核心作用，被认为是高新技术的特征之一。此外，数模也进入到非物理的领域，例如在经济、人口、生态、地质等领域，这些不存在作为支配关系的物理定律，采用数学方法研究这些领域中的定量关系时，数学建模就成为首要的、关键的步骤，并成为这些学科发展与应用的基础。

4.4.3.1 模型的定义与分类

将研究对象的背景和目的做一个梳理，做必要的简化和假设，用字母描述待求解的未知量，利用该领域的物理或其他规律列出数学模型式子，求出该数学式的解，然后用该问题的解，来解释原问题，并用实际现象来进行验证结果。

一般来说，数学模型可以定义为：对于现实世界的一个特定对象，为了一个特定的目的，根据特有的内在规律，做出一些必要的简化假设，运用适当的数学工具，得到一个数学结构。也可简单地说：数学模型是由数字、字母或数学符号构成的，用于描述现实对象数学规律的数学公式、图形或算法。

全面调查钢铁企业所使用的数学模型，不外乎有如下几类：包括一般模型和模拟模型以及控制模型。一般模型是指带有技术计算性质的模型如配料优化模型等，模拟模型是指模拟对象动态行为，包括工艺过程和设备性能仿真等，控制模型主要供实时控制或操作指导之用。

（1）一般模型：配料模型及质量预测、配料优化模型等。

（2）模拟模型：热化学模型（操作线图、碳－直接还原图即 C－DRR 图等）、风口循环区模型、炉底侵蚀推断模型、软熔带位置推断模型、高炉操作预测模型、热风炉操作预测模型；其他模型还有研究高炉行为的一维、二维和三维模型等。

（3）控制模型：热轧道次计划计算，板形控制，温度控制，热风炉燃烧模型、无料钟布料控制模型、炉热判定模型、多目标综合控制模型等。

4.4.3.2 模型建立的基本方法

建立数学模型，首先需要深入了解待解决问题，掌握建模目的和对象特征，对实际过程合理简化，根据对象的内在机理并借助合适的数学方法，获得描述对象过程的数学结构，并据此解决各类实际问题。根据对所研究对象的了解程度和建模方式的不同，数学模型的建立方法大体上可分为两大类：

（1）机理法建模 用机理建模法就是根据生产中实际发生的变化机理，以数学表达式方式描述其内部特征和发展规律，如物质平衡方程，能量平衡方程，动量平衡方程以及反应流体流动、传热、传质、化学反应等基本规律的方程，物性参数方程和某些设备的特性方程等，从中获得所需要的数学模型。这个方法以机理分析为主。

（2）测试法建模 测试法一般在无法直接获取对象内部机理时使用。将研究对象视为一个"黑箱"，直接利用系统的输入输出信息，并借助各类统计分析方法，寻求数据拟合效果最佳的数据结构。

在实际建模中，常常将上述两种方法结合起来使用。先采用机理分析方法确立模型的基本结构，然后采用各类数据测试法确定模型的相关参数。

4.4.3.3 典型钢铁数学模型建模方法

A 微分方程建模[2]

微分方程建模是数学建模的重要方法，因为许多实际问题的数学描述将导致求解微分方程的定解条件。把形形色色的实际问题化解成微分方程的定解问题，大体可以有以下几步：

（1）根据实际要求确定要研究的量（自变量、未知函数、必要的参数等）并确定坐标系。

（2）找出这些量所满足的基本规律（物理的、几何的、化学的或者生物学的等等）。

（3）运用这些规律列出方程和定解条件。

列方程常见的方法有：

（1）按规律直接列方程。在数学、力学、物理、化学等等学科中，许多自然现象所满足的规律已为人们所熟知，并直接由微分方程所描述。如牛顿第二定律、放射性物质的放射规律等。我们常利用这些规律对某些实际问题列出微分方程。

（2）微元分析法与任意区域上取积分的方法。自然界中有许多现象所满足的规律是通过变量的微元之间的关系式来表达的。对于这类问题，我们不能直接列出自变量和位置函数及其变化量之间的关系式，而是通过微元分析法，利用已知的规律建立一些变量（自变量与未知函数）的微元之间的关系式，然后再通过取极限的方法得到微分方程，或等价地通过任意区域上取积分的方法建立微分方程。

（3）模拟近似法。在生物、经济等学科中，许多现象所满足的规律并不是很清楚而且相当复杂，因而需要根据实际资料或大量的实验数据，提出各种假设。在一定的假设下，给出实际现象所满足的规律，然后利用适当的数学方法列出微分方程。

在实际的微分方程建模过程中，也往往是上述方法的综合应用。不论应用哪种方法，通常要根据实际情况，作出一定的假设和简化，并要把模型的理论或计算结果与实际情况进行对照验证，以修改模型使之更准确地描述实际问题并进而达到预测预报的目的。

以下以热轧板坯输送过程的辐射传热来讨论具体的微分方程的建模问题。

板坯在输送过程中通过板坯的高温表面以辐射的形式向外散热，随着板坯在空气中逗留时间的增长，而又不断通过辐射形式散失热量造成一定的温降。根据斯蒂芬—波尔兹曼定律，板坯在单位时间内散热面积为 $2F$（其中 F 为板坯表面积，并忽略板坯侧表面）时，其辐射的热能 E 与板坯的绝对温度关系如下：

$$E = \varepsilon\sigma\left(\frac{T}{100}\right)^4 2F = \varepsilon\sigma\left(\frac{t+273}{100}\right)^4 2F$$

式中　ε——板坯的热辐射系数；

　　　σ——斯蒂芬－玻耳兹曼常数；

　　　T——板坯的绝对温度；

　　　t——板坯的表面温度；

　　　F——板坯的散热面积。

板坯在输送过程中，其周围介质也在辐射散热，考虑到板坯所处空间可以被认为是无限大的空间，设其表面积为 F'，则此面积辐射热能的一部分被板坯所吸收，假设其所吸收热能为 E'。因此，板坯在时间 τ 内实际散失的热量为

$$Q = -(E-E')^\tau = -\varepsilon\sigma\left[\left(\frac{t+273}{100}\right)^4 - \left(\frac{t_0+273}{100}\right)^4\right]2F\tau$$

式中　Q——板坯散失热量；

　　　t_0——周围介质的温度。

由于 $\left(\frac{t_0+273}{100}\right)^4 \ll \left(\frac{t+273}{100}\right)^4$，因此上式可以采用微分方程形式表示为

$$dQ = -\varepsilon\sigma\left(\frac{t+273}{100}\right)^4 2F\mathrm{d}\tau$$

通过求解以上微分方程，即可求出板坯在一定时间内的温降过程。

B　偏微分方法建模

自然科学与工程技术中种种运动发展过程与平衡现象各自遵守一定的规律。这些规律的定量表述一般地呈现为关于含有未知函数及其导数的方程。我们将只含有未知多元函数及其偏导数的方程，称之为偏微分方程。

方程中出现的未知函数偏导数的最高阶数称为偏微分方程的阶。如果方程中对于位置函数和它的所有偏导数都是线性的，这样的方程称为线性偏微分方程，否则称它为非线性偏微分方程。

初始条件和边界条件称为定解条件，未附加定解条件的偏微分方程称为泛定方程。对于一个具体的问题，定解条件与泛定方程总是同时提出。定解条件与泛定方程作为一个整体，称为定解条件。

在钢铁数学模型中，常常需要对板坯内部的温度进行计算，由于板坯内部没有热源，因此，可用拉普拉斯（Laplace）方程，又称为调和方程来描述，即：

$$\gamma c_p \frac{\partial T}{\partial t} = \lambda\left(\frac{\partial^2 T}{\partial x^2} + \frac{\partial^2 T}{\partial y^2}\right)$$

式中　γ——板坯密度；

　　　c_p——板坯定压比热容；

　　　λ——板坯热传导率。

将上式沿板坯厚度方向以泰勒级数展开，进行有限差分的近似，则得到如下算式：

$$\gamma c_p \frac{T_{t+\Delta t}(\mathrm{P}) - T_t(\mathrm{P})}{\Delta t} = \frac{2\lambda}{(\delta y)_\mathrm{n} + (\delta y)_\mathrm{s}}\left[\frac{T_t(\mathrm{N}) - T_t(\mathrm{P})}{(\delta y)_\mathrm{n}} - \frac{T_t(\mathrm{P}) - T_t(\mathrm{S})}{(\delta y)_\mathrm{s}}\right]$$

对于板坯不同分层节点，其具体展开如下：

（1）板坯内部节点：

$$T_{t+\Delta t}(j)(i) = T_t(j)(i) + \frac{\lambda \Delta t}{c_p \gamma} \times$$

$$\frac{2}{(\delta y)_j + (\delta y)_{j-1}}\left[\frac{T_t(j+1)(i) - T_t(j)(i)}{(\delta y)_j} + \frac{T_t(j-1)(i) - T_t(j)(i)}{(\delta y)_{j-1}}\right]$$

（2）板坯上表面：

$$T_{t+\Delta t}(5)(i) = T_t(5)(i) + \frac{\lambda \Delta t}{c_p \gamma} \times \frac{2}{(\delta y)_4}\left[\frac{T_t(4)(i) - T_t(5)(i)}{(\delta y)_4} + \frac{Q_t(i)}{\lambda}\right]$$

式中，Q_t 表示板坯上表面所吸收热流。

（3）板坯下表面：

$$T_{t+\Delta t}(1)(i) = T_t(1)(i) + \frac{\lambda \Delta t}{c_p \gamma} \times \frac{2}{(\delta y)_1}\left[\frac{T_t(2)(i) - T_t(1)(i)}{(\delta y)_1} + \frac{Q_b(i)}{\lambda}\right]$$

式中，Q_b 表示板坯下表面所吸收热流。

汇总上述3式可得板坯分层温度差分计算模型：

$$\begin{bmatrix} \frac{c_{p1}\gamma d_y^2}{\Delta t} + \lambda_{12} & -\lambda_{12} & 0 & 0 & 0 \\ -\lambda_{12} & 2\frac{c_{p2}\gamma d_y^2}{\Delta t} + \lambda_{12} + \lambda_{23} & -\lambda_{23} & 0 & 0 \\ 0 & -\lambda_{23} & 2\frac{c_{p3}\gamma d_y^2}{\Delta t} + \lambda_{23} + \lambda_{34} & -\lambda_{34} & 0 \\ 0 & 0 & -\lambda_{34} & 2\frac{c_{p4}\gamma d_y^2}{\Delta t} + \lambda_{34} + \lambda_{45} & -\lambda_{45} \\ 0 & 0 & 0 & -\lambda_{45} & \frac{c_{p5}\gamma d_y^2}{\Delta t} + \lambda_{45} \end{bmatrix} \times$$

$$\begin{bmatrix} \theta_1^N \\ \theta_2^N \\ \theta_3^N \\ \theta_4^N \\ \theta_5^N \end{bmatrix} = \begin{bmatrix} \left(\frac{c_p\gamma d_y^2}{\Delta t} - \lambda_{12}\right)\theta_1^O + \lambda_{12}\theta_2^O + 2d_x q_U \\ \lambda_{12}\theta_1^O + \left(2\frac{c_{p2}\gamma d_y^2}{\Delta t} - \lambda_{12} - \lambda_{23}\right)\theta_2^O + \lambda_{23}\theta_3^O \\ \lambda_{23}\theta_2^O + \left(2\frac{c_{p3}\gamma d_y^2}{\Delta t} - \lambda_{23} - \lambda_{34}\right)\theta_3^O + \lambda_{34}\theta_4^O \\ \lambda_{34}\theta_3^O + \left(2\frac{c_{p4}\gamma d_y^2}{\Delta t} - \lambda_{34} - \lambda_{45}\right)\theta_4^O + \lambda_{45}\theta_5^O \\ \lambda_{45}\theta_4^O + \left(\frac{c_{p5}\gamma d_y^2}{\Delta t} - \lambda_{45}\right)\theta_5^O + 2d_x q_D \end{bmatrix}$$

C 拟合方法建模

数据拟合方法（又称曲线拟合），根据实验获得的数据来建立因变量与自变量自己的经验函数关系。数据拟合需要解决两个问题：（1）确定所选函数的类型；（2）对应选定的拟合函数，确定拟合函数的参数。

例：当轧机机架的结构一定时，机架的弹性变形可以认为是一个常数，即轧机的弹性变形主要取决于辊系的弹性变形。在 UCM 轧机上,当中间辊轴向移动时,使中间辊和工作辊的接触长度发生变化,因此,其轧机刚度随着中间辊窜动位置的变化而变化。

为便于掌握中间辊不同窜动位置对应的轧机刚度变化规律,可针对每个机架分别选取一系列的窜动位置进行轧制力测试实验,并根据轧制力和辊缝值计算压下方向和抬辊方向的刚度,最终获得该窜动位置时机架的轧机刚度。

如某机架实验刚度测试实验结果见表 4-4。

表 4-4 某机架实验刚度测试实验结果

窜动距离/mm	0	100	200	300	400	500
接触长度/mm	1730	1530	1330	1130	930	730
刚度/10N	480986	477086	460706	439363	400970	362875

图 4-11 绘制出实验结果 (X_i, Y_i) $(i = 1, 2, \cdots, 6)$,其中 X 为轧辊接触长度值,Y 为轧机刚度值。在实践数据基础上,进行曲线拟合确定轧机刚度曲线 $Y = f(X)$。拟合过程采用最小二乘算法,即求 $f(X)$,使得

$$\delta = \sum_{i=1}^{n} \delta_i^2 = \sum_{i=1}^{n} \left[Y_i - f(X_i) \right]^2$$

达到最小值。曲线拟合的实际含义是寻求一个函数 $Y = f(X)$,使 $f(X)$ 在某种准则下与所有数据点最为接近,即曲线拟合得最好。最小二乘准则就是使所有散点到曲线的距离平方和最小。

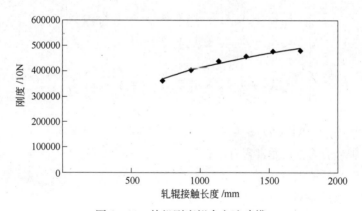

图 4-11 轧机刚度拟合方法建模

机架刚度曲线,按照以下公式拟合:

$$Y = b_1 \times \ln(X) - b_2$$

其中,Y 为轧机刚度计算值,X 为轧辊接触长度。经过最小二乘算法数据拟合,确定 $b_1 = 143327$,$b_2 = 576806$。

D 优化算法建模

最优化算法建模,主要应用最优化数学方法研究各种系统的优化途径及方案,为科学决策和最佳控制提供依据。最优化算法在钢铁生产中广泛应用于计划调度、流程规划、物料配合等等方面。

从数学意义上说,最优化方法是一种求极值的方法,即在一组约束为等式或不等式的

条件下，使系统的目标函数达到极值，即最大值或最小值。应用过程中，提出并构建最优化问题的数学模型，确定合适的目标函数和约束条件，是优化算法建模的关键。

例：在炼钢或精炼的合金化过程中，按不同的钢种要求，需确定所需向钢包中添加的合金用量，以保证出钢钢水达到钢种要求的目标成分。

合金控制计算，主要计算从当前钢水成分到目标成分的钢水成分调整中各合金牌号所需的添加量。即根据钢种的成分和温度要求，以合金成本最低为目标，计算确定各牌号的合金投入量。

根据冶炼历史数据或人工经验，可获得各合金元素 i 的合金收得率 Y_i。在此基础上，根据当前钢水成分、目标出钢成分、计划出钢量，即可得到合金元素 i 的入炉量。计算方法：

合金元素 i 用量 B_i 的计算方法：

$$B_i = \frac{P_{i,\text{Aim}} - P_{i,\text{current}}}{Y_i} \times W_{\text{Steel}}$$

式中　B_i——合金元素 i 用量；

$P_{i,\text{Aim}}$——元素 i 的目标成分；

$P_{i,\text{current}}$——元素 i 的当前成分；

Y_i——合金元素 i 的合金收得率。

在考虑了合金化过程的钢水成分约束条件下，以合金成本最低为目标时，可获得模型如下：

$$\begin{cases} A_{11}X_1 + A_{12}X_2 + A_{13}X_3 + \cdots + A_{1j}X_j \leq B_1 \\ A_{12}X_1 + A_{22}X_2 + A_{23}X_3 + \cdots + A_{2j}X_j \leq B_2 \\ \qquad\qquad\qquad\vdots \\ A_{i1}X_1 + A_{i2}X_2 + A_{i3}X_3 + \cdots + A_{ij}X_j \leq B_I \\ \qquad\qquad\qquad\vdots \\ \min(Z) = C_1X_1 + C_2X_2 + C_3X_3 + \cdots + C_jX_j \end{cases}$$

式中　A_{ij}——j 牌号合金的 i 元素含有率；

X_i——j 牌号所要的合金量；

B_i——i 元素所要量；

C_j——j 牌号合金单位重量的价格；

Z——所有所要合金量的总成本。

该最优化问题为线性规划问题，采用单纯形方法即可获得最佳合金化方案。

E　人工神经网络算法建模

人工神经网络算法通过对人脑神经系统的初步认识，尝试构造出人工神经元以组成人工神经网络系统来对人的智能，甚至是思维行为进行研究；尝试从理性角度阐明大脑的高级机能。人工神经元的主要结构单元是信号的输入、综合处理和输出。人工神经元之间通过互相连接形成网络，称为人工神经网络。目前多数人工神经网络的构造大体上都采用如下一些原则：

（1）由一定数量的基本单元分层连接构成。

（2）每个单元的输入、输出信号以及综合处理内容都比较简单。

（3）网络的学习和知识存储体现在各单元之间的连接强度上。

人工神经元是对生物神经元的一种模拟与简化。它是神经网络的基本处理单元。如图 4 – 12 所示为一种简化的人工神经元结构。它是一个多输入、单输出的非线性元件。其输入、输出关系可描述为

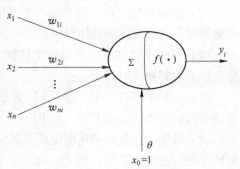

$$I_i = \sum_{j=1}^{n} w_{ij}x_j - \theta_i, \quad y_i = f(I_i)$$

其中，$X_j(j = 1, 2, \cdots, n)$ 是从其他神经元传来的输入信号；w_{ij} 表示从神经元 j 到神经元 i 的连接权值；θ_i 为阈值；$f(\cdot)$ 称为激发函数或作用函数。输出激发函数 $f(\cdot)$ 又称为变换函数，它决定神经元（节点）的输出。该输出为 1

图 4 – 12　人工神经元结构

或 0，取决于其输入之和大于或小于内部阈值。函数 $f(\cdot)$ 一般具有非线性特性。图 4 – 13 表示了几种常见的激发函数。

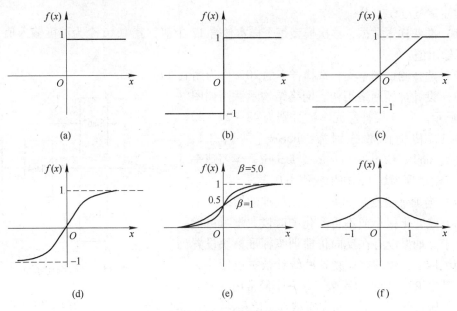

图 4 – 13　激活函数

（a），（b）阈值型函数；（c）饱和型函数；（d）双曲函数；（e）S 型函数；（f）高斯函数

从层次结构看，人工神经网络可分为单层神经网络和多层神经网络；从连接方式看，人工神经网络主要有两种，前馈型网络和反馈型网络。反向传播网络的学习算法 – BP 算法的学习目的是对网络的连接权值进行调整，使得调整后的网络对任一输入都能得到所期望的输出。

BP 算法的学习过程如下：

（1）选择一组训练样例，每一个样例由输入信息和期望的输出结果两部分组成。

（2）从训练样例集中取一样例，把输入信息输入到网络中。

（3）分别计算经神经元处理后的各层节点的输出。

（4）计算网络的实际输出和期望输出的误差。

（5）从输出层反向计算到第一个隐层，并按照某种能使误差向减小方向发展的原则，调整网络中各神经元的连接权值。

（6）对训练样例集中的每一个样例重复（3）～（5）的步骤，直到对整个训练样例集的误差达到要求时为止。

在以上的学习过程中，第（5）步是最重要的，如何确定一种调整连接权值的原则，使误差沿着减小的方向发展，是 BP 学习算法必须解决的问题。

例：漏钢一直是影响连铸生产及其设备寿命的主要因素，在各种造成漏钢的原因中，黏结性漏钢占绝大多数。因此，减少黏结性漏钢是降低连铸漏钢率的关键。历史数据表明，在漏钢时，连铸坯壳发生黏结以致坯壳破裂时，对应位置的热电偶数据会有一个明显的先上升再下降趋势，我们考虑对单点的热电偶温度数据按照其时序输入建立 BP 网络模型，以便对黏结漏钢进行预测。

输入：单点的热电偶温度数据按照其时序输入的 16 个值。

输出：由 16 个时序热电偶温度组成的波形是否满足黏结特征的概率值。

具体学习过程如下：

（1）准备样本数据，本次模型每个样本包含 17 个值，其中 16 个为温度输入值，1 个为实际输出值。

（2）选择测试用本集，选择样本的 20% 作为测试样本。

（3）设计神经网络结构。网络结构示意图如图 4-14 所示。1～5 层神经元个数分别为 48-20-20-20-1，传输函数分别为：linear［-1，1］、Gaussian、tanh、Gaussian comp.、logistic。学习速率为 0.1，动量项为 0.1，初始权值为 0.3。

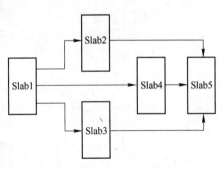

（4）当训练集或测试集（使用校准的情况）的最小均方差变化很小或不再变化的时候，学习可能就完成了。如果没有在反向传播训练标准模块设置停止训练标准，你就得监视这些统计数据以便停止训练。其中 R2-复测定系数，是一个经常用在复回

图4-14　网络结构示意图

归分析的统计学判定器。它在模型真实值和预测值之间作比较。一个理想的拟合将导致 R 方的值为 1，很好的拟合为接近 1，很差的拟合为小于 0。

F　模糊逻辑建模

模糊逻辑是一种将专家知识和操作人员经验形成的语言规则直接转化为自动控制策略的建模方法。在钢铁生产中，许多系统和过程都十分复杂，难以建立确切的机理模型和设计出通常意义下的控制器，只能由熟练操作者凭借经验以手动方式控制，其控制规则常常以模糊的形式体现在控制人员的经验中，很难用传统的数学语言来描述。而模糊控制器使得以往某些只能用自然语言的条件语句形式描述的手动控制规则可以采用模糊条件语句形式来表述，从而使这些规则变为可以在计算机上实现的算法。

模糊控制器主要分为 mamdani 和 TSK 两类。mamdani 系统的输入输出均为语言值，输

出需要解模糊化得到数字量。TSK 系统输入为语言值，输出为数字量。在大多数模糊应用里起核心作用的是 if - then 规则，简称模糊规则。虽然基于规则的系统在人工智能（AI）领域内的应用已经有很长的一段历史，但是在这些系统中所缺失的是处理模糊后件和模糊前件的机制。而在模糊逻辑里，这种机制就是通过处理模糊规则而提供的。模糊规则演算作为一种被称为模糊依赖及命令语言（FDCL）的基础服务而提供。

例：烧结过程是一个机理复杂、影响因素众多、强耦合、大滞后的动态系统，很多环节难以建立精确的数学模型来进行控制。在生产实践中，烧结机的速度大多依靠熟练操作人员的经验，根据烧结终点（BTP）位置来调节和控制生产。而使用模糊控制进行建模则能克服这些因素，通过计算机模型代替人工对烧结机速度进行控制。

控制模型框图如图 4 - 15 所示。

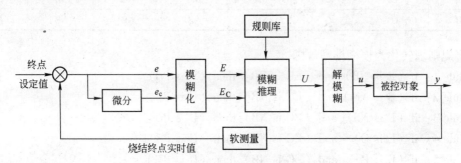

图 4 - 15　烧结模型原理图

定义模糊变量的论域：

BTP 偏差的基本论域 $e \in$ ［- 1.0，1.0］（风箱位置），选择模糊子集总数为 7 个：{NB，NM，NS，O，PS，PM，PB}，模糊论域 E 为 {- 6，- 5，- 4，- 3，- 2，- 1，0，1，2，3，4，5，6}。

BTP 偏差变化率的基本论域 $e_c \in$ ［- 0.3，0.3］（风箱位置/min），选择模糊子集总数为 7 个：{NB，NM，NS，O，PS，PM，PB}，模糊论域 E_c 为 {- 6，- 5，- 4，- 3，- 2，- 1，0，1，2，3，4，5，6}。

台车速度输出增量 $\Delta u_{btp} \in$ ［- 0.15，0.15］（m/min），选择模糊子集总数为 7 个：{NB，NM，NS，O，PS，PM，PB}，取控制器的论域 U 为 {- 5，- 4，- 3，- 2，- 1，0，1，2，3，4，5}。

E 和 E_c 采用三角形隶属度函数如图 4 - 16 所示。

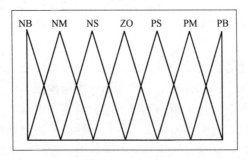

图 4 - 16　隶属函数

根据人工经验建立模糊控制规则表见表4-5。

表4-5 模糊控制规则表

EC	E						
	NB	NM	NS	O	PS	PM	PB
NB	PB	PB	PB	PB	PM	O	O
NM	PB	PB	PB	PB	PM	O	O
NS	PM	PM	PM	PM	O	NS	NS
O	PM	PM	PS	O	NS	NM	NM
PS	PS	PS	O	NS	NM	NM	NM
PM	O	O	NM	NM	NM	NB	NB
PB	O	O	NM	NB	NB	NB	NB

将规则表转化为模糊推理规则：

Rule 1：if （E is NB） and （EC is NB） then （U is PB）

Rule 2：if （E is NM） and （EC is NB） then （U is PB）

Rule 3：if （E is NS） and （EC is NB） then （U is PB）

Rule 4：if （E is O） and （EC is NB） then （U is PB）

Rule 5：if （E is PS） and （EC is NB） then （U is PM）

Rule 6：if （E is PM） and （EC is NB） then （U is O）

Rule 7：if （E is PB） and （EC is NB） then （U is O）

Rule 8：if （E is NB） and （EC is NM） then （U is PB）

……

模糊控制器建立后，在每一个控制周期中将采集到的 BTP 误差 $e(k)(k=0,1,2)$ 和误差变化率 $e_c(k)$ 输入模糊控制器，经模糊化、模糊推理及解模糊后输出台车速度的精确修正量，最终施加到被控过程——烧结机速度实际控制变化量。

G 预测方法建模

预测方法从技术上分为定性方法和定量方法两种。定性预测是通过对数据的过去及现在变化的规律进行分析，从而对未来变化的趋势和状态做出判断和预测的一种方法。定量预测是运用统计方法和数学模型，对未来发展状况进行测定，主要通过对过去一些历史数据的统计分析，用量化指标来对系统未来发展进行预测。定量预测主要采取模型法。目前，主要采用的定量预测方法有回归分析法、时间序列分析法、灰色预测法、人工神经网络法、组合预测法、支持向量机方法等。

a 基于回归分析法的预测技术

回归预测是根据历史数据的变化规律，寻找自变量与因变量之间的回归方程，确定模型参数，从而作出预测。回归分析法一般适用于中期预测。其主要特点是：技术比较成熟，预测过程简单；将预测对象的影响因素分解，考察各因素的变化情况，从而估计预测对象未来的数量状态；回归模型误差较大，外推特性差。回归分析法要求样本量大且具有较好的分布规律，当预测的长度大于占有的原始数据长度时，采用该方法进行预测在理论上不能保证预测结果的精度。另外，该方法可能出现量化结果与定性分析结果不符的现象，难以找到合适的回归方程类型。

b　基于时间序列分析的预测技术

时间序列分析，是把预测对象的历史数据按一定的时间间隔进行排列，构成一个随时间变化的统计序列，建立相应的数据随时间变化的规划模型，并将该模型外推到未来进行预测。也可以根据已知的历史数据来拟合一条曲线，使得该曲线能反映预测对象随时间变化的变化趋势，然后按此变化趋势曲线，对于要求的未来某一时刻，从曲线上估计出该时刻的预测值。

一般来说，若影响预测对象变化各因素不发生突变，利用时间序列分析方法能得到较好的预测结果。而若这些因素发生突变，时间序列法的预测结果将受到一定的影响。

c　基于灰色系统理论的预测技术

灰色系统理论将随机变量看作是在一定范围内变化的灰色变量，对灰色变量利用数据处理方法，将杂乱无章的原始数据整理成规律性较强的生成数据来加以研究。灰色预测通过对原始数据的处理和灰色模型的建立，发现和掌握系统发展规律，对系统的未来状态作出科学的定量预测。其预测模型是一个指数函数，如果待测量是以某一指数规律发展的，则可得到较高精度的预测结果。其中 GM（1，1）灰色预测模型是具有偏差的指数模型。自灰色预测理论建立以来，为了适应各应用领域的特点，灰色预测模型在原始数列生成方法、模型改进、参数优化等多个方面都得到了很大改进，并取得了一些应用效果。

d　基于神经网络的预测技术

人工神经网络的理论研究是一门新兴的边缘和交叉学科，具有表示任意非线性关系和学习等的能力，给解决很多具有复杂的不确定性和时变性的实际问题提供了新思想和新方法。人工神经网络的学习功能，用大量样本对神经元网络进行训练，调整其连接权值和阈值，可以利用已确定的模型进行预测。神经网络能从数据样本中自动学习以前的经验，而无需繁复的查询和表述过程，并自动地逼近那些最佳刻画了样本数据规律的函数，而不论这些函数具有怎样的形式，且所考虑的系统表现的函数形式越复杂，神经网络这种特性的作用就越明显。

人工神经网络方法的优点是可以在不同程度和层次上模仿人脑神经系统的结构及信息处理和检索等功能，对大量非结构性、非精确性规律具有极强的自适应功能，具有信息记忆、自主学习、知识推理和优化计算等特点，其自学习和自适应功能是常规算法和专家系统技术所不具备的。在一定程度上克服了由于随机性和非定量因素而难以用数学公式严密表达的困惑。人工神经网络方法的缺点是网络结构确定困难，同时要求有足够多的历史数据，样本选择困难，算法复杂，容易陷入局部极小点。

e　支持向量机预测技术

支持向量机是近年来机器学习领域中的研究热点之一——统计学习理论中的最实用的方法，分为支持向量分类机和支持向量回归机。因为具有较高的泛化能力而备受关注。支持向量机方法放弃了传统的经验风险最小化 ERM（Empirical Risk Minimization）准则，而采用结构风险最小化 SRM（Structural Risk Minimization）准则。在最小化样本点误差的同时，考虑模型的结构因素，从根本上提高了泛化能力。支持向量机在解决小样本、非线性及高维模式识别问题中表现出许多特有的优势，是一种值得研究的预测方法。

f 优化组合预测技术

为了充分发挥各预测方法的优势，在预测实践中，对于同一预测问题，往往可以采用多种预测方法进行预测。不同的预测方法往往能提供不同的有用信息，组合预测将不同预测模型按一定方式进行综合。根据组合定理，各种预测方法通过组合可以尽可能利用全部的信息，尽可能地提高预测精度，达到改善预测性能的目的。优化组合预测有两类概念：一是指将几种预测方法所得的预测结果，选取适当的权重进行加权平均的预测方法，其关键是确定各个单项预测方法的加权系数；二是指在几种预测方法中进行比较，选择拟合度最佳或标准差最小的预测模型作为最优模型进行预测。组合预测可以在单个预测模型不能完全正确地描述预测量的变化规律时发挥作用。

4.4.3.4 常用数学模型建模软件包

在数学建模中，我们都需要利用一些软件来辅助我们开展工作，比如对原始数据进行加工处理，对建立的模型进行求解、分析等，因此有必要掌握一些常用的数学软件包的使用。本章对常用的六款软件：Mathematica、Matlab、Lingo、Octave、Ofeli、NeuroShell 进行介绍。这六款软件各有千秋，掌握他们对于数学建模大有裨益。

A Mathematica 软件

Mathematica 是一种集数学计算、处理与分析为一身的软件，它具有强大的数值计算、符号计算、数学图形的绘制甚至动画制作的功能。主要功能如下：

（1）符号运算功能：Mathematica 最突出的特点就是具有强大的符号运算功能，能和人一样进行带字母的运算，得到精确的结果。符号运算功能可以分成四个大类：

1）初等数学：进行各种数和初等函数式的计算和化简。

2）微积分：求极限、导数（包括高阶导数和偏导数等）、不定积分和定积分（包括多重积分），将函数展成幂级数，进行无穷级数求和及积分变换。

3）线性代数：进行行列式的计算、矩阵的各种运算（加法、乘法、求逆矩阵等）、解线性方程组、求特征值和特征向量、进行矩阵分解。

4）解方程组：解各类方程组（包括微分方程组）。

数值计算功能：可以做任意位数的整数或分子分母为任意大整数的有理数的精确计算，做具有任意位精度的数值（实、复数）计算。Mathematica 具有众多的数值计算函数，能满足线性代数、插值与拟合、数值几分、微分方程数组解、求极值、线性规划及概率统计等方面的常用计算需求。

（2）绘图功能：能绘制各种二维平面图形与全方位的三维立体彩色图形，自动化程度很高。

（3）编程功能：用户可以自己编写各种程序（文本文件），开发新的功能。

Mathematica 的特色主要如下：

（1）Mathematica 具有高阶的演算方法，丰富的数学函数库与庞大的数学知识库，让其在线性代数方面的数值运算，如特征向量，反矩阵等，提供了业界最精确的数值运算结果。

（2）Mathematica 不但可以做数值计算，还提供最优秀的可设计的符号运算。

（3）丰富的数学函数库，可以快速地解答微积分、线性代数、微分方程、复变函数、数值分析、机率统计等等问题。

（4）Mathematica 可以绘制各专业领域专业函数图形，提供丰富的图形表示方法，结果呈现可视化。

（5）Mathematica 可编排专业的科学论文期刊，让运算与排版在同一环境下完成，提供高品质可编辑的排版公式与表格，屏幕与打印的自动最佳化排版，组织由初始概念到最后报告的计划，并且对 txt/html/pdf 等格式的输出提供了最好的兼容性。

（6）可与 C/C++/Fortran/Perl/Visual Basic 以及 Java 结合，提供强大高级语言接口功能，使得程序开发更方便。

（7）Mathematica 本身是一个方便学习的程序语言。Mathematica 提供互动且丰富的帮助功能，让使用者现学现用。强大的功能，简单的操作，非常容易学习，这些特点可以使研发时间大大缩短。这样强大的功能，在 Windows/Linux/Unix/Mac 等各种平台皆可使用，平均来说硬盘空间约需 300MB，内存 64MB。

B Matlab 软件[3]

Matlab 是近几年来在国外广泛流行的一种科学计算可视化软件，其特点是语法结构简单，数值计算高效，图形功能完备。Matlab 之所以成为世界顶尖的科学计算与数学应用软件，是因为它随着版本的升级与不断完善而具有愈来愈强大的功能。

（1）数值计算功能。Matlab 出色的数值计算功能是使之优于其他数学应用软件的决定性因素之一，尤其是当年流行的 Matlab5.3 版本，其数值计算功能可谓十分完善了。

（2）符号计算功能。科学计算有数值计算与符号计算之分，仅有优异的数值计算功能并不能满足解决科学计算时的全部需要。

（3）数据分析功能。Matlab 不但在科学计算方面具有强大的功能，而且在数值计算结果分析和数据可视化方面，也有着其他同类软件难以匹敌的优势。

（4）动态仿真功能。Matlab 提供了一个模拟动态系统的交互式程序 Simulink，允许用户在屏幕上绘制框图来模拟一个系统，并能动态地控制该系统。Simulink 采用鼠标驱动方式，能处理线性、非线性、连续、离散等多种系统。

（5）程序接口功能。Matlab 提供了方便的应用程序接口（API），用户可以在 Matlab 环境下直接调用已经编译过的 C 和 Fortran 子程序，可以在 Matlab 和其他应用程序之间建立客户机/服务器关系。同样，在 C 和 Fortran 程序中，也可以调用 Matlab 的函数或命令，使得这些语言可以充分利用 Matlab 强大矩阵运算功能和方便的绘图功能。

（6）文字处理功能。Matlab Notebook 能成功地将 Matlab 与文字处理系统 Microsoft Word 集成一个整体，为用户进行文字处理、科学计算、工程设计等营造一个完美统一的工作环境。用户不仅可以利用 Word 强大的文字编辑处理功能，极其方便地创建 Matlab 的系统手册、技术报告、命令序列、函数程序、注释文档以及与 Matlab 有关的教科书等 6 种文档，而且还能从 Word 访问 Matlab 的数值计算和可视化结果，直接利用 Word 对由 Matlab 所生成的图形图像进行移动、缩放、剪裁、编辑等加工处理能，极其方便。

Matlab 的技术特点如下：

（1）界面友好，编程效率高。Matlab 是一种以矩阵为基本变量单元的可视化程序设计语言，语法结构简单，数据类型单一，指令表达方式非常接近于常用的数学公式。Matlab 不仅能使用户免去大量经常重复的基本数学运算，收到事半功倍之效，而且其编译和执行速度都远远超过采用 C 和 Fortran 语言设计的程序。可以说，Matlab 在科学计算与工程应用方面的编程效率远远高于其他高级语言。

（2）功能强大，可扩展性强。Matlab 语言不但为用户提供了科学计算、数据分析与可视化、系统仿真等强大的功能，而且还具有独树一帜的可扩展性特征。针对不同领域的应用，推出了自动控制、信号处理、图像处理、模糊逻辑、神经网络、小波分析、通信、最优化、数理统计、偏微分方程、财政金融等 30 多个具有专门功能的 Matlab 工具箱。各种工具箱中的函数可以链装，也可以由用户更改。Matlab 支持用户自由地进行二次开发，用户的应用程序既可以作为新的函数添加到相应的工具箱中，也可以扩充为新的工具箱。这些年来，国外许多不同应用领域的专家使用 Matlab 开发出了相当多的应用程序。

（3）图形功能，灵活且方便。Matlab 具有灵活的二维与三维绘图功能，在程序的运行过程中，可以方便迅速地用图形、图像、声音、动画等多媒体技术直接表述数值计算结果，可以选择不同的坐标系，可以设置颜色、线型、视角等，可以在图中加上比例尺、标题等标记，可以在程序运行结束后改变图形标记、控制图形句柄等，还可以将图形嵌入到用户的 Word 文件中。

（4）在线帮助，有利于自学。Matlab 提供了丰富的库函数，用户可以借助于 Matlab 环境下的在线帮助学习各种函数的用法及其内涵。对于 Matlab5.3/5.3.1，用户还可以 HTML 方式查询更为详细的参考资料。

C　Lingo 软件

Lingo 是 Linear Interactive and General Optimizer 的缩写，即交互式的线性和通用优化求解器。Lingo 可以用于求解非线性规划，也可以用于一些线性和非线性方程组的求解等，功能十分强大，是求解优化模型的最佳选择。其特色在于内置建模语言，提供十几个内部函数，可以允许决策变量是整数（即整数规划，包括 0 - 1 整数规划），方便灵活，而且执行速度非常快。能方便与 Excel，数据库等其他软件交换数据。

Lingo 实际上还是最优化问题的一种建模语言，包括许多常用的函数可供使用者建立优化模型时调用，并提供与其他数据文件（如文本文件、Excel 电子表格文件、数据库文件等）的接口，易于方便地输入、求解和分析大规模最优化问题。

Lingo 的主要特点：

（1）简单的模型表示。Lingo 可以将线性、非线性和整数问题迅速地予以公式表示，并且容易阅读、了解和修改。Lingo 的建模语言允许使用汇总和下标变量以一种易懂的直观的方式来表达模型，非常类似你在使用纸和笔。模型更加容易构建，更容易理解，因此也更容易维护。

（2）方便的数据输入和输出选择。Lingo 建立的模型可以直接从数据库或工作表获取资料。同样地，Lingo 可以将求解结果直接输出到数据库或工作表。使得你能够在你选择的应用程序中生成报告。

（3）强大的求解器。Lingo 拥有一整套快速的，内建的求解器用来求解线性的，非线性的（球面与非球面的），二次的，二次约束的，和整数优化问题。你甚至不需要指定或启动特定的求解器，因为 Lingo 会读取你的方程式并自动选择合适的求解器。

（4）交互式模型或创建 Turn - key 应用程序。你能够在 Lingo 内创建和求解模型，或你能够从你自己编写的应用程序中直接调用 Lingo。对于开发交互式模型，Lingo 提供了一整套建模环境来构建，求解和分析你的模型。对于构建 turn - key 解决方案，Lingo 提供的可调用的 DLL 和 OLE 界面能够从用户自己写的程序中被调用。Lingo 也能够从 Excel 宏或数据库应用程序中被直接调用。

（5）广泛的文件和 Help 功能。Lingo 附带你需要快速开始使用 Lingo 的所有工具。Lingo 用户手册包含对 Lingo 所有命令和特征的深度说明。这是一本综合教科书，讨论了所有主要的线性，整数和非线性优化问题分类。Lingo 同时还带有许多基于真实世界的实例。

D Octave 软件

Octave 它提供了一个环境，该环境支持叫做 GNU Octave 的高级语言，这种语言与 Matlab 兼容，主要用于数值计算。它提供了一个方便的命令行方式，可以数值求解线性和非线性问题，以及做一些数值模拟。

Octave 也提供了一些工具包，可以解决一般的线性代数问题，非线性方程求解，常规函数积分，处理多项式，处理常微分方程和微分代数方程。它也很容易的使用 Octave 自带的接口方式扩展和定制功能。

Octave 自身特点是：

（1）它是一个 GPL 软件。它允许用户在遵循 GPL 协议的前提下，自己发行这个软件，可以单独，也可以包含在用户的产品里面发行。

（2）它可编程的性能好，Octave 语言功能强大，几乎提供所有系统函数的支持，Octave 在语法上也更接近 C 的语法。这样，我们可以在 Octave 环境里面增加一些更为强大和易用的扩展。

（3）它的计算库都是用 C 语言编写。

E Ofeli 软件

根据有限元软件发展的长期经验积累，Ofeli（对象有限元库）是一个采用 C＋＋类进行有限元程序开发的一个框架。其主要特点有：

（1）各种矩阵的存储方案。

（2）直接求解线性方程组以及实现迭代求解器和预处理器的不同组合。最"流行"的有限元素的图形函数。特征值问题的数值求解，如最流行的问题（传热，流体流动，固体力学，电磁学等）的解决方案。

Ofeli 包不仅是有限元程序开发的一个类库，该软件包除了保护一些非常简单的"学术"型的有限元程序，还包含：

（1）大量的 demo 演示。

（2）广泛的 PDF 和 HTML 格式的文档。

（3）可将实用程序转换成网格和输出文件，并生成简单的网格。

F NeuroShell 软件

NeuroShell 是一个模仿人脑智能在以往的经验下进行模式识别、预测、决策的一种软件。NeuroShell 不用编程就可以创建一般复杂问题解决应用。告诉神经网络你将要预测或者识别的是什么，NeuroShell 便能通过训练数据样本学习"样本"，当输入新数据时，自动进行模式识别、预测、决策。

NeuroShell 和人脑均能解决传统方法编制的计算机软件不能解决的问题。

像人脑一样，神经网络仍然不能保证总是给出一个绝对"正确"的答案，尤其在样本不完全或者互相矛盾的情况下。结果应当按照与专家给出的答案匹配程度评估一下。

由 Ward 系统集团公司于几年前开发的 101 个神经网络应用中的一部分。还有很多网络应用尚未被发现。目前主要应用于股市预测、赛马选项、价格预测、频谱分析和解释、疾病诊断、石油勘探、杂志的销售预测、优化原料订单、法律战略、商品交易、信用申请、预测学生的表现、尿检结果、精神病诊断、聚合物识别、资本市场分析、市场分析、谱峰识别等。

参 考 文 献

[1] 孟开元. 以太网的历史、现状及未来发展技术 [J]. 中国科技信息, 2006 (11).
[2] 董臻圃. 数学建模方法与实践 [M]. 北京: 国防工业出版社, 2006.
[3] 李丽, 王振领. Matlab 工程计算及应用 [M]. 北京: 人民邮电出版社, 2001.

第5章 生产制造执行系统

5.1 概述

5.1.1 生产制造执行系统的定义和简介

1990年，美国先进制造研究机构（Advanced Manufacturing Research，Inc.）提出了生产制造执行系统（Manufacturing Execution System，MES）的概念："位于上层的计划管理系统与底层的工业控制之间的面向车间层的管理信息系统"，帮助管理人员和生产人员跟踪计划的执行情况，获取资源（人、设备、物料、客户需求等）的当前状态。MES面向车间层的生产计划执行和作业现场控制，将计划与制造过程统一起来，是实现敏捷制造、精细化管理的重要管理信息系统。

"十五"期间，国家863高技术发展计划将MES作为重点研究项目，并且将流程工业MES技术研究作为突破口。2007年，信息产业部在《信息技术改造提升传统产业"十一五"专项规划》中提出了八项共性技术和四个方面的重要系统，其中就包括MES。MES已经大量应用于钢铁、石化等行业，应用效益得到用户普遍认可。目前众多科研院所、IT企业和生产企业都加入到MES研发和实施热潮中。

制造执行系统协会（Manufacturing Execution System Association，MESA）对MES的定义是："MES通过信息传递，对从订单下达到产品完成的整个生产过程进行优化管理。当工厂发生实时事件时，MES能及时做出反应、报告，并用当前准确数据对它们进行指导和处理。这种对状态变化的迅速响应使MES能够减少企业内部没有附加值的活动，有效地指导工厂的生产运行过程，从而提高工厂及时交货能力，改善物料的流通性能，提高生产回报率。MES还通过双向的直接通讯在企业内部和整个产品供应链中提供有关产品行为的关键任务信息。"[1]

MES强调优化整个生产过程，需要收集生产过程中大量的实时数据，并对实时事件及时处理。它与计划层和控制层保持双向通信能力，从上下两层接收相应数据并反馈处理结果和生产指令。1997年，制造执行系统协会根据各成员的实践总结了十一个主要的MES功能模块，如图5-1所示，包括：作业详细调度、资源分配和状态管理、生产单元派工、文档管理、产品跟踪和履历、性能分析、作业者管理、维护管理、过程管理、质量管理和数据采集。实际MES产品包含其中一个或多个功能模块。各功能模块的简要说明[1]如下：

（1）作业详细调度：基于资源有限能力进行作业排程和调度，优化车间生产性能。

（2）资源分配和状态管理：指导作业者、机器、工具和物料协调工作，跟踪当前工作状态和完工情况。

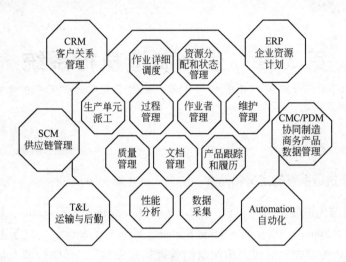

图 5 – 1 MESA MES 功能模型

（3）生产单元派工：下达生产指令，将物料或工单分派到生产单元，启动工序/工步操作。

（4）文档管理：管理和分发与产品、工艺、设计和订单相关的信息，同时收集与工作和环境有关的认证信息。

（5）产品跟踪和履历：监控产品单元/批次的生产过程，建立产品的完整历史记录，可以追溯产品的组件。

（6）性能分析：分析比较生产过程的实际测量结果和企业/客户/管理机构的预定目标，帮助改进和提高生产效率。

（7）作业者管理：基于人员资质、工作模式和业务需求，跟踪指导班次内人员的工作。

（8）维护管理：计划和执行相应的维护活动，保障设备和资产正常运转，实现工厂运营目标。

（9）过程管理：基于计划和实际生产活动，指导工厂的工作流程。

（10）质量管理：基于工程设计标准，记录、跟踪和分析产品和过程的质量。

（11）数据采集：监视、收集和汇总来自于人员、机器和底层控制操作的各种数据。

国内外 MES 相关标准中，ISA – 95 标准[2]最为重要，并得到广泛应用。ISA – 95 标准定义了企业经营管理系统与 MES 系统集成时所用的术语和模型，还定义了 MES 系统应支持的一系列不同的业务操作。ISA – 95 标准由国际自动化学会（International Society of Automation, ISA）和美国国家标准学会（American National Standards Institute, ANSI）共同发起制定，其国际化版本为 ISO/IEC 62246。

ISA – 95 标准包含多个部分，主要是针对企业控制系统各部分的集成问题。第一部分定义经营管理系统和制造执行系统间信息交互所用的模型和术语；第二部分定义与第一部分有关的对象模型属性；第三部分定义制造作业管理在集成企业系统和控制系统时所用的数据流和生产活动模型；第四部分定义制造作业管理的对象模型和属性。

ISA－95 标准提出了企业管理系统的层次模型（参见图 5-2），其中第 3 层是生产制造执行系统，第 4 层是经营管理系统。ISA－95 主要定义了第 3 层和第 4 层的接口和信息流。

ISA－95 标准将制造作业管理细分为 4 个部分（参见图 5-3）：生产作业管理、维护作业管理、质量作业管理、库存作业管理。这种划分用于定义制造企业的生产活动。

ISA－95 是最基本、影响最广泛的 MES 技术标准，定义了 ERP 和 MES 的界限和信息流，减少了 ERP 和 MES 集成的费用，适用于批次、

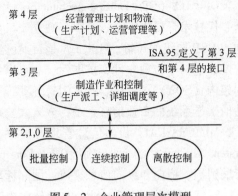

图 5-2 企业管理层次模型

连续和离散过程。SAP、Siemens、Honeywell、ABB、Rockwell Software、GE 等众多厂商在产品和工程中应用了这个标准。其他 MES 相关标准还有：

B2MML（Business to Manufacturing Markup Language）：企业制造标记性语言，由 WBF（World Batch Forum）的 XML 工作组开发，是 ISA－95 信息交换模型的 XML 实现。

BatchML：ISA－88 标准的 XML 实现，由一组 XSD Schema 实现了 ISA－88 定义的模型、术语，是批量制造行业广泛采用的标准。ISA－88 是一个国际制造业标准，定义了生产过程和设备控制的模型和术语，可以应用于全自动，半自动甚至完全人工的生产流程。

OAGIS（Open Application Group Integration Specification）：OAG（Open Applications Group）为企业信息系统集成而提出的商务语言标准，定义了一系列业务对象及应用场景。满足 OAGIS 标准的企业应用系统之间可以方便地实现集成和互操纵操作。由于 OAGIS 对 MES 与 ERP、PDM 等系统之间的集成也制定了相关的标准，因此在 MES 系统的开发中可以采用 OAGIS 标准，实现 MES 与上层管理信息系统的集成。

OPC（OLE for Process Control）：由一些世界上占领先地位的自动化系统和硬件、软件公司与微软（Microsoft）紧密合作而建立，目标是促使自动化/控制应用、现场系统/设备和商业/办公室应用之间具有强大的互操作能力。

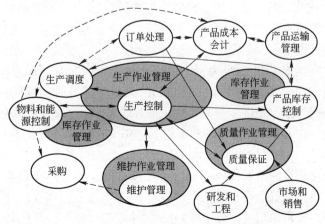

图 5-3 制造作业管理模型

　　OPC UA（OPC Unified Architecture）：基于 OPC 基金会（www. OPCFoundation. org）的新一代技术，提供安全、可靠、独立于厂商的原始数据和预处理信息从制造层级到生产计划或 ERP 层级的传输。OPC UA 是目前已经使用的 OPC 工业标准的补充，提供一些重要的特性，包括平台独立性、扩展性、高可靠性和连接互联网的能力。OPC UA 基于面向服务的架构（SOA），不再依赖 DCOM，使用更简便。OPC UA 已经成为独立于微软、UNIX 和其他操作系统的企业信息系统和嵌入式自动化组件之间的桥梁。

　　MIMOSA EAI：机器信息管理开放系统联盟（Machinery Information Management Open System Alliance）的企业应用集成（Enterprise Application Integration）标准，基于 XML 支持端到端、横向和纵向信息集成。国际标准 ISO 13373 - 1 推荐使用 MIMOSA 协议。

　　SJ/T 11362—2006 企业信息化技术规范制造执行系统（MES）规范：中国电子行业标准，由上海宝信软件公司联合清华大学、浙江大学、上海交大、东北大学、大连理工、冶金自动化院等六家研究院校，提出符合我国国情并具有国际先进水平的制造业 MES 控制策略与产品构架。

　　在软件供应商方面，国外 Siemens、GE Fanuc Automation、Rockwell Software、Wonderware、Emerson、Aspen、Honeywell、ABB、Kronos、Agile Software 等公司占据领先位置，名列前茅。国内知名厂商有宝信软件、浙大中控、石化盈科、和利时、华铁海兴、华磊迅拓、南京比邻等。MES 应用遍布冶金、石化、汽车、机械、造船、装备制造、电子等行业。

5.1.2　企业信息化与生产制造执行系统

　　在企业信息化的层次划分中，MES 是企业信息集成的纽带，是企业资源计划（Enterprise Resource Planning，ERP）与过程控制系统（Process Control System，PCS）之间的桥梁。MES 为企业上层管理系统提供企业管理所需的各类生产运行信息，同时向过程控制系统发布生产指令，实时收集生产实绩，使两者之间有机地构成一个整体。MES 实现生产过程的一体化管理，实现不同生产区域业务前后衔接，信息共享，最重要的是对全过程的质量、生产、物流进行优化处理，体现企业整体效益[3]。

　　MES 具有鲜明的行业特征，直接反映底层工艺设备的特点，体现行业特色的制造管理模式。MES 以生产优化运行为核心，主要解决生产计划的一体化编制和处理、生产过程的动态优化调度、生产成本信息的在线收集及控制、生产过程的质量动态跟踪以及设备运行状态监控等一系列问题[3]。

　　国内很多企业在实施 ERP 系统为标志的信息化建设的同时，常常忽视了与过程控制层直接相连的成熟的 MES 系统的支撑，使得 ERP 系统不能及时地掌握到工厂发生的实际情况，成为空中楼阁，这也是许多企业信息化失败的重要原因之一。国外先进的制造企业信息化系统日趋统一在 EPR/MES/PCS 的架构下，MES 在企业信息化中起到了越来越重要的核心关键作用。

　　随着企业信息化建设的不断深入，国内越来越多的企业已经认识到 MES 在现代化企业管理中的重要作用，并着手在自己企业中建设 MES 系统。由于 MES 具有明显的行业特征，与企业的管理方式密切相关，各企业 MES 的功能架构各异，没有统一的实施标准。

　　MES 是 20 世纪 90 年代提出的关于制造业企业信息化的新概念，它通过计划监控、生产调度、实时传递生产过程数据，来对生产过程中出现的各种复杂问题进行实时处理，在信息化中起到了核心关键作用。如果用一句话来概括 MES 的核心功能的话，就是：计划、调度加实时处理[3]。

MES 处于中间层，其特点是：

（1）MES 最具有行业特征，它与工艺设备结合最紧密，至今世界上还没有一个适合于所有行业的 MES 通用产品。

（2）MES 是实现生产过程优化运行与管理的核心环节。

（3）MES 是传递、转换、加工经营信息与具体实现的桥梁。

不同行业的 MES 功能差异很大，但 MES 的核心功能可以概括为四方面的内容[3]：

（1）整体优化的计划与设计。编制和管理一体化的合同计划、材料申请计划、作业计划、发货计划、转库计划。对产品进行质量设计、生产设计、材料设计。

（2）事件触发的实时数据处理。数据是 MES 的基础与生命，MES 的信息不但要具有完整性，也就是该收集的信息都收集到，而且还要具有时序性、时效性与实时性。按事件进行管理，实时地收集生产实绩。所有生产事件的集合就构成了一个现实工厂的生产模型。

（3）应对突发事件的实时调度。对突发的故障紧急处理提供手段，对计划进行动态调整，对操作作业进行指导。

（4）生产状态的实时监控。主要监控设备的运转状况、在制品的质量状况、合同进度情况等。

5.2　体系架构

5.2.1　钢铁企业 MES 的技术架构

钢铁企业 MES 是从企业经营战略到具体实施之间的一道桥梁，它针对钢铁企业生产运行、生产控制与管理信息不及时、不完全、生产与管理脱节、生产指挥滞后等现状，实现上下连通现场控制设备与企业管理平台，实现数据的无缝连接与信息共享；前后贯通整条产线，实现全生产过程的一体化产品与质量设计、计划与物流调度、生产控制与管理、生产成本在线预测和优化控制、设备状态的安全监视和维护等，从而实现整个企业信息的综合集成，对生产过程实现全过程高效协调的控制与管理[3]。

钢铁企业 MES 的技术架构如图 5-4 所示。

5.2.2　钢铁企业 MES 的软件功能架构

钢铁企业 MES 整体应用功能的设计，要以钢铁企业的行业特色为背景，要有先进的管理理念贯穿其中，贯彻以财务为中心、成本控制为核心的理念，贯彻按合同组织生产、全面质量管理的理念，实现全过程的一贯质量管理、一贯计划管理、一

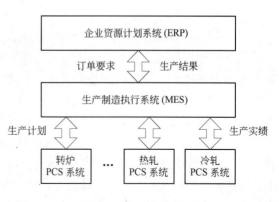

图 5-4　钢铁企业 MES 技术架构

贯材料管理以及整个合同生命周期的动态跟踪管理，以缩短成品出厂周期以及生产周期，加快货款回收，提高产品质量和等级。钢铁企业 MES 的软件功能架构如图 5-5 所示。

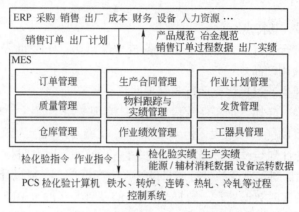

图 5-5　钢铁企业 MES 功能架构

钢铁行业 MES 从根本上解决了钢铁生产过程的多变性和不确定性问题，有效地指导工厂的生产运作过程，从而使其既能提高工厂及时交货能力，改善物料的流通性能，又能提高生产回报率。主要功能模块包括：订单管理、质量管理、生产合同管理、作业计划管理、物料跟踪与实绩管理、仓库管理、发货管理、工器具管理、作业绩效管理。

5.2.3　钢铁企业 MES 的技术特点

钢铁生产是兼具流程性和离散性的混合型制造过程，具有产线长、工序多、工艺复杂、设备控制要求高等特点。钢铁生产管理既要考虑外部市场对品种、规格、质量、交货期的多样化需求，又要兼顾企业内部的产线分工、设备状态、工艺条件、物流状况与成本控制等诸多因素。

因此钢铁企业 MES 需要有较强的一体化计划编制功能和实时动态优化功能；具有较强的与 ERP 系统及 PCS 系统的集成性；能广泛适用于钢铁企业各种产线，包括板材、线材、型钢、钢管等不同产线和单制程、多制程、直接热装热送、短流程轧制等各种流程；满足敏捷制造的实时性，大量采用实时处理技术，无论是计划调度、质量判定还是生产实绩收集、成本核算都由生产中发生的事件触发，进行实时抛账和即时处理。在具体实现上，具有以下技术特点[3]：

（1）建立产品规范体系和冶金规范体系，真正实现按用户需求进行产品设计。为贯彻一贯的质量管理理念，需要建立产品规范管理体系及冶金规范管理体系。产品规范支持销售系统的订货处理，并规范产品的品名、标准、牌号、表面特性等，确保从合同到标签、质保书的统一引用。冶金规范是对产品整个生产控制过程以及表面检查、性能检验、标签、包装、质保书打印等要求进行代码化与参数化，形成企业的冶金知识库。

（2）自动的合同处理与设计技术。合同处理在产品规范系统和冶金规范系统的支持下，自动对销售下发生产的用户合同进行产品的质量设计和生产设计，设计合同的加工工艺途径及合同产品从材料准备、生产、检验、发货、出厂等全过程的工序工艺控制参数、检化验要求等作业指令，以及各工序的物料重量和合同的工序欠量，实现全自动的合同处理技术。

（3）产品质量判定的自动处理技术。冶金规范对于产品的最终放行条件作了规定。对于同一种产品，可以针对不同的用户、不同的用途分别制定不同的放行条件，真正体现了按用户进行质量管理的模式。根据质量设计结果的放行标准和对产品的检验实绩，实现对产品实物的自动质量判定。

（4）实时动态的合同执行进程跟踪管理技术。根据合同处理结果及生产实绩的实时抛账作业，对合同各工序生产欠量进行动态平衡，实时监控合同进度，动态反映合同的欠量、通过量。合同跟踪从销售、质量、生产、出厂直到财务结算为止，真正实现实时动态的合同跟踪。

5.3 功能说明

钢铁 MES 主要面向钢铁企业的制造管理部门和各生产单元，紧紧围绕企业制造管理业务主线，实现智能化管控、精细化制造。钢铁 MES 广泛应用于以下钢铁企业的各类场景（见图 5-6）：

（1）铁区：包括原辅料、烧结、球团、焦化、石灰窑、高炉等工序。

（2）炼钢：包括转炉、电炉、精炼、模铸、连铸等工序。

（3）热轧/厚板：包括加热炉、热轧机、炉卷轧机、厚板轧机、精整等工序。

（4）棒线/型钢：包括棒材初轧机、棒线轧机、型钢轧机、精整等工序。

（5）冷轧：包括酸洗、冷轧、酸轧、罩式炉、连续退火、热镀锌、电镀锌/锡/铝、彩涂、精整等工序。

（6）钢管：包括热区、冷区、热挤压、焊管等工序。

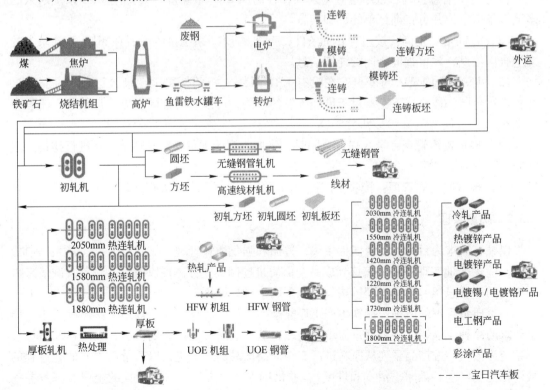

图 5-6　钢铁 MES 的应用场景

（7）特钢：包括特种冶金、锻造、棒材连轧、棒材初轧机、轧机、银亮等工序。

（8）厂内物流：包括铁路运输、汽车运输、轮船运输等方式。

下面以钢铁 MES 为例，介绍生产制造执行系统的功能。

5.3.1 订单管理

订单指客户向生产厂家订货时使用的单据，是格式化、代码化的销售合同，主要包括客户信息、产品质量要求、具体的订货规格、交货日期等信息。订单信息是"按合同组织生产"的前提与基石。订单又称销售合同，销售合同在未经过质量部门的订单处理前叫做订单，经过订单处理后叫做生产合同，简称合同。

订单管理支持"标准 + α"订货。"标准"是指产品通用供货标准，"α"是指用户在供货标准以外提出来的附加技术条件。结合质量管理的产品规范与冶金规范体系，支持"标准 + α"订货。

订单管理主要提供 ERP 下发的订单和合同信息查询和 MES 合同的录入、维护及查询。在合同的各个阶段都可以进行合同主要信息的组合查询以及单个合同的详细信息查询。当有 ERP 系统支持时，提供 ERP 订单的多记录查询和单记录详细信息查询；当无 ERP 系统支持时，可独立完成合同的录入、修改、下发，合同的变更，现货资源的接收，现货资源与现货合同的挂钩、现货脱合同请求处理等功能。

订单管理功能包括：订单信息查询、合同信息查询、订单/合同录入与变更、现货资源管理、现货脱合同管理等功能。

（1）订单信息查询：按组合查询条件，查询从 ERP 系统接收或者在 MES 系统录入的多笔订单信息，并可查询订单的详细信息。

（2）合同信息查询：按组合查询条件，查询从 ERP 系统接收或者在 MES 系统录入的多笔合同信息，并可查询合同的详细信息。

（3）订单/合同录入与变更：在没有 ERP 系统支持的情况下，录入订单/合同信息，并可进行合同的修改与下发。对于已经下发的合同，可以进行合同变更。订单录入流程参见图 5 - 7，合同变更流程参见图 5 - 8。

（4）现货资源管理：录入现货合同时，将接收到的现货材料与现货合同进行挂钩，或者脱钩。

（5）现货脱合同管理：接收生产提交的现货脱合同请求，进行确认。

5.3.2 质量管理

以顾客需求为目标，以合同为主线，遵循和强化质量管理一贯制原则，"集中、一贯、高效、优化"地实现产品从熔炼到成品全面质量控制，充分体现以质量、服务及诚信来占领市场的战略思想。质量管理模块具有如下两个设计原则。

一贯质量管理的原则：钢铁生产工序复杂、工序路径长，为有效地生产出满足用户质量要求的品种，强调以满足用户需求为前提，从产品质量先期策划着手，以规程和质量控制系统为依据，按产品系列从原料进厂直至成品产品出厂，进行以质量为中心的全过程的最优化控制（包括效率、成本和进度），并借助 PDCA 方法来求得最佳的企业经济效益和社会效益。一贯质量管理的设计原则体现在产品规范体系、冶金规范体系、合同处理、检

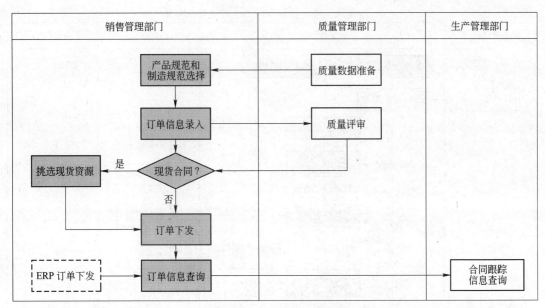

图 5-7 订单录入业务流程

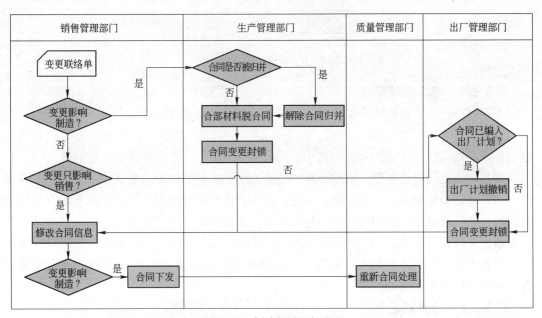

图 5-8 合同变更业务流程

化验数据管理、质量判定、质保书管理中。

按"标准 + α"组织生产的原则:市场竞争日益激烈,用户对品种、质量、成本、服务等方面要求更加苛刻。产品的生产应以用户满意为最高标准和最终要求,生产组织应由符合标准向满足用户特殊需求转变,不断增强企业在市场中的核心竞争力。"标准 + α"的设计原则体现在产品规范和冶金规范的结构设计、产品规范 + 最终用途 + 最终用户和冶金规范的对应关系中,并通过订单处理将具体的控制、管理要求落实到各生产环节中。

质量管理业务流程如图 5-9 所示。质量管理功能包括产品规范管理、冶金规范管理、订单处理、检化验和判定管理、质量控制管理、质保书管理等功能。

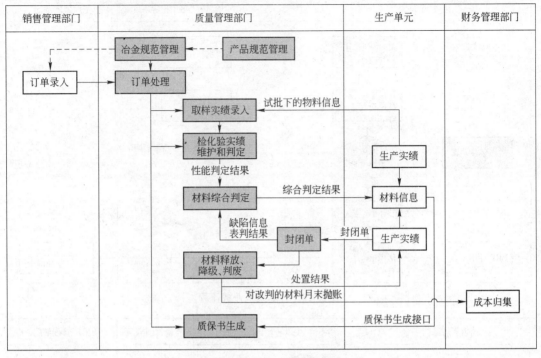

图5-9 质量管理业务流程

5.3.2.1 产品规范管理

为了对全厂产品进行统一集中管理，需要对主产品（板坯、热轧产品、冷轧产品、厚板、钢管等）和副产品（氧化铁粉、氧化铁皮、废钢等）进行统一编码，形成信息系统使用的产品规范码。产品规范码应用于合同的销售、生产、发货等整个生命周期。

产品规范是销售合同进入订单处理的桥梁，统一了产品的描述方式，并向销售系统及时提供产品的最新资料。销售合同订立时，必须确定产品规范码、最终用途代码及最终用户代码，产品规范系统就能由此自动勾连出冶金规范摘要，确定产品生产的工艺参数、质量参数、工序作业指令。当不同用户订货时，即使指定相同的产品规范码和最终用途代码，根据不同用户对产品的不同需求，产品规范系统能够自动勾连出不同的冶金规范摘要，也就能得到不同的产品质量设计。

5.3.2.2 冶金规范管理

对于一个特定的产品来说，在生产中要遵循许多作业内容，并经过各个工序一步步地执行，一直到成品交给用户为止，冶金规范摘要就是生产这个产品的各个作业指令的集合。新建冶金规范摘要的过程，即是对产品进行产品工艺设计的过程。这是实现一贯质量管理的关键技术。

在满足成品要求的基础上，根据生产多元化的特征，冶金规范摘要提供了符合产品生产要求的多条生产途径设计。只要用户能正确表达其用途或加工方法，就能制定出各生产单元的控制要求及标准，最终提供满足用户要求的产品。

对一个产品来说，一般可以通过多条不同的工序路径进行生产，质量工程师需要选择其中一条最优路径作为主制程。合同处理时将按照主制程进行设计，生产过程中可以增加制程或者进行制程切换。合同的量比较大时，冶金规范摘要所包含的多条产线都能生产出符合需求的产品，为了加快生产节奏，可以增加副制程，多制程同时生产。

冶金规范管理还包括冶金规范数据库的管理。冶金规范数据库是技术质量管理部门对所管理的生产工序的工艺控制参数、检化验要求等作业指令进行有机归并后形成的集合，是合同处理的最重要的基础数据来源之一。对于用户的特殊要求或者生产中需要特别注意的事项，冶金规范应能够把它转化成在各个工序的特别控制参数或者是中文描述。

5.3.2.3 订单处理

订单处理就是在满足用户要求和保证产品质量的前提下，以产品规范和制造规范为基础，针对某订单所要求的产品，从原料到成品产出工序进行设计，从多产线中推荐一条作为主加工路径，并针对此路径将用户需求转换成该产品的生产工艺号、检化验要求及放行标准等。

质量设计是订单处理的一个重要环节。它是将用户的订货要求转换成厂内生产工艺控制的具体内容。质量设计的数据来源于产品规范系统、冶金规范系统，质量设计的结果为后续的合同归并、合同计划、作业计划、质量判定、质保书打印等业务功能提供基准数据。根据合同所带的冶金规范摘要以及用户要求，进行从炼钢到成品产出的产线设计，并进行各工序的质量参数和工艺参数的设计，形成检化验要求、判定放行标准、质保书打印要求等。

5.3.2.4 检化验和判定管理

可按试批对应的订单查询检化验要求。试批录入时，确定试批对应的材料以及取样的代表材料。按试批录入检化验实绩，并按订单标准作出试批是否合格的判定。

5.3.2.5 质量控制管理

质量控制管理是实现一贯质量管理的重要组成部分。按订单的控制要求对材料生产全过程的表面质量、尺寸规格、材料形态进行检测；结合成品材料表面判定和检化验判定结果给出综合判定结果，以保证合格产品交给用户。对判定不合的产品，封锁后由质检人员作出相应的处理（降级、判废、释放）。质量判定的结果作为材料发货、打印质保书的依据。

5.3.2.6 质保书管理

在产品质量符合订单标准可出厂发货时，系统自动生成相应的质保书。按照质量设计要求，质保书管理主要是根据销售系统提供的订单信息、发货时的材料信息，由质量系统提供材料对应的检化验实绩及质量保证，按照一定格式打印后交给用户。

5.3.3 生产合同管理

强化"以市场为导向、以客户需求为目标"的管理理念，通过对合同整个生命周期实时动态的跟踪，及时了解合同生产情况，调整生产节奏，平衡生产物流，提高生产效率，减少计划余材，最终实现合同按质、按时、按量交货。

生产合同管理业务流程如图 5-10 所示。生产合同管理功能主要包括合同归并、合同计划、材料申请、转用与充当、合同准发、合同跟踪等功能。

5.3.3.1 合同归并

将订货量较小的销售订单归并成适合企业规模生产的合同，可以有效提高机组产能，

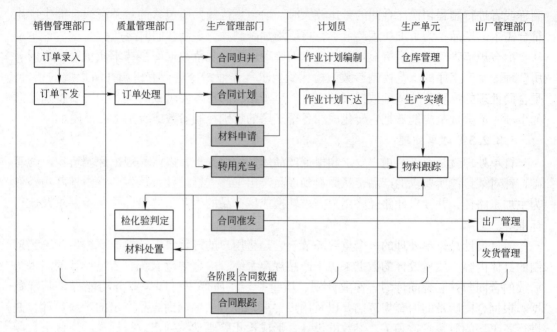

图 5-10　生产合同管理业务流程

减少计划余材，方便企业管理，解决市场个性需求与工厂集批生产之间的矛盾。

在生产过程中按照归并合同进行生产，直到成品产出时将归并合同的材料分配到用户合同上。被归并合同的顺序作为成品材料分配用户合同的顺序。归并合同的分组基本规则是：合同主制程相同，并且归并合同只按主制程组织生产。其他归并参数、业务规则可维护。

5.3.3.2　合同计划

在保证瓶颈工序产能平衡及合同按期、按量交货的前提下，合理设定合同在指定时间段通过指定工序的日期，编制宏观的企业级的排产计划。综合考虑产品加工路径、生产周期、库存、设备能力、合同优先级等因素，为生产合同分配生产能力，发挥瓶颈工序产能，平衡全厂物流。

合同计划以合同交货期及各工序加工周期为基准，依据客户需求、工序能力、生产加工途径和库存能力等信息人工规划各工序排产日期。系统采用人机对话方式编制合同计划，自动校验工序能力，以便弹性调整排产日期，并为优化选择生产路径提供依据。合同计划既是作业计划的基础，也是企业资源计划中预测中长期资源需求的依据。

当合同满足一定条件时，才可以正常编制合同计划。编制合同计划的前提条件如下：

（1）合同计划只对预先设定的瓶颈工序进行产能平衡。

（2）合同已质量设计成功。

（3）对于每个合同，合同计划只排一次；现货合同不排合同计划。

（4）瓶颈工序已设置；瓶颈工序平均产能、明细小时产能、定检修已维护；瓶颈工序目标能力已维护。

（5）库存能力已维护。

5.3.3.3　材料申请

根据合同排产量、排产时间以及库存余量，推算原料需求量及准备期，编制原料申请计划。通过合理的安排和计划，将满足合同要求的原料有序地投入生产。材料申请既是合同与物料之间的桥梁，又是后序作业计划编制的主要依据，确保合同按期、按量完成。

5.3.3.4 转用与充当

材料的转用充当是将无合同材料或隶属于其他合同的材料转移到目标合同上，或是将有合同的材料变成无合同材料。利用该管理功能，可根据合同的执行进度，调整材料与合同匹配关系，合理地使用库存合同材料和余材，达到加快物流周转、降低库存的目的。

转用充当完成如下功能：在制品、成品和虚拟材料的脱合同功能，即解除材料和合同之间的关系；在制品、成品和虚拟材料的挂合同功能，即材料与满足条件的合同进行比对，建立材料和合同之间的匹配关系；在制品、成品和虚拟材料的转用功能，即将有合同的材料与满足条件的新合同进行比对，建立材料和新合同之间的匹配关系。

5.3.3.5 合同准发

成品产出后，包装完毕，经质量检验合格，就标志产品的加工已完成，可以出厂发给用户。为了将产品迅速准确地发运，合同准发功能将符合发货条件的成品以单个或多个用户订单的形式组成一个计划单元，经现场人员进行实物确认后，提交给发运部门，并提供准发报告，以便组织正常发货，加速成品材出厂速度，确保物流平衡和畅通。

合同准发功能通过编制准发计划，进行物料信息和实物信息确认、与出厂管理部门进行成品交接。

合同准发支持现货申报管理，通过把现货资源信息传递到销售管理部门，进行材料挂牌出售，使无合同的成品资源转换为有合同的准发资源。一旦现货订单下达，现货资源即可转化为有合同的准发资源，正式进行准发。

合同准发支持编制转库计划，通过把满足转库条件的材料排入转库计划，作为转库操作的依据，实现库区物流平衡，防止涨库。

5.3.3.6 合同跟踪

全过程实时动态的合同跟踪，是生产管理必不可少的监控措施与管理手段。实时跟踪订单录入、计划编制、合同配料、生产执行、库存变化、产品发货中与合同相关的业务操作，自动进行合同补料，全面掌握从订单接收到成品发货每个生产管理环节的合同进度。详尽的合同跟踪信息帮助生产管理者作出最佳决策。合同状态即时可见，便于用户查询，提高客户服务质量。合同拖期风险预报提示管理者及时应对。

合同跟踪完成如下功能：合同全程工序进度查询、合同跟踪履历信息查询、合同跟踪材料明细查询、小欠量合同信息查询、拖期合同查询。通过合同跟踪，可以：

（1）对合同生产过程进行实时数据收集，动态反映合同的生产进度，动态调整控制合同的生产进程，具备合同变更和强制终止的能力。

（2）准确掌握合同生产过程发生的履历信息，对合同生产过程的发生事件、发生时间、生产量、计划量、责任者等信息，实现实时查询。

（3）具备合同生产途径的选择和切换能力。

（4）具备对合同各加工工序的信息实时查询能力，动态显示各工序的物料、计划的状况。

（5）具备对合同碎片（即将完成的合同）的把握和控制能力。

（6）能够进行拖期合同的报警，保证合同按期交货。

（7）能够对加工合同和非加工合同进行管理。

（8）对掉队或出格的材料，能够自动进行合同补投料。

5.3.4 作业计划管理

根据合同计划确定的计划期及计划量，在工艺约束条件下，滚动进行工序级的详细排程。按照机组生产及工艺要求，同时考虑合同、设备能力、现场库存、前后工序衔接等因素，将材料进行组批并排序。释放生产的作业计划形成作业指令，下发给过程控制系统，有效地控制现场生产，确保生产任务的完成及物流的畅通。

作业计划管理主要包括作业计划的编制、调整、规程检查、作业指令下发及作业计划的全程跟踪等功能。作业计划管理支持：

（1）图形化的计划编制与跟踪。提供图形化编辑技术，直观体现作业计划的编制结果，方便计划的编制与调整。通过动态计划跟踪，实时反映作业计划进度，充分发挥作业计划对现场生产的指导作用。

（2）预计划技术。针对钢铁企业前后工序衔接紧密的生产特点，提供预计划编制技术，改进"见料排计划"的传统模式，支持"虚实材料混合"的预计划模式，强调作业计划的前瞻性、协调性及连贯性。预计划技术包括炼钢热轧的 DHCR/HCR 预计划、冷轧的轧制预计划等。使用预计划技术，能够有效地利用高温坯的潜热，减少加热时间，降低能源消耗，加快生产节奏，减少工序间等待时间，降低在制品库存。

（3）作业规程检查。作业计划的合理性直接影响设备能力发挥、产品质量和生产的安全。通过规程检查，校验作业计划的合理性，预防并发现作业计划存在的问题。

5.3.4.1 炼钢作业计划管理

根据质量管理中规定的工艺路径，组织安排铁水预处理、转炉、精炼、连铸等炼钢各道工序协调生产。管理的重点在于对工艺路径上的关键设备生产节点进行计划，保证所有设备之间协调有序地生产。

计划管理精度必须以物料（钢水）管理作为管理的基准，也就是说计划要管理、跟踪每个物料单位。其次是管理该物料在生产过程中占用的设备（即工艺路径）和处理时间，这就是炉次。每个炉次中具备对各关键工序的作业要求，即工序作业计划。不同种类钢水的工艺路径是不同的，在多种钢水同时进行生产时，必然会造成设备冲突问题。为保证所有设备之间协调有序的生产，计划管理的精度是每一个炉次及炉次下每个工序的作业时刻和时间。

计划管理信息整体包括制造命令号、计划日期、计划状态、计划责任者、钢种、钢水重量等等。作业计划细分为转炉计划、各精炼计划、连铸计划；作业计划信息包括工序处理号、作业时刻和时间、作业次序、设备状态、钢种及重量等。

整个计划管理的起始点是转炉装入，即铁水倒入转炉后；终点是连铸钢包浇注完。管理过程是先设置连铸浇注计划，再排出钢计划，然后根据现场生产实绩情况，对转炉、精炼、连铸的生产情况进行监控、调整，实现关键工序的全过程的管理。

5.3.4.2 热轧作业计划管理

提供人机结合地编辑热轧区域工序作业计划及作业命令的功能，包括热轧 T 形坯切割、热轧轧制（加热＋轧制）、热卷精整、热卷包装、热卷无委打包的作业计划编制、编辑、释放、下发各工序 L2，最终形成符合工序作业规程的、有序的、可执行的、有利物流平衡以及确保合同交货期的工序作业指令，内容包括生产哪些材料、什么时候生产、在哪个设备上生产、生产目标要求等。

作业计划编制对象包括热轧板坯库内板坯、热轧卷，可以是工序前库的实物材料，也可以是合同收池生成的虚拟材料（DHCR/HCR 计划）。作业计划覆盖的工序包括热轧（加热＋轧制）、精整、取样打包。

5.3.4.3 冷轧作业计划管理

提供人机结合地编辑冷轧区域工序作业计划及作业命令的功能，包括酸轧、酸洗、轧制、连退、热镀锌、拉矫、纵切、横切、重卷、包装等等冷轧工序的作业计划编制、编辑、释放、下发各工序 PCS，最终形成出符合工序作业规程的、有序的、可执行的、有利物流平衡以及确保合同交货期等的工序作业指令，内容包括生产哪些材料、什么时候生产、在哪个设备上生产、生产目标要求等。

作业计划编制对象包括热轧卷、冷轧卷，可以是工序前库的实物材料，也可以是在前工序作业命令中预计产出的虚拟材料（预计划适用）。作业计划覆盖的工序包括酸轧、酸洗、轧制、连退、罩式炉退火、光亮退火、热镀锌、电镀锌、镀锡、彩涂、平整、拉矫、重卷、纵切、横切、冷轧打包等。

5.3.4.4 厚板作业计划管理

提供人机结合地编辑轧钢区域工序作业计划及作业命令的功能，包括二切、轧制（加热＋轧制）、热处理工序以及其他备选工序的作业计划编制、编辑、释放，最终形成出符合工序作业规程的、有序的、可执行的、有利物流平衡以及确保合同交货期等的工序作业指令，内容包括生产哪些材料、什么时候生产、在哪个设备上生产、生产目标要求等。

厚板作业计划模块还包括了对二切、轧制（加热＋轧制）、热处理工序以及其他备选工序的作业命令下发各工序 L2，下达生产指令，以及对精整小工序进行作业命令编制，形成可即时生产的精整作业命令。

作业计划编制对象包括板坯、钢板，板坯对象可以是工序前库的实物材料，也可以是前工序预计产出的虚拟材料。作业计划覆盖的工序包括二切、轧制（加热＋轧制）、热处理、其他备选工序。

5.3.4.5 钢管作业计划管理

为钢管厂各工序提供方便灵活的作业计划编制功能。钢管作业计划管理模块包括：

（1）月作业计划：按月和机组编制，目的是合理安排机组产能和上下工序的衔接，同时为其他生产辅助部门提供必要的准备信息。热轧月作业计划，主要以轧批为单位编制热轧机组的作业计划。冷区机组月作业计划，主要以合同为单位编制冷区各机组的作业计划。

（2）日作业计划：按一段日期范围和机组编制，是在月作业计划的基础上，根据现场的实际情况进行微调，指导现场的生产执行。热轧机组日作业计划，主要以轧批为单位编制热轧机组的作业计划。冷区机组日作业计划，主要以合同为单位编制冷加工区域各机组的作业计划。

（3）委外加工需求计划：制造单元不具备该工序制造能力，由销售承接订单时即明确须通过委外加工完成指定工序制造；或制造单元具备该工序制造能力，但由于产能或其他原因决定委外加工完成指定工序制造。管坯按照炉号编制委外加工需求计划,管料按照合同编制委外加工需求计划。

通过上述计划的编制,下发给分厂的下位机系统执行,从而实现指导现场生产的目标。

作业计划编制对象包括轧批、合同。作业计划覆盖的工序包括热区、冷区(光亮炉、一般管精整、高压锅炉管精整、热处理、探伤、管加工、接箍加工等)。

5.3.4.6 作业计划管理详细流程说明

钢铁企业各产线的作业计划管理各有特点,下面以热轧轧制作业计划为示例(业务流程参见图5-11),更进一步说明作业计划管理功能。

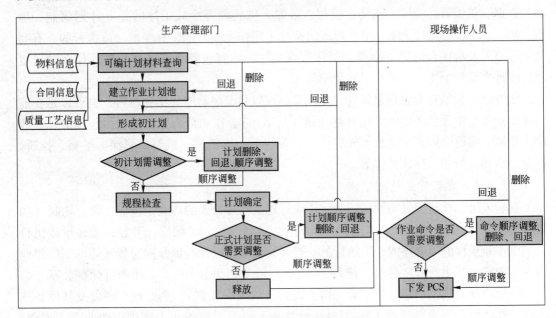

图5-11 热轧轧制作业计划业务流程

(1) 热轧轧制作业计划收池:查询可以编制热轧作业计划的材料信息,选择材料形成热轧轧制作业池计划。可以人工查询收池的履历,删除池计划中的材料。

(2) 热轧轧制作业初计划管理:人工选择池计划形成初计划。计划员可以对初计划进行顺序调整、回退、删除,调整到满足要求后,对初计划进行规程检查,计划确定以后就形成了正式计划。

(3) 热轧轧制正式计划管理:初计划确定成正式计划后,计划员可以对正式计划进行材料顺序调整、计划顺序调整、回退、删除等操作。正式计划释放以后就形成了作业命令。

(4) 热轧轧制计划优化管理:对于轧制计划中的板坯,为了使板坯上料时候产生的倒垛次数最少,减轻现场操作负荷,可以使用轧制计划优化功能,优化后计划板坯的上料倒垛次数为最少。该功能由现场操作人员执行,通常是板坯库一线操作岗位。轧制计划优化包含计划选定、优化回退、初选、交换、终选等操作。

(5) 热轧轧制作业命令管理:正式计划释放形成作业命令后,计划员等可以对作业命令进行命令顺序调整、删除、下发等操作。

(6) 热轧轧制作业计划状态跟踪:按物料在机组的生产情况更新对应的物料在计划中的信息。

（7）热轧轧制作业计划一览：可供用户查询当前还在热轧作业计划中的计划主体与明细信息，可对未释放的计划设置起始时间，同时具备打印计划单功能。

5.3.5 物料跟踪与实绩管理

对物料进行动态跟踪与管理，实时掌握库存信息，达到降低库存，确保物流畅通，实现全程跟踪的目的。

（1）全生命周期的物料跟踪。追溯物料的整个生产加工过程，如分炉、并炉、分卷、并卷、合卷、组板等。记录物料在整个生产组织过程中发生的所有事件，如投入、产出、封闭、释放、属性变更、性能判定、综合判定、改判等。

（2）生产实绩的实时收集。坚持"就源输入、数出一源"的原则，实现对生产线上的实绩资料自动采集，做到"数据不落地"，确保实绩数据及时、准确。生产实绩信息包括生产规格、加工工艺参数、表面缺陷数据以及生产时间等，资料完备，便于质量追溯以及生产工艺参数分析与优化。

（3）及时、准确的财务抛账。根据财务核算的要求，将生产的投入产出等信息实时向ERP系统"抛账"，通过规范抛账点、抛账条件、抛账内容，实现财务信息收集的标准化与自动化。

物料跟踪与实绩管理总体业务流程如图5-12所示，功能包括物料管理、实绩管理、物料跟踪。

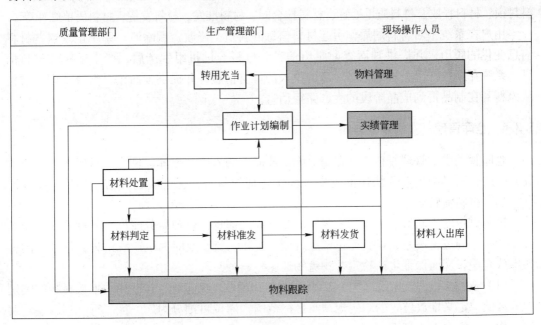

图5-12 物料跟踪与实绩管理业务流程

5.3.5.1 物料管理

物料管理功能包括物料信息的批量查询和详细查询，物料信息维护，物料信息成品在制品转换，外购物料信息维护，物料的管理封锁和释放。

系统中的一条物料信息记录对应实物的一个物料单位。物料信息主要包含以下内容：

（1）物料基本信息：例如材料号、规格、重量、牌号、标准、产出时间等。

（2）合同信息：例如合同号、产品规范码、产品最终用途码、冶金规范码、全程工序、目标规格等。

（3）质量信息：例如质量处置、性能判定、综合判定等。

（4）计划信息：例如计划号等。

（5）仓库信息：例如库位号等。

（6）成本信息：例如产副品代码、抛账重量、抛账时间等。

5.3.5.2 实绩管理

按照生产管理部门编制的机组作业计划，并按合同和计划要求组织生产，将机组正常和异常的生产情况如实收集到系统中。

（1）各机组下位机收集生产过程数据，当材料生产完成时，上传材料的完整生产实绩结果。

（2）当机组不存在下位机系统或者下位机系统故障，MES系统提供生产实绩后备录入功能。

（3）可以查询各机组详细生产实绩信息。

5.3.5.3 物料跟踪

定义物料跟踪事件，用户在系统中执行不同功能对物料进行操作时就触发不同的物料跟踪事件。主要事件包括：外购物料新增、盘库新增、盘库删除、机组投料、机组产出，材料封锁、材料释放、材料质量处置、材料挂合同、材料准发、材料发货、材料码单红冲等。

用户在系统中对材料的操作引起材料信息的新增、修改、删除时，系统记录这些材料信息变化的履历，并提供画面查询履历信息。材料经过机组生产后，产生了新的材料信息，系统在新的产出材料中记录对应的投入的母材信息，并提供画面按材料号查询该材料从原料到在制品再到成品阶段的生产路径信息。

5.3.6 仓库管理

仓库管理主要管理原料库、在制品库、成品库的入库、出库、倒垛、盘库等业务，掌握其中的材料详细信息，快速准确地查询所管理的材料，保证实物和信息一致，减少库存，加快材料流转。

按照材料的不同形态、质量等级、产品去向等信息，合理划分库位。通过建立库位与各生产工序的逻辑关系，设置库位堆放规则，优化物流，及时为生产线供料，使产出的材料堆放有序，从而保证生产稳定及物流畅通。

（1）支持多级库位精细管理。以各产线的物理位置为基础，按仓库内堆放材料的类别划分区域，定义堆放位置的编码规则及坐标范围。库位可细分为库、区、行、列、层，实现一物一地的精细化管理。

（2）可配置的堆放规则。提供可配置的物料堆放规则，推荐最佳堆放方案，科学、合理、有序地存放材料，有效减少倒垛，加速物流周转。保证堆场安全，防止物料受损。

（3）与行车定位、手持终端集成。支持行车终端、手持终端等无线设备进行仓库操作。优化行车吊运指令，提高行车的工作效率，减少堆场内材料的整体吊运次数。提供手持终端的出、入库及信息核对功能，提高仓库管理的准确度。

仓库管理总体业务流程如图5-13所示。仓库管理功能包括入库管理、出库管理、库存查询、材料处置、移库管理。

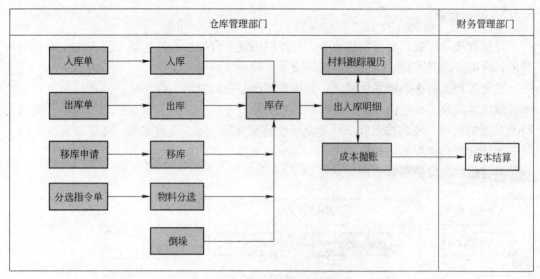

图5-13 仓库管理业务流程

5.3.6.1 入库管理

对入库单信息进行维护，并对材料按入库单进行入库。材料处置入库单由仓库产生。

入库管理的对象包括：原料库、在制品库、成品库。原料入库包括采购入库、来料加工入库、机组退料入库、委外退料入库、赠送入库、销售退货入库、盘盈入库。在制品库入库包括厂内加工入库、机组退料入库。成品入库包括厂内加工入库、委外加工入库、盘盈入库、销售退货入库、包装资财入库。

5.3.6.2 出库管理

对出库单信息进行维护，并对材料按出库单进行出库。材料处置出库单由仓库产生。

出库管理的对象包括：原料库、在制品库、成品库。原料出库包括贸易销售出库、厂内加工领料出库、采购退货出库、来料直发出库、赠送出库、盘亏出库。在制品出库包括厂内加工领料出库。成品出库包括销售出库、厂内加工领料出库、委外加工领料出库、包装领用出库、赠送出库、盘亏出库。

5.3.6.3 库存查询

对原料库存、在制品库存、成品库存、原料出入库明细、在制品出入库明细、成品出入库明细、入库单、出库单、成本抛账和材料跟踪履历进行查询。

管理的对象包括：原料库、在制品库、成品库。

5.3.6.4 材料处置

维护和审核材料处置的入库单和出库单。处置单审核后依据处置单操作材料出库，材料出库完成后，记录处置单对应的处置实绩，最后依据处置实绩操作材料的入库。

管理的对象包括：原料库、在制品库、成品库。

5.3.6.5 移库管理

移库是将材料从原来库位移动到厂内不同库区下新的库位。移库管理负责维护与审核移库申请单，并对材料按移库单进行移库。

管理的对象包括：原料库、在制品库、成品库。

5.3.7 发货管理

发货管理负责规范成品发货业务，合理组织发货资源，安排运输工具，缩短发货物流周期，降低产成品库存，保证合同按期交货，提高客户满意度。

发货管理支持多品种发货模式，如棒线材产品按量发货、冷热轧产品按件发货。支持多区域发货模式，如厂内库、厂外库等区域的发货业务。支持"资金控货"业务，通过与ERP系统的集成，实现按照客户的资金量控制发货量，减少应收账款，降低资金风险。

发货管理总体业务流程如图5-14所示。发货管理的功能包括发货资源管理、发货计划、发货跟踪、发货票据管理等功能。

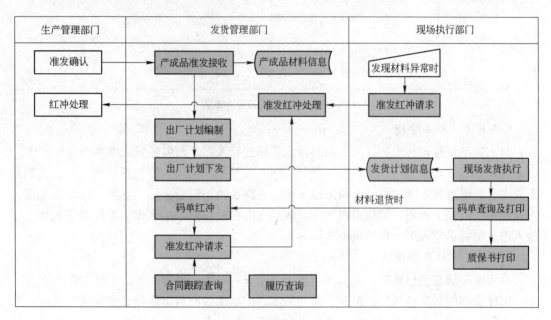

图 5-14 发货管理业务流程

产成品指判定合格、包装完毕并已经配上销售合同经过准发确认的材料。准发是指材料经过综判合格、包装完毕、已经入发货仓库的材料。准发红冲指准发确认后的材料需退回到生产进行重新加工。码单红冲指用户对发货后的材料有质量异议时，进行退货。

5.3.7.1 产成品管理

发货部门实时了解合同执行情况，及时掌握当前可发货材料的库存情况，当材料发生异常情况时不允许材料发货，并通知生产方。产成品管理包括发货阶段材料的物流跟踪和销售合同的跟踪。材料的跟踪从准发接收到实物发货。销售合同的跟踪从销售合同准发确认到销售合同发货完成。

产成品管理的功能包括：合同跟踪查询、产成品跟踪、准发红冲处理。

5.3.7.2 出厂计划管理

发货管理部门根据销售合同编制出厂计划，组织出厂发货，跟踪发货状态，处理异常情况。当末端库涨库或需集批发货时可安排材料转库。

出厂计划管理提供对产成品材料计划的编制、调整、释放，功能包括：出厂计划编制、出厂计划调整及释放、计划材料调整、计划强制完成、出厂计划跟踪、仓库代码管理、承运用户维护、车籍资料维护等。

5.3.7.3 仓库发货管理

现场发货部门查看已释放的出厂计划和转库计划，进行出库入库操作。对于出厂发货的材料，发货后打印码单和质保书。在发货异常的情况下，进行材料退货和码单红冲处理。针对每月或每季度的清盘库结果，对厂外库的材料进行库位的移动。对厂外库材料的库位进行维护，使信息和实物位置保持一致。

仓库发货管理的功能包括：厂外库的发货、厂外库的入库、码单查询打印、质保书打印、码单红冲处理及厂外库材料的库位修正。

5.3.7.4 单据结齐管理

单据结齐管理是发货与结算的衔接环节，由发货管理部门负责收集承运商运输的厂外运费单据、已发货码单和质保书，将这三类单据收集完成后提交给财务结算部门作为向用户结算的依据。

单据结齐管理的功能包括：运费录入、码单结齐、运费配单、质保书打印等。

5.3.8 工器具管理

工器具是用于生产、工作和测量的装置。关键工器具与生产作业计划密切相关、影响生产工艺和质量控制，如铁水包、钢包、中间包、结晶器、轧辊、套筒等。

工器具管理实现关键工器具入库、使用、修复直至报废的全生命周期管理，支持各类工器具消耗指标精确统计，如钢包使用寿命、轧制公里数、轧制吨数等，优化工器具更换周期，提高工器具使用效率，降低工器具使用成本。

5.3.8.1 铁水包管理

根据铁水包实际情况，及时对铁水包运转状况进行维护，实现铁水包的全面跟踪管理。

铁水包基本信息主要包括铁水包号、炼钢单元代码、空包重量、铁水包状态、铁水包位置、铁包壳厂家、铁包壳使用次数、永久层包底修理次数、永久层包底厂家、永久层包底使用次数、永久层包壁修理次数、永久层包壁厂家、永久层包壁使用次数、使用开始时间、使用结束时间、维修开始时间、维修类型、维修结束时间等。

铁水包管理提供铁水包的从进入生产厂开始到报废为止的全生命周期的管理，包括铁水包基本信息管理及维修实绩管理。

5.3.8.2 钢包管理

满足用户对钢包的全面跟踪管理，用户随时可获得每个钢包的使用、烘烤、维修历史信息及当前的工作状态，提高钢包的利用率，使得钢包的使用最优化，实现钢包的合理分配及最大周转速度，满足生产线的要求。

钢包基本信息主要包括钢包号、炼钢单元代码、空包重量、钢包状态、钢包位置、大修次数、大修包龄（即大修以后钢包的使用次数）、中修次数、中修包龄（即中修以后钢包的使用次数）、永久层修理（或砌筑）次数、永久层使用次数、永久层厂家、铁壳使用次数、烘烤开始时刻、烘烤类型、烘烤位置、烘烤结束时刻、烘烤结束温度、维修开始时刻、维修类型（大修或中修或永久层修理或小修）、维修结束时刻、钢包使用开始时刻（即出钢时刻）、使用结束时刻（即浇铸结束时刻）、出钢计划号、出钢记号、精炼区分、制造命令号、钢水重量等。

钢包管理提供钢包从进入生产厂开始到报废为止的全生命周期管理，包括钢包基本信息管理、钢包烘烤管理、钢包维修管理、钢包计划管理、钢包使用履历管理。

钢包在炼钢—连铸区域的周转流程如下：

（1）工作段：空包（未装入钢水的钢包）到转炉接受钢水后，根据钢种的要求，进行扒渣处理，即重包（装有钢水的钢包）走扒渣工位，或不走扒渣工位直接到精炼设备处理；精炼处理后重包到大包回转台或模铸工位准备浇铸。

（2）检查段：浇注结束后，空包到相应的倒渣工位倒渣并将其送到某个倾转台上，对其吹氩孔、水口、滑板等进行检查。

（3）就绪段：检查处理后的空包，除直接到转炉接受钢水外，一般是到快烘位等待接受钢水，或到烘烤位进行烘烤，等待接受钢水命令。

（4）检修段：如钢包耐材熔损严重或使用次数达到额定量，送到修理厂进行大、中、小修理。

钢包选择要求（温度要求）：

（1）优选红包，即热包。

（2）如果没有红包，则选择半冷包（是指浇注结束后停用8h（加盖保温）再投入使用的钢包），根据出钢的温度要求确定它的预热程度。

（3）如果没有红包，也没有半冷包，则选择冷包（是指未使用或停用超过24h的钢包），根据出钢的温度要求确定它的预热程度。

5.3.8.3　中间包管理

根据中间包实际情况，用户及时对中间包状况进行维护，实现中间包的全面跟踪管理。

中间包基本信息主要包括中间包号、炼钢单元代码、中包位置、中间包铁壳厂家、中间包铁壳使用炉数、永久层厂家、永久层维修类型（分大修、中修、小修）、永久层大修次数、大修日期、永久层大修使用炉数（即大修以后永久层的使用炉数）、永久层中修次数、中修日期、永久层中修使用炉数（即中修以后永久层的使用炉数）、小修日期及最近一次生产信息（出钢计划号、连铸机号、出钢记号、精炼区分、制造命令号、连浇号、浇铸开始时间、浇铸结束时间等）。

中间包管理提供中间包的从进入生产厂开始到报废为止的全生命周期的管理，包括中间包基本信息管理、中间包维修管理、使用实绩管理。

5.3.8.4　结晶器管理

根据结晶器实际情况，用户及时对结晶器状况进行维护，实现结晶器的全面跟踪管理。

结晶器基本信息主要包括结晶器号、炼钢单元代码、结晶器状态、东铜板号、东铜板厚度、西铜板号、西铜板厚度、南铜板号、南铜板厚度、北铜板号、北铜板厚度、结晶器累计使用炉数、结晶器累计浇铸量、结晶器累计浇铸长度、当前连铸机号、流号、上线时间、下线时间、使用炉数、浇铸量、浇铸长度等。

结晶器管理提供中间包的从进入生产厂开始到报废为止的全生命周期的管理，包括结晶器查询、录入、上线、下线、报废等。

5.3.8.5 轧辊管理

满足用户对轧辊、轴承、轴承箱等部件的全面跟踪管理。用户随时可获得每一轧辊的使用和磨削情况，提高轧辊的利用率，降低辊耗，实现轧辊加工的合理分配及最大周转速度，满足生产线的要求。

轧辊管理提供轧辊、轴承、轴承箱从进入生产厂开始到报废为止的全生命周期的管理及其配对关系的管理，包括轧辊基本信息管理、轧辊使用实绩管理、磨削计划编制、磨削实绩管理、轴承基本信息管理、轴承使用维修实绩管理、轴承箱基本信息管理、轴承箱使用维修实绩管理、轧辊与轴承箱配对管理、机架配辊管理等。

5.3.8.6 剪刃管理

满足用户对剪刃的全面跟踪管理。用户随时可获得每一剪刃的使用情况，提高剪刃的利用率，使得剪刃的使用最优化，实现剪刃的合理分配及最大周转速度，满足生产线的要求。

剪刃管理提供剪刃的从进入生产厂开始到报废为止的全生命周期的管理，包括剪刃基本信息管理及使用、维修实绩管理。

5.3.8.7 砂轮管理

满足用户对砂轮的全面跟踪管理。用户随时可获得每一砂轮的使用情况及当前的工作状态，提高砂轮的利用率，降低损耗，使得砂轮的使用最优化，实现砂轮的合理分配及最大周转速度，满足生产线的要求。

砂轮管理提供砂轮从进入生产厂开始到报废为止的全生命周期的管理，包括砂轮基本信息管理及生产实绩管理。

5.3.8.8 套筒管理

提供套筒从进入生产厂开始到报废为止的整个使用生命周期的管理。用户可随时获得每类套筒的使用情况，以便用户合理使用套筒，从而提高套筒的利用率，降低损耗，实现套筒的合理分配，满足生产线的要求。

套筒分钢套筒和纸套筒。钢套筒在钢卷生产过程使用，可以循环使用。纸套筒在成品发货时使用，属于一次性辅料。

MES系统中，套筒管理对象是钢套筒。套筒管理提供套筒类型维护；套筒类型与机组对应关系维护；套筒新增、使用、回收、报废、封锁、解封锁；操作履历查询；套筒库存跟踪。

5.3.9 作业绩效管理

作业绩效管理面向生产厂、车间、班组，通过对各生产区域收集的生产实绩数据、质量缺陷数据、产品检验数据进行统计与汇总。依据KPI指标体系，运用量化手段，帮助管理者理顺生产绩效的潜在影响因素，以便提出改善性的工作指导意见，使生产流程进一步优化，提升企业决策与应变能力。

作业绩效管理提供灵活多样的图表展示，支持柱状图、饼状图、折线图、趋势图等。报表风格可支持单记录报表、多记录报表、多行横向扩展报表、多行纵向扩展报表、分组报表、交叉报表、分组统计报表、交叉统计报表、子报表、带参数报表和复杂运算报表。

作业绩效管理主要包括生产绩效管理、质量绩效管理。

5.3.9.1 生产绩效管理

提供生产班报、日报、月报等各种生产有关报表，帮助生产管理者直观、全面、及时地掌握现场生产状态，为生产的全局性协调与调度提供信息支撑。

5.3.9.2 质量绩效管理

提供质量统计与分析报表，帮助质量管理部门及时了解产品质量状态、变动趋势，便于产品质量原因的追溯，为产品质量的持续改进提供信息支撑。

5.4 高级功能

5.4.1 高级计划排程

面向钢铁企业不同层级的排产需求，采用基于约束的运算规则和优化算法，进行合同计划优化排程、作业计划优化排程、车间作业调度。

5.4.1.1 合同计划优化排程

钢铁企业如何实现整个工厂内产能的平衡、物流的平衡、库存的平衡，实现用户订单的交期承诺，这一直是困扰企业的难题。该技术的核心内容是当用户签定订单以后，对现在已经形成的订单和正在执行的订单进行滚动的动态的计算，使整个物流最通畅，对所有的产能、库存进行平衡。同时，在接收订单的时候就可以告诉用户，其所要求的交期是否能够完成。合同计划优化排程结果如图 5 - 15 所示。

基于有限产能，对整个工厂范围内的生产合同、机组、库存进行总体平衡，包括产能的平衡、物流的平衡、库存的平衡。对所有已释放的生产合同确定合理的生产路径、投料量及加工日期；实时跟踪生产状况，及时调整计划，提高机组利用率和准时交货能力；降低库存，减少余材，缩短产品制造周期，最终提高企业市场响应能力和客户服务水平。

5.4.1.2 作业计划优化排程

钢铁企业包含了炼铁、炼钢、连铸、轧钢等多条产线，这些产线的作业存在重要的前后联动关系。如何把这些约束条件和关系作为一个完整的体系进行考虑，是一个前沿课题，在国际上也仅有新日铁、浦项等少数的钢厂应用了这项技术。

针对炼钢—连铸—热轧等紧密衔接的生产工艺流程，提供前后工序一体化作业计划优化排程，精确平衡物流，提高热装热送比，实现资源的均衡分配，提高资源利用率，有效降低生产成本，缩短生产制造周期，实现生产过程的节能减排。

5.4.1.3 作业调度

运用调度模型和图形化技术，采用基于规则、系统仿真、优化排序和启发式搜索等多种算法，以机组生产成本最小为目标，资源能力和工艺要求为约束，设计出最优作业调度方案，提高调度效率，确保生产顺行。

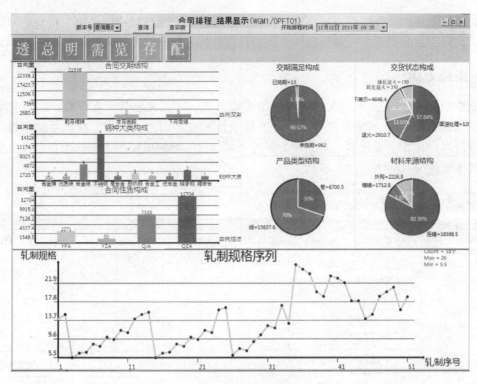

图 5-15 合同计划优化排程结果显示

5.4.2 动态成本控制

企业的一切业务活动最终都体现在财务指标信息上。从企业管理者的角度，企业的财务信息和成本信息最好能够与物流同步产生；而传统方式通常都是滞后的，在月底通过统计报表转换成财务信息和成本信息。

钢铁 MES 完全与生产系统衔接，当物料在机组生产完毕，自动地把加工的重要数据收集上来，同时按照事前设定好的规则，实时地把与财务有关的数据"抛账"到成本管理系统中，进行动态成本的核算，并设定一些重要的成本考核指标，进行工序成本控制。当物流信息产生的同时，财务信息和成本信息也随之产生，真正做到了三流合一。

5.4.3 基于指标的参数优化功能

对现场重要设备（如转炉、连铸机、轧机、退火、镀锌、彩涂等机组设备）设定工艺和质量控制指标，并实时收集生产过程参数，通过自动比对和优化处理，调整设备控制参数，实时指导现场的操作。

5.4.4 能源监控与管理

能源消耗约占钢铁成本的 20%～40%。不同的装备水平、工艺流程、产品结构和能源管理水平对能源消耗会产生不同的影响。通过将现场能源监控、能源调度、能源绩效分析等功能与生产制造、质量管理、工序成本分析等功能集成在一个系统中，将制造过程管理延伸到能源管理，真正实现集成制造的全过程优化管理。通过对能源系统实行集中监测和控制，实现能源数据采集—过程监控—能源介质消耗分析—能耗管理的全过程管理。

5.5 实施方法

钢铁企业 MES 通常采用产品化软件的实施方法：产品化软件 + 客户化。产品化软件提供了钢铁企业 MES 的完整解决方案。工程项目组根据用户的需求，在产品化软件的基础上进行客户化，主要包括：基础数据配置、界面显示数据项配置、功能配置以及二次开发。具体实施流程如图 5 – 16 所示。

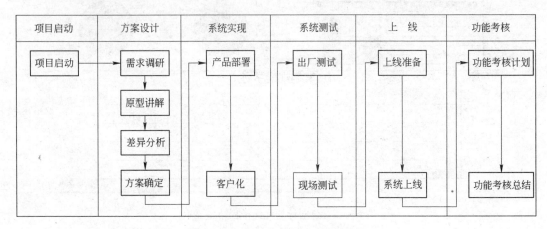

图 5 – 16 钢铁企业 MES 实施流程

5.5.1 项目启动

准备项目启动的各项必要工作，重点在于建立全生命周期投入项目的项目组织，明确项目汇报线和沟通机制；细化与确认项目实施计划，备妥所需各项资源；召开项目启动会。

5.5.2 方案设计

进行需求调研，收集客户相关业务、管理现状及业务需求，确定项目详细范围，制定系统所针对的未来业务流程、功能架构、业务数据实体、支撑业务运作的关键数据主线和关键代码结构。确定信息化系统之间，以及与外部系统之间的功能分担、接口模式、通讯频度、关键数据，形成系统集成方案。分析产品功能实现可行性和客户化程度，进行产品功能与业务需求的差异分析。最终形成系统需求规格说明书和系统实现方案，作为下阶段系统实现的依据。

5.5.3 系统实现

根据需求规格说明书及产品功能与业务需求的差异分析报告，进行功能配置与客户化开发相结合的系统实现工作。指导客户参与项目的技术人员，共同完成系统功能配置和客户化开发工作。编制出厂前功能测试计划与测试案例，完成出厂前功能测试，并验收通过。制定下阶段系统测试计划。

5.5.4　系统测试

按业务主流程进行业务联合调试。联合测试阶段，所有业务数据必须真实模拟，相关业务数据代码必须纳入系统测试中，并形成下阶段系统上线的数据。本阶段的里程碑标志有两个：确认系统测试结果，满足上线要求；评审通过系统上线投运方案。

5.5.5　上线

本阶段的上线准备工作，要求系统层面的硬件/操作系统/数据库/通信中间件/备份恢复软件以及应用程序版本的最终确认和上线。针对系统测试确认的功能，在上线前对所有使用者进行最终培训，并在上线环境中配置最终用户权限。系统测试确认的基础数据和业务主数据，在此阶段进行最后验证，并录入或导入系统。

5.5.6　功能考核

在上线试运行后的功能考核期，完成对系统功能考核的现场保驾、性能优化、技术转移总结、项目完整文件的交付。根据系统考核指标，完成功能考核工作，提交功能考核报告，实现项目结题。

表 5-1 为实施流程中各阶段的主要任务和支持文档。

表 5-1　实施流程中各阶段的主要任务和支持文档

阶　段	主要任务	支持文档	交付物（内部）	交付物（用户）
项目启动	确定项目范围，组建项目团队，制定进度计划、沟通计划、风险管理计划等，召开项目启动会	项目计划模板	项目计划	项目计划
方案设计	现场需求调研，产品原型讲解，产品化与用户需求差异分析，交流确定实施方案	调研提纲，演示系统，面向用户的产品介绍课件，差异分析模板，面向实施人员的产品培训课件，实施手册	差异分析	需求规格说明书
系统实现	部署产品化软件，进行客户化配置和二次开发	实施手册，初始化数据清单（系统部分），开发规范	软件设计说明书（客户化开发）	
系统测试	出厂前测试和现场联合测试	测试案例模板，初始化数据清单（用户部分），业务基础数据准备模板	出厂前测试计划，测试案例、测试总结报告	安装报告，现场测试计划，测试案例，测试总结报告
上　线	制定上线计划，进行上线准备，系统上线，功能考核	清理数据脚本，初始化数据清单，业务操作规范样例，月末抛账业务部门工作要点样例		投运方案
功能考核	功能考核验收			功能考核计划，功能考核清单（可选），功能考核报告

5.6　典型案例

5.6.1　某宽厚板 MES 系统

该厚板厂将普优碳板、合金板、桥梁板、造船板、锅炉压力容器板等作为主导产品，并持续不断开发新品种、高附加值板材产品。

该宽厚板 MES 系统主要包括：销售管理、质量管理、合同管理、计划管理、物料跟踪与实绩管理、仓库管理、出厂管理、成本管理、工器具及轧辊管理等功能模块，同时与 ERP、运输管理、物流管理等系统实现信息交互与功能协同。MES 系统已覆盖三米八宽厚板两条产线的炼钢、连铸、轧钢、精整工序，还配合整套五米轧钢产线的建设进行相关配套功能的设计、开发。

该宽厚板 MES 系统项目的实施，高度集成了与宽厚板生产相关的各类信息，实现了物流、信息流集成与同步；支撑建立了以市场为导向，计划为驱动，按订单组织生产的流程管理模式，并结合冶金规范及生产计划科学排程，强化了生产计划的管理，实现了"大规模定制"生产，提升了产品质量及收得率。MES 系统的成功运行，给该公司的经营、管理、生产方面带来的主要效果参见表 5 - 2。

表 5 - 2　宽厚板 MES 系统应用效果

上 线 前	上 线 后
客户个性化需求实现困难	满足客户"标准 + α"需求，按合同组织生产
没有订单质量设计的概念	每一个合同进行质量设计，将客户需求转化为企业内部的作业标准
无合同跟踪	实现合同全程动态跟踪，保证按期交货
质量过程管理环节薄弱	实现全面质量管理，系统控制保证按质交货
成品库管理粗放、混乱	精细化按件库房管理，精准发货
产品中转过程不受控	产品中转信息透明、受控，确保实物按期交货
只有一家中国船级社认证	已通过九家船级社认证

该宽厚板 MES 系统为企业带来了良好效益，实现了信息化带动工业化。系统的成功运行对企业的生产经营活动产生了深刻的影响，并将公司的管理水平带上了一个新的高度。

5.6.2　某中厚板分公司炼钢与轧钢制造管理系统（MES）

该中厚板分公司包括原料、炼铁、炼钢、连铸、轧钢等 19 个单元，其中的炼钢单元、连铸单元、轧钢单元的 MES 软件设计开发工作分两期建设，一期建成完整的双机架宽厚板轧机生产线，年生产能力 160 万吨宽厚板；二期完善配套的热处理设施，提升产品等级。

中厚板炼钢与轧钢 MES 系统的主要功能有：质量管理、合同管理、炼钢作业计划管理、炼钢物料跟踪与实绩管理、炼钢仓库管理、轧钢作业计划管理、轧钢物料跟踪与实绩管理、轧钢仓库管理、出厂管理、成本管理、工器具与磨辊管理。

（1）中厚板炼钢与轧钢 MES 系统的成功运行使该中厚板分公司取得了良好的效果与

效益。

（2）按订单组织生产，优化生产调度。

（3）降低库存，加快了库存周转。

（4）实现全面质量管理，提升产品质量和成材率。

5.6.3　某特钢属地制造系统（MES）

该特殊钢事业部目前拥有 120 万吨钢、100 万吨钢材的年生产能力，将航空航天、军工、电站、油田、汽车、铁路用钢作为主导产品，品种有高温合金、钛合金、精密合金、高级工具钢、模具钢、不锈钢、轴承钢等。

特钢属地制造系统包括：质量管理、合同管理、计划管理、物料跟踪与实绩管理、仓库管理、出厂管理、成本管理等功能模块，另外还有与三个一体化系统（销售、物流、财务）之间的信息交互与功能协同。系统涉及的业务覆盖范围广，需要的钢铁行业知识深。

特钢属地制造管理系统于 2008 年 5 月 1 日成功切换上线，开创了一体化覆盖下的新建属地制造管理系统与一体化对接改造同步完成的典范，制造管理系统相关质量、生产、出厂、成本等日常管理业务运作顺畅，与三个一体化系统相关的信息交互通讯顺畅、功能运行平稳。

特钢属地制造系统的成功运行，使特殊钢事业部在以下方面取得了良好的效果和效益：

（1）应用于企业所有生产线的日常管理业务。

（2）企业万元产值综合能耗下降 1%。

（3）优化管理模式，实现集中一贯管理，提高管理的效率和精度。

（4）压缩库存，降低成本，加快资金周转。

（5）优化作业调度，提高生产组织水平。

（6）全程质量监控，提高实物质量水平。

（7）提高企业核心竞争力，提高客户满意度。

特钢属地制造系统的成功建设对该特殊钢事业部的生产经营活动产生深刻的影响，他们决心继续加大信息化建设的力度，通过信息化建设使企业在拥有先进装备水平的基础上，进一步提升企业管理水平。

参 考 文 献

［1］Manufacturing Execution System Association. MES Explained：A High Level Vision ［R］. 1997.

［2］The International Society of Automation. ISA－95 Enterprise－Control System Integration ［S］. 1995.

［3］毕英杰. MES 的整体架构及在钢铁行业的应用 ［J］. 控制工程，2005（6）.

［4］宝信内部资料.

第6章 典型钢铁生产综合控制系统案例

6.1 高炉控制系统

6.1.1 概述

本节以国内某钢厂的一座高炉自动化系统为案例，对高炉自动化控制系统进行介绍。

6.1.1.1 高炉自动化系统简介

高炉综合自动化系统是实现现代化大中型高炉高产、顺行、长寿、节能的核心。高炉综合自动化系统在逻辑上实现作业管理层，操作运行监控层，控制优化层，顺序控制和回路控制层的四层应用架构，在物理上采用分级式层次结构，L1 为基础自动化级，L2 级是过程控制级。L1 主要完成生产过程的数据采集、初步处理、显示和记录，进行生产操作，执行对生产过程的连续调节控制和逻辑顺序控制等功能。L2 主要完成生产过程控制、操作指导、作业管理、数据处理和储存，与上级管理计算机以及与其他计算机之间的数据通信。过程控制级依据从基础自动化级收集贮存的各种信息，通过数学模型和人工智能专家系统等工具进行计算推理，能够及时地向操作人员发出操作指导或直接向基础自动化级发出信息和指令，提供运转方式或工艺操作参数的预约和设定，以满足生产工艺操作过程优化控制和作业管理的需要。L1 和 L2 的数据通信采用被业界广泛采用的 TCP/IP 或 OPC 方式，使得三电控制系统具有很高的可靠性、可扩充性、可维护性[1]。

当过程控制级因故障停止工作时，可在基础自动化级人工进行设定和操作，仍能保证高炉的正常生产。

对可靠性要求比较高的 L1 级建议采用双重化的网络作为其控制网络，连接 L1 级的工程师站、HMI 操作站、L1 控制站，及 L2 级的 I/O 服务器，完成站与站、站与服务器之间的数据交换，实现生产过程的数据采集和初步处理、数据显示和记录、数据设定和生产操作，执行对生产过程的连续控制和逻辑控制。

L1 控制系统采用操作监控已实现一体化的 PLC + DCS 控制系统（也可以采用纯 PLC 系统）。其中电气控制系统的 PLC 主要用于电气控制、顺序控制、逻辑联锁控制等。仪表控制系统采用 DCS 系统，主要用于热风炉的燃烧控制、模拟量调节控制等。

电气控制系统的 PLC 分别用于原燃料贮运系统、上料炉顶系统、热风炉系统、煤粉制喷系统、水渣系统的控制。

PLC 系统与 DCS 系统、I/O Server 及 HMI 的通信，PLC 之间的通信通过双重化的控制网来实现。详细系统结构参考 6.1.2 节所附 EIC 系统结构图。

PLC 主要用于像继电器逻辑控制类的顺序控制以及算术运算功能。其通信功能有实时控制网络，以及国际标准以太网等，并可采用双重化的结构。

应用程序采用梯形图、功能块图或 SFC 语言来编制。可采用 CPU 双重化结构，同一个机架中的 2 个 CPU 一个在线运行，一个为热备用。

仪表控制系统采用 DCS 来控制，可以为双重化配置，用于出铁场、煤气清洗、TRT、热风炉、余热回收、煤粉制喷系统、高炉本体、炉顶控制和炉体温度监视等。

L1 级的 HMI 具有良好的监视、操作功能，是用于工艺设备运转的人机接口装置，HMI 服务器及终端运用高速的网络通信，把设备状态和操作信息统一显示到一个画面窗口上，以高分辨率和多彩的画面向操作员显示工艺设备的状态，操作员通过鼠标或操作键盘的简单操作就可以实现工艺设备的运转控制。

HMI 终端可以采用全局显示、趋势显示、报警概略显示、控制仪表盘组显示、调整画面显示等标准画面功能。

6.1.1.2 高炉工艺概况

一般高炉主工艺三电控制系统软件基本设计涉及的工艺过程主要有（见图 6 - 1）：

（1）高炉原料储存及输送系统。作用是把烧结矿、球团矿、精块矿等原料以及各种副原料和焦炭根据高炉需要，按批次进行称量后送入高炉主皮带。

（2）皮带上料系统。接受中间料斗称量的矿石和焦炭，并送到高炉炉顶。

（3）炉顶系统。接受主皮带按批次送来的矿石和焦炭，并均匀布料到炉内。

（4）高炉本体系统。高炉是高压（最高超过 0.5MPa）高温（超过 2000℃）密闭容器，全身都必须采用高压循环水不断冷却，确保炉壳不变形，不被烧穿。

（5）出铁场系统。

（6）热风炉及余热回收系统。作用是将燃料燃烧的热量储存、加热冷风，并连续将热风送往高炉。每座高炉一般有四座外燃式热风炉。

（7）纯水密闭循环系统。

（8）炉顶高压操作及煤气清洗系统。煤气清洗及炉顶余压发电系统。高炉煤气含 CO 近 50%，通过清洗，高炉煤气可以作为燃料再利用，煤气余压还可通过 TRT 发电，吨铁发电量可达 36kW·h 左右。

（9）炉渣处理系统。

（10）煤粉制备及喷吹系统。把煤粉从风口直接喷入高炉，既能够用廉价的煤代替部分昂贵的焦炭，降低生铁成本，又成为调节高炉操作的重要手段。

（11）脱硅系统。

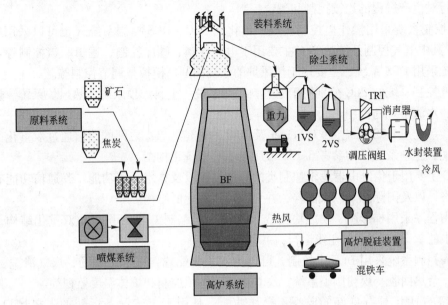

图6-1　高炉工艺流程图

6.1.2　系统结构

从图6-2系统结构图可以看出，高炉自动化控制系统（即高炉L1、L2系统）为二层网络结构，连接于公司主干网上，接受公司ERP、铁区MES的管理指令和生产计划，向公司ERP、铁区MES系统上传生产实绩数据。

该高炉EIC一体化自动控制系统采用二层通信网络结构。L1级采用双重化网络作为其控制网络，连接L1级的工程师站、操作站、控制站及L2级的数据I/O服务器，完成站与站、站与服务器之间的数据交换，实现生产过程的数据采集和初步处理、数据显示和记录、数据设定和生产操作，执行对生产过程的连续控制和逻辑控制；L2级采用Ethernet网络，连接L2级的应用服务器、智能专家服务器、操作员终端、打印机等，用于本级的信息传送和管理，实现生产过程的操作指导、作业管理、模型计算、数据处理等。

本工程的L1级采用了全PLC（也可采用PLC+DCS系统）控制系统，共计9套，分别用于高炉各系统的信号采集、设备控制及系统通信。L1级的电气及仪表系统HMI采用了10套操作站，这10套HMI操作站上的画面可以共享，即这10套HMI可以操作与显示的内容相同。另外，本项目中还采用8台大屏幕显示装置组成一面电视墙，来自上述10台HMI的画面及工业电视的图像均可以在电视墙显示。L1级设有2套EWS工程师站，主要用于PLC的基本配置组态和应用程序的开发，它同时还具有HMI操作站的功能。

本工程的L2级主要有两台PC Server及共享镜像磁盘构成双机系统，并与两台PC维护工作站、两台操作员站、一台打印服务器和相应的八台网络打印机及与其他部门的通信接口共同组成Client/Server体系结构。

L1与L2的接口主要是PLC向L2送实绩值、原燃料分析数据、槽存量监视数据、炉顶装入操作数据实绩、热风炉各种实绩数据、煤粉喷吹实绩等，并接受来自L2的称量预

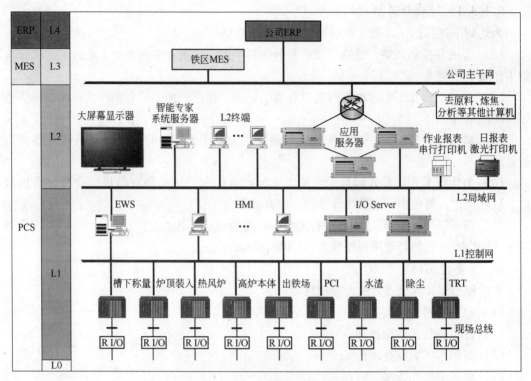

图 6-2　高炉自动化系统结构图

约设定值、原燃料操作数据、炉顶装入操作数据等。

　　PLC 与 L2 服务器的通信通过双重化的控制网、互为热备的两台 I/O Server 来实现。通信可以采用 Link 方式或直接地址的方式来完成。

　　高炉主工艺三电一体化控制系统采用过程计算机、PLC、DCS 等控制设备。该控制系统与炉前设备、水渣系统、炉身取样系统、水处理系统、TRT 系统等有接口关系。其中有些接口采用点对点的直接 I/O 方式（如水处理），有些接口采用以太网通信方式（如 TRT），有些接口则采用 PROFIBUS 协议通信的方式（这些子系统采用西门子 S7 系列的 PLC 进行控制，如炉身取样等）。

6.1.3　主要控制功能

　　高炉三电控制系统应用功能分配概要如下：

　　（1）过程计算机负责：作业管理、数据处理、设定计算、数据记录、系统初始化与再起动、系统双重控制、数据通信、设备管理等。

　　（2）基础自动化 HMI 的功能有：原料、高炉本体、热风炉、煤粉制喷系统、水渣等的对话处理、生产操作、设备状态及数据显示、操作指导等。

　　（3）电气 PLC 控制功能有：原料称量、主皮带上料及炉顶装入、热风炉及余热回收、煤粉制喷、水渣等。

　　（4）仪表 DCS 控制功能有：高炉本体及炉体冷却、炉顶系统、热风炉及余热回收、炉顶高压操作及煤气清洗、出铁场、煤粉制喷等。

6.1.3.1 过程计算机控制功能

为达到下述目的,设置高炉过程计算机控制系统:

(1) 监视和控制高炉、原燃料及产品的物料平衡,监视和控制高炉工艺过程,保证高炉生产安全顺利。

(2) 对高炉操作工艺过程资料进行收集、处理、保存、加工后为操作人员提供操作指导、预测信息。

(3) 监视和管理炉底、炉体及热风炉温度,为操作人员即时提供较完备的设备管理信息。

(4) 为生产工艺过程处理自动收集工艺操作数据和历史趋势资料提供良好的人机接口,减轻操作人员负担,改善操作条件,提高操作水平。

(5) 与铁区管理计算机 MES 进行通信,接受管理机下达的生产计划,将从 L1 收集到的生产操作实绩收集处理后根据铁区 MES 要求将相关信息发往 MES。

A 主要控制功能

本过程控制计算机主要的功能项目有:

(1) 原燃料料仓数据处理;

(2) 称量及装入数据处理;

(3) 高炉本体数据处理;

(4) 热风炉操作数据处理;

(5) 铁渣数据处理;

(6) 喷煤过程数据处理;

(7) 工艺设备数据管理;

(8) 脱硅数据处理;

(9) 画面显示及输入;

(10) 报表打印处理;

(11) 系统外部数据通信;

(12) 过程输入、输出数据处理;

(13) 与数学模型的接口;

(14) 计算式集;

(15) 处理范围。

B 与 L1 及 MES 接口通信

本过程计算机处理范围,从原料上料料仓到混铁车出铁,包括铁区的原燃料平衡,过程及管理信息通信以及高炉本体、热风炉及其外围设备的各种工艺过程及工艺数据的收集、处理。

C 应用系统报表

包括作业日报、高炉炉体及炉底温度管理日报、高炉炉体炉底给水管理日报、热风炉铁皮温度管理日报、原燃料分析数据报表、喷煤粉系列报表、操业报表(称量、热风炉)。

D 画面规格

各子系统画面规格见表6-1。

表 6−1　子系统应用画面规格

子系统应用画面类别	画面编号	BLOCK CODE
系统应用处理	00 − × ×	J0
原燃料料仓数据处理画面	01 − × ×	J1
称量及装入数据处理画面	02 − × ×	J2
热风炉管理子系统画面	03 − × ×	J3
喷煤数据处理画面	04 − × ×	J4
铁渣数据处理子系统画面	05 − × ×	J5
工艺设备管理画面	06 − × ×	J6
高炉炉内数据处理子系统画面	07 − × ×	J7
高炉技术计算子系统画面	08 − × ×	J8
报表再编辑等处理画面	09 − × ×	J9
系统操作处理画面	10 − × ×	J10
其他画面	11 − × ×	J11

6.1.3.2　电气控制功能

A　原燃料贮运系统

原燃料贮运系统电气控制功能主要有:

(1) 矿石系统的运转控制;

(2) 焦炭系统的运转控制;

(3) 胶带输送机的运转控制;

(4) 胶带机料流模拟跟踪显示;

(5) 料位控制;

(6) 上料主皮带机的运转控制;

(7) 非主干设备的运转控制;

(8) 矿、焦取样装置控制;

(9) 粉矿、粉焦仓电动闸门及振动器控制;

(10) 废铁检除装置控制;

(11) 系统设备故障处理;

(12) 称量及水分补正;

(13) 矿、焦槽料位检测与槽存量管理;

(14) 原料数据管理(矿焦槽作业管理及原料分析数据收集处理);

(15) 称量作业数据处理(称量实绩数据收集处理及称量设定处理)。

B　炉顶及上料皮带系统

炉顶装料系统的功能是将原料系统配好的物料,按预先设定的装料程序装入炉内,以保证高炉的连续生产。其控制范围包括:无料钟炉顶,均排压设备和炉顶探料尺等。

炉顶及上料皮带系统主要控制功能:

(1) 上料及炉顶系统设备的运转控制。中间矿焦槽闸门,上料主胶带机,无料钟炉顶装料设备，均排压设备，探尺，炉顶液压站，集中润滑站及冷却系统设备等。

（2）上料主胶带机上物料的跟踪控制。

（3）装料系统设备的时序控制。

（4）炉顶布料方式控制，包括布料模式设定，排料控制方式等。

（5）料流调节阀的自学习。

（6）炉顶料罐的均压、称量及压力补偿控制。

（7）炉顶料罐压力、装料设备温度、冷却系统温度、流量、水位的监测及控制。

（8）炉顶探尺对炉喉物料的跟踪、记录与监视。

（9）装料系统装料制度、装入等待的设定、料线设定、装料循环周期的处理。

（10）装料操作参数的设定、实际装入操作的数据收集、处理。

（11）装入计算处理，探尺数据处理。

（12）装入系统设备的操作与监视。

（13）装料系统设备故障处理。

C　热风炉及余热回收系统

热风炉的任务为燃烧燃料蓄热、加热鼓风，连续将高炉生产所需的热风送往高炉。

本高炉设计采用四座外燃式热风炉，使用高炉煤气和转炉煤气（或焦炉煤气）作燃料。每座热风炉由热风炉本体和各种阀门、管道组成。共用两台助燃风机集中输送助燃空气。设置分离型热管式烟气余热回收装置。

热风炉自动控制包括燃烧控制、送风温度控制和换炉控制。助燃风机和余热回收装置各设备不参与热风炉本体设备联动控制。

热风炉主要有三种工作状态：燃烧状态、送风状态和换炉过程。

热风炉处于燃烧状态时，向热风炉送入高炉煤气和助燃空气，燃料燃烧产生热量使热风炉蓄热；热风炉处于送风状态时，向燃烧结束的热风炉送入冷风，经热风炉加热后送入高炉。上述两种状态间的转换定义为换炉过程。

高炉生产所需的热风，通过顺序改变各热风炉的工作状态提供，而工作状态的转换则通过控制热风炉各阀门的开、闭实现。

热风炉余热回收装置设置了烟气换热器、空气换热器、煤气换热器，即设置三台分离型热管换热器（含联络管），每台换热器有前后切断阀和旁通切断阀，九台大型阀门均为电动蝶阀。

热风炉排出的烟气进入烟气换热器换热排管外侧，把换热排管内的工质加热汽化。其工质蒸汽进入上升联络管，上升联络管分两个支路（并联）分别把工质蒸汽导入空气换热器和煤气换热器的换热排管内。然后分别加热管外侧的空气和煤气，从而使热风炉燃烧室可以节约大量的煤气。

D　煤粉制粉及喷吹系统

煤粉制喷系统由煤粉制备、煤粉喷吹两大系统及相关的辅助设施构成。制粉系统为二系列中速磨负压系统，喷吹系统为三罐并列喷吹主管加分配器的方式。

制粉系统用热风炉废气作制粉干燥气的主要介质，此外在系统中采用了部分废气再循环。喷吹系统主要包括一个煤粉仓、三个喷吹罐、一个混合器和两个分配器。

整个操作系统主要功能包括：

(1) 磨煤机入口压力控制；

(2) 磨煤机进风量控制；

(3) 磨煤机出口温度控制；

(4) 磨煤机负荷控制；

(5) 烟气升温炉点火燃烧控制；

(6) 充氮保安联锁控制；

(7) 喷吹罐加压控制；

(8) 喷吹速率控制；

(9) 增压气控制；

(10) 喷吹支管检堵及联锁控制；

(11) 吹扫气总管流量控制；

(12) 喷吹罐逻辑顺序控制；

(13) 煤粉仓、喷吹罐温度控制；

(14) 输煤总管伴热控制。

E 水渣系统

INBA 法炉渣处理系统设有水渣粒化、脱水、输送及贮存装置。另外还设有一个仅在事故状态时使用的干渣坑，正常情况下 100% 冲水渣。

水渣系统及部分除尘系统可分为水渣过滤处理系统、水渣运输及储存系统、粒化水循环系统、冷凝水循环系统、补充水系统、事故水系统、压缩空气系统、高压清洗水系统、除尘等子系统。

水渣系统设备操作场所设在现场和集控室，在现场只有一个转换开关可以将整个系统的设备切换到现场控制，其他在 CRT 上选择控制。CRT 画面上有集中或现场选择开关，选择所有设备的现场和集中控制场所。现场又可分为几个部分：转鼓现场选择、炉渣处理及运输现场选择、热水处理系统现场选择、冷水处理现场选择、干渣处理系统现场选择、辅助系统现场选择。几个部分设备可以互不影响选择现场和集中。

炉渣处理及运输现场选择控制设备有：冲制阀、转鼓压缩空气清洗阀、转鼓水清洗阀、胶带机、皮带机吹扫阀、成品槽返送泵及其出口阀、成品槽摆动溜槽、气动对夹蝶阀。

热水处理系统现场选择控制设备有：热水泵及其出口阀、热水泵回流管电动阀、底流泵及其出口阀、加压泵及其出口阀。

冷水处理现场选择控制设备有：粒化泵及其出口阀、粒化泵联络管电动阀、冷凝供水泵及其出口阀、冷凝供水泵联络管电动阀、上冷却塔管电动阀、冷却塔风机。

干渣处理系统现场选择控制设备有：干渣坑供水泵及其出口阀，排水坑排水泵。

水渣系统采用两台 SIEMENS S7 300 PLC 控制，通过以太网与主工艺三电的 PLC 连接。

F 电气控制主要画面

电气控制主要画面有：原料系统画面菜单、矿石系统操作监视、矿石系统操作选择、矿石预约、矿石实行、称量实绩、焦炭预约、焦炭实行、称量控制、空焦设定、焦炭操作、焦炭操作选择、故障显示。

炉顶操作监视、炉顶操作选择、探尺设定、料流阀自学习、A、B计算器、原料装入整体监视。

热风炉画面菜单、热风炉整体监视、热风炉整体操作选择、热风炉操作监视。

PCI整体监视、制粉系统选择画面、HSG总管阀及仓顶袋式收尘器操作监视、主排风机工矿监视、升温炉系统监视。

水渣监控系统画面主要有：南北水渣系统、干渣坑系统、除尘系统操作画面和报警记录、操作记录、趋势记录、报表打印等记录画面及启动画面。

6.1.3.3 仪表控制功能

A 高炉本体系统（含上料）

高炉本体仪表控制功能有：焦炭中子水分称量，矿石中间漏斗料满、料空检测，冷却水系统水温、水压及水流量测量，冷却系统与炉体热负荷计算，炉身静压测量，炉身采样煤气分析，风口检漏，炉体冷却及砖衬温度测量及报警，炉底及炉缸炭砖温度测量及报警，风口热风流量测量，冷风温度、压力及加湿控制，热风温度控制及压力检测。

a 炉顶洒水控制

炉顶洒水控制系统由集散系统完成，设有自动和手动两种方式，由CRT上设置三个开关：自动、手动开、手动闭来完成。在自动方式下，当炉顶煤气温度检测（4点）和炉顶煤气捕集器温度检测（8点）中有一点温度超过设定上限的话，将开启动洒水阀，直到12个测点中无一超过其设定上限，停止洒水。在手动方式下，由操作人员根据工艺情况对洒水阀进行必要的操作，选择"手动开"则洒水，选择"手动闭"则停止洒水。

b 风口破损监测

控制系统对风口冷却水给水流量和排水流量进行流量差计算，并对流量差进行监视。当给排水流量差值超过管理限界时，发出风口破损报警。流量差采用2级报警，1次报警为H，2次报警为HH，同时当排水流量低于L时，也应发出报警。

在发出风口漏水报警的同时，由L2打印机输出漏水的风口号，漏水量和开始漏水时间。同时自动记录仪将一分钟前该风口的流量调出并作记录。

c 炉身静压及差压监测

在高炉炉体上使用多层采样点，每层设若干个测压点，控制系统对相邻层对应点的压力进行压力差计算，获得压差值，并对这些压差值和最上一层各点静压值进行监视。

炉身压力测量的目的在于测定炉内压力的分布，从而能间接了解炉内的气流压力分布，为炉内操作提供依据，也作为炉况监视的主要参数。

d 炉体各部温度监测

高炉耐火材料砌体设有大量的温度检测点，对各点温度进行监视并对重要部位的警戒温度进行报警。

耐火材料砌体温度检测系统具有下列功能：

（1）数据处理：检查温度信号的测量范围、热电偶断线监视和线性处理；温度超出上下限时发出报警；指定的某一点温度变化率超出规定值时报警。

（2）选点显示：显示时间15s。

所有温度值均在中控室 CRT 画面上显示。

另外，还设有对高炉冷却设备的温度监测，高炉风口前端温度监测，炉腹、炉缸、炉身上部冷却壁的温度监测，炉腰、炉身下部冷却板的温度监测（在冷却板上设有温度计，监测冷却板的工作状况并进行警戒温度报警。对于以上各冷却设备的测定温度应进行记录，对各点警戒温度进行监测和报警。每隔 5min 仪表应将采集到的温度数据传输给计算机，由计算机进行数据作成处理和数据管理），高炉炉喉十字测温器的温度监测等。

e 高炉本体工业水冷却系统

高炉冷却系统包括纯水密闭循环系统和净环水系统，净环水系统由高压水系统、中压水系统、普压水系统和炉缸水系统组成。

纯水系统主要冷却炉底水冷管、送风支管前端和热风阀。炉底水冷管前设数个水量分配器，各设流量计 1 台，排水支管上设多支温度计。此外，在送往送风支管的干管上和返回纯水泵站的干管上各设 1 台流量计，用于合理的分配水量。

高压水系统主要冷却风口小套、炉喉十字测温装置、炉顶洒水装置。冷却水在进入每个电磁流量计室前，各设 1 台流量计。每个风口小套供水和排水支管设流量计检测风口破损情况。炉顶洒水供水总管设流量计 1 台，炉喉十字测温装置供、排水支管分别设流量计。

炉缸水系统主要冷却炉缸冷却壁，为控制水量，在供水主管上设流量计。为测定热负荷，选择冷却壁的各根排水支管分别安装流量计和温度计。

普压水系统主要冷却风口中套、风口铜冷却板、炉腹铜冷却板，供水主管设 1 台流量计。供风口中套和风口冷却板的干管各设 1 台流量计。风口中套和风口铜冷却板分别设流量计和温度计。流量计和温度计的设置主要用于热负荷的分区计算。

中压水系统冷却炉腹上层铜冷却板、炉身上部铸铁冷却壁及炉喉冷却壁。中压水系统设两根供水主管，每根主管各设 1 台流量计。为测定炉体各部热负荷，将供排水分区域设置。

f 炉身煤气成分检测

炉身煤气成分检测是通过安装在高炉炉身上的分析装置进行的。它采用探针的形式插入炉内采集炉内气样。高炉炉身的煤气经过采样装置采样，预处理后导入分析仪进行测定，分析其中 CO、CO_2、H_2 及 N_2 的成分组成，同时完成炉内各煤气取样点位置相应的煤气温度分布的测量。完成上述任务的测量装置称为炉身煤气成分检测装置，包括炉身探针和成分分析成套装置。

炉身成分分析装置的构成与大多数气体分析装置构成一样，主要分为气样处理装置和分析装置两部分。由于炉内的煤气含粉尘较多，所以炉身探针前端的采样装置应具备良好的防尘和除尘能力。炉身煤气分析装置采用红外线式气体分析仪分析 CO、CO_2 浓度，采用热传导式气体分析仪分析 H_2 含量，然后通过 DCS 计算得到 N_2 含量。由于炉内粉尘大，设有氮气吹扫装置，以保证采样装置的正常工作。氮气吹扫分微量吹扫和间歇大量吹扫两种方式。

由于炉内温度较高，探针部分设有冷却系统。考虑安全上的需要，炉身探针在炉内运行时，须对探针顶端金属的温度进行监视，并且对探针冷却水排水温度和流量进行监视，一旦发现异常，可由电气设备发出指令将探针强行从炉内拔出。

炉身取样设备采用两台 SIEMENS S7 300 PLC 控制，以 PROFIBUS – DP 与主工艺三电的 PLC 连接。

炉身探针的操作方式分为控制室操作和现场手动操作，而控制室方式又分为自动和手动两种。

（1）控制室方式。控制室自动方式是指整个测量过程自动完成各位置测点的测量，再退回待机位置；控制室手动方式则指探针按人为指定的位置前进或后退，逐点完成各点的测量，若操作人员指定位置为待机位置，就退回到待机位置。

根据测量方式的不同，探针有前进测量和后退测量两种。其中自动方式中，前进测量方式是指测量时，炉身探针按规定时序前进，每到一个测量点，完成煤气取样、分析及温度测量，并向集散系统报告所测数据及测点位置。当所有测点完成时，探针从内到外退出到炉内待机位置。后退测量方式指测量时，炉身探针先一直进到炉内中心测点，后退时，每到一个测量点，完成煤气取样、分析及温度测量，以及向集散系统报告所测数据和测点位置。最后完成所有测点的测量，探针也退至炉内待机位置。

为了防止粉尘集结，需进行氮气吹扫。吹扫方式既适用于自动方式，也适用于手动方式。

探针处于炉内待机位置时，进行微量氮气吹扫。

采用前进测量方式时，探针在前进过程中取样，分析。在一个测点到下一个测点的前进过程中，需进行间歇大量氮气吹扫。当完成测量从炉内退出的后退运动时，进行微量氮气吹扫。

采用后退测量方式时，探针从炉内待机位置前进到炉内中心测点的运动中，进行微量吹扫。当后退测量从一个测点到下一个测点时，进行间歇大量氮气吹扫。

无论前进或后退测量方式中，当进行测量时刻，均不进行氮气吹扫。

（2）现场方式。现场方式用于检查探针是否能到达各测点并给出测点到位信号。在该种方式下，探针在炉内位置（非待机位置）时，均进行微量氮气吹扫。

g 十字测温

高炉炉喉十字测温器在南北和东西两个方向上设有若干点温度测定的热电偶，十字测温是在炉身顶部水平设置十字式的测温装置。该测温装置由两根垂直交叉的测温支架构成。主要目的是检测炉顶煤气的温度分布以提供炉内作业依据。十字测温装置设有冷却系统，因此设置冷却水给水流量和排水流量及排水温度检测，由集散系统计算冷却水差流量，异常时报警，同时监视排水温度，超温时报警。

控制系统对采集到的各点温度值进行处理，作成炉喉两个断面上的温度分布图显示在中控室 CRT 画面上。

对十字测温架设有冷却水系统即给水排水差流量上下限报警和冷却水排水流量下限报警，还设有排水温度高限报警，当其中任一发生，即在集散系统操作站上发出报警。

B 热风炉及余热回收系统

热风炉的任务为燃烧燃料蓄热、加热鼓风，连续将高炉生产所需的热风送往高炉。

一般每座高炉设计采用三座或四座热风炉，每座热风炉由燃烧室、蓄热室、混风室和各种阀门、管道组成。助燃风机并联集中输送助燃空气。设置烟气余热回收装置，预热燃烧炉二次加热助燃空气及煤气。

热风炉自动控制包括燃烧控制、送风温度控制和换炉控制。助燃风机和余热回收装置各设备不参与热风炉本体设备联动控制。

热风炉主要有三种工作状态：燃烧状态、送风状态和换炉过程。

热风炉处于燃烧状态时，向热风炉送入煤气（高炉煤气和焦炉煤气或转炉煤气）和助燃空气，燃料燃烧产生热量使热风炉蓄热；热风炉处于送风状态时，向燃烧结束的热风炉送入冷风，经热风炉加热后送入高炉。上述两种状态间的转换定义为换炉过程。

高炉生产所需的热风，通过顺序改变各热风炉的工作状态提供，而工作状态的转换则通过控制热风炉各阀门的开、闭实现。

热风炉状态的改变周期：燃烧—休止—送风—休止。

（1）单炉送风工作制。对四座热风炉而言，单炉送风指仅有一座热风炉向高炉送风，其余三座热风炉（三烧一送）或者两座热风炉（二烧一送）处于燃烧状态（或闷炉）的送风方式。

采用单炉送风工作制时，送风炉的状态转换必须在燃烧结束的热风炉投入送风状态后方可进行。

单炉送风的热风炉送风顺序图如图6-3所示。

（2）交错并联送风工作制。该工作制需四座热风炉同时工作，其中两座热风炉错半个周期向高炉送风，另两座热风炉处于燃烧（或闷炉）状态。先投入送风的热风炉（称先行炉）送风达送风周期的二分之一时，按送风顺序应投入送风的热风炉由燃烧或闷炉状态转入送风（称后行炉），实现交错并联送风。

本热风炉送风周期内通过一座热风炉的风量是固定的，即定风量交错并联送风方式，定风量交错并联送风工作制为热风炉系统的基本工作制度。

交错并联送风工作制度（冷并联）的热风炉送风顺序图如图6-4所示。

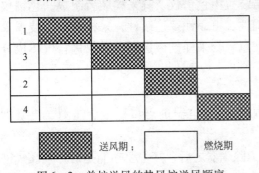

图6-3　单炉送风的热风炉送风顺序

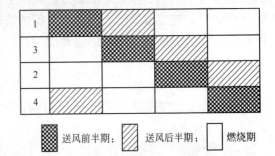

图6-4　交错并联送风工作制度的热风炉送风顺序

热风炉换炉设自动、半自动、单炉自动、手动和现场五种工作方式。

（1）自动换炉。自动换炉以设定的送风时间或送风温度作为换炉指令。换炉指令发出时，参与换炉的热风炉各设备按送风方式和联锁条件自动完成换炉操作，为正常换炉操作方式。

（2）半自动换炉。由操作者根据高炉生产或热风炉运行情况，在中控室 CRT 上给出换炉指令，参与换炉的热风炉各设备按送风方式和联锁条件自动完成换炉操作，为正常换炉操作方式。

（3）单炉自动换炉。由操作者在中控室 CRT 上对某座热风炉选择转换状态并发出换炉指令，参与本炉换炉的各设备按联锁条件自动完成所选定状态的转换。

某座热风炉被选为"单炉自动"工作时，该炉的状态与其他热风炉无关。但在送风转燃烧（或转休止）时，四座热风炉中至少有一座热风炉处于送风状态。如果要求四座热风炉均转为休止状态，应将最后转休止热风炉的"完全休止"开关设置到完全休止。

（4）中控室 CRT 手动操作。操作者可在中控室 CRT 上对热风炉各设备进行单独手动操作，联锁条件见附表。

（5）现场手动操作。操作者可在现场设备操作箱内对热风炉各设备进行单独运转，各设备仅保持必要的电气或机械保护，用于设备检修和调试。

余热回收系统各设备不参加热风炉系统自动控制。该系统主要涉及助燃风机系统、冷风放风阀、热风放散阀、助燃空气放散阀等的控制。

C　炉顶系统

炉顶煤气成分分析、炉顶装料均排压控制及均排压煤气回收控制、炉顶压力控制、炉顶打水控制等。

炉顶系统主要完成高炉炉顶压力检测、无料钟炉顶、均排压控制、炉顶放散阀控制和炉顶探料尺等控制。

高炉炉顶的操作设有高压操作和常压操作选择。炉顶压力变送器由 DCS 系统完成两台高压取压信号的比较报警功能，当偏差超过 5kPa 时，进行偏差报警，并具有操作工人根据工况人工选择功能。炉顶设有两个均压放散排压阀，RV_1 及 RV_2，两个排压阀互为备用，设有互换选择开关。

炉顶煤气成分分析是通过专用采样装置从入口处对高炉煤气进行采样，用色谱仪进行成分分析，检测高炉煤气中 CO、CO_2、H_2 及 N_2 的含量，从而为操作人员判断炉内状况提供了一个依据，保证炉况良好。整个分析装置由色谱仪及其采样装置组成，色谱仪将分析结果送往集散系统。为保证数据的准确性、可靠性及连续性，采样预处理装置采用双重化设计。操作人员可以选择使用其中任意一套采样气体送到色谱仪进行气体成分分析。

D　煤气清洗系统

煤气清洗系统控制含除尘器灰位检测及联锁、除尘器进出口温度、压力、流量测量等。

高炉炉顶煤气环缝洗涤装置设置在干式重力除尘器之后，其主要功能是对炉顶煤气进行冷却和精除尘，获得的净煤气中的灰尘含量和机械水含量必须满足后面的压力能量回收透平（TRT）的质量要求，环缝洗涤装置应具有单独或与旁通阀、透平静叶协调控制炉顶压力的功能。

从高炉送出的高压煤气经重力除尘器进行一次除尘，一部分经过一次除尘的半净煤气回到高炉作均压用。然后通过环缝洗涤煤气清洗装置进行二次除尘。对高炉煤气进行清洗，经过降温和除尘处理的煤气送到 TRT 或旁通阀组，从 TRT 或旁通阀组出来的低压煤气再送到高炉煤气管道。

炉顶煤气环缝洗涤工艺流程如图 6-5 所示。

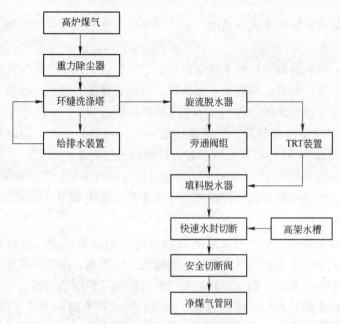

图 6-5 系统工艺流程概略

环缝洗涤系统设有循环给水流量调节装置、预洗段和环缝段排水控制装置（每套控制装置有两个液位测量装置和一组控制阀组成）、快速切断水封阀给排水控制装置。

控制炉顶压力的设备有环缝洗涤器（RS）、TRT 入口静叶（TSB）、旁通阀（由一个副旁通阀 SBV 和两个主旁通阀 MBV 组成）。根据高炉操作参数的变化情况和 TRT 是否投入运行，来确定由上述三个控制元件单独或协调控制炉顶压力。

环缝洗涤塔内设有三个并联的环缝洗涤器（RS），每个 RS 由固定的文丘里外壳、可上下移动的内锥体及其液压驱动装置组成。通过内锥体的上下运动来调节环缝洗涤器的环缝宽度，进而控制煤气通过环缝洗涤器的差压（内锥体向上运动增大差压、向下运动减小差压）。每个 RS 均应在 CRT 上进行自动、手动、锁定操作。

RS 有大差压和恒差压两种工作方式。RS 处于大差压工作方式时，可以单独控制炉顶压力；RS 处于恒差压工作方式时，只控制煤气通过 RS 的差压，炉顶压力由旁通阀或透平静叶控制。

主旁通阀 MBV 具有自动、手动和紧急开放功能，两个液动蝶阀的功能可以互换。副旁通阀 SBV 具有自动、手动功能。

E 南北出铁场系统

渣铁沟两侧及底部温度测量、混铁车铁水液面测量、车号读取，铁水温度测量，炉前脱硅剂称量等。

该高炉设有两个出铁场、四个铁口，对应于每个铁口设一个摆动溜嘴，铁水通过摆动溜嘴流入混铁车中。采用对口出铁制或三口出铁制。

出铁场系统包括铁水从出铁口流出后经过的各个设备，包括铁沟、渣沟、摆动溜嘴、混铁车以及出铁场平台。每个铁口有两条铁轨供混铁车停靠，铁水流向由摆动溜嘴决定。

出铁场系统要求对混铁车铁水液面、混铁车车号及铁水温度进行检测，对混铁车受铁全过程进行控制。

采用称重法间接测量混铁车铁水液面高低，用以保证混铁车装入铁水的顺利进行，尤其是防止铁水的溢漏。另外，对应于4个铁口，设4块现场控制盘，提供了有关铁水重量测定、越限报警及受铁、出铁过程的显示和必要的控制按钮。

在高炉4个出铁口两侧各设一套称重传感压头，共8套装置，用以称量混铁车皮重（混铁车本次受铁前的重量）以及混铁车装入铁水后的总重量。

出铁场采用两台 SIEMENS S7 300 PLC，通过以太网与主工艺三电的 PLC4 连接。部分信号需送往三电一体化控制系统，并在三电一体化控制系统 HMI 上显示。

F 煤粉制喷系统

煤粉制喷系统由喷吹、制粉两大系统及相关的辅助设施构成。制粉系统设计为二系列。制粉系统每一系列主要由烟气升温炉、磨煤机、收粉器、主排风机组成。用热风炉废气作制粉干燥气主要介质，分别从本高炉和三号高炉热风炉烟道接出，与烟气升温炉产生的高温烟气混合形成满足制粉要求的合格干燥气，此外在系统中采用了尾气再循环技术。制粉系统为中速磨负压系统。喷吹系统为三罐并列、循序喷吹、主管加分配器的方式。喷吹系统主要包括一个煤粉仓，一个增压器，三个喷吹罐和两个分配器。两个分配器分别配有20根喷吹支管，将煤粉喷入高炉。

整个操作控制系统主要功能包括：

(1) 磨煤机入口压力控制；

(2) 磨煤机进风量控制；

(3) 磨煤机出口温度控制；

(4) 磨煤机负荷控制；

(5) 升温炉串级比例燃烧控制；

(6) 升温炉大烧嘴与小烧嘴负荷切换控制；

(7) 升温炉安全联锁控制；

(8) 喷吹罐加压控制；

(9) 喷吹量控制；

(10) 增压氮气控制；

(11) 支管检堵及自动吹扫控制；

(12) 吹扫空气流量控制；

(13) 氮气、空气总管、BFG、COG 喷吹量、给煤量、冷却水流量积算；

(14) 称重传感器逻辑判断及自动切除控制；

(15) 喷吹罐逻辑顺序控制；

(16) 主排风机、引风机、磨煤机冷却水流量监控。

煤粉制喷仪表控制纳入高炉大三电系统，由一台 PLC 或 DCS 控制站完成。仪表和电气的信号交换除消防管网压力报警信号外主要通过网上传输。煤粉检堵装置是一套独立的检测系统，它与 L2 进行数据通信由 L2 再将检堵信号下传至喷煤 FCS5 站，煤粉检堵装置的主控制盘也放置在高炉中控室。喷煤控制系统需要的高炉热风围管压力信号不另设压力检测，将从高炉本体控制系统获取。煤粉制喷的操作在高炉中控室集中进行。

G 仪表控制系统主要画面

热风炉燃烧控制、热风炉动力总管控制、热风炉燃烧有关参数设定、送风温度控制参数设定、热风炉油泵操作设定、热风炉温度总体监视、热风炉铁皮温度、炉身静压操作及监视、十字测温监视、风口检漏操作、炉顶洒水及煤气成分分析、操作监视及调湿控制、炉身探针、炉顶冷却水系统、出铁场工况监视、混铁车铁水液面计。

6.1.3.4 模型及专家系统[2,3]

A 高炉储铁渣推定模型

高炉储铁渣推定模型，以高炉冶炼质量平衡为基础，以称量上料实绩和出铁渣信息为依据，综合采用参数自适应技术和储铁渣量自动归位技术，实时连续地推算渣铁生成量和排出量，准确预测炉内残铁量和残渣量的发展趋势，方便随时掌握储铁渣量信息，及时指导高炉出铁场操作，是高炉高效、顺行、安全的有力助手。

炉前操作的主要任务是通过出铁渣及时将生成的渣铁出净，其直接影响高炉生产的正常进行。如不按时出净渣铁，必然恶化炉缸料柱透气性，风压升高，料速减慢，出现崩料、悬料，甚至导致风口灌渣事故。实时掌握炉内渣铁总量并采取适当的炉前操作，是实现高炉生产稳定的重要条件。高炉出铁渣监视管理系统，根据高炉持续上料信息和储铁渣信息，推算高炉渣铁生成量和实际排出量，最终确定储铁渣的变化趋势，为炉前操作提供指导。

B 高炉炉缸侵蚀模型

随着高炉的大型化和操作条件日趋苛刻，炉底耐火砖的损耗加速，引起高炉寿命缩短。高炉炉底侵蚀模型作用，就是利用炉缸侧壁及炉底埋设的温度计所测得的实际温度及冷却条件，连续推定炉底侵蚀线及凝固线的位置。把握炉底砖衬的侵蚀情况和凝固层的分布，以便迅速正确地实施短期、长期的保护措施，延长砖衬寿命，并进行凝固层层厚控制。这些都将对高炉生产的稳定和延长高炉寿命起到积极作用。

高炉炉缸侵蚀模型，以炉缸、炉底为定常热传导过程的二维轴对称区域为假设前提，根据高炉炉缸（底）耐火材料的布置、尺寸及传导参数，以埋设在其内部的内、外两层热电偶检测值为依据，进行数学建模。建模过程采用正交试验分析和有限元相结合的方法进行基于二维的凝固线、侵蚀线及砖衬温度场的推定。此外，模型画面多角度展示高炉炉缸侵蚀情况，是维护高炉长寿一个不可或缺的得力工具。

C 高炉智能操炉系统

高炉智能操炉系统，通过对高炉炼铁生产过程数据的多粒度、全方位的跟踪分析，基于冶金热力学、动力学以及传热传质理论，综合采用模糊推理、非线性规划、机器学习等先进建模技术与控制方法，融合先进操炉理念，将业界领先的高炉冶炼技术及宝贵的高炉操作经验标准化、程序化、数字化，集结成一套高度智能的计算机操炉系统，实现了高炉炉温、炉渣性能和热风炉燃烧等闭环控制，实现了高炉炼铁的过程透明化、操炉规范化、操作智能化，实现了高炉炼铁的高产低耗、稳定长寿。

D GO‑STOP 炉况判断模型

随着高炉大型化，早期发现炉况异常，尽快作出处理以防止进一步恶化是高炉操作中一个相当重要的环节。高炉 GO‑STOP 炉况判断模型是一个高炉操作综合管理系统，属于经验模型的范畴。该模型的显著特点是：在高炉炉况恶化之前，迅速作出判断指示，提请操作者的注意并采取相应的应急措施，防止重大炉况变化，并对炉况进行定量分析，统一各操作者的判断，容易对炉况进行比较。

（1）判定因子的取舍和确定，要根据高炉的各种检测设备和工艺条件，确定水准判断和变动判断的因子。

（2）将国际国内的人工智能理论融合在 GO‑STOP 模型中，实现模型的自动推理判断功能。

（3）根据高炉状态，运用数理统计中的法则处理边界值问题，运用加权平均法或模糊评判法自动调整权重，体现专家智能功能。

（4）设计更为适用生产实际的人‑机操作界面，重新设计"蛛网图"和"脸谱图"，使之较直观地反映高炉炉况状况。

（5）根据高炉的工艺参数，对系统中的短期、中期、长期的判断边界值进行计算和调整。

E 高炉炉内数据处理模型[4]

高炉炉内数据处理模型是根据炼铁反应的基本理论而建立的模型（见图 6‑6），并参考经验把高炉生产过程作全面优化的结果。本模型计算和推定的炉热指数 TC、燃烧理论火焰温度 TF、炉内的铁水含 Si 量和铁水温度、CO、H_2 利用率等，是高炉极为重要的操作参数，推定的操作动作量作为高炉的操作指导，提高本模型的适用性，与操作者的操作经验有机结合起来能更有效益发挥模型的作用。

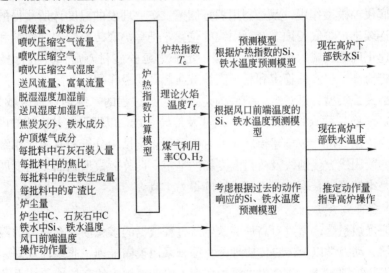

图 6‑6 高炉炉内数据处理模型

F 热风炉燃烧流量控制模型

热风炉是提供高炉能量的主要设备，燃烧流量控制模型作用在于：使燃烧的热风炉在燃烧周期内保证储蓄足够的热量，满足送风周期内需要的热量；燃烧时既要使煤气得到充分的燃烧，又要保护设备安全运行；本模型通过计算机、仪表、电气实现对热风炉燃烧闭环全自动控制，适应外燃三孔式陶瓷燃烧器。通常采用冷并联双送风工作状态。热风炉燃烧流量控制模型在节省气体能源，延长设备寿命，优化控制操作，减轻劳动强度等方面发挥了强劲的优势。

热风炉燃烧模型开发后可以适应以下新工艺变化需求：

（1）适应并联双送风方式以外，还适应单送风方式的模型控制。

（2）适应高炉煤气、焦炉煤气燃烧以外，还适应转炉煤气燃烧。

（3）模型功能适应空气中加入氧气，实现富氧助燃。

（4）为以后采用二次余热回收，模型留有后备的计算、控制功能。

G 高炉软熔带推定模型

我们把炉内固体温度在 $1200 \sim 1400℃$ 的高度称为软熔带位置，这个位置无法通过仪器直接测定，可利用炉身上部和炉喉处的煤气取样器、炉顶十字测温仪、炉身探测器等测定的成分和温度等其他条件来推定软熔带在炉内的位置。国外通过充 N_2 停炉，解剖高炉后证实有软熔带存在。

高炉软熔带的形状和位置直观地反映炉内温度分布，是高炉煤气气流分布状态的形象显示。本模型可给出运行中的炉内温度分布状态、软熔带位置和径向炉料下降速度、矿石消耗量、生铁生成量、焦炭消耗量、矿/焦等图形或数据信息，供高炉操作者分析气流状态和指导布料调剂参考。

把高炉分成五个同心圆筒，建立模型作如下假设：

（1）每个圆筒都有一股煤气流上升，固体流下降。

（2）炉料下降速度与它距中心轴的径向距离成正比。

（3）径向炉顶煤气成分分布与径向炉身探测器测定成分分布相同等。

通过以上假设，计算每个圆柱筒内铁水生成量、焦炭消耗量和溶损碳量，计算过程中炉料下降速度取不同值进行计算，反复做每个圆柱筒的热平衡计算，求得每个圆柱筒的煤气温度和成分后再求和。然后把计算得到的和实测的煤气温度及 $CO + CO_2$ 成分之间的偏差用 ε 来表示，则把 ε 为最小时的炉料下降速度确定为最佳下料速度，并计算这时的每个圆筒的生铁生成量、焦炭消耗量、煤气流速和溶损碳量。

6.2 炼钢自动化控制系统案例

6.2.1 概述

转炉炼钢是整个钢铁工业中一个非常重要的环节，不断提高转炉炼钢的自动化控制与管理水平是我国钢铁企业适应世界钢铁工业自动化发展趋势，提高企业竞争力的重大举措。实现转炉炼钢的自动化控制，不但有利于提高钢铁产品的品质，降低生产成本，为企业带来丰厚的经济效益，而且有利于提高劳动生产率，增加转炉炼钢的效率。

转炉炼钢自动化控制是指在转炉冶炼的整个过程中引入自动化控制设备，实现从铁水和废钢冶炼成钢水到把冶炼过程中产生的煤气和水蒸气进行回收再利用的整个过程纳入自

动化控制系统，实现对转炉冶炼压力、温度、速度、液位、流量等模拟量的自动控制。转炉冶炼所需设备主要有转炉本体、副原料上料及投料设备、氧枪及供气设备、副枪测试装置、受铁设备、废钢装料设备、底部供气装置、一次煤气除尘及煤气回收设备、二次除尘设备、汽化冷却余热同收设备以及铁合金加料设备等，还有相关的仪表系统、电气自动化系统、吹氧、吹氩、吹氮、氩封、气动、水冷系统等。转炉炼钢是一个周而复始的升温、降碳、去杂质、煤气和水蒸气回收再利用的过程。包含着许多的成套系统和技术服务。实现自动化的最优控制是提高钢水质量、降低炼钢成本和安全生产的重要保障。因此，对转炉冶炼自动化控制进行研究，并采取措施实现转炉炼钢全过程的自动化控制是非常必要的[5]。

转炉主要工艺设备有：

（1）转炉炉体设备：由转炉本体、倾转装置及其他装置组成。

（2）氧枪：主要由氧枪本体、氧枪卷上装置、升降台、横移台车、横移台车定位装置、固定导架、钢丝绳张力检测装置、松绳检测装置、编码器等组成。

（3）顶吹和溅渣护炉：主要由氧枪、氧气压力调节阀、氧气切断阀、氮气压力调节阀、氮气切断阀组成。

（4）主、副原料系统：包含主、副原料料斗及闸门、称量系统、皮带系统。

（5）副枪系统。

转炉冶炼周期短、产量高、反应复杂，用人工控制钢水终点温度和含碳量的命中率不高，精度也较差。为了充分发挥转炉快速冶炼的优越性，提高产量和质量，降低能耗和原料消耗，需要完善的自动化系统对它进行控制。

一个先进的转炉炼钢自动化系统应包括：设备控制（L0）、基础自动化系统（L1）、过程计算机系统（L2）和生产管理计算机系统（L3）。L3主要负责生产计划的下达、炼钢区域各生产单元的协同、生产实绩的收集及向ERP系统的上传等；过程计算机系统主要担当过程控制、过程优化、数模计算、实绩收集等功能；基础自动化系统担当现场设备的监视与控制，包括电气的顺序控制和仪表的回路控制。控制的范围一般面向炼钢的主工艺流程，包括铁水扒渣倒罐站、铁水预处理、转炉炼钢、电炉炼钢等，根据各钢厂的工艺特点和控制要求，系统构成及控制功能可以各不相同。

本案例重点介绍转炉过程控制计算机系统和转炉基础自动化系统的解决方案，炼钢的其他工序的解决方案可参照转炉工序的解决方案。

通常转炉炼钢在一座转炉中完成钢水冶炼过程，也可采用脱磷－脱碳双联法作业工艺，即一座转炉为脱磷转炉，另一座为脱碳转炉，同时两座转炉又具备用通常的转炉冶炼方法进行炼钢的能力。

脱磷转炉主要是通过顶枪小流量的吹氧、底吹搅拌、加入一定量的副原料（造渣材），最大限度地降低铁水中磷的含量。脱磷转炉出钢后的粗钢水经炉下钢包台车返回炉前，加入另一座脱碳转炉，在脱碳转炉中主要是通过复合吹炼氧气、氩气（或氮气），控制钢水脱碳和升温的速度，最终满足吹止目标钢水碳含量和温度。出钢过程中，根据目标钢水成分，在钢包中添加相当的合金，以便使出钢后的钢水成分能达到目标值。

转炉工艺设备示意图如图6－7所示。图6－8为炼钢控制室。

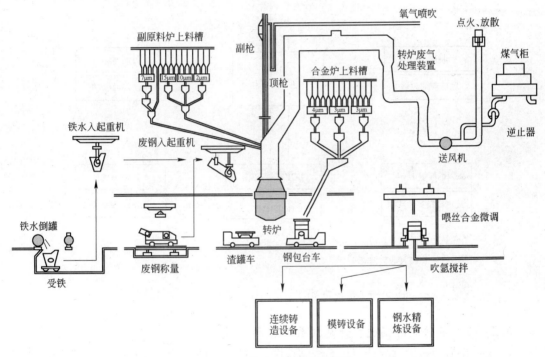

图6－7 转炉工艺设备示意图

图6－8 炼钢控制室

6.2.2 系统结构

6.2.2.1 某转炉 MES 与全厂各工位关联结构

图6-9为自铁水倒罐操作站、铁水脱硫、废钢称量、转炉、吹氩、VOD、LF、连铸收集实绩和状态信息（OPC方式）并发送到 MES，以及 MES 向铁水倒罐操作站、铁水脱硫、废钢称量、转炉、吹氩、VOD、LF、连铸下装 MES 数据（OPC方式）的系统示意图。

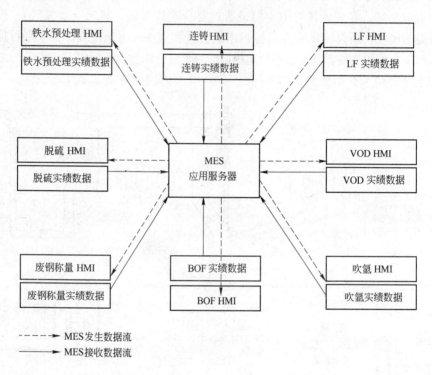

图6-9 某转炉 MES 与全厂各工位关联结构示意图

6.2.2.2 某转炉炼钢过程计算机系统结构

图6-10为某转炉过程计算机系统结构图，过程计算机系统（L2）根据生产管理计算机下达的生产计划，匹配相应的作业标准和制造标准进行生产指导。同时对实际生产进行跟踪，收集相关的工艺数据，对所收集的数据信息进行归类整理生成报表。另外过程计算机系统还提供数学模型，通过数学模型的使用来优化生产控制，并结合（L1）的控制，提高产品质量，提高作业效率，降低成本投入。

6.2.2.3 某转炉炼钢基础自动化控制系统结构

基础自动化控制系统还对整个炉次的过程生产信息进行收集并上传过程计算机，以便过程计算机生成相应的报表和数据库。同时也接受过程计算机过程模型的计算结果，用其计算结果来指导生产。由于模型控制的加入和使用进一步提高了自动化控制程度。

基于以上各单元强大的控制功能，以及完整的控制系统，把整个转炉作业区有机的联系在一起，为稳定生产、提高生产效率、降低生产成本、降低劳动强度打好了基础。

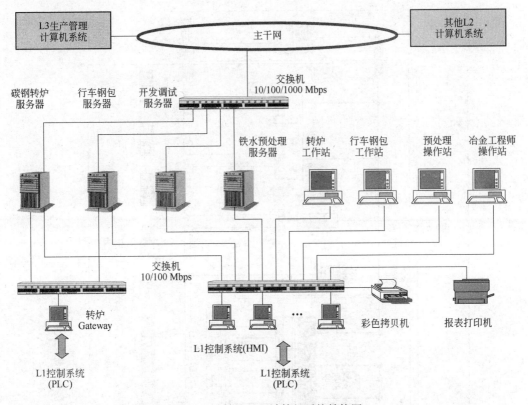

图 6-10 转炉过程计算机系统结构图

基础自动化系统（L1）根据生产的实际需要完成对现场设备的运行控制及状态监视，提供工艺参数（包括温度、压力、流量）和设备运行参数（部分电机电流、氧枪位置、转炉角度）等的历史趋势和相关故障的报警信息，是实现自动化生产的基础。

本案例某转炉炼钢系统配置图如图 6-11 所示。

整个转炉控制系统由控制用 PLC、人机界面 HMI、系统数据库服务器等组成，它们之间采用工业以太网连接，组成一个完整的控制系统。从图中可以看出整个控制系统已经把整个转炉区域的各个工位很好地融合在一起。由于有两座相同的转炉，系统构成引入了"炉别"和"共通"，把转炉本体细分为氧副枪、顶底吹、原料投入、OG 四大块，分别由不同的 PLC 实现控制[6]，这部分也就属于"炉别"，而铁水预处理、原料输送、二次除尘以及 OG 共通（两座转炉公用的水和气）则属于"共通"部分。在不同的作业区域都配置了 HMI 人机界面，包括废钢料场、铁水倒罐、铁水预处理、转炉主作业区，而数据库服务器对整个控制区域的数据进行实时收集，产生相应的历史信息（操作信息、报警信息、历史趋势等），使整个控制系统的资源得到了合理利用。

整个控制系统不仅结构层次分明，而且具备了很强的可靠性和可扩展性。对关键设备采用了冗余配置，如：控制网络，数据库服务器等。由于整个网络通过 SWITCH 相连接，所以对系统的扩充很容易实现，具有很好的继承性。

对于测温取样、钢包车、渣包车等机电一体品则通过专用总线与主系统进行连接，从而实现了机电一体品与主系统之间的信息交换。

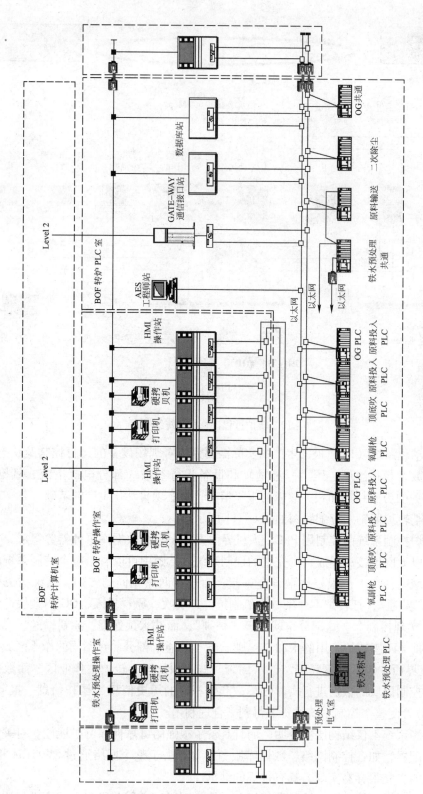

图 6-11 某转炉炼钢系统配置图

6.2.3 主要控制功能

6.2.3.1 炼钢生产制造执行系统主要功能

根据质量管理中规定的工艺路径，组织安排铁水预处理、转炉、精炼、连铸等炼钢各道工序协调生产。管理的重点在于对工艺路径上的关键设备生产节点进行计划，保证所有设备之间协调有序地生产。

计划管理精度必须以物料（钢水）管理作为管理的基准，也就是说计划要管理、跟踪每个物料单位。其次是管理该物料在生产过程中占用的设备（即工艺路径）和处理时间，这就是炉次。每个炉次中具备对各关键工序的作业要求，即工序作业计划。不同种类钢水的工艺路径是不同的，在多种钢水同时进行生产时，必然会造成设备冲突问题。为保证所有设备之间协调有序地生产，计划管理的精度是每一个炉次下每个工序的作业时刻和时间。

计划管理信息包括制造命令号、计划日期、计划状态、计划责任者、钢种、钢水重量等等。作业计划细分为转炉计划、各精炼计划、连铸计划；作业计划信息包括工序处理号、作业时刻和时间、作业次序、设备状态、钢种及重量等。整个计划管理的起始点是转炉装入，即铁水倒入转炉后；终点是连铸钢包浇注完。管理过程是先设置连铸浇注计划，再排出钢计划，然后根据现场生产实绩情况，对转炉、精炼、连铸的生产情况进行监控、调整，实现关键工序的全过程的管理。

6.2.3.2 转炉过程控制计算机系统（L2）主要功能

A 转炉过程计算机系统设置目的

转炉过程计算机系统设置的目的是：

(1) 通过过程控制功能，保证获得优质、稳定的钢水。

(2) 通过过程优化功能，提高金属收得率，降低生产成本。

(3) 最大限度地实现上位生产管理计算机下达的生产计划，减少各工序的等待时间，确保炼钢生产顺行。

(4) 收集、管理各种生产实绩和设备状态。

(5) 提供模型参数分析、学习能力，确保模型精度不断提高。

(6) 改善劳动条件，节省人力，提高劳动生产率。

B 转炉过程计算机系统功能

转炉过程计算机系统功能有：

(1) 生产计划管理数据接收。

(2) 技术管理数据接收。

(3) 数学模型计算、控制计算与控制数据预设定。

(4) 作业状况跟踪。

(5) 作业实绩收集。

(6) 人机接口（画面、报表）。

(7) 与其他计算机系统的数据交换。

C 转炉过程计算机系统应用控制范围

转炉过程计算机系统应用控制范围包括：

（1）生产管理信息的接收处理。

（2）主原料计算。

（3）铁水称量与预处理实绩的收集。

（4）废钢称量计划和称量实绩管理。

（5）转炉状态跟踪处理。

（6）实绩数据收集。

（7）控制计算及设定。

（8）数据通信，包括：

1）与L3管理计算机系统；

2）与预处理过程计算机系统；

3）与Crane钢包称量系统；

4）与精炼过程计算机处理系统；

5）与分析计算机系统；

6）与基础自动化系统；

7）与连铸过程计算机系统。

（9）画面管理。画面可分成以下几类：

1）设备状况画面：运转状况、设备固有、料仓、休止情报等；

2）生产管理画面：出钢计划、制造命令、制造标准、作业指示等；

3）模型控制画面：自动吹炼、静态计算、动态计算、合金计算；

4）作业实绩画面：转炉实绩、出钢实绩等；

5）钢水成分画面：转炉成分、钢包成分、连铸成分、气体成分等。

（10）报表管理主要包括：操工表、工程技术报表、班报、日报、月报等。

D 转炉过程控制系统数学模型

转炉数学模型主要包括主原料计算、液面计算、终点控制模型和合金模型。转炉模型的作用是计算最佳的主原料副原料量、最佳的吹氧量、最小成本的合金量，及投料的最佳时刻，控制整个吹炼过程。

（1）主原料计算模型。依照转炉出钢收得率情况和铁水配比情况，根据目标出钢量计算所需铁水量和所需废钢量。

（2）液面计算。根据转炉的几何尺寸、主原料的装入量和转炉炉衬的侵蚀情况计算转炉的装入液面高度，包括液面推定计算和液面学习计算。

（3）终点模型。主要由静态模型和动态模型组成。静态模型由静态计算、造渣材计算、静态学习计算组成；动态模型由动态模拟计算、动态实时计算和动态学习计算组成。

（4）合金模型。出钢过程中，根据目标钢水成分，计算在钢包中应添加的合金，以使出钢后的钢水成分能达到目标值。

6.2.3.3 转炉基础自动化系统（L1）主要功能

转炉根据工艺的不同分为碳钢转炉和不锈钢转炉。

碳钢转炉主要由废钢料场、铁水倒罐、铁水预处理（脱硫）、原料系统、转炉本体及二次除尘组成。

不锈钢转炉主要由废钢料场、铁水倒罐、铁水预处理（脱磷）、原料系统、电炉本体、转炉本体、除尘系统组成。

根据转炉区域工位相对分散这一特点，制定一个合理的、可靠的控制方案是至关重要的。直接关系到能否把各个工位有机地结合在一起，以及系统的稳定性、可扩展性和可维护性。

A 铁水预处理

铁水预处理主要控制功能包括：

（1）石灰的称量和投入控制；

（2）搅拌桨升降及速度控制；

（3）倒罐、脱硫实绩收集；

（4）高位料仓在库量管理；

（5）液压系统控制。

B 原料输送

原料输送控制功能包括：

（1）卸料小车位置、速度控制；

（2）皮带秤称量控制；

（3）皮带起停控制；

（4）地下料仓振动给料器控制；

（5）与原料投入系统的信息交换。

原料输送系统指转炉用副原料输送系统，副原料上料系统主要由地下料仓、电机振动给料机、胶带输送机、卸料小车等组成。

C 转炉倾动

转炉倾动控制功能有：

（1）转炉倾动控制；

（2）倾动与氧枪等的联锁控制。

倾动的操作授权在主控制台操作、操作站操作、炉前摇炉室操作、炉后摇炉室操作和事故操作。

转炉一个冶炼周期一般由以下几部分组成：

（1）转炉倾动到炉前，兑铁水、加废钢；

（2）加熔剂；

（3）吹氧；

（4）底吹；

（5）转炉倾动到炉前，测温取样；

（6）等待分析结果；

（7）转炉倾动到炉后；

（8）溅渣护炉；

（9）转炉倾动到炉前，倒渣。

在一个转炉冶炼周期内，转炉至少经过三次前倾，一次后倾，才能完成冶炼过程。转炉操作为 PLC 控制、手动操作。转炉倾动机构采用 4 台直流电机传动，可驱动转炉主体在 ±360°的范围内任意转动。正常工作时，4 台直流电机同步运行，同步起停。当 1 台或 2 台电机出现故障停机时，PLC 立即对剩余的运行电机操作方式进行调整。当 3 台以上的电机出现故障停机时，转炉立即停止倾动。

在转炉吹炼时，供电系统事故停电时，抱闸自动切换到事故电源，利用转炉自重产生自动复位剩余力矩，点动操作，使转炉复位至"零"位。

当转炉出现塌炉（冻钢）等事故时，倾动的机电设备短时过载，倾动转炉倒出炉内盛装物，使事故得以处理。

D 二次除尘

二次除尘系统控制功能包括：

（1）高压风机的起停、速度控制；

（2）厂房烟气除尘；

（3）二次烟气除尘；

（4）倒罐、脱硫除尘；

（5）废钢配料控制；

（6）与布袋系统的信息交换。

E OG 共通

OG 共通控制功能包括：

（1）纯水箱液位调节；

（2）除氧器液位、压力调节；

（3）低压循环泵控制；

（4）锅炉给水、压力控制；

（5）加药装置加液泵控制。

F 氧副枪

氧副枪控制功能包括：

（1）氧枪交换、升降、速度控制；

（2）副枪旋转、升降、速度控制；

（3）探头的安装、拔取、回收控制；

（4）钢丝绳张力检测；

（5）与倾动 PLC 及小车 PLC 的信息交换。

氧枪控制装置的主体设备是 PLC，它设在主电室，与氧枪升降电动机的交流调速变频器及氧枪交换台车的低压电动机控制盘连接，按照控制工艺需求编制的程序，自动进行氧枪高度的位置控制及氧枪交换的程序控制。

每一座转炉有两只氧枪，每只氧枪都有各自独立的升降系统。为保证氧枪升降安全可靠，每一只氧枪配备两根提升钢绳。且钢绳安全系数大，在轨道的上下极限位设缓冲器，在提升钢绳的末端设张力传感器，当钢绳松弛或超载时，钢绳张力显示在主操作室内，并发出信号与电动机连锁，停止氧枪升降，可靠地保护钢绳及其设备。

　　根据工艺的要求，在转炉手动/自动控制过程中，氧枪需进行速度和定位控制。氧枪正常在待吹点。氧枪的速度与氧枪的位置有关。

　　在吹炼过程中同时分若干步进行下枪/提枪操作。自动方式下定位由 PLC 给出。手动方式下进行手动操作定位。自动方式下的提枪提到等待位。

　　在氧枪升降过程中，若发生枪绳张力报警、刮渣力报警、松绳报警、张力差报警，氧枪立刻急停，待操作人员现场确认解决问题后，方可运行；在紧急情况下，如在吹炼过程中，氧枪在炉内，发生张力报警后，操作人员在检查张力后，可以人工先解除报警联锁，小心地把氧枪先提出，然后恢复联锁，处理故障。

　　在变频器发生故障后，先进行变频器故障复位，再进行操作。如果变频器故障无法复位，或者变频器发生跳电事故，短时间内无法恢复的，应采用气动马达提枪，将枪提出转炉，然后处理故障。

　　操作人员实际操作中应密切注意操作台上的"急停"指示灯和"请求气动操作"指示灯。两灯位于操作台最左侧部分，都是红色闪烁指示。同时还应注意画面上的报警信息，发生后，立即调用变频器画面和氧枪允许操作指示画面，找出故障原因，采取相关操作。

　　副枪在吹炼过程中用于测量钢水温度和含碳量的检测装置，主要包括两个部分：

　　(1) 测温定碳装置：它由测温定碳和测液面复合探头、温度和碳变送器、微型机和显示器等组成。测试时，副枪将探头插入钢水内测温、取样，测出的温度和含碳量信号经微型机处理后，在显示器上显示并传送到过程计算机。

　　(2) 副枪顺序控制装置：它由探头、电子逻辑线路或微型机构成。副枪系统自动给出所需的探头，自动装探头，检查探头是否接通，然后自动快速下枪。移动到变速点时，则由快速改成慢速，当移动到测试点时便准确停车，定位精度为 ±10mm。待取样完成后，快速提升，到变速点时改为慢速提升，到达最高点时则自动停车。待定碳信号出现后，则自动拔掉旧探头。

　　G　顶底吹

　　顶底吹控制功能包括：

　　(1) 顶吹氧气流量控制及监视；

　　(2) 底吹氮气、氩气流量控制及监视；

　　(3) 切断阀开与关控制；

　　(4) 风口压力及温度监视；

　　(5) 转炉状态切换控制。

　　以下条件全部满足时，向吹炼条件模块送"允许吹炼"信号，此信号即为顶吹系统起动条件：被选枪的氮气切断阀在关状态、氧气压力高于低位值、被选枪的氧气切断阀在开状态且在自动方式、吹炼时钟和氧气吹炼累加器已复位、仪表气源压力高于最小值。

　　以下条件之一满足时，向吹炼条件模块送"紧急停吹"信号，此信号即为顶吹系统紧急停止条件：起燃信号超时未到、氧气源压力低、被选枪的氧气切断阀不在开状态或故障、起燃信号到后氧气流量降低至低限且无法调高、堵枪、仪表气源压力低于最小值。

　　(1) 顶吹氧量累计模块。

　　氧气计量累加器：氧气消耗量，每年可以复位一次。

氧气吹炼累加器：冶炼周期氧气消耗量，每炉出钢后复位。

（2）顶吹计时模块。

炉次时钟：从废钢装入开始计时，到出渣后转炉回到垂直位置停止计时。

吹氧阶段时钟：每次下枪起燃开始计时，到提枪结束计时。

吹炼时钟：吹氧阶段时钟之和。首次下枪起燃开始计时，最后一次提枪结束计时。

每炉次的吹炼过程可以合理地一次或者多次下枪吹氧，每次下枪称为一个吹氧阶段，全部吹氧阶段之和称为吹炼周期。

（1）吹炼准备：维持在常数小流量氮气底吹状态，氮气切断阀开，氮气减压调节回路在自动调节状态，分配器压力调节回路在自动调节状态；氩气压力调节阀置于指定开度；全部计时器复位，除"底吹准备"标志置位外，其他均已复位。等待主控程序的"吹炼开始"标志，等待氧枪下降到吹氧点。

主控程序的"吹炼开始"标志置位，并且氧枪下降到吹氧点后，置位"前期底吹"进程标志，起动前期底吹计时器；根据底吹设定值表的前期底吹强度，计算并赋值到每个有效的支管流量设定回路，开始前期底吹。

前期底吹计时到后，置位"中期底吹"进程标志，起动中期底吹计时器；根据底吹设定值表的中期底吹强度，计算并赋值到每个有效的支管流量设定回路，开始中期底吹。

中期底吹计时到后，置位"后期底吹"进程标志；完成氮氩切换后，根据底吹设定值表的后期吹炼强度，计算并赋值到每个有效的支管流量设定回路，开始后期底吹，直到吹炼正常结束（顶吹氧量达到设定值）。

（2）氮氩切换过程：先关闭氮气切断阀并延时2s，同时氮气压力调节阀置于指定开度；然后开启氩气切断阀，氩气减压调节回路投入自动调节。

（3）点吹期：点吹期包括测温取样和补吹等操作时间段。点吹期内，"后期底吹"进程标志不变；继续吹氩气；随氧枪升起经过闭氧点时，每个有效的支管流量回路设定值等于常数小流量；随氧枪下降经过开氧点时，每个有效的支管流量回路设定值等于后期底吹流量设定值。

（4）后搅期：当吹炼结束确认信号到后，底吹进入后搅期。置位"后搅"进程标志；继续吹氩气；起动后搅计时器；根据底吹设定值表的后搅期吹炼强度，计算并赋值到每个有效的支管流量设定回路，开始后搅底吹。

（5）底吹结束：当后搅计时器计时到，提示操作人员，后搅不停；操作人员应根据出钢与否，确认后搅结束。后搅结束意味着底吹结束。经过氮氩切换，重新进入常数小流量氮气维持状态。所有标志和计时器不复位，直到出钢、溅渣护炉或出渣依次结束后，转炉重新回到垂直位置。此后复位所有标志和计时器，置位"底吹准备"标志，回到初始状态。

（6）底吹复位：底吹进程跟随冶炼主进程；当冶炼主进程出于各种原因复位时，底吹系统同时复位到吹炼准备状态，并和冶炼主进程使用同一个复位信号。

H 主、副原料投入控制

转炉主原料（铁水和废钢）和副原料（石灰、白云石、矿石、萤石、铁皮等）的称重误差和成分误差，直接影响炼钢终点命中率和钢的质量。这个系统用以保证主、副原料的准确称量。它包括以下三个部分：

（1）电子秤：用以对铁水、废钢、铁合金和钢水进行称重，并能自动去皮。

（2）副原料称重和上料控制：当高位料仓中的副原料用光时，可自动地将地下料仓的副原料送入高位料仓，它采用料位检测器检出料仓料位信号，用皮带秤称重，由 PLC 控制上料。

（3）副原料自动配料控制：根据人工设定和计算机设定的副原料的配比，入炉副原料由料斗秤称量后自动按量装入。

主、副原料投入主要控制功能有：

（1）副原料称量和投入控制；

（2）铁合金称量和投入控制；

（3）高位料仓在库量管理；

（4）可逆皮带起停控制；

（5）与原料输送 PLC 的信息交换。

I OG 炉别

OG 炉别控制功能有：

（1）煤气回收系统控制；

（2）煤气清洗系统控制；

（3）清扫系统控制；

（4）氮气吹扫系统控制；

（5）炉口压力调节。

6.3 热连轧控制系统

6.3.1 概述

6.3.1.1 热连轧工艺简介

现代的传统型热轧带钢生产线基本上包括加热炉、粗轧、精轧、层流冷却和卷取工序。根据不同厂家的品种大纲，各个工序的主体设备选型、设备数量会有些许差别。

这里以典型的热连轧机组（如图 6 – 12 所示）为例，其工艺流程如下：

原料—上料—加热—高压水除鳞—板坯大侧压—粗轧—中间辊道搬运—边部加热—飞剪切头尾—精轧高压水除鳞—精轧—层流冷却—卷取。

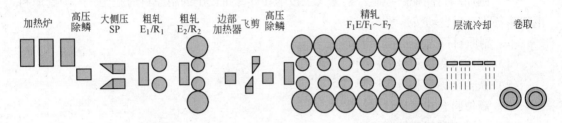

图 6 – 12 热连轧机组工艺布置

6.3.1.2 热连轧典型三电系统范围

热连轧三电系统主要指电气、仪表、计算机系统。其中电气部分涉及供配电系统（包括事故电源）、传动系统（包括电机）、基础自动化控制系统、其他（包括电解整流器、加热器控制盘、照明、接地、通风及空调、电缆和材料）。仪表部分涉及检测仪表、仪表控制系统、仪表安装材料等。计算机部分这里定义为机组过程控制计算机系统（通常称为 L2 系统）。通常我们将电气、仪表控制系统简称为 L1 系统。

6.3.1.3 热连轧控制系统技术特点

热连轧线具有装备大型、产量高、节奏快、品种多等特点。热轧都是在高温状态下快速生产轧制，对快节奏的大生产中的产品控制精度，提出了非常苛刻的要求。

由于以上特点，相应地要求承担全线控制的电气、仪表、控制 PLC 系统具有高精度、高响应速度和高可靠性的特点。要求系统网络具有速度快、可靠性高的特点。要求传动装置具有速度响应快、调速范围广、控制精度高等特点。

因而一套技术起点高、产品质量好的热轧产线，一般都会采用世界主流电气厂商的自动化控制系统硬件。技术装备水平较高的热轧自动化系统，主要采用的都是西门子、ABB、TMEIC 和日立等世界著名厂商的控制系统。

热轧自动化传动系统尽量采用以下技术：

（1）全数字控制；

（2）单独传动控制；

（3）全交流传动；

（4）矢量控制。

采用以上技术，工序间的协调、机组的速度匹配得到了改善，控制精度得到了提高，生产过程稳定可靠。

6.3.2 系统结构

6.3.2.1 三电控制系统配置图

典型的热连轧线三电控制系统配置图如图 6 – 13 所示。

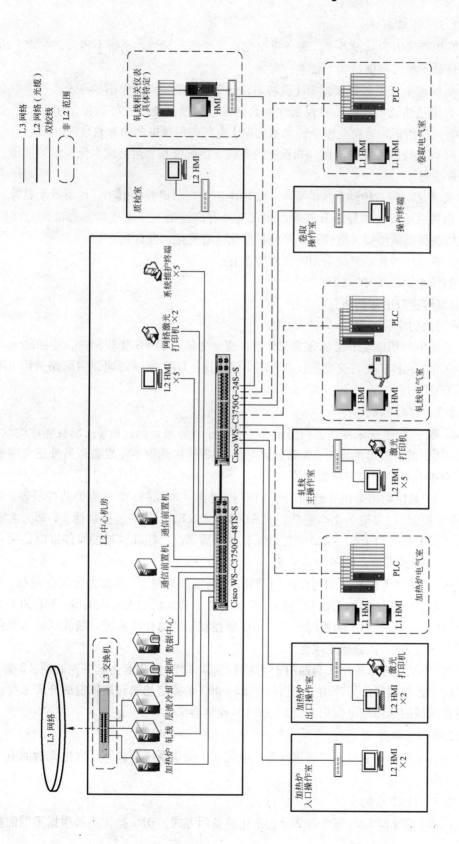

图 6–13 热连轧线三电控制系统配置图

6.3.2.2 传动系统

热连轧生产线因为其设备多，装备重型化，节奏快，对传动系统有很高的要求。因此热连轧的传动系统必须满足如下要求：

（1）要满足生产工艺要求，如轧机功率、转矩、速度、调速范围的要求。

（2）要满足热轧机主传动对控制性能的要求，如过载能力、静态控制精度、动态速降、恢复时间等指标，有防止整个传动系统发生电气与机械振荡的有效措施。

（3）要有良好的性能价格比，如设备投资低、运行可靠、运行成本低、维护量小、所需备品备件少等。

（4）要满足电网对传动系统的要求，如功率因数高、谐波幅值小、设备效率高等。

（5）电控系统具有很好的开放性，要求选择有广泛第三厂家支持的标准的总线控制器，能支持各种通信协议，软件开发平台标准化、智能化、友好化。

一般，热连轧的传动系统采用的技术方案有：

（1）直流电动机驱动，即

1）电流转速双闭环调速；

2）采用大功率晶闸管（SCR）元件。

（2）交流电动机驱动。交流方式又分为：交交变频，如 VC 变频调速，主回路大功率晶闸管（SCR）元件；交直交变频，如 VC 变频调速、DTC 变频调速，主回路采用 IGBT/IEGT/IGCT/GTO 等。

6.3.2.3 PLC 系统

板加区 L1 系统考虑采用 5 套西门子 S7 -400 控制器来控制，1 套控制板坯库的设备；1 套控制加热炉前后辊道的设备；3 套分别控制 1～3 号加热炉本体设备；另外还考虑采用 1 套 S7 -300F 代替原紧停继电器回路。

粗轧区 L1 系统考虑采用 5 套西门子 TDC 控制器[7]来控制，1 套为公共控制器，1 套为 SP 大侧压控制器，2 套为 2 个粗轧机（E1/R1、E2/R2）的工艺控制器，1 套为换辊控制器。另外用 1 套西门子 S7 -400 来控制粗轧的介质系统。粗轧区域的紧停继电器用一套 S7 -300F 控制器来代替。GDM 框架 1 套。

精轧区 L1 系统考虑采用 11 套西门子 TDC 控制器来控制[8]，1 套为公共控制器，1 套为主控控制器，1 套为入出口设备控制器，7 套为 7 个精轧机的工艺控制器，1 套为 7 个精轧架换辊控制器。另外用 1 套西门子 S7 -400 来控制精轧的介质系统。精轧区域的紧停继电器用 1 套 S7 -300F 控制器来代替。

卷取区 L1 系统考虑采用 3 套西门子 TDC 控制器来控制，1 套为公共控制器，2 套为 2 台卷取机的工艺控制器。另外用 1 套西门子 S7 -400 来控制卷取和运输链的介质系统。卷取和运输链区域的紧停继电器用 1 套 S7 -300F 控制器来代替。

6.3.2.4 工程师站

系统共有工程师站数台，可放置在各个电气室，便于系统调试和正常生产后的电气工程师现场维护。

6.3.2.5 HMI 系统

L1 的 HMI 系统设 HMI 服务器 2 台，采用热备用方式。HMI 操作终端根据不同的操作室进行配置。

6.3.2.6 L2 系统

热连轧 L2 系统通常按照生产工序为各个区域配置 L2 服务器，一般采用 PC 服务器，常见的配置为加热炉 1 台、轧线 1 台、层流冷却 1 台、全线配用 1 台。同时配有公共数据服务器。操作系统按照用户要求采用 Linux 系统或者 Windows 系统。

6.3.3 主要功能

6.3.3.1 基础自动化控制系统（L1）

基础自动化电气、仪表控制 PLC 系统具有高精度，快速响应和高可靠性，且具有自诊断功能和易维护等特点。它完成的主要控制功能有：

（1）与传动、工艺和仪表相关的过程控制。

（2）设定值和实际值处理。

（3）自动顺控和位置控制。

（4）材料跟踪。

（5）工艺控制，如板形（凸度、平直度），厚度，宽度和温度控制。

（6）人机界面 HMI。

基础自动化系统保证操作和控制过程的高度自动化。

A　基础自动化系统结构

基础自动化系统由轧线不同区域（板坯库加热炉、粗轧、精轧、卷取运输链）的控制系统组成，这些相对独立的控制系统基于 SIMATIC 控制器，内部通过 GDM 实现高速过程数据交换，相互之间通过 ProfiBus DP 网络或硬接线的方式进行数据通信。各控制系统单元包含某些传感器，远程 I/O 站（ET 200）等通过 ProfiBus DP 网相连。ProfiBus DP 网络连接到特定的协议转换卡，实现与旧有的传动机构的通信。

基础自动化系统通过硬连线或特殊协议转换网关，实现与特殊仪表的通信。

基础自动化系统通过以太网接收过程机和 HMI 输入的数据，并在 HMI 上用数值、图表等显示过程信息、轧机状态、检测数据等。

基础自动化系统通过以太网与生产管理机实现通信，实现板坯库和钢卷库的自动化控制管理。

B　基础自动化 SIMATIC 过程控制系统

德国西门子公司生产的 SIMATIC 系列，凭借其先进性和稳定性在很多行业得到广泛的应用。在热轧基础自动化控制中，S7 系列 PLC 和 TDC 控制器是使用最多的产品。通常，一条热轧产线的基础自动化系统根据工艺和功能需求，需要配置相当数量的控制器。其中：

加热炉区域：S7 - 400 控制器 4 ~ 5 台，S7 - 300 控制器 1 ~ 2 台；

粗轧区域：以粗轧配置一台高压除鳞机，一台大侧压机和双机架粗轧机为例，通常选配 TDC 控制器 5 ~ 6 台，S7 - 400 控制器 1 台，S7 - 300 控制器 1 台。TDC 主要用于控制主体设备和复杂的工艺控制功能，S7 则用于介质系统和紧停系统。

精轧区域：以精轧区域配置 1 台飞剪，七架精轧机组为例，通常选配 10 ~ 14 台 TDC

控制器，S7-400 控制器 1~2 台，S7-300 控制器 1 台。TDC 主要用于控制主体设备和复杂的工艺控制功能，S7 则用于介质系统和紧停系统。

卷取区域：包含层流冷却和卷取机以及运输链等设备，通常选配 2~3 台 TDC 控制器，S7-400 控制器 1~2 台，S7-300 控制器 1 台。

C 控制系统的任务和操作概念

一条生产线的高效、成本优化，离不开现代化高可靠性的控制系统，是一个能满足特殊要求的操作和监控系统。其主要任务是对在过程中不断刷新的信息进行处理，并以清晰易懂的方式表现出来。此外，操作系统以结构化形式构成，即使异常时，也能提供一个既简单又有系统性的操作。

生产线过程控制系统的维护非常重要，其所用的组件是可靠且长久可用的。操作系统应该是有效且简单易学的。

过程控制系统把生产操作人员从常规任务中解脱出来，在合理工艺基础上，对生产线进行自动化控制。过程控制系统检测并监控生产条件和过程值，并显示参数偏差和故障。

操作人员的主要任务是监视生产线运行，一旦出现非正常的状况，可以通过手动干预实现相应的功能。这些任务由过程控制系统支撑，并提供操作指导，诊断，在线帮助等。在生产线运转异常时，也能提供一个快速且可靠的操作，如紧急停车。

操作站（OS）作为一个"信息窗口"实现对整条生产线的操作和监控。

过程控制任务由工艺而定，依据带钢车间的不同区域划分为：

板坯库/加热炉、粗轧、精轧、层冷、卷取、运输链。

此处对于各区域的功能不做详细描述，在后面单独说明。

各区域的功能概要：板加区实现原料板坯的上料、核对，装钢入炉，炉内板坯跟踪、位置步进以及自动燃烧控制，根据 L2 模型设定，板坯达到目标出炉温度，炉门开启，抽钢机将板坯托出，运送到粗轧区进行轧制。

粗轧过程机给出粗轧区的设定值，如水平辊和立辊。立辊可通过液压缸在有载情况下调整，这项功能用来实现板坯的头部、尾部的成形（SSC），板坯的自动宽度控制（AWC）。

对于精轧机，当板坯在加热炉里时，设定值就已经计算出来了。最后机架出口的带钢厚度和温度就是目标值。确定各机架压下量时，除考虑轧机和传动负载因素之外，还要考虑相应的工艺条件。以保证带钢进入相应机架的时候，诸如压下量和速度设定值是在允许的调节范围内。

精轧出口带钢的温度通过加速轧制和机架间冷却水流量的调节，来保证整个带钢长度方向上与目标值的一致性。

层流冷却是通过冷却手段达到带钢的微观组织的调整，比如材料的金属特性。另外，层流冷却也是控制卷取温度的一种途径，比前者更为重要。

对于卷取机，在带钢进入卷取机之前，过程机根据带钢终轧厚度和宽度，计算出卷取张力设定值并下发给 L1 机。

过程机与基础自动化各个控制功能紧密结合，协同工作，它们之间的接口显得尤为重要。

热轧控制系统功能列表见表6-2。

表6-2 热轧控制系统功能列表

	L1	L2
粗轧区设定	（1）侧压宽度设定； （2）速度设定； （3）宽度、辊缝设定； （4）侧导板宽度控制； （5）粗轧区的材料跟踪（使能或封锁工艺控制）； （6）侧压的工艺过程控制（SP）和立辊的控制（AWC，SSC）	计算轧机侧压，立辊和水平辊设定值，使用物理/解析工艺模型进行计算
精轧区设定	（1）速度设定； （2）辊缝设定； （3）侧导板宽度设定； （4）精轧区的材料跟踪（使能或封锁工艺控制）； （5）工艺过程控制 （DPC，AGC，THC）	计算轧机水平辊设定值，使用物理/解析工艺模型计算
入口修正	对未咬钢的轧机执行辊缝设定	通过评估前三个机架带头的轧制测量值，计算后续轧机的设定值
FM温度控制	执行机架间冷却水流量变化和/或轧制速度变化	计算获得终轧温度所需要的机架间冷却水流量或/和速度及转换系数
层流冷却设定和温度控制	（1）开/关阀； （2）考虑带钢位置/联锁	（1）依据冷却模型计算设定，模型包括热力学转换模型； （2）阀门数设定，达到期望的冷却温度或/和期望的材料质量； （3）层流冷却区的材料跟踪
换辊/标定	（1）为自动换辊做准备； （2）执行自动/手动换辊顺序； （3）重新标定轧机； （4）按需要进行刚度曲线数值记录； （5）发送标定和刚度测试电文到过程计算机	（1）复位轧辊热凸度模型和磨损模型； （2）对获得的刚度数据计算刚度值
卷取机	（1）执行设定； （2）卷取区的材料跟踪； （3）L1持续发送实际值给过程计算机	卷取的带钢张力设定

D 系统模拟[9]

自动化系统具有各种模拟的功能。模拟功能可以使用在编程阶段、模拟测试阶段、现场调试阶段和生产维护阶段。模拟系统分别由单个单元（比如一个机架）或带设备动作、不带设备动作的整条轧线模拟系统组成。

（1）单体设备的模拟功能。在软件设计阶段（比如液压控制功能）单体设备的输入输出信号都是由软件来模拟的。工艺控制功能（如张力控制）在该阶段是不模拟的。

（2）模拟测试阶段。简单回路控制功能在集成测试阶段进行模拟测试，该阶段不带设备运转。通过模拟带钢输送过程来测试一些工艺控制功能。

（3）现场的整个自动化系统的模拟。通过模拟带钢输送过程和一些工艺参数来测试自动化系统的功能。该模拟功能不需要带动设备运转，所有的硬件输出都被切换到安全的状态。在现场调试阶段，当某个设备没有准备好的时候，也可以使用该模拟功能来进行测试。

该模拟功能可以让操作工感受实际的轧制过程，就像轧制一块真的板坯一样。该功能可以用来培训操作工，不必担心轧废钢板的风险。

（4）模拟轧钢。模拟轧钢功能允许带设备运转（如主电机转动、压下辊缝调整）。该阶段还包括模拟那些为了能够实现顺序动作而必需的信号。

模拟轧钢是非常有用的功能，特别是在每次定修完毕后，轧制第一块钢之前，用它来检查线上的设备和控制系统是否正常。这样做的主要好处有：

1）安全；

2）测试过程用时很短；

3）对工艺控制系统也可以预先测试；

4）停机维修后的快速启动；

5）操作培训，而且不会产生次品。

（5）单个区域（粗轧/精轧/卷取）的模拟。该功能相当于在单个区域的模拟轧钢。

无论是在工程建设阶段还是在产线的整个生命周期里，模拟软件都提供了各种各样的模拟功能。模拟的起始点从粗轧区入口的除鳞箱开始，覆盖了粗轧到卷取的整个区域。

E　加热炉区控制

加热炉区完成的主要控制功能如下：

（1）板坯跟踪；

（2）板坯库设备的控制；

（3）加热炉区控制功能。

加热炉电气控制的设备有：炉前辊道；炉后辊道；装钢机、装钢炉门、步进梁、抽钢机、抽钢炉门、板加区的液压系统和辅助系统。

a　加热炉公共PLC的主要功能

（1）加热炉入口侧辊道的自动与手动运行控制。

（2）加热炉出口侧辊道的自动与手动运行控制。

（3）板坯跟踪控制。

（4）与L2过程机的通信。

（5）与各加热炉PLC的通信。

（6）与加热炉介质PLC的通信。

（7）与板坯库PLC进行联锁。

（8）与监控系统的通信。

b　加热炉PLC的主要功能

（1）加热炉装钢机的自动与手动运转顺序控制。

（2）加热炉装料炉门的自动与手动运转顺序控制。装料炉门有半开、全开、全闭三个位置，其自动开闭的过程包含在装钢机的自动运转顺序中，当自动运行出现问题时可以转入手动操作。装料炉门分左右两个，可以单独升降，也可以同步升降。

（3）加热炉抽钢机的自动与手动运转顺序控制。

（4）加热炉出料炉门的自动与手动运转顺序控制。

（5）加热炉内步进梁的自动与手动运转顺序控制。

F 粗轧区控制

粗轧区控制主要包含从高压水除鳞箱至粗轧出口辊道的区域。

粗轧区控制对象包括辊道协调控制、轧机及其出入口辊道的速度控制、机架控制以及顺序控制等，具体如下：

（1）高压水除鳞；

（2）定宽侧压机；

（3）粗轧入口/出口辊道组；

（4）立辊水平辊的主传动；

（5）侧导板；

（6）轧机机架控制；

（7）液压和电动压下；

（8）冷却系统；

（9）液压系统；

（10）稀油润滑系统；

（11）干油润滑系统。

基础自动化控制功能包括联锁信号、自动顺序控制、闭环控制、同步控制和数据处理等功能。

轧线设备的状态和各种实际测量值以符号、数字、图表的形式在终端屏幕上进行显示。这些画面同时提供数据的显示和输入。详细参见关于 HMI 的章节。

以下是粗轧区主要的控制功能：

（1）定宽侧压机控制；

（2）操作接口：轧线的操作、维护、设定以及故障和状态显示；

（3）道次数据处理以及与过程机的通信；

（4）协调控制和操作模式；

（5）辊道轧机之间根据带钢的位置进行速度的设定和匹配；

（6）翘扣头控制；

（7）立辊与水平辊之间的张力控制；

（8）辊道控制功能；

（9）物料跟踪和顺序控制功能；

（10）模拟轧钢功能；

（11）侧导板控制；

（12）换辊前的扁头定位；

（13）轧辊冷却控制；

（14）除鳞控制；

（15）轧机调零；

（16）水平辊辊缝控制（包括液压辊缝）；

（17）轧辊倾斜控制；

（18）自动厚度控制；

（19）立辊辊缝调整；

（20）立辊自动宽度控制和短行程控制；

（21）换辊控制；

（22）介质系统控制（液压系统）；

（23）油膜轴承液压系统控制；

（24）稀油润滑系统控制；

（25）干油润滑系统控制。

a 粗轧通用控制功能

（1）数据管理，包括：

1）设定值（SDH）处理；

2）实际值（ADH）处理。

（2）操作模式，包括：

1）手动模式（"O"模式或者维护模式）；

2）自动模式（"C"模式）；

3）停止模式。停止模式包括：

①正常停车；

②快停；

③紧停；

（3）材料跟踪。

（4）板坯跟踪建立。

（5）板坯跟踪修正。

（6）轧线协调。轧线协调主要负责轧线各区域逻辑控制以及区域主速度设定，其主要功能包括：

1）轧线各设备运行逻辑控制；

2）进钢条件判断；

3）自动轧钢步骤；

4）摆钢及待温功能；

5）区域主速度设定；

6）辊道速度切换；

7）模拟；

8）MRG控制。速度控制（MRG）的主要功能有：

①水平辊速度设定值的生成及分配；

②立辊的速度斜坡生成控制；

③辊道组的速度斜坡生成控制；

④水平辊的翘扣头控制和负荷平衡控制；

⑤水平辊和立辊之间的张力控制。

水平辊主速度给定逻辑见图6-14。立辊和水平辊张力控制逻辑图如图6-15所示。

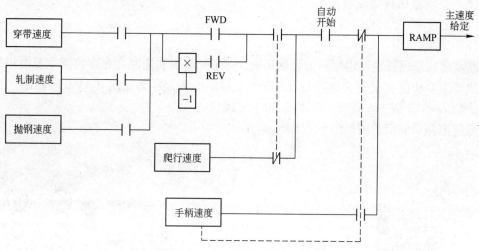

图 6-14 水平辊主速度给定逻辑

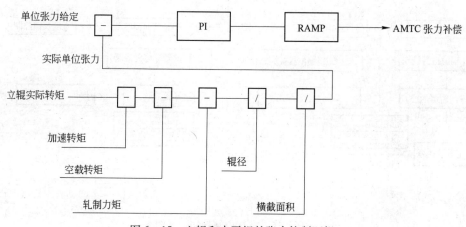

图 6-15 立辊和水平辊的张力控制逻辑

b 综合控制功能

（1）大侧压控制。定宽侧压机 SSP（Slab Sizing Press）又称大侧压，位于粗轧除鳞箱后，是用于控制板坯的宽度及宽度精度的装置。侧压机的基础自动化系统能够确保根据宽度设定值来实现定宽侧压的全自动控制，从而实现对板坯宽度控制的目的。

（2）除鳞箱控制。调整控制除鳞箱内的高压水阀开闭状态和位置，来达到清除高温板坯表面氧化铁皮的目的。

c 粗轧机机架控制

粗轧机机架控制功能包括：

（1）侧导板控制；

（2）轧辊冷却控制；

（3）工作辊平衡控制；

（4）上支撑辊平衡控制；

（5）机架除鳞控制；

（6）立辊液压辊缝控制；

（7）水平辊/立辊电动压下控制；

（8）宽度控制。

高宽度精度可减少终端用户的带钢切边，可节约材料和能源。宽度控制主要由粗轧区域完成，主要功能有带钢头尾短行程（SSC）控制、带钢自动宽度（AWC）控制（反馈 RF – AWC& 前馈 FF – AWC）、调宽坯（T – SLAB）控制。

宽度控制功能示意图如图 6 – 16 所示。

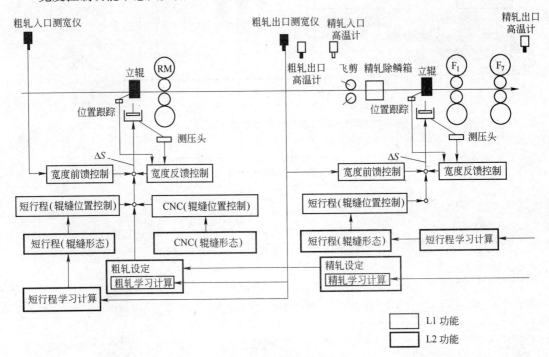

图 6 – 16　宽度控制功能示意图

带钢头尾短行程（SSC）控制　带钢头尾短行程（SSC）通过调整立辊辊缝来消除带钢头/尾在水平辊轧制过程中的狗骨变形。带钢头尾修正量由过程计算机模型计算获得，基础自动化负责立辊辊缝调整时间点及辊缝调整量控制。

带钢头尾短行程（SSC）辊缝控制示意图如图 6 – 17 所示。

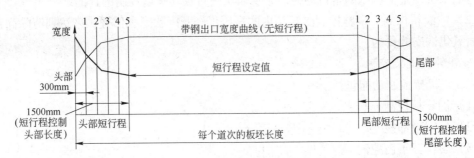

图 6 – 17　SSC 辊缝控制示意图

RF – AWC（轧制力 AWC）　RF – AWC 功能主要作用是消除立辊机架轧制力变化而

带来的宽度偏差。RF‐AWC 调节器通过调整立辊机架液压油缸位置设定，从而改变带钢宽度。RF‐AWC 调节器位置修正依据当前位置和立辊轧制力，当带钢宽度变化时将引起立辊轧制力变化，RF‐AWC 通过调整立辊辊缝进行补偿，补偿量决定于轧制力变化量和立辊刚度。立辊迟滞曲线用来消除轧辊偏心，精确的补偿变量和立辊迟滞曲线将在现场调试时确定。

FF‐AWC（前馈 AWC） FF‐AWC 功能的主要作用是消除由下列原因引起的带钢宽度偏差：

（1）带钢硬度变化（由水平机架轧制力测压头测量到）。

（2）带钢温度变化（由入口测温仪测到温度变化）。

（3）来料宽度变化。

TSC（梯形坯控制） 梯形坯是由于连铸机调宽过程中造成的板坯头尾宽度不等的一种现象。TSC 功能其原理是针对板坯头尾一定的长度上计算出梯形坯曲线 $y = f(x)$，并将此作为立辊的附加设定值，来使轧制过的板坯在长度方向上宽度一致。TSC 功能带钢进入轧机必须严格按照大头在前的原则，同时 L2 电文要求设置特别的标志位表示为 TSC 控制。

轧机调零（水平辊） 轧机调零功能用来确定相对零辊缝，并将辊缝调平。每次换辊之后，操作工必须从 HMI 上启动调零过程。

换辊。

d 粗轧介质系统控制

粗轧介质系统主要包括了 AWC 系统、辊平衡系统、润滑系统、集中供油、除鳞系统。而其中润滑系统又分为稀油润滑、干油润滑、油膜润滑。

G 精轧区控制

精轧区的主控要协调好区域内各个设备的传输速度。包括机架控制功能和以下单元顺序控制功能：入口辊道、飞剪、除鳞、主传动、轧机机架、侧导板、活套、介质系统、冷却系统、层流冷却、测量仪表。精轧区域控制图如图 6‐18 所示。

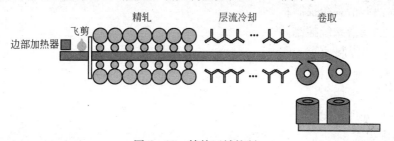

图 6‐18 精轧区域控制

a 常规的精轧控制

基础自动化包括联锁信号、自动顺控、闭环控制、同步控制和数据处理。

下面是精轧区的主要控制功能：

（1）轧机的操作、设定、维护和故障与状态显示；

（2）设定值实际值数据管理；

（3）轧线协调与操作模式；

（4）主传动、入口和出口辊道的速度设定；

（5）入口区域和精轧机区域的物料跟踪；

（6）模拟轧钢；

（7）边部加热系统的接口；

（8）精轧机前的立辊；

（9）侧导板控制；

（10）飞剪剪切控制；

（11）换辊的扁头定位；

（12）轧辊冷却控制；

（13）精轧除鳞箱和二次除鳞控制；

（14）机架间冷却；

（15）套量控制；

（16）活套微张力控制；

（17）轧机零调；

（18）液压辊缝控制（HGC）；

（19）自动厚度控制（AGC）；

（20）弯辊控制（WRB）；

（21）交叉辊控制（PCS）；

（22）厚度监控；

（23）平直度控制；

（24）轧制润滑；

（25）换辊顺控；

（26）AGC 和平衡液压系统控制；

（27）油膜轴承润滑系统控制；

（28）热轧制油系统控制；

（29）稀油润滑系统控制；

（30）干油润滑系统控制。

b 精轧通用控制功能

（1）数据管理，包括：

1）设定值处理功能；

2）实际值处理功能。

（2）操作模式。

（3）停车模式。停车模式包括正常停车、快停和紧停。

（4）材料跟踪、线协调、模拟，包括：

1）入口区域顺序控制，即粗轧与精轧的物料交接，飞剪剪切时的速度匹配，轧制模式穿带，故障状态下的摆动。

2）轧制区域顺序控制，包括：轧制模式穿带，轧制模式连续轧制，轧制模式抛钢，使能/封锁 AGC，轧制冷却开或关，厚度控制开或关，平直度控制开或关，活套控制开或关。

（5）速度控制。对于轧制模式速度设定，以末机架出口速度为设定基础，根据金属秒流量相等原则，由 F_7 向 F_1 级联计算，提前静态分配给每个机架速度设定。在轧制过程中，动态级联计算各机架的活套，AGC 和人工干预的补偿量，以及终轧温度动态调节量。所有机架间速度关系的修正，轧制过程中机架的速度调节，在带钢离开机架时被复位。机架出口速度上限将根据 F₇ 穿带完成，卷取机建张完毕，带尾离开 F₇ 的距离动态变化。典型轧制设定速度时的序图如图 6-19 所示。

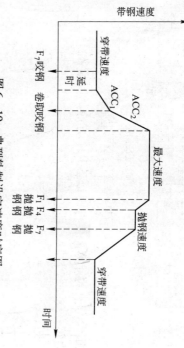

图 6-19　典型轧制设定速度时的序图

(6) 活套控制。活套控制主要包括以下几个功能：

1) 活套顺序控制；
2) 活套软接触控制；
3) 稳定轧制过程活套控制；
4) 防甩尾活套控制；
5) 换辊的活套辊控制；
6) 虚拟轧制控制。

(7) 微张力控制。当轧厚板时，有时很难将钢板弯曲，传统的活套控制将不稳定，此时采用微张力控制。微张力控制一般应用于 F₁～F₂ 机架之间，在轧制之前，操作工可以选择微张力或活套控制模式。

微张力控制主要包括张力计算和张力控制两个功能：张力计算是根据轧制力，轧制力矩和其他一些信息实现；张力控制是将计算得到的张力与过程机设定张力的偏差进行 PI 计算，控制上游机架的轧制速度。其控制原理如图 6-20 所示。

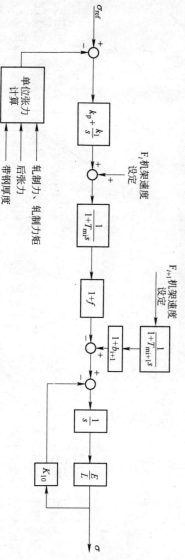

图 6-20　微张力控制原理图

（8）活套传统控制。在活套辊接触带钢后，根据活套实际角度和目标值之间的偏差，通过 PI 控制方式调节上游机架速度，给定活套电机输出力矩，其控制原理如图 6-21 所示。

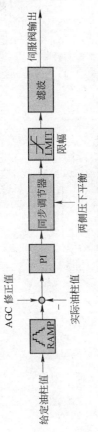

图 6-21 活套传统控制原理图

活套电机力矩参考值的计算需要考虑以下几个方面的因素：

1）带钢张力力矩；

2）活套重力力矩；

3）活套摩擦力矩；

4）活套动力力矩；

5）带钢重力力矩；

6）带钢弯曲力矩。

（9）活套多变量控制。

为了获得高精度的活套张力和角度控制目标，在传统控制方式投入一段时间后，切换到活套多变量控制方式。此时，根据活套实际张力与目标值的偏差，调节上游机架的速度；根据活套实际角度与目标值的偏差，调节电动活套力矩参考值。活套多变量控制方式可以采用解耦控制或者 ILQ 控制，其基本控制原理如图 6-22 所示。

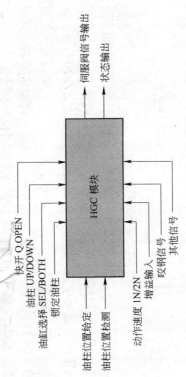

图 6-22 活套多变量控制原理图

c 厚度控制[10]

监控厚度控制（MON-AGC） 位于精轧机机架 F7 之后安装有多功能仪，可以实时检测出轧制中带钢的实际厚度，并计算实际厚度与设定厚度的偏差传送给 L1，L1 中的厚度控制模块根据偏差值的大小选择不同的控制模式，调节精轧机组的辊缝，目的是使轧制出的带钢厚度趋近于设定目标值，并保持好的同板差，是精轧最直接控制的厚度控制方式。

检测出的带钢厚度偏差进入监控厚度控制模块之后，控制模块将根据偏差大小和系统所选择的控制模式，计算出合适的辊缝补偿量，和其他的辊缝补偿量合并在一起，成为最新的辊缝调节量。整块带钢的轧制过程中，这个辊缝补偿量始终随着精轧出口带钢的厚度变化而变化，且按一定规则分配给 $F_4 \sim F_7$ 四个机架来执行。这样就形成了一个关于厚度控制的闭环控制模块。

厚度控制原理如图 6-23 所示。

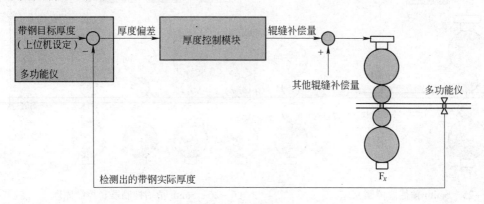

图 6-23 厚度控制原理

传统 PI 监控厚度控制 通常来说，F_7 距离多功能仪（厚度测量）距离最近，调节 F_7 的辊缝对于厚度控制来说最直接最快速；但是这种情况下 F_7 单机架调节量最大，对板形控制不利，且不利于轧制过程的稳定。所以要以一定的规则将辊缝调节量在 $F_4 \sim F_7$ 机架进行分配，分配规则须满足快速控制和轧制稳定两个条件。

辊缝调节量各机架分配要考虑诸多要素。由于传统监控厚度控制采用的是纯比例-积分（PI）控制，由于积分环节的存在，尽管可以消除稳态误差，但是另一方面，距离越远（反馈滞后越长）的机架如果增益过大，反而会造成控制的不稳定，所以要有一定的调节系数。针对同一厚度偏差，每个机架辊缝调整量设置如图 6-24 所示。

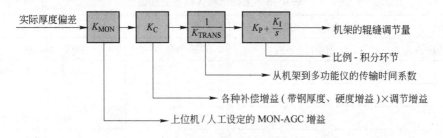

图 6-24 PI 监控厚度控制

Smith-AGC Smith 预估控制[11]策略是一种应用于大滞后环节并保持控制稳定的控制方法。图 6-25 简单描述 Smith 预估控制器在最后主动机架的控制示意图。

Smith 预估器控制特点是实时跟踪控制器的控制输出，利用 X 射线测量得到的厚度偏差和跟踪控制器的控制输出量来预估将到 X 射线下的带钢的厚度偏差。该厚度偏差经过滤波器与目标厚度偏差经比例调节器形成机架辊缝的辅助调节量。

图 6-26 说明多机架的 Smith 预估控制器其控制原理。

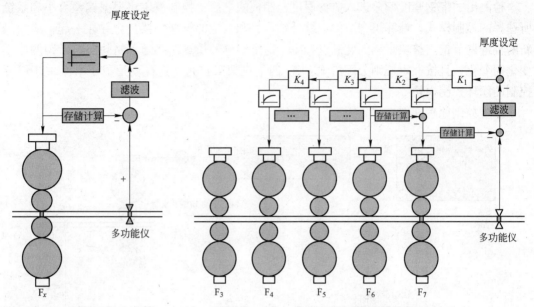

图 6-25 Smith 预估器控制原理   图 6-26 Smith 预估控制器其控制原理

  Smith 预估控制器投入与否可通过 HMI 选择,默认状态为选择 PI 调节器控制模式。

  工作模式 THC 工作模式分相对模式和绝对模式。工作模式可由过程计算机指定,也可由 HMI 选择。HMI 指令优先级高于过程计算机。

  绝对模式调节器控制目标为过程计算机设定的目标厚度。相对模式调节器控制目标为带钢头部一段时间内的带钢厚度的统计平均值。同时,在绝对模式下如果带钢头部厚度统计平均值与目标值超过一门槛值(在现场调试过程中确定),则调节器自动切换到相对模式。

  与上位机和人机界面(HMI)接口 与上位机和人机界面接口参见表 6-3。

表 6-3 上位机和人机界面接口

序 号	上位机传送参数	序 号	HMI 设定参数
1	钢种相关系数	1	MON-AGC ON/OFF
2	硬度相关系数	2	SMITH-AGC ON/OFF
4	塑性系数	4	钢种相关系数
5	刚度系数	5	硬度相关系数
6	调节器增益系数	6	塑性系数
8	MON-AGC 相对/绝对模式	8	刚度系数
9		9	调节器增益系数
10		10	MON-AGC 相对/绝对模式

  d 平直度控制

  平直度反馈自动控制根据精轧出口平直度仪的测量数据计算弯辊力修正量,弯辊力修正量将根据目标平直度和实际平直度的差和弯辊力影响系数进行 PI 控制。

轧制前，板形预设定模型根据钢种和规格计算影响系数和增益，在平直度仪检测到数据后到卷取机咬钢之前，反馈控制过程定周期启动，弯辊力的修正按照定周期计算（300ms）并输出给 F_7 机架，当 F_7 调节能力不足时，修正 F_6、F_5 机架弯辊力。

卷取机咬钢后，弯辊力修正量将保持并作为弯辊力锁定数据应用在 RFCOM 控制中。

操作人员干预过程中，弯辊力修正量仍然进行计算，但是弯辊力输出保持不变。人工干预结束后，FFBCON 控制将增加这一部分弯辊力的修正量。

e 精轧机架控制

精轧机架控制功能有：

（1）F_1 前立辊控制。

（2）$F_2 \sim F_7$ 间侧导板控制。

（3）精轧流体控制，主要设备和控制有：

1）精轧入口除鳞箱和 $F_1 \sim F_2$ 间除鳞；

2）$F_1 \sim F_7$ 工作辊/支撑辊轧辊冷却水；

3）$F_1 \sim F_7$ 轧制润滑油；

4）$F_2 \sim F_7$ 机架间冷却水。

（4）上支撑辊平衡。

（5）工作辊弯辊控制（WRB）。

（6）动态轧制力补偿（DPC）。

（7）$F_2 \sim F_7$ 工作辊交叉控制。

（8）液压辊缝控制（HGC）。

（9）自动厚度控制 AGC。

AGC（Automatic Gauge Control，自动厚度控制）模块用于完成精轧区域各机架对带钢的厚度控制，使之达到或者接近于设定厚度，并且全长厚度波动小。

热轧过程中，影响带钢产品厚度的因素有很多，包括来料的厚度波动、板坯材质的变化、轧机性能的变化、支撑辊油膜的变化、所受张力的变化、轧辊热膨胀和磨损、轧辊偏心、轧制速度变化等。AGC 及 HGC 模块中设置有相应的控制和补偿模块，用来消除以上各种因素对厚度控制造成的负面影响。

MMC：轧机模数控制；ABS – AGC：绝对值 AGC；M – AGC：监控 AGC，RE – AGC：轧辊偏心 AGC。

图 6 – 27 简单说明典型 AGC 控制示意图。

AGC 工作模式（绝对/相对 AGC）　AGC 工作模式分绝对 AGC 和相对 AGC。

绝对（Absolute mode）AGC 控制下，各机架的出口厚度以上位机（过程计算机）的设定值为控制目标，在上位机设定准确与生产实际差别不大的情况下使用此控制方式，可以较为稳定的达到最终目标控制厚度。

相对（Relative mode）AGC 控制下，各机架出口厚度以机架咬钢时锁定的带钢计算厚度（可以理解为带钢的实际厚度）为控制目标。在上位机计算不准确，与生产实际（来料厚度、温度等）差别较大时使用相对控制模式，可以减小各机架的调节量，保证生产的稳定运行。

AGC 控制原理　AGC 控制就是在机架带钢轧制过程中，实时计算带钢的本机架出口

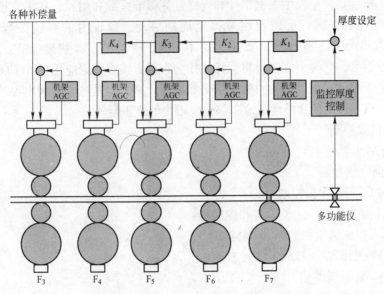

图 6 – 27　典型 AGC 控制示意图

厚度，并将这个计算厚度值与出口目标值比较，将厚度偏差反馈调整轧机辊缝，缩小厚度偏差的过程。厚度计算相当于在机架中模拟出一个测厚仪，也称厚度计（GM – AGC）控制方式。控制原理如图 6 – 28 所示。

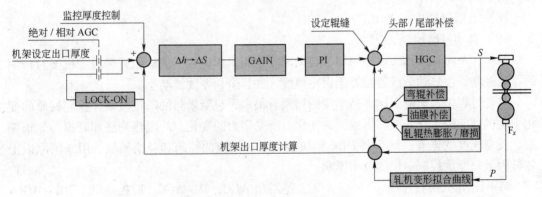

图 6 – 28　GM – AGC 控制示意图

　　为了保证辊缝控制的精准，控制框图中的参数都要力求准确。这些参数多数都要通过上位机设定，对于不同规格的带钢有不同的参数（如带钢的宽度系数、硬度系数等）；用于计算厚度的轧机变形由实验数据进行拟合，力求准确。

　　各种补偿因素　在轧制过程中，轧机的辊缝会受到各种因素的影响，这些影响因素都应在计算中去除或补偿：弯辊补偿、油膜补偿、轧辊热膨胀补偿和轧辊磨损、流量补偿。

　　轧机调零　轧机零调功能用于确定实际辊缝和调平辊缝。

　　刚度测试　刚度测试用以自动记录轧机机架特性曲线，同时得出机架刚度（由过程计算机计算）。

　　换辊功能　轧辊更换控制。

　　f　精轧入口与出口功能

精轧入口与出口控制功能有：

（1）保温罩和废坯推钢机；

（2）剪切侧导板控制；

（3）飞剪控制；

（4）边部加热器。

g 精轧介质系统控制

精轧机介质系统的控制具有开环和顺序控制，控制地点分成远程和本地控制，具体如下：

（1）AGC 液压站系统；

（2）辊平衡液压站；

（3）润滑系统；

（4）热轧制油系统；

（5）干油系统；

（6）除鳞系统；

（7）油库系统；

（8）边部加热器冷却水系统；

（9）油水分离器。

H 卷取区控制

热轧卷取机一般为 2 ~ 3 台三助卷辊式地下卷取机，能卷取 1.2 ~ 12.7mm 厚的带钢。卷取区域的主要设备包括热输出辊道（ROT）、侧导板、夹送辊、助卷辊、卷筒等；条运输链，升降机，钢卷小车、检查站等。

卷取机公共控制协调和控制下列功能：

（1）带钢数据存储/设定数据处理。

（2）循环卷取机选择。

（3）卷取机区域材料跟踪。

（4）卷取区域全线协调。

（5）与精轧机和过程自动化接口。

（6）主速度斜坡生成，含下列设备：

1）精轧出口辊道；

2）夹送辊传动（上辊与下辊）；

3）卷筒传动与助卷辊。

（7）模拟卷取（无带钢卷取）。

（8）钢卷运输链顺序控制。

（9）钢卷检查站。

（10）打捆，喷印和称重机接口。

（11）与 L3 的接口。

（12）与监控系统的接口。

卷取工艺控制完成下列主要功能：

（1）电动侧导板位置控制；

（2）电动夹送辊辊缝位置与气动压力控制；

（3）气动活门控制；

（4）液压助卷辊辊缝位置控制，含"踏步控制"；

（5）卷取机张力控制（速度与转矩）；

（6）夹送辊速度控制；

（7）助卷辊速度控制；

（8）卷筒扩张控制；

（9）带尾定位；

（10）卷径计算；

（11）卸卷小车及运卷小车顺序控制；

（12）卷取机冷却控制。

a　卷取通用控制

卷取通用控制包括：

（1）带钢数据存储/设定数据处理；

（2）操作模式处理；

（3）侧导板开/闭；

（4）开/关夹送辊辊缝；

（5）开/关助卷机辊缝；

（6）增加/减少带钢张力；

（7）停止模式；

（8）材料跟踪与作业线协调（LCO）；

（9）模拟系统；

（10）主速度斜坡生成器；

（11）卷取机循环模式；

（12）钢卷运输系统。

b　卷取机工艺控制

卷取机工艺控制功能包括：

（1）侧导板控制；

（2）夹送辊控制；

（3）夹送辊传动；

（4）助卷辊控制；

（5）卷取张力控制；

（6）卷筒芯轴扩张控制；

（7）带尾定位控制；

（8）卷径计算；

（9）卷取机与卸卷小车及运卷小车的顺序控制；

（10）卷取机区域辅助设备的顺序控制。

I　检测仪表

为了保证热轧能生产合格的产品，需要一套完整的机械装备，同时还要建立一套完整的自动化的控制系统。其中包括过程计算机控制（L2）、基础自动化（L1），还要包括仪表检测设备，这些检测仪表主要包括测宽仪、测厚仪、多功能仪、压力计以及高温计、表面检测仪、平直度仪等等。以某条热轧产线为例，仪表检测设备的布置图如图6-29所示。

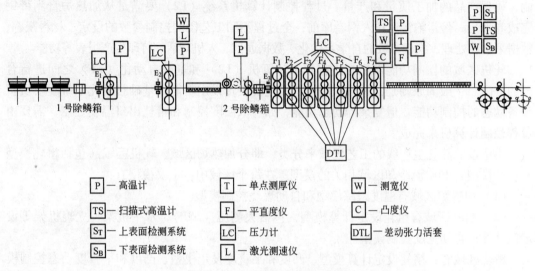

图6-29　热连轧产线检测仪表

J　UPS电源

UPS就是不间断电源，是含有储能装置，以逆变器为主要组成部分的恒压、恒频的不间断电源，主要用于给PLC控制器、服务器、计算机网络系统或其他电力电子设备提供不间断的电力供应。

热轧产线的UPS电源通常以电气室为单位，采用集中供电，每个电气室设置1台UPS电源及其配电系统，并保证供电容量有20%的富裕量。

K　紧停系统

出于人身和设备的安全保护需要，热轧生产线必须采用安全PLC来构建紧停及安全维护系统，以保证当其中一个或多个自动化装置发生故障的时候，此系统仍然能够保持安全功能不丢失。控制内容包括：

（1）紧急切断（停止类别0）。

（2）紧急停止（停止类别1）。

停车模式包括：

（1）正常停车（NS）：这是机组正常使用的一个操作模式。

（2）快速停车（QS）：这也是机组的一种正常操作模式。

（3）紧急停车（ES）：这是机组的一种异常操作模式。在发生紧停后，要再启动设备，必须在主操台进行紧停复位操作，否则无法再启动设备。

紧停时几种典型设备的控制策略（根据需要可选）：

（1）主线的传动设备。

（2）调速电机。

（3）MCC柜的控制。

6.3.3.2 热轧典型过程计算机控制系统（L2）

A 控制范围及主要功能

过程控制计算机系统（L2）负责各生产区域内的过程监控、区域内的跟踪和优化控制，确保产品的加工质量和产量。过程控制计算机系统（L2）要满足从加热炉直到带钢完成卷取后，经运输链运送入钢卷库前，全过程不同工艺段的控制参数的设定、材料跟踪、数据采集和处理、模型参数的自学习优化、数据通信、人机对话、打印生产报表等功能。

轧机区域的控制功能需要在过程控制计算机（L2）和基础自动化（L1）之间进行合理的分配。一般的原则是：过程控制计算机主要负责设定功能，基础自动化系统主要负责设备动态的控制功能。但复杂的动态功能，如卷取温度控制和精轧出口温度控制，需要由过程控制计算机来完成。

模型按照热轧生产线的工艺区域来分类，即分加热炉区域、轧机区域（包括粗轧模型和精轧模型）和层流冷却区域相关的模型。在每个区域中，主要模型有：

（1）加热炉区域有温度跟踪模型和自动燃烧控制模型。

（2）粗轧区域有粗轧设定计算模型，包括大侧压（SSP），水平机架、立辊机架等设定值计算；自动宽度控制模型。

精轧区域有：精轧设定计算模型、凸度和平直度设定模型、凸度和平直度动态控制模型、精轧出口温度动态控制模型。

层流冷却区域有：卷取温度和冷却辊道中间温度的设定模型、卷取温度和冷却辊道中间温度的动态控制模型。

卷取区域有卷取机设定模型。整个生产线有轧制节奏模型。图6-30所示为计算机控制模型的分布。

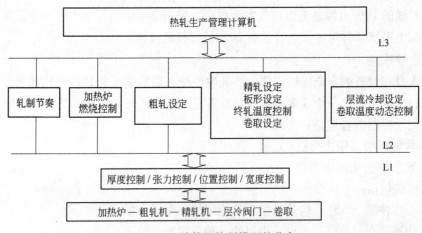

图6-30 计算机控制模型的分布

B 加热炉过程控制系统

加热炉过程控制系统完成生产计划管理、炉区物料跟踪、炉内物料跟踪、炉区设备仪表实时信息收集、炉区相关系统通讯等功能，并实时进行炉内物料的温度跟踪、加热炉炉温决策计算、出钢节奏自动控制计算、氧化烧损计算等。在炉子进入待轧状态后将进行待轧炉温控制计算。

整个 L2 过程控制系统功能可分为应用功能和模型控制功能和 HMI 画面等三部分。

a　加热炉 L2 系统应用功能

加热炉 L2 系统应用功能主要有：

（1）生产数据管理。

（2）实时数据收集、保存。

（3）板坯核对功能。

（4）物料跟踪。

（5）跟踪修正。为了在调试过程中模拟炉区物料运动情况，并在实际生产过程中，保证加热炉过程控制系统能正确对应炉区物料分布，需要在过程控制计算机系统中加入跟踪修正功能。

（6）设定功能。加热炉过程计算机系统根据从基础自动化发送的实绩信息和历史数据，自动决定板坯装炉的炉号、炉列，根据设备情况设定装钢机和抽钢机的动作参数、定周期设定加热炉个设定区域的炉温。在自动烧钢方式下，根据装钢顺序决定板坯出炉的炉号、炉列等，实现加热炉全自动操作。

（7）数据通信。主要实现加热炉过程控制系统和 MES、轧线 L2、基础自动化系统（含机电一体品）、板坯库控制系统、过程控制数据中心等进行实时通信能力。一般包括：与 L3 生产控制计算机通信，与轧线计算机系统通信，与基础自动化通信。

（8）班管理。班管理主要实现对各班生产情况进行快速统计，并在 HMI 终端上进行实时更新，常见的统计量有：装、出炉坯块数、装、出炉板坯重量、能源消耗量等等。

b　加热炉控制模型功能

加热炉控制模型功能有：

（1）板坯装炉温度计算。对于热装板坯，根据进料辊道上的高温计测得的板坯表面温度和板坯在上料辊道上的停留时间，计算板坯装炉温度。对于冷装板坯装炉温度等于大气温度。

（2）炉气温度分布计算。热电偶温度不能完全反映炉腔的炉气温度分布情况，根据 L1 上传的热电偶数据，以及热电偶安装位置，可以计算出炉内长、宽方向的炉气温度分布。

（3）炉内板坯温度计算。根据板坯的入炉温度、炉内板坯的位置和由炉内热电偶测得的炉温计算出的板坯上、下的炉气温度，对炉内每一块板坯进行传热计算，通过解差分方程，求出板坯的内部和表面温度，计算出当时板坯水印部和非水印部的温度。

（4）剩余在炉时间计算。板坯剩余在炉时间的计算是根据板坯当前在轧制计划中抽出顺序的位置以及炉内的坐标，综合考虑轧线节奏，炉子加热能力和步进梁移动能力，计算其仍需在当前段内、炉内滞留的时间。

（5）必要炉温计算。根据预计的板坯抽出间隙预测板坯的在炉时间。首先，系统根据预测的在炉时间、炉温、当前的板坯温度等信息，计算板坯到达加热炉各段出口的温度；然后，将此温度与加热炉出口目标温度比较，获取实绩和目标之间的偏差；最后，根据偏差计算出板坯的必要炉温。

（6）必要的在炉时间计算。当进行炉温设定值计算并按照轧线的轧制节奏进行抽钢时，如果出现仅靠改变加热炉各段的温度仍然不能达到目标温度的要求的现象，那么系统将根据本模型计算的结果，修改板坯的在炉时间，协调加热炉与轧线的操作，控制板坯的出炉节奏。

（7）设定炉温计算。各板坯必要炉温可能都不同，而各段的炉温设定只能一个。考虑每块板坯的差异和这种差异在每个段的重要程度，采用专家规则进行加权处理，获得各个可控段的设定炉温。计算结果平衡了加热质量、产量和节能的关系。

（8）抽出温度计算。把最后一次周期处理计算的板坯内部温度分布作为抽出温度计算初值，用抽出时刻与最后一次周期计算的时刻的差，计算该时间内板坯抽出温度。

（9）休止处理。休止处理包括突发休止、抽出禁止和预定休止。突发休止是由于轧线原因产生的，抽出禁止是由于加热炉原因产生的，预定休止是指可以预测的轧线停轧。操作人员通过人机接口输入指定的板坯号和休止时间长度，计算机自动决定各种休止情况下的加热炉各段的温度控制模式，以便实现既能节省燃料又能保证在停炉结束时进行正常生产的目标。

（10）抽钢节奏自学习。根据数学模型的计算值和实际值进行比较，可对轧制节奏时间、预计的下一块板坯的出炉时间及必要的板坯在炉时间等重要的控制参数进行自学习，对参数进行优化。

（11）基于RDT的自适应学习。利用中间坯在粗轧出侧的实测温度和粗轧出侧的目标温度进行比较，利用状态观测的方法，对加热各段的目标温度进行学习。

（12）板坯温度左右控制（和炉型有关）。根据给定的左右偏差，左右炉温进行分别控制。此功能板坯左右部分分别对应各自的温度跟踪模型和温度预报模型，并进行炉温设定下达左右控制代码或温度偏差。

c　加热炉HMI画面

HMI画面采用C#软件实现，画面将放在HMI计算机上。主要显示画面有：用户管理界面、模块管理画面、轧制顺序画面、初始数据输入画面、生产计划管理、加热炉入口操作画面、加热炉出口操作画面、板坯位置跟踪修改画面、炉内板坯温度显示画面、加热炉状态画面、装炉板坯数据显示画面、出炉板坯的数据显示画面、通信状态、报表打印画面等。

d　加热炉报表

主要报表种类有：燃烧控制周期记录、板坯历史记录、事件记录、生产班报表、炉内板坯位置图、炉内温度分布。

C　轧线过程控制系统

轧机计算机过程控制系统的控制范围：从板坯抽出开始，经除鳞箱、大侧压、粗轧轧机、中间辊道、精轧机组、卷取机、称重、喷印，到与钢卷库交接的运输链为止。轧线计算机系统通常由一到两台PC服务器组成，承担轧线区域的过程控制。

轧线计算机系统与周边设备（HMI终端以及网络打印机）、PLC和特殊仪表将由交换机连接。它们之间通过TCP/IP Socket协议接口相互通信，也能满足特殊设备需要的串行通信需求。

轧线计算机主要与以下外部计算机进行通信：

（1）L3生产管理系统；

（2）L1基础自动化系统；

（3）特殊仪表；

（4）钢卷喷印机；

（5）钢卷称重机；

（6）表面检测仪。

操作工可通过设置在轧线操作室中的 HMI 终端，实现和系统之间的交互，完成对生产过程的人工修正。HMI 使用基于个人电脑的终端。L1 和 L2 的 HMI 硬件以及操作系统采用相同类型。

轧线 SCC 服务器主要是用于运行主轧线的应用软件，包含控制和非控部分。控制部分包含各用于轧机模型设定、部分动态控制功能以及卷取设定的数学模型计算。非控部分为生产计划管理、材料跟踪、数据采集、通信、画面和报表等。

a 轧线 L2 应用功能

计划管理 过程控制计算机从生产控制计算机（L3）接收板坯原始数据。原始数据主要包括以下数据项：

（1）轧件标识数据（板坯号、带钢 ID）；

（2）板坯规格和重量；

（3）材料特性，包括实际的化学成分；

（4）目标值和工艺要求；

（5）轧制/冷却策略数据；

（6）公差要求。

过程计算机接收到的原始数据记录的顺序决定了实际的轧制顺序，操作人员可以在计算机中原始数据文件（或表）里进行初始化、删除、修改或打印原始数据的序列。计划管理功能负责将原始数据存储到相应的文件中，并为其他应用程序提供数据访问接口。

材料跟踪 材料跟踪包括：

（1）轧线材料跟踪。该功能监控材料从加热炉出口到卷取机整个阶段的移动过程。

材料跟踪功能根据材料的实际位置，更新画面上材料占有的状态映像，并匹配已收集的值（比如计算的或测量的值）到相应的带钢号上。操作室的 HMI 终端上可显示相关跟踪信息。

（2）运输链钢卷跟踪。该功能从卷取机卸卷时开始跟踪钢卷，直到运输链运载钢卷到最后一站（标记设备）。

（3）跟踪修正。如果遇到非正常的情况（如传感器故障等），操作人员必须使用 HMI 的操作流程（如删除该钢卷）修改跟踪和更新当前状态。

数据收集 数据收集的主要任务是为轧制道次后计算提供统计上处理过的测量值。该模块循环地接收来自基础自动化系统的测量值和信号，即粗轧实际值收集，精轧实际值收集。

设定功能 由过程计算机系统的模型计算出的相关设定值需要被发送到基础自动化系统中。主要包括以下设定：

（1）轧机设定（轧制力、力矩、辊缝、速度、带钢厚度等）；

（2）卷取机设定（带钢尺寸、速度、张力等）；

（3）仪表设定。

轧辊数据管理 在粗轧和精轧中有几种不同的轧辊类型。轧辊信息管理粗轧机架中的立辊、水平辊，精轧水平机架的工作辊和支撑辊等信息。

班管理 班管理模块为每个轮流班的生产统计班相关的信息。具体包括一些主要数据项如：班生产产量、班收得率、设备效率以及故障记录等。

钢卷质量分类统计 基于客户对相关质量指标所规定目标值和公差的范围要求，钢卷分类统计功能提供一个详细的钢卷质量统计报告。通过现场检测仪表的有效检测，过程控制计算机可以获得带钢全长方向的实绩数据，再根据目标值和公差的范围要求，统计出质量数据分类的百分比值，例如相关指标的命中率、均方差等。

模拟轧制（Ghost Rolling） 模拟轧制是 L1 与 L2 的模拟系统一起运作起来的一种在线生产的模拟形式。通过双方统一定义的模拟模式，模拟轧制用模拟的材料来使轧机运转起来，因此没有物料损失风险，也没有维修的时间的浪费。模拟轧制可以用来确认机械设备准备就绪状态，为操作工培训及测试新的轧制计划提供了一种便利方法。

b 粗轧控制模型功能

粗轧的主要任务是将已知尺寸和温度的板坯，以最小的道次数轧制成指定的目标尺寸（厚度和宽度）和粗轧带钢温度。

粗轧过程自动化主要包括轧制策略计算和道次计划计算等功能。轧制策略功能是选择准备模型输入的数据（例如板坯厚度，宽度和温度），目标值（例如粗轧带钢厚度，宽度和温度）、附加的工艺需求等，以及道次计划预计算的自适应系数。道次计划计算用数学模型方程和和控制策略生成一个轧制计划，该轧制计划包括对各粗轧机架和轧制道次的设定值（如立辊和水平辊的压下，轧制速度，除鳞方式等）。

道次计划计算根据期望的目标值、材料特性，计算粗轧的设定参考值，使得控制精度更加精确。计算采用的模型是基于变形过程和热轧工艺的描述。粗轧道次计划计算由如下数模构成：

（1）包含策略的道次计划预计算；

（2）轧制道次后计算和自适应；

（3）轧制道次再计算。

粗轧道次计算示意图如图 6 - 31 所示。

轧制节奏（MPC）的任务是确定轧线中的所谓的瓶颈点，目标是尽量加快轧制节奏，尽可能保证前后两块带钢头、尾接近安全距离但却不会发生碰撞（即前后两块带钢之间的距离尽可能短）。

c 精轧控制模型功能

精轧设定值计算模型的主要任务是为精轧机以及相关的检测设备计算其所需要的设定数据，从而获得理想的厚度、温度、凸度、平直度仪和表面质量。精轧设定值计算模型的输入项主要有 PDI、操作人员人工干预、粗轧机测量值，以及规程数据。

模型的功能如下：

（1）边部加热器设定；

（2）中间坯温度预测；

（3）精轧轧制策略；

（4）精轧轧制道次预计算；

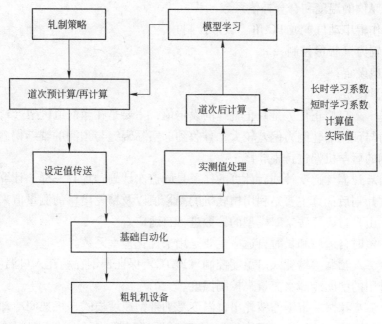

图 6-31　粗轧模型功能关联图

（5）精轧板形轮廓和平直度的计算；

（6）入口修正；

（7）精轧道次后计算和自适应；

（8）精轧出口温度动态控制；

（9）精轧板形轮廓和平直度动态控制；

（10）卷取设定；

（11）精轧机架刚度测量处理。

精轧轧制策略　轧制策略的任务是为道次计划预计算、板形轮廓和平直度设定计算准备必要的输入数据。

轧制道次预计算　根据轧制策略准备的数据，轧机（FE_1，$F_1 \sim F_7$）的必要设定数据由道次计划预计算计算出来。

精轧机的设定值主要包括：

（1）辊缝；

（2）轧制速度；

（3）机架间张力；

（4）测厚仪相关的设定值；

（5）入口辊道后滑补偿；

（6）每个机架绝对 AGC 方式下的厚度设定值；

（7）每个机架绝对 AGC 方式下的轧制力设定值；

（8）AGC 控制用的塑性系数；

（9）精轧出口最大允许速度（涉及到精轧出口温度控制）；

（10）除鳞水指令；

（11）测厚仪的温度和合金补偿系数；

（12）工作辊串动位置或 PC 角（板形控制）；

（13）弯辊力（板形控制）；

（14）飞剪设定；

（15）润滑设定。

入口修正 入口修正任务是修正辊缝的设定值，主要是在当前道机架（$F_1 \sim F_3$）收到的实际轧制力与预测的轧制力偏差较大，且收到的实际辊缝与预测的辊缝偏差较大时，针对还没有咬钢的后学机架进行辊缝修正。

道次计划后计算 道次计划后计算的任务是同道次计划预计算一样，计算轧制所需要的参数。道次计划后计算主要是利用精轧机的测量值以及精轧出口的测量值来代替预测值来进行计算，由自适应算法来对模型的参数进行自适应。

自适应 短时自适应和长时自适应主要是用来优化模型系数。

精轧入口温度控制 精轧入口温度控制（FETC）保证带钢在精轧入口温度的均匀性。它通过调整可用的中间冷却水流量来控制温度。

精轧出口温度控制 带钢的精轧出口温度受到带钢速度模式、机架间冷却水和来自加热炉抽钢温度的影响。精轧出口温度控制（FDTC）通过调节可用的机架间冷却水来控制温度。

卷取设定模型 卷取设定模型的任务是为卷取机计算相关的设定值，计算的主要的数据项有：

（1）单位张力；

（2）材料的屈服强度；

（3）带钢规格数据。

d 轧线 HMI 画面

人机对话画面的终端采用 PCs（个人电脑）。操作人员可以通过人机对话画面来监控设备状态，以及通过鼠标点击操作来操控生产设备。

轧线 L2 的画面如表 6 - 4 所示。

表 6 - 4 轧线 L2 画面列表

序 号	画面名称	画面功能
1	轧机计划顺序显示	显示轧制顺序，改变轧制顺序，删除计划数据
2	原始数据和板坯数据显示	显示原始数据和板坯数据，以及原始数据的更改
3	轧线材料跟踪显示	显示加热炉出口的板坯/钢卷跟踪信息，轧机和卷取机的板坯/钢卷跟踪信息。改变跟踪位置（跟踪修正），删除跟踪数据（板坯/钢卷吊销）
4	运输链材料跟踪显示	显示运输链上的钢卷跟踪信息。改变跟踪位置（跟踪修正），删除跟踪数据（钢卷吊销）
5	轧机设定计算画面	显示轧机设定计算结果，轧机设定计算的条件输入
6	轧辊数据显示（RM/FM）	显示轧辊信息；换辊操作；输入换辊原因；输入备辊信息；修改备辊信息

序 号	画 面 名 称	画 面 功 能
7	停机管理数据显示和原因输入	显示轧机停机的统计信息，输入轧机停机的原因
8	钢卷生产实绩显示（班组统计）	显示钢卷生产实绩和当前班组的生产结果和质量方面的统计信息
9	报表输出请求画面	请求报表的输出

e 轧线 L2 报表

工程报表的数据事先均存于过程计算机的数据库中，可以被用来形成下面的几种工程报表，用于生产过程与质量分析：

（1）粗轧工程报表；

（2）精轧工程报表；

（3）卷取工程报表。

D 层流冷却计算机系统

层流冷却控制（CTC）的任务是按照一个预定义的冷却速率，将带钢从精轧出口温度冷却到目标卷取温度。针对不同钢种的要求，要事先确定出不同的冷却模式，如头尾 U 型冷却模式，中间冷却模式。它通过向带钢喷水及调节水流量，来补偿冷却区域内测量位置的实测温度变化和带钢运行速度变化的方式实现温度控制。在进行带钢的水量计算时，除了要考虑卷取目标温度和已测量的实际温度外，还要考虑材料的金属热交换属性和冷却水的热交换特性。阀门的水流量是可控的。

冷却段的动态控制是基于带钢段来实现的。带钢将按照预定义的长度被分成段，与段有关的实际数据由 L1 负责收集。一个段的实际数据包括运行速度，温度，厚度和每个阀门的冷却水流量。

层流冷却控制功能的设计还要考虑实际设备装备情况，如密集冷却、快速冷却。

CTC 的主要功能包括：

（1）冷却策略；

（2）预计算；

（3）CTC 设定；

（4）跟踪；

（5）带钢冷却控制（前馈控制和反馈控制）；

（6）冷却工艺模型；

（7）数据采集；

（8）自适应；

（9）画面；

（10）报表。

层流冷却系统控制图如图 6-32 所示。

a 层流冷却 L2 应用功能

（1）材料跟踪。这个模块主要实现以下功能：

1）从轧线计算机接收 CTC PDI 数据，并在数据缓冲中建立新的数据，或更新原有的数据。

2）根据 CTC L1 跟踪信号和带钢头、尾部位置信息，更新 CTC L2 带钢跟踪映像。

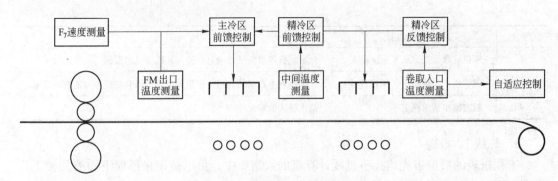

图6-32 层流冷却系统控制示意图

3）激励其他应用功能，如预计算和画面服务等功能。

为了跟踪层冷辊道 ROT 上带钢实际映像，L2 除了需要 L1 提供精轧 $F_1 \sim F_7$ 机架和卷取机 ON/OFF 信号外，还需要带钢头、尾部实际位置信息。当有两个带钢同时通过 ROT 时，L1 必须将两个带钢的头、尾部位置实际数据一起发给 L2。所有的位置信息都是以 F_7 机架到带头、带尾位置的距离来表示。

（2）数据收集。测量值数据收集的任务是为每块带钢收集所有可用的测量值。具体包括与带钢相关的如精轧温度、卷取温度、带钢速度、带钢厚度、带钢跟踪信息和阀门状态。除了带钢相关数据外，关于机械的当前状态信息也需要被收集，包括例如当前冷却水阀门的流量和水温以及当前的故障阀门数量等。所有实际数据包括水温需由 L1 发送到 L2。

（3）设定值传送。通过本功能块，模型的预设定和动态设定数据将被组织并发送给 L1。对于动态设定数据，模型计算的阀门设定状态总是基于带钢段的，所以，根据基于带钢段的设定阀门状态来决定带钢的设定阀门状态是必需的。

（4）带钢数据管理。本功能负责以带钢为单位，创建带钢数据对象；对带钢的原始数据、实绩数据、计算数据等数据实现管理操作。此外，对于一些带钢数据相关的复杂计算，例如数据统计、带钢设定阀门拼接，也提供相应的处理，以提高数据处理效率，减少数据传输。

1）带钢设定阀门拼接。将带钢段位置与阀门位置相匹配，根据带钢段的设定阀门阵列，组合出带钢的冷却阀门序列。

2）分类统计计算。实现整个带钢卷取温度最大、最小值、平均值和标准方差和精度分类统计计算。

（5）数据通信。主要实现层流冷却过程控制系统与 L1 实时通信，收发电文。

1）L1 数据接收。接收带钢段实际数据（温度、厚度、速度）、设备状态数据、阀门实际开闭状态等电文。

2）L1 数据发送。发送预设定和动态设定电文给 L1。

b 层流冷却 L2 模型功能

（1）冷却策略。冷却策略的任务是为冷却计划计算准备所需要的数据，包括工艺要求的原始数据。同时，当前带钢的实际尺寸、温度和运行速度等由现场检测设备提供。

操作人员可以通过 L2 HMI 修改策略数据。

（2）预计算。基于精轧目标值（速度图表，温度和厚度），并考虑冷却策略决定的边界条件，预计算计算出带钢的阀门设定。该设定值将作为带钢冷却控制的初始设定值。

（3）带钢冷却控制。使用"实时冷却监控模块"和"冷却控制模块"的架构，形成统一的、完整的控制功能，具体分别包含了前馈控制和反馈控制：

"实时冷却过程监控"模型的一个特点是要区分不同的带钢厚度、精轧出口温度和速度，作为条件考虑进前馈控制里面去。

"实时温度在线调节"模型的特点是把卷取温度测量结果应用到反馈控制里面去。

（4）自适应。它包含短时遗传和长时遗传功能，并确定短时遗传和长时遗传自适应系数。通常情况下，如果当前带钢与前一卷取的带钢具有相同的层别，那么将采用短时遗传，否则将采用长时遗传。

（5）冷却控制模型。基于傅里叶热传导定律（热容公式），冷却控制模型实时计算整个带钢的温度分布，普通温度模型主要是采用先进的数学方法（"分层模型"）来解该热方程。对于相关具体的处理，还需要一些高稳定性的子模型来支持。这些子模型包括：热传导模型、热辐射模型、相变模型。

基于上千种带钢的数据，采用数学优化算法，把复杂的机理模型尽量参数化，使得温度计算的误差降到最小。

1）热传导模型。热传导模型反映带钢内部的热传导情况。它的主要参数是热传导系数，是根据带钢化学成分和温度等形成的函数计算出来的。

2）热辐射模型。热辐射模型遵循环境热能辐射的法则。具体就是说，热能可以分别辐射到不同媒介里，例如空气、蒸汽、水和辊道。

3）相变模型。因为以下两个主要原因，了解带钢在冷却区域实际发生的相变过程至关紧要：第一，从表面现象上看，由于钢的实际化学成分不同，带钢温度或多或少的受到影响。第二，更重要的是，相变过程主要影响到材料的微观结构，进而影响到材料的最终质量。相变模型是基于热力学定理和热扩散过程的。

c 层冷 L2 系统 HMI 画面

人机对话画面的终端采用 PCs（个人电脑）。操作人员可以通过人机对话画面来监视过程控制状态以及通过鼠标点击操作来操控生产设备。

L2 的画面如表 6 - 5 所列。

表 6 - 5 层冷 L2 系统画面列表

序 号	画 面 名 称	功 能
1	CTC 跟踪显示画面	显示冷却区域的带钢
2	CTC 策略显示画面	输入策略数据和启动冷却策略计算，显示冷却策略计算的结果
3	CTC 预设定画面	显示冷却预计算结果
4	CTC 主画面	显示设定数据和动态实绩数据，如阀门的开/关状态，带钢温度，水流量等
5	带钢温度曲线画面	显示实时的带钢（FDT/IMT/CT）温度曲线
6	遗传参数维护画面	输入和修改长/短时遗传系数
7	统计数据画面	显示钢卷卷取温度命中率
8	报表管理画面	请求报表输出

d　层冷 L2 报表

当带钢整体离开冷却区域，卷取完毕时，层流冷却过程计算机将产生工程报表。工程报表主要是在现场生产协调处理和数学模型调试阶段中使用。

层流冷却工程报表包含 CTC 模型程序计算的设定值、与其对应的实际值、自适应系数、操作模式，操作人员的人工干预等。

6.3.3.3　关键控制技术

A　加热炉自动燃烧控制

加热炉是热轧产线的主要耗能设备，尽量提高燃料利用率，是节能降耗需解决的主要问题。加热炉燃料主要为焦炉、高炉混合煤气及各单一煤气，部分使用天然气。自动燃烧控制就是在各种燃烧工况条件下，找到合理的最佳空燃比，使燃烧处于较佳状态，从而提高炉温控制精度，保证板坯以较快的速度达到出钢温度，节约能源，减少氧化烧损。

加热炉通常配备的是以模拟调节仪表为核心的控制系统。当燃料的热值与压力稳定时，这种控制系统的控制效果还比较好。而对于燃料的热值与压力频繁波动的情况，常规模拟仪表系统就难以达到预期目标，操作者必须经常通过"看火孔"去观察火焰，调节空燃比以改善燃烧效果。这不仅给操作者带来许多不便，而且靠人工随时调节空燃比，很难跟踪热值变化的速度，加之加热炉都需要按照加热工艺曲线进行周期性的加热，而炉子的特性是变化的，要使加热炉实现最有效的节能运行还应该考虑到进料状况（冷坯或热坯）以及轧线故障停机的运行状态。对这些要求，模拟控制系统往往难以实现。

随着检测设备、仪表、计算机水平的提高，加热炉自动燃烧控制技术也得到发展和提升。主要的燃烧控制方法及应用包括：

（1）串级并联双交叉限幅控制燃烧；

（2）氧化锆残氧分析法；

（3）用热值分析仪测煤气的热值；

（4）利用高焦混合煤气成分理论推测空燃比；

（5）多目标专家寻优算法；

（6）模糊控制技术。

B　活套控制

活套控制的功能是通过保持机架间带钢秒流量恒定，从而达到维持带钢张力和套量恒定的目的，防止带钢在机架间宽度拉窄或者发生堆钢事故，同时也保证带钢厚度控制能稳定运行。

活套控制主要包括以下几个功能：

（1）活套顺序控制；

（2）活套软接触控制；

（3）稳定轧制过程活套控制；

（4）防甩尾控制；

（5）换辊的活套辊控制；

（6）虚拟轧制控制。

热连轧各机架金属秒流量平衡，是带钢热连轧生产稳定和带钢质量保证必须遵循的原则。在轧制过程中，由于主传动总是存在动态咬钢速降，在稳定轧制阶段又存在着各种外部干扰，因而不可能始终保持各机架之间的速度配比关系。设置活套装置的目的即是检测相邻机架之间的速度偏差，并由活套装置给出上游机架的速度调节器附加值，纠正带速偏差，实现稳定轧制。与此同时，还进行恒定的小张力控制，防止堆钢或拉钢事故的发生。

目前热轧线生产线上活套控制方法有如下三种：

（1）传统控制方法，它通过 PI 控制活套电机的电流使张力恒定，通过控制上游机架电动机的转速使角度保持恒定。

（2）解耦控制方法，它不同于传统控制方式，首先引入了张力反馈环节，其次通过控制活套电机的电流使角度恒定，通过控制上游机架电动机的转速使角度保持张力恒定，并设置了解耦控制器减弱系统变量之间的耦合。

（3）多变量控制方法，该方法将活套控制转向状态空间领域，建立一种基于"积分—最优型"活套控制系统。其积分系数 KI 和反馈系数 F 的求解方法主要有两种方法，一种是基于 H∞ 理论求解系数，一种是基于 ILQ（逆线性二次型）理论求解系数。

目前活套控制方法的另一个热点就是 AGC – LP 综合控制。这是因为 AGC 控制系统和活套控制系统之间存在耦合，如果能够将 AGC 控制系统和活套控制系统进行整合优化，将有可能进一步提高热轧的生产水平。

C AGC 控制技术

精轧厚度自动控制 AGC（Automatic Gauge Control） 是提高带材厚度精度的重要方法之一，其目的是获得板带材纵向厚度的均匀性，从而生产出合格产品。在轧制过程中，造成轧后板材厚度变化的因素很多，大致分为来自轧机方面和轧件方面两大类：

（1）属于轧机方面的因素主要包括轧机常数的变化、轧辊热膨胀和磨损、轧辊偏心、轧制速度的变化、支撑辊油膜的变化等。

（2）属于轧件方面的因素主要包括：来料的厚度变化、来料特性的变化、张力的变化等。

要消除上述各种因素，就需要分别采用不用的控制方法。目前热轧厚度控制最基本的方法是采用厚度计型 AGC，它是轧机弹跳方程的直接应用。厚度计型 AGC 利用位置和轧制力增量信号，根据轧机弹跳方程估计厚度偏差，然后考虑轧机压下效率补偿，对轧机位置系统进行调节以消除厚度偏差。国内张进之教授也提出了类似于厚度计型 AGC 的动态AGC，并在一些热轧产线得到应用。但二者从控制原理上来讲，基本一致。

厚度计型 AGC 作为一种基本的热轧厚度控制方法，一个很大的优点是解决了厚度控制的及时性问题，但它在精度上容易受到其他因素的影响。因而需要针对这些因素，采取不同的补偿方法。这些方法包括油膜补偿、轧辊热膨胀补偿、轧辊磨损补偿、轧辊偏心补偿、工作辊弯辊力补偿、工作辊窜辊补偿、带钢头部冲击补偿、带钢尾部补偿等等。其中的轧辊偏心补偿是目前热轧厚度控制研究的一个热点问题，它在宽厚板轧制中显得尤为重要。

以上手段均是采用间接手段进行厚度控制，一种最直接的方法是采用 X 射线测厚仪直接测厚进行反馈监控控制。但由于热轧环境比较恶劣，测厚仪不能尽量安装在靠近轧机出口侧的地方，这样就造成从轧制到厚度测量存在较大的延迟，从而造成反馈控制系统的震荡。为了解决这个问题，引入了 Smith 预测控制方法。该控制方法已经得到了很好的应用，但其核心模块被外商以"黑箱"的形式封装。

AGC 厚度控制在热轧控制过程中是一项非常重要的功能，其控制模块包括 MMC 控制、GM – AGC、监控 AGC、各种补偿控制等，模型补偿控制包括油膜补偿、轧辊热膨胀补偿、轧辊磨损补偿、轧辊偏心补偿、工作辊弯辊力补偿、工作辊窜辊补偿。

D　终轧温度动态控制

温度是热轧产品的关键指标。带钢轧制过程中带钢温度的受空冷、水冷、轧制变形及其接触热传导几个过程的影响。对于带钢轧制过程中温度的控制，也主要从空冷时间、水冷流量、轧制速度几个方面进行控制。

传统的终轧温度动态控制采用比较简单的 PI 控制，PI 控制在控制模式上分为头、中、尾三段。PI 控制的优点是控制器简单，控制参数易于整定，其缺点是控制精度在提高到一定水平后就难以提高。终轧温度控制主要手段有速度调节和水流量调节。一般来讲一块带钢轧制过程中其速度不做动态反馈调节，其轧制速度主要根据工艺优先设定，其动态调节的主要手段是机架冷却水。机架冷却水在调节过程中，有两方面的滞后因素对于终轧温度的调节影响比较严重：阀门开启时间滞后；带钢温度测量的滞后，不同机架其滞后时间是不一样的。

要提升终轧温度的控制水平，需要更高性能的控制。带钢的终轧温度控制控制都是典型的滞后控制系统，Smith 预估等控制算法是首选的控制算法。另外，对于不同带钢规格和钢种，其生产的工艺制度和带钢本身属性不相同，控制模型参数引入钢种和规格属性，也可进一步提升其控制精度。

E　SSP 大测压及 L1 宽度控制技术

SSP 大测压是一种典型的宽度控制机构，L1 宽度控制包括 SSC、AWC 和 PWC 几种控制模型。SSC 为粗轧短行程控制，该模型执行 L2 头部和尾部连续设定辊缝曲线，控制带钢头尾形状；AWC 控制原理同机架 AGC，其控制根据立辊轧制力和弹跳，测量带钢宽度，形成反馈控制；PWC 则根据水平辊轧制力和带钢位置跟踪，对带钢的宽度形成前馈控制，消除由于温度波动对宽度控制的影响。

F　核心工艺模型设计技术

现代化热连轧大多产品大纲跨度大，产品质量要求高，其中大多配置了包含数学模的过程控制系统，其中的核心就是数学模型。模型软件需要对轧件的温度、轧制力、辊缝作精确的预报。针对产品以及特性的研究是提高模型设定精度的前提条件。通过对产品大纲种类的合理区分，并由此建立物性参数索引、工艺规程索引以及模型自适应参数的索引，是现代热轧数学模型的基础。轧件的温度预测精度是提高模型设定精度以及动态控制精度的核心。在热轧过程机中，先进的数学模型体系采用全线一体化的温度模型，分段、分层计算轧件的温度分布以提高温度计算的精度；轧制力预报模型是精轧辊缝设定计算的关键。在热轧过程机系统中，采用了常规模型结合轧制过程的相变等因素，提高轧制力预报精度。辊缝模型采用了 L2 和 L1 一体的设计方式，提高 L2 设定模型精度以及 L1 的动态控制精度。轧件的运动过程模型是进行轧件搬运过程中时间预报、速度预报的基础，而建立在整个轧件运行基础之上的轧制节奏预报是提高轧制产量以及轧线轧制稳定性的重要模型。

6.3.3.4　热轧 MES 系统

A　热轧 MES 的软件功能

钢铁企业 MES 整体应用功能的设计，要以钢铁企业的行业特色为背景，要有先进的管理理念贯穿其中。贯彻以财务为中心、成本控制为核心的理念，贯彻按合同组织生产、全面质量管理的理念，实现全过程的一贯质量管理、一贯计划管理、一贯材料管理以及整个合同生命周期的动态跟踪管理，以缩短成品出厂周期以及生产周期，加快货款回收，提高产品质量和档次。

热轧 MES 方案的范围是针对热轧工艺流程，包括板坯库、加热炉、热轧主轧线、运输链、钢卷库、成品库、磨辊间等工艺流程的管理。按信息的处理流程及功能的划分，包括合同数据的输入、处理、合同进程跟踪；质量规范的编制、维护、产品质量设计（板坯、钢卷）；轧线的生产月计划、日计划、单元作业计划、轧制计划的编制以及下达控制指令的计划管理；成品质量的判定、钢卷取样、化检验数据的接收、产成品的判定、产成品的质量证明书的形成等质量控制；板坯库板坯号的形成、板坯的跟踪、板坯的上下线、板坯发货的管理；钢卷的入库、钢卷的跟踪、请车发货的钢卷库的钢卷管理；板坯库、钢卷库的吊车定位的管理；生产实际数据收集、生产数据的统计分析、统计报表的形成的统计管理；热轧的生产标准和技术标准的管理等。

因此通常情况下热轧 MES 由合同管理、质量工艺管理、生产计划管理、板坯库管理、钢卷库管理、成品库管理、精整管理、检查线管理、质量控制管理、包装管理、发货计划管理、磨辊间管理、吊车管理、通信管理、报警及记录管理、统计报表等功能模块组成，但具体的企业会有所不同，依据企业的实际情况在功能上可能会存在删减和合并的情况。

a 合同管理

MES 的中心思想是按销售订单组织生产。MES 的目标之一是在订单交货期内生产出满足用户要求和质量要求的产品，并及时发运给用户。钢厂在与用户签订销售订单后，通过销售订单管理子系统进入 MES，作为生产计划的信息来源；对于有 MES 管理的钢厂，可以通过 ERP 将销售订单的信息传递到生产单位的 MES 中。销售订单的管理应该具备订单执行进程的跟踪以及订单执行情况的统计分析功能。

b 质量工艺管理

根据订货规格、钢种、质量技术标准及用户的特殊要求，进行产品的质量设计，最终确定产品的制造规格、原料要求、化检验标准等质量要求、工艺要求、工艺路径等。包括的主要功能有：质量设计，质量设计结果修改，质量设计结果撤销，质量设计结果确认，连轧工艺规范字典维护，销售订单质量设计结果查询。

c 生产计划管理

生产计划可分为月计划、周计划、日计划、轧制计划等。

月计划用于指导热轧的生产组织，月计划分为板坯的月计划和板卷的月计划。计划员对于已经进行了质量设计、板坯设计的钢卷生产合同进行组织，把其拖入板卷月生产计划中，同时可确定生产合同中的多少量要在此月计划中生产。

周计划都是从相应的月计划中提取出来的。周计划是对月计划的进一步细分。同时周计划的制作具备了一定的目的性。是热轧生产计划中第一个具备量化控制能力的计划形式。一般 MES 中的计算机周要与自然周保持一致，以便于管理。

日计划完全具有指导生产的重大意义，在确定日计划时，要根据周计划及当天计划的执行情况来确定下一天的日计划。日计划只有一种，其内容来自周计划中的内容，根据工艺流程制约情况确定出日计划中的各种规格、出钢记号的钢卷，并确定出日计划中同出钢记号的计划与其他钢种、计划的执行顺序。制作日生产计划的约束条件：轧程、烫辊材、过度材等。日计划的编排是以轧制周期为单位，如果以一个生产班组为一个轧制周期（即进行一次换辊操作），则一个日计划包含三个轧制模型和换辊周期计划，过渡材和烫辊材的安排一定要合理。

轧制计划为轧线的严格意义上的生产计划，根据日生产计划所确定的钢种、规格、板坯信息生成轧制计划信息。由于日计划已经明确了基本的生产顺序，因此轧制计划的编制基本上是日生产计划的细化。轧制计划是用于指导生产的，因此在轧制计划制成之后，正常情况下应严格按此计划执行。轧制计划的管理包括轧制计划的制成、接受、释放、请求、确定、删除、变更、启动等功能。具体的功能可视生产厂的实际情况有所增减。比如为满足板坯变化需求，轧制计划有调整变更功能：计划内板坯顺序的变更、计划内板坯的吊销。

d 板坯库管理

热轧的板坯库管理范围从板坯入库到板坯出库（包括上线入加热炉、板坯出加热炉的异常下线、板坯外运出库等）。其功能分为板坯炉前辊道跟踪、板坯上线、下线处理、板坯库内管理、板坯发货计划、板坯发货实际收集。板坯号在计算机形成，板坯号的定义可根据实际情况进行，如1位炉号、4位年号、4位熔炼号、4位厂号、1位铸机号、两位为顺序号。

e 钢卷库管理

热轧的钢卷库管理范围，从钢卷上到提升机开始到钢卷发货或上生产线完成。其功能分为运输链、步进梁跟踪、钢卷库钢卷跟踪、钢卷库吊车跟踪、钢卷入钢卷库管理、钢卷库内移动、钢卷入成品库管理、吊车管理（包含通信）。

钢卷库的管理主要功能如下：钢卷库内移动、钢卷入成品库、钢卷信息增加、钢卷信息删除、钢卷异常回库、热轧物料信息修改、钢卷库图分析。

f 成品库管理

成品管理主要管理从精整线（含横切线和平整线）上下来的成品捆包，物理交接点在打捆、称重后的打包台；从钢卷库打包台来的直发卷，物理交接点在打包台；从用户返回来的钢卷捆包，物理交接点在火车汽车的停车位。

g 精整管理

主要管理从热轧线上下来的钢卷，根据合同要进行分卷和质量不过关需要精整的钢卷。

h 检查线管理

钢卷的组批取样：在编制轧制计划时，根据钢卷的组批取样规则，以确定轧制计划中的某一钢卷是否自动进检查线取样。

钢卷的进线检查：在编制轧制计划时确定钢卷是否进线检查，以实现钢卷的自动进线。同时操作人员也可根据实际情况进行强制进线检查、取样，基础自动化把进出线事件传到过程自动化，再传给操作人员把检查情况输入到计算机中。取样过程形成性能委托单。如果与检化验的联网，则可以将相关信息自动传递到检化验。主要功能如下：检查线取样、检查线重验样、检查线重组批、检验批合并、性能结果录入、性能判定、性能结果修改及改判。

i 质量控制管理

质检人员对进行性能检查的钢卷要进行性能尺寸判定，对于两次不合格的钢卷进行自动封锁。质量控制部门对封锁的产品能够进行最终的判断和处理（合格品、降级品、次废品）。

对于质量判定合格的钢卷进行订单解除处理，释放订单资源，进行补充轧制，或者重新进行订单挂接处理。

未挂接到销售订单的钢卷或钢板作为现货处理，作为计划人员的余材资源进行余材匹配。主要功能如下：板坯检查封锁、板坯化学成分封锁、板坯释放、待处理板坯改判、精轧改规格、检查线封锁、检查结果实绩信息收集、检验批合并、钢卷取样、钢卷钢板性能结果录入、钢卷钢板性能封锁、钢卷钢板性能判定、钢卷钢板性能结果修改及改判、包装检查封锁、成品封锁、封锁钢卷钢板释放、钢卷钢板改判。

j 包装管理

包装管理主要是以包装计划、包装执行计划、包装吊车作业、包装实际收集为主要内容。

包装计划用于指导包装作业及请车计划的形成。包装计划按库位对生成性能委托单的，在当时没有封锁的钢卷自动形成24h或者一定时间段内的包装计划，并且每班一个包装计划（平均分配内24h或指定时间内的钢卷），钢卷在包装计划中的顺序是以钢卷的轧出时间为准。包装计划具有人机界面调整功能。

包装执行计划是对每班包装计划中可包装的钢卷的细化，包装执行计划每班可以有多个，用于指导现场操作人员进行包装作业，包装执行计划自动形成，并且可人机界面进行调整。

包装吊车作业是根据包装执行计划来生成吊车作业命令，包装的实际执行情况通过吊车的实际操作进行自动包装收集。质量检查员对包装的钢卷进行成品判定。

k 发货计划管理

发货计划管理是对在库钢卷发出所需车数、类型的一种要求，同时对实际车辆的到达情况进行收集，制定相应的准发计划，以满足操作人员对请车、配车发货的需求。

发货计划的范围包括未发货的纳入销售合同的板坯、成品钢卷、成品钢板、纳入包装计划的钢卷，运输计划依据订单的发货信息、订单号及订单的到站信息，进行运输计划的自动生成，同时可进行手动调整。

运输计划实际收集指实际来车情况的收集。操作人员通过人机界面根据实际的来车情况，把车号及其相关信息录入到计算机中。同时根据库存实际情况编制准发计划。也可以有周计划，依据生产厂的实际情况定。

l 磨辊间管理

磨辊间管理是对磨辊车间的轧辊的状态按辊的用途进行的设备管理。磨辊间管理功能是对热轧线上的粗轧机、精轧机的工作辊、支撑辊，卷取机的卷筒、助卷辊、夹送辊，以及立辊等进行库存管理、实绩管理。所有轧辊从入厂开始就进行登录，并按其研磨实绩、轧制实绩、使用机架实绩进行管理，直至轧辊报废。每个轧辊分使用中、准备使用、研磨中三种状态进行登记与显示。轧辊研磨者将根据轧制计划对辊的要求情况，实施研磨操作。磨辊间管理计算机应直接接收磨床对辊的研磨实绩（轧辊号、辊径、凸度号），同时应有人机画面能够手动输入研磨实绩信息，磨辊管理计算机对研磨实绩履历进行管理。

换辊时，磨辊管理计算机接受所换辊的轧辊轧制实绩信息。对于无法从二级计算机得到的其他辊的轧制实绩信息，应由管理人员通过磨辊管理计算机终端输入。然后，磨辊计算机对轧制实绩进行履历管理。管理人员负责输入轧辊的报废和入库的信息。

当磨辊管理计算机处理完配辊信息后，要把下次需上机的配辊信息发送到 MES 计算机，在由 MES 计算机把此信息发送到二级计算机；每次轧线换辊时，由二级计算机把轧辊的一次在机状态（轧程、磨消量等）发送到 MES 计算机，再由 MES 计算机发送到磨辊管理计算机。

对于必要的轧辊信息 MES 计算机要给予保存，信息可来源于磨辊管理计算机，其目的是为 ERP 提供数据。

m 吊车管理

在板坯库、钢卷库和成品库中采用吊车定位技术，可以将计划与物料和库位信息有机地结合起来，减少人工操作的工作量和误差，提高库存作业效率和准确性。吊车定位一般采用三维立体定位或二维定位。当然如果没有吊车系统，也可以由三级系统来形成吊车指令，来指导吊车的吊运工作。

吊车管理接收上述各功能的吊车作业命令，进行吊车作业命令的分配，把吊车作业命令发送到吊车上使其执行各种操作，同时接收吊车执行命令的实绩，并把吊车实际分配到各功能去，进行相应的处理。此功能也可以放在板坯、钢卷、成品库各库管理中进行。

如果有吊车定位系统，对吊车定位系统需求：

（1）采用三维立体定位或二维定位；

（2）吊车与吊车之间能够通信；

（3）吊车作业命令同时发给一个跨的所有吊车，当一个吊车执行此命令时，对其他吊车上的此条命令进行封锁。

给吊车的作业命令不含目的库位，但指定源库位，吊车可执行非计算机指定的操作，但给计算机发实际信息，计算机可对其进行跟踪。

n 通信管理

热轧 MES 计算机覆盖了热轧及精整、发货的生产控制管理，热轧 MES 计算机要和热轧二级计算机进行相互间信息的通信，大部分数据通信二级返回给三级 MES，如果有需要热轧 MES 计算机也可考虑与一级计算机进行直接通信，同时热轧 MES 计算机还要同公司级 ERP 系统、其他生产厂的 MES 以及化检验室 MES 进行必要的信息通信。

o 报警及记录管理

报警和记录系统实际上是为了完成对程序中的错误和关键操作的记载与报警，报警系统对任何影响下一步操作的时间进行实时报警，记录系统只是对操作的各个步骤进行记录。报警、记录系统都可以随时查询。

报警系统、记录系统分为前后台报警系统，分别负责前台程序产生的和后台程序产生的报警、记录信息。

p 统计报表

统计报表是 MES 的一大功能，完善的统计报表功能，能够为生产的组织者提供可靠、准确的数据依据，为生产决策提供保证；生产统计报表还为产品质量跟踪提供相应的数据支持，为产品质量的分析、优化提供有利的数据资源。

统计报表主要有：炉前、炉后返回报表，板坯库收拨存班报，板坯库收拨存日报，板坯库收拨存月报，轧出量班报，钢卷缴库班报等。

B　MES 的系统平台及架构

系统采用客户机服务器结构，当然根据需要也可以采用 C/S 和 B/S 相结合的方式，以方便在外网了解生产情况，并且保证生产数据的安全和高效。服务器主机主要完成数据服务，这样对程序的开发周期、修改、移植以及系统的扩展均很方便。

应用软件系统采用模块化开发，新增加的功能可方便地在此基础模块上进行二次开发和升级。

考虑到系统的开放性，其操作系统可选用操作系统 HP OpenVMS，考虑到应用对安全性、实时性、可靠性、开放性和可扩展性方面都有比较高的要求，可选用 Oracle 公司的成熟产品。数据库采用 Oracle，今后软件的移植、系统升级均很方便。

MES 网络主体设备可采用 Cisco 目前最成熟的主流产品。设计网络时，充分考虑到现有网络流量大，以及网络设备升级难度大的特点，所选网络设备都具有功能明确，稳定，且可扩展性强的特点，有效降低了设备升级和复杂环境下工作所带来的问题。网络拓扑采用星型结构，容量大，可扩展性强，为以后接入吊车定位系统和其他扩展系统提供了足够的扩展接口，网络示意如图 6-33 所示。

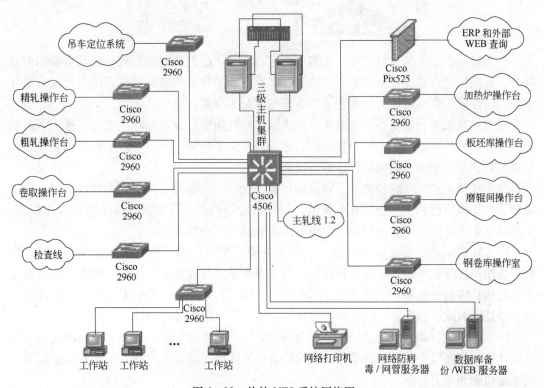

图 6-33　热轧 MES 系统网络图

带钢热连轧计算机生产与控制系统是钢铁工业中最复杂、技术含量最高的计算机控制系统，具有连续性、快速性、实时性、控制精度高等特点。而 Alpha 服务器的先进性、实时性、稳定性的特点，确保了整套计算机控制系统的安全性、数据的安全性和系统的可维护性。这也是服务器能够在带钢热连轧计算机控制系统占主导地位的原因。所以，服务器可选用 2 台 HP 的 Alpha 服务器。

为了提高开发效率，减少维护成本，可选用成熟的通信中间件产品，比如 IBM MQ Series，通过它来构建二三级之间、三级内部和三四级之间的消息通信通道。

6.4 冷连轧控制系统

6.4.1 概述

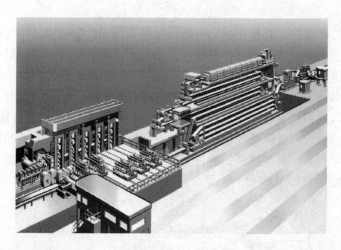

轧钢是钢铁工业的成材工序，轧钢信息化及自动化是钢铁工业自动化极其重要的组成部分，对轧机的产量、产品质量、节能降耗都有着至关重要的影响。轧钢信息化及自动化系统，已经成为必不可缺的重要装备和生产力的基本要素。

轧钢信息化及自动化系统是以计算机为核心对轧制生产线进行在线信息下达、实时控制和全方位监控的系统。在整个轧钢信息化及自动化系统中，宽带钢冷连轧信息化及自动化系统是功能最完善、结构最复杂的系统之一。

冷连轧技术是一项综合技术，它包括集成、设备、自动化、调试4大领域，以往由于机械、电气供应商和生产企业互相保密，即使引进外商的一流装备，虽个别技术指标高，但高速下生产特薄产品的板形和表面质量仍无法满足用户需求。

冷连轧机集成需要考虑生产能力、设备选型、控制模式、机电联锁和匹配、工艺规程、操作条件等多种因素的权衡和计算。一个高水平的集成方案，体现了集成者丰富的工程经验和长期的研发积累，也是外商设计的最核心技术。以往国内这些设计技术都是空白，而外商对此严格保密，因此国内只能类比参考已有机组进行设计。

冷连轧机的自动化控制系统所要解决的主要问题是适应于多品种和多规格的轧制规程设定计算，提高尺寸精度的自动厚度控制、自动速度控制、板形控制，稳定轧制过程的主机速度控制和张力控制。

高等级冷轧产品表面要求零缺陷，其关键技术在于酸洗的有效破鳞和高效除鳞、高速大变形轧制下的有效润滑和清洁生产。如何通过低温酸洗以低酸耗在有限的反应时间内实现完全除鳞且不出现欠酸洗，需要独到的酸洗破鳞和除鳞技术；因为把杂质从乳化液中分离需要带走大量的轧制油，所以如何以低的油耗，满足高端产品表面清洁性要求，需要独到的工艺润滑技术和专有设备。

镀锡、镀铬特薄产品要求厚度偏差仅为 $2 \sim 3\mu m$，在低速非稳态下对厚度控制技术的要求更高；板形控制精度要达到 5 ~ 12 个 I，而且更关注板形实物质量，特薄板浪高需控制在 4mm 以下，相当于在带钢宽度方向上每一个位置都不能有超过 2μm 的厚度偏差。这些都必须依靠高响应、高精度、高稳定的自动化系统来保证。

用具有国际先进、国内领先水平、拥有自主知识产权的综合冷轧自动化控制系统，将来如果以产业化的方式逐步占领国内市场，替代国外引进，由国内自主对冷连轧进行自动化控制系统总成，同样具有不可低估的社会效益。

一般的冷轧有主轧线和多条处理线组成，如酸洗、五机架、CAPL 机组（连续退火线）、CGL（热镀锌线）、冷轧 EGL（电镀锌线）、彩涂线、精整线（横切、纵切、重卷）等。

各机组的自动化控制系统分成 L2、L1、L0 三级。其中 L2 主要负责生产组织，过程控制，数模计算和数据采集等功能；L1 由基础自动化设备控制即 PLC 和操作监控即 HMI 等组成。L0 由电气传动、传感器、MCC 等组成。

6.4.1.1 冷轧主轧机机组简介

A 酸洗机组

通过拉伸矫直机使带钢连续产生机械弯曲变形和塑性变形，通过酸洗槽清除热轧带钢表面的二次氧化铁皮和污垢，通过圆盘剪切除热轧带钢不规则的边部，以利轧制。

五机架冷连轧机组的作用：热轧带钢在五个机架的轧制力和机架间张力的作用下，遵循金属秒流量相等的原则，连续的通过五个机架，使带钢一次成型的达到成品厚度要求。

B 酸轧联合机组

在不改变二个机组原有作用的前提下，通过中间活套的作用将两个机组连接起来，以利提高产量和冷轧成材率。

6.4.1.2 机组主要工艺设备的组成

冷轧机组主要工艺设备的组成为：

（1）酸洗线入口段带钢输送设备；

（2）酸洗段设备；

（3）活套；

（4）五机架轧机设备；

（5）机后段出口带钢输送设备；

（6）各种能源介质系统和辅助设备。

6.4.1.3 主要工艺设备配置

冷轧主要工艺设备配置：

（1）步进梁、钢卷输送车：接受钢卷并送至开卷机。

（2）开卷机及开卷设备：寻找带头及打开钢卷。

（3）焊机：对单卷热轧带钢进行焊接，便于带钢连续通过机组。

（4）拉伸矫直机：使带钢连续产生机械弯曲变形和塑性变形，带钢沿长度方向产生一定的延伸，从而达到消除带钢的镰刀弯和破磷的作用。

（5）酸洗槽设备：清洗热轧带钢表面。

（6）带钢边部处理设备：通过圆盘剪、碎边剪、废边卷等设备将不规则的热轧带钢边部切除。

（7）活套：在酸洗槽前后及轧机前共设立三个活套，使机组的生产保证连续性。

（8）五机架轧机设备：入口张力辊用于为1号轧机建立后张力、入口纠偏辊装置用于纠偏带钢、1～5号轧机用于轧制带钢、换辊装置用于更换工作辊和支撑辊等。

（9）卷取机及卷取设备：出口夹送辊装置用于飞剪剪切带钢时夹住带钢，防止带钢头部拍打。滚筒式飞剪用于带钢分卷、卡罗式卷取机能够连续卷取切分开的带钢，而不使轧机停车。皮带助卷器用于帮助卷取机开始几圈的卷取。

（10）机后段出口带钢输送设备：将完成轧制的钢卷由卷取机送至步进梁。

（11）各种能源介质系统和辅助设备。

6.4.1.4 技术特点

A 控制性能

具有很高的控制精度。采用新的AGC功能，厚度误差控制在±0.4%～0.5%范围之内；采用动态设定功能，可以使带钢超差的长度小于5m；采用新的ASC功能，板型的误差在7～10I范围之内。

采用高性能快速响应的传动控制系统，可以使轧辊速度响应性能达到40r/s。同时，酸轧机组还具有稳定的轧制控制功能，通过稳定的张力控制，可以避免在轧机启动/停止时的断带，通过采用轧机速度匹配功能，使轧机在加速/减速时特性更加平滑。

B 操作性能

HMI画面采用了EIC集成在一起的操作系统，以及全自动功能，因此4～5个操作工可以同时进行操作生产，并且操作方便。

C 维护和编程性能

具有高可靠的硬件（传动、PLC、计算机）系统，使程序下装时间非常短。编程软件采用模块化的结构，采用的是EIC一体化的HMI画面，同时具有实时数据采集和分析以及历史数据收集功能，使维护和编程非常方便。

D 传动系统

使用鼠笼式电机并且所有传动使用IGBT传动系统，使其具有可靠的马达和高性能响应的传动控制系统。

E 网络系统

采用开放式网络有设备网（Device Network）和工业网（Ethernet work），以及专用高速控制网。

设备网（Device Network）用于连接DI、DO、AI、AO、RI、RO、S/D、CNT信号。

DI——焊缝点检测，CPC的状态信号；

RI/RO——传感器信号，电磁阀控制信号，MCC控制信号，传动装置信号，本地操作站，继电器控制信号（E‑STOP，P‑STOP，Lockswitch，NAswitch），入口钢卷称重，测厚仪，焊缝点检测，CPC的状态信号，激光测速仪，捆带机，出口钢卷称重；

AI——测张仪，CPC，轧制力计，压力传感器；

AO——压下控制系统，弯辊控制系统，主传动控制系统；

CNT——PLG信号；

S/D——SY信号。

F 高性能的 PLC 系统

所有自动步程序、顺序控制程序和特殊功能程序都采用一个编程界面，编程和维护的程序界面是一致的。

PLC 编程软件：按照操作的顺序进行编程，与硬件（PLC）的型号没有关系，PLC 具有备份/运行/模拟功能。

G 高性能的 PLC 系统

采用实时控制系统，具有热备功能。

H 实时控制的网络系统

通信方式有：

(1) 内存循环式通信（无数据争抢，无等待时间）；

(2) 点对点通信；

(3) 广播通信。

I HMI 操作系统

HMI 操作系统有：

(1) EIC 集成在一起的画面系统；

(2) 可视的操作画面；

(3) 任何一个 HMI 终端可以显示任何一个操作画面。

6.4.2 系统结构

图 6-34 所示的本案例酸连轧机组的自动化控制系统网络采取了信息网、控制网、设备网三级结构。

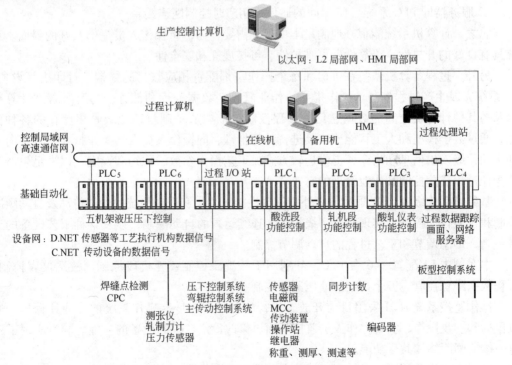

图 6-34 酸连轧机组控制系统配置简图

信息网为开放式以太网，整个系统主要设有 4 个独立的以太网系统。其一是 L2 服务器同生产控制计算机（L3）间通信的以太网；其二是 L1 的 PLC、工程师站、L2 服务器和 HMI 终端间通信的以太网；其三是 PLC 同 TRACE 服务器间通信的 TRACE 以太网；其四是连接电气室工程师站和传动设备间通信的 DRIVE – DATA 以太网。

酸连轧机组的自动化控制系统采用三电一体化模式构成。该三电一体化控制系统由生产管理计算机系统（L3）、过程计算机控制系统（L2）、基础自动化控制系统（L1）、操作监控系统 HMI、网络设备以及现场检测元件和电气执行设备（L0）组成。

其中 L3 生产管理系统起到区域管理功能，用于向冷轧 L2 下发合同生产信息，并从 L2 获取冷轧机组实际运行实绩数据。

酸连轧机组的过程计算机系统（L2）由两台 PC 服务器构成，一台是在线控制服务器，一台是后备服务器。如果在线服务器故障，后备服务器将自动接管在线功能以便连续在线的控制。同时配置公用硬盘真正实现 L2 的热备用功能。

为提供高 L2 系统可靠性，两台过程机服务器的公用硬盘采用高可靠性的镜像盘，如果一块硬盘故障，另外一块磁盘可以用来继续正常的工艺过程而不必停止系统。同时 L2 服务器操作系统采用 Linux + RENIX – EM 系统，进一步保证了系统的高响应性，高稳定性和高可靠性。

L2 服务器同生产控制计算机（L3）间的通信采用开放式以太网连接成。

L2 服务器同磨辊系统（RSMS）间的通信采用开放式以太网连接成。

L2 服务器同 CCYC 间的通信采用开放式以太网连接成。

L2 服务器同 IPC 间的通信采用开放式以太网连接成。

L2 服务器同操作监控系统 HMI 间的通信采用开发式以太网连接成。

L2 服务器同 PLC 系统（L1）间的通信采用实时控制网连接。

总之，计算机系统能很好地满足本项目的需要，为机组操作人员提供友好的界面。系统具有良好的开放性、可靠性、可维护性、可扩展性和安全性。

另外，过程计算机系统在机房和每个操作室都配置相应数目的终端、打印机等设备。L2 系统完成生产过程控制，操作指导、作业管理，数据处理和储存，与上级管理计算机以及与其他计算机之间的数据通信。过程控制级依据从基础自动化级收集储存的各种信息，通过数学模型和人工智能等工具进行计算推理，向操作人员发出操作指导或直接向基础自动化级发出信息和指令，提供运转方式或工艺操作参数的预约和设定，以满足生产工艺操作过程优化控制和作业管理的需要。

基础自动化级（L1）采用国内外主流高性能 PLC，实现对传统的电气传动及自动顺序控制和仪表自动控制；实现对生产线的 24h 连续运行的自动控制，以及各种工艺设备的运转控制、动态调节和工艺过程的自动调节控制。

本案例中 L1 配置了 6 台 PLC，分别用于酸洗段控制、轧机段控制、酸洗仪表控制、过程数据跟踪控制、五个机架的液压压下控制。

操作监控系统 HMI 采用目前开放、流行的基于 Windows 操作系统的工业计算机，通过鼠标和键盘操作，实现操作人员监控画面、修改设定、控制设备的功能。同时实现了三电一体的画面终端共享功能。

机组带钢传动采用矢量控制型交流变频器实现高精度、高响应的传动控制。大功率传动设备共采用 7 台。

机组现场传感器及特殊仪表，为保证系统的运行可靠，以选择国际知名品牌的质量可靠的产品为主。

6.4.3 主要功能

6.4.3.1 基础自动化级的主要功能

冷轧基础自动化级的主要功能是：

(1) 数据、信息的采集、处理和通信；

(2) 机组各段主令速度控制；

(3) 开卷和卷取机的张力控制；

(4) 活套位置及张力控制；

(5) 焊缝跟踪，缺陷跟踪；

(6) 酸洗、轧机线速度同步控制；

(7) 断带检测；

(8) 自动降速功能；

(9) 入口步进梁自动钢卷处理；

(10) 自动穿带和甩尾控制；

(11) 拉矫机及延伸率控制；

(12) 酸洗槽控制；

(13) 圆盘剪控制；

(14) 仪表系统控制；

(15) 板形控制；

(16) 自动厚度控制；

(17) 机架间张力控制；

(18) 自动辊缝校零控制；

(19) 轧制线调节自动控制；

(20) 工作辊和中间辊换辊自动控制；

(21) 液压压下系统控制；

(22) 动态变规格控制；

(23) 卡罗塞尔（卷取机）控制；

(24) 卷取机带尾定位控制；

(25) 分卷剪切及卷取机切换控制；

(26) 出口段钢卷自动输送；

(27) 液压、润滑、冷却、通风和排污等系统控制；

(28) 辅助设备控制。

6.4.3.2 过程控制计算机系统的主要功能

冷轧过程控制计算机系统的主要功能是：

(1) 人机接口：提供操作、显示生产过程的界面。

(2) 入口文件管理：管理 PDI 数据、轧制计划。

（3）出口文件管理：根据轧机入口剪、出口剪、断带信息，生成出口钢卷文件。

（4）物料跟踪：跟踪钢卷在当前的位置，并启动其他功能。

（5）剪切计算：根据带钢的原始数据，计算带钢的剪切点。

（6）停机管理：管理轧机的停机状况。

（7）预设定：根据带钢位置，向 L1 发送各设备所需的设定值。

（8）数据收集：按事件、电文、时间等对数据进行收集。

（9）报表打印：包括班报、换辊、工程报表、生产实绩、停机等。

（10）轧辊管理：接受和发送轧辊数据，在换辊时发送换辊实绩。

（11）操作信息管理：显示、保存报警信息。

（12）班管理：自动实现换班功能。

（13）L1 接口：接受 L1 的跟踪、实际数据等，并向 L1 发送预设定等。

（14）L3 接口：接受 L3 下发的钢卷数据、轧辊数据等，并向 L3 发送生产实绩等。

6.4.3.3 控制模型

模型包括设定计算、动态设定计算、自适应等，并向 L1 发送轧制设定值。模型包括以下几类：

（1）轧制策略：为设定值计算准备必要数据。

（2）设定值计算：为基础自动化系统准备控制参数。

（3）设定值处理：设定值的检查、转换、数据存储。

（4）测量值收集处理：为模型自适应和自学习功能提供基础数据。

（5）自适应模型：为正在轧制的带钢修正数学模型中带钢材料强度和硬化系数等参数。

（6）自学习模型：为轧制不同钢种、批号、规格的钢卷时修正数据。

图 6-35 所示为轧机模型关联图。

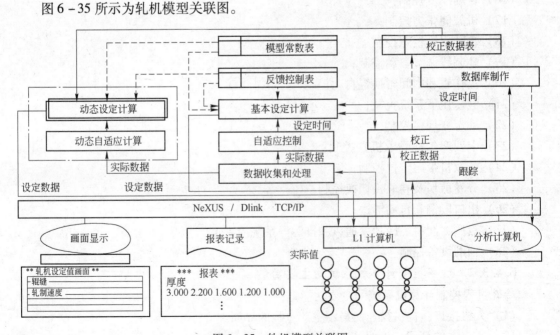

图 6-35　轧机模型关联图

6.4.3.4 关键控制技术

A 卷径计算

开卷机有两种方法计算卷径和圈数：

（1）转动圈数法，由测量钢卷高度计算出钢卷的初始卷径，折算为钢卷初始圈数，开卷机运行后，钢卷圈数通过开卷机的 PLC 进行计算。

（2）脉冲比率法，通过测量钢卷高度计算出钢卷的初始卷径，在开卷机转动一圈后，卷径通过 1 号张力辊和开卷机间的脉冲比率进行计算。钢卷的圈数用于 ASD 计算钢卷的剩余长度。比较两种方法得到的圈数结果，如果偏差太大，在 HMI 上报警。卷取机则采用转动圈数法计算卷径和圈数。

B 自动减速与停止控制

自动减速（ASD）：自动降低运行速度，使带钢停在要求的位置。例如，将带尾停在剪刀的位置，将带钢的焊缝停在月牙剪位置；通过计算确定当实际剩余长度小于带尾长度时将作为减速点。当 ASD 异常发生时，HMI 上显示报警信息，生产线将无条件快速停止，以保证安全。

自动带尾停止（ATES）：将带钢尾部停在指定位置上，通过计算得出的剩余长度，识别带钢尾部，发出停机命令；在自动减速停止在给定位置的过程中，设定低速保持段是保证安全的生产操作。

C 入口段速度同步控制

当带钢在入口段和轧机段正常运行时，入口带钢的速度自动与轧机段速度保持同步；同步控制通过入口与轧机段之间的活套小车位置控制来实现。

D 液压辊缝控制

该系统通过使用液压伺服阀作为执行机构，来控制决定轧辊位置的液压缸，具有高速的系统响应特性。作为轧辊位置的测量传感器——磁尺，安装在轧辊液压缸中心线上，直接测量液压缸的位置，具有很高测量精度。该控制系统由混合电路组成，系统具有高精度控制性能。对于要求高精度的部分采用数字控制，而对伺服阀驱动采用了模拟控制方式。在正常轧制模式下采用位置控制模式。液压辊缝控制系统必须跟随自动厚度控制系统给出的位置变化要求而进行调节。

E 飞剪控制

飞剪控制包括剪切控制和"返回原始位"控制两大部分，当正常剪切后剪刀不在原始位置时，剪刀可以自动启动返回到原始位置，保证不影响下次剪切。由于飞剪剪切加/减速过程短，直接使用传动中的控制斜率进行控制，PLC 控制启动/停止时刻点。当 PLC 对飞剪使用低速归原始位时，才使用 PLC 控制斜率。

F 自动厚度控制

AGC 必须考虑到所有影响厚度精度的干扰来设计。为了抑制或消除这些干扰，轧机的机械设计，轧机的操作和控制，提供好的热轧钢卷，连同 AGC 以及各部件间的协作，都有严格的要求。

AGC 是考虑到影响厚度精度的一些干扰来进行设计的，以下的干扰因素是要考虑的：

（1）热轧钢卷的厚度和硬度偏差；

（2）轧辊的偏心和受热膨胀；

（3）加速和减速的影响；

（4）设定值偏差；

（5）机架间的张力波动。

为获得好的厚度控制精度，AGC 将提供以下控制功能：

（1）2 号 ~5 号机架秒流量厚度控制（$MF_2 \sim MF_5$ AGC）；

（2）GM_SMITH 厚度控制（GM_SMITH AGC）；

（3）1 号机架反馈厚度控制（FB_1 AGC）；

（4）加速/减速补偿（A/D）；

（5）1 号机架前馈厚度控制（FF_1 AGC）；

（6）1 号机架 BISRA 厚度控制；

（7）解耦控制（DC）；

（8）2 号机架前馈厚度控制（FF_2 AGC）；

（9）5 号机架反馈厚度控制（FB_5 AGC）。

G　前滑控制

为了防止带钢和辊子间的打滑，在轧制过程中检查前滑，并在数值上判断打滑。如果检测到打滑，就改变张力设定值。正常轧制时，出口带钢速度比辊子速度稍微快一点。因为前滑系数是大于零的。如果带钢和辊子间发生打滑，前滑系数是小于零的。运用此种关系，PLC 通过调节机架间张力防止辊子和带钢间的打滑。

H　轧制主令速度调节器

速度基准设定控制回路由一个用于设定主令速度的调节器和用于设定机架间速度基准的调节器组成。"穿带"按下时，轧机速度上升到穿带速度值（固定值）；"加速"按下时，轧机按照给定的加速度加速至运行速度设定值。"保持"按下时，轧机速度维持在当时的运行速度值；"停止"按下时，轧机速度降到零；"快停"按下时，轧机根据 PLC 中设定的减速速率来停车。"紧急停车"按下时，轧机根据每个传动控制所设置的减速速率来停车。

I　带钢动态变规格

在连续轧制的情况下，当前轧制规程变为下一个轧制规程时，带钢规格变化点（一般是不同厚度的两带钢焊接处）到达 1 号机架，这个机架的轧辊位置根据获得的带钢规格综合必要的参数来修改，从而获得相应的下一个轧制规程。同时，为维持 1 号 ~2 号机架间的张力恒定，需要调节 1 号机架的轧制速度以补偿前向滑动的变化。然后，动态变规点到达 2 号机架，该机架的轧辊位置和速度以与 1 号机架同样的方法进行调节。而且为改变 1 号 ~2 号机架间张力，使其值对应下一个轧制规程，1 号机架轧辊位置和速度再次被修改。同样，当规格变化点到达 3 号机架时，3 号机架的轧辊位置和轧制速度被修改，而 2 号机架轧辊位置和速度也再次被修改。此外，为了和 2 号机架的速度保持一致，以保持 1 号 ~2 号机架间张力的恒定，1 号机架的轧制速度和轧辊位置继续被修改。以后的机架，以同样的方法进行控制。

J　自动板形控制

现代板带轧机的板形自动控制系统的定义有广义和狭义二种。广义的板形自动控制包括过程自动化级和基础自动化级的二级自动控制。而狭义的板形自动控制只是存在于基础自动化级中的板形闭环反馈控制系统，也称为 AFC（Automatic Flatness Control）或 ASC（Automatic Shape Control）。

自动板形控制的目的是通过安装在轧辊出口侧的板形检测仪检测板形，进行反馈控制，使得板形更加接近于目标板形。自动板形控制还可以减少操作者的负担，平稳轧制，提高产品质量。自动板形控制是通过数学方程，使板形在视觉上近似地分解为对称部分和非对称部分。对称部分可以通过工作辊弯辊和中间辊弯辊进行修正，而不对称部分则通过压下系统进行修正。自动板形控制包括：形成板形表达式；对实际板形信号的处理；判断有效和无效通道以及边部处理；宽度和长度方向上数据的平滑处理；板形偏差的曲线拟合；控制的输出；精细冷却和模糊控制。

K 带钢物料及焊缝跟踪

带钢跟踪系统是基础自动化控制系统的一个主要的、相对高级的功能。在一条现代化的连续带钢生产线上，一个优秀的带钢跟踪系统可以极其精确地跟踪在机组中移动的所有焊缝，以便准确指挥机组设备的动作（如抬辊和压辊），提供整个机组的一个友好的人机界面，并提供物料跟踪、缺陷跟踪和生产数据统计等计算机功能；同时根据焊缝跟踪对机组运行参数（如钢卷数据、张力、厚度、宽度和带钢缺陷）进行准确设定；带钢跟踪系统也可以为机组上的其他控制设备激活新的设定值。带钢跟踪系统收集实绩向上级发送实时过程数据。

L 活套同步及位置控制

活套是连续运行机组最必要的组成部分，冷连轧机组采用卧式活套。入口活套一般为满套即上套位，当入口自动减速后和下一卷焊接时，入口活套的套量用以满足工艺段的连续生产；同样中央活套一盘为空套，以便月牙剪进刀，圆盘剪调整间隔时，工艺段继续运行；出口活套一般为为空套位，用于轧机段降速或换辊。入口活套的满套位和出口活套的空套位都称为活套的同步位控制。当活套同步时，活套的入出口速度相等，保证活套停留在某一个固定位置，此时机组的速度是最稳定的。如果工艺段的速度较高，则要求的活套套量较大。活套同步位置控制会引起活套中带钢的张力波动，这种张力的波动也会引起工艺段的张力波动，最终会对产品的质量产生一定的影响。

6.4.3.5 MES 主要功能

提供人机结合编辑冷轧区域工序作业计划及作业命令的功能，包括冷轧工序的作业计划编制、编辑、释放、下发各工序 PCS，最终形成出符合工序作业规程的、有序的、可执行的、有利物流平衡以及确保合同交货期等的工序作业指令，内容包括生产哪些材料、什么时候生产、在哪个设备上生产、生产目标要求等。作业计划编制对象包括热轧卷、冷轧卷，可以是工序前库的实物材料，也可以是在前工序作业命令中预计产出的虚拟材料（预计划适用）。

6.5 冷轧处理线控制系统

6.5.1 概述

6.5.1.1 冷轧处理线工艺简介

冷轧处理线一般包括冷轧酸洗机组、冷轧连退机组、冷轧热镀锌机组、冷轧电镀锌

（锡/镉）机组、冷轧彩涂机组等连续生产的冷轧处理机组。他们工艺共同点一般都分为入口段、入口活套、工艺段、出口活套和出口段；并且各处理线的入口、出口大同小异，但工艺段区别很大。在冷轧处理线中一般以冷轧连退机组和冷轧热镀锌机组最为复杂，他们的"出口段"常常又分为平整段、检查活套、出口段。

这里以典型的连退机组（如图6-36所示）为例，其工艺流程如下：

原料—上料—上卷—开卷—矫直—切头—焊接—挖边—清洗—入口活套—预热—加热—均热—缓冷——次冷却—过时效—二次冷却—水淬冷却—出口活套—平整—后处理—检查活套—剪边—表面检查—分切—卷取—卸卷—称重—打捆。

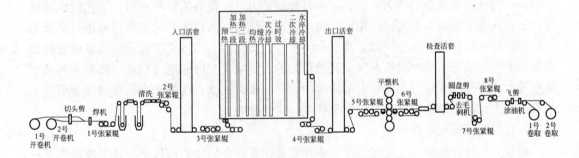

图6-36 连退机组示意图

6.5.1.2 冷轧处理线典型三电系统范围

三电系统主要指电气、仪表、计算机系统。其中电气部分涉及供配电系统（包括事故电源）、传动系统（包括电机）、基础自动化控制系统、其他（包括电解整流器、加热器控制盘、照明、接地、通风及空调、电缆和材料）。仪表部分涉及检测仪表、仪表控制系统、仪表安装材料等。计算机部分这里定义为机组过程控制计算机系统（通常称为L2系统）。通常我们将电气、仪表控制系统简称为L1系统。

6.5.1.3 冷轧处理线技术特点

冷轧处理线具有速度快、钢卷薄等特点。许多处理线还有加热炉，在高温状态下的板卷对张力控制精度提出了非常苛刻的要求。

由于以上特点，相应地要求承担全线控制的电气、仪表控制 PLC 系统具有高精度、高响应速度和高可靠性的特点，要求系统网络具有速度快、可靠性高的特点，要求传动装置具有速度响应快、调速范围广、控制精度高等特点。

因而一套技术起点高、产品质量好的冷轧处理线一般都会采用世界主流电气厂商的自动化控制系统硬件。目前国内外高水平的冷轧处理线自动化系统主要采用的都是西门子、ABB、TMEIC 和日立等世界著名厂商的控制系统。

冷轧处理线传动系统尽量采用以下技术：

（1）全数字控制；

（2）单独传动控制；

（3）全交流传动；

（4）矢量控制。

由于采用了以上技术，机组速度匹配得到了改善，控制精度得到了提高，张力波动显著减小。

6.5.2 系统结构

6.5.2.1 三电控制系统配置图

典型的冷轧处理线三电控制系统配置图如图 6-37 所示。

6.5.2.2 传动系统

典型的连退机组带钢传送变频传动有 300 台套左右，其他冷轧处理线数量要少。连退机组的马达总功率达 1 万多千瓦。另有其他调速电机有几十台。

6.5.2.3 PLC 系统

L1 控制系统一般由 4~5 台 PLC 和 1 台 DCS 组成，分别用于机组的入口段、中央段、出口段和炉子的控制。具体各 CPU 功能分担如表 6-6 所示。

表 6-6 CPU 功能分担

PLC 机架名	CPU	CPU 名	控 制 任 务
入口段 PLC	1	E_MACH	入口段 MCC、阀类设备、单体设备控制，钢卷小车自动步
	2	E_LINE	入口段线速度、张力、位置控制，穿带、甩尾、剪切自动步
	3	E_DRIVE	入口开卷机 - 入口活套变频电机控制
中央段 PLC1	1	P_LINE	中央段线速度、张力、位置控制
	2	P_DRIVE1	炉区前段带钢传送变频电机控制
	3	P_DRIVE2	炉区后段带钢传送变频电机控制
中央段 PLC2	1	TRACK	全线带钢跟踪
出口段 PLC	1	X_LINE	出口段线速度、张力、位置主控制，穿带、甩尾、剪切自动步
	2	X_MACH	出口段 MCC、阀类设备控制，平整机换辊控制，钢卷小车自动步
	3	X_DRIVE	出口活套 - 卷取机变频电机控制
	4	SPM	平整机压下、伸长率控制
仪表 PLC	1	Clean	清洗段仪表控制
	2	Furnace	炉子仪表控制

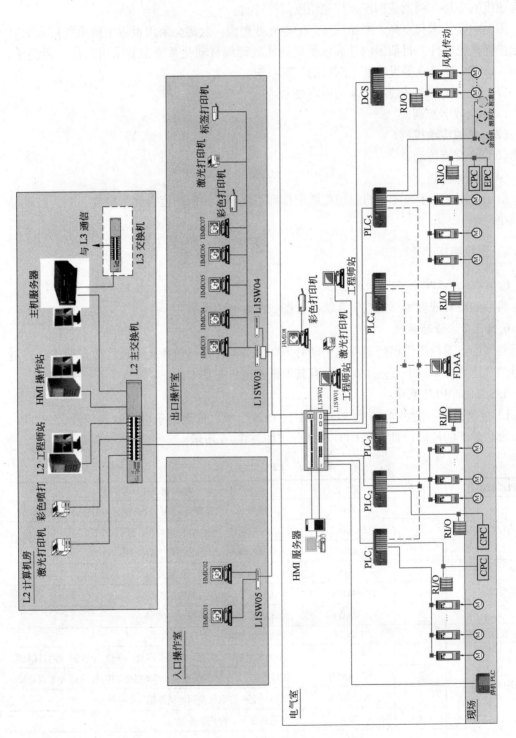

图6-37 冷轧处理线典型三电系统配置图

6.5.2.4 工程师站

系统共有工程师站数台，可放置在电气室，也可根据需要放置在入口/出口主操室。便于系统调试和正常生产后的电气工程师现场维护。

6.5.2.5 HMI 系统

L1 的 HMI 系统设 HMI 服务器两台，采用热备用方式。HMI 操作终端共 8 台，同 L2 系统共享。任意一台操作终端即可显示/操作 L1 画面，也能显示/操作 L2 画面。

6.5.2.6 L2 系统

该 L2 系统配置 L2 服务器两台，采用 PC 服务器，一用一备。同时配有公共硬盘。操作系统按照用户要求采用 Linux 系统，同时配置 Oracle 数据库。

6.5.3 主要功能

6.5.3.1 基础自动化控制系统（L1）

基础自动化电气、仪表控制 PLC 系统具有高精度，快速响应和高可靠性，且具有自诊断功能和易维护等特点。它完成的主要控制功能如下：

（1）入口段 PLC 控制功能，包括：

1）开卷机到入口活套的带钢传动控制；

2）入口段速度、张力控制；

3）钢卷小车位置控制；

4）自动上卷控制；

5）自动穿带、甩尾控制；

6）带头、带尾切除控制；

7）入口段 MCC 和液压站控制；

8）与焊机自动通信和联锁控制等。

（2）中央段 PLC1/2 控制功能，包括：

1）中央段速度、张力控制；

2）中央段 MCC 和液压站控制；

3）全线焊缝跟踪及物料跟踪等。

（3）出口段控制功能，包括：

1）出口活套到卷取机带钢传动控制；

2）出口段速度、张力控制；

3）平整机压下、延伸率控制；

4）平整机自动换辊控制；

5）自动穿带控制；

6）带头、带尾切除控制；

7）钢卷小车位置控制；

8）出口段 MCC 和液压站控制；

9）与涂油机、称重装置的通信及联锁控制等。

（4）清洗控制功能，包括：

1）各槽的液位、温度、浓度控制；

2）清洗段 MCC 控制等。

（5）全线跟踪，包括：

1）全线焊缝跟踪及物料跟踪；

2）生产实绩收集及与 L2 的通信。

（6）炉子控制功能，包括：

1）炉区温度控制；

2）煤气流量、压力控制；

3）补充空气压力、流量控制；

4）炉压控制；

5）自动点火和火焰检测控制；

6）调速风机控制；

7）炉子段 MCC 控制等。

下面以几个主要的控制功能为例进行详述。

A　静张力控制[13]

静张力应用在开卷机和卷取机上，使在开卷和卷取之前，各传动装置之间的带钢建立一定的张力（在开始卷取带钢之前，开卷机和卷取机的各传动装置之间要建立一定的静张力）。

静张力一般为张力设定值的 30% ~ 50%，在启动后能尽快地自动切换到正常运行时的张力状态。

B　开卷机、卷取机传动的转动惯量补偿

在传动理论上，有电流调节的传动设备应给予转动惯量补偿，通常在实际应用中，转动惯量补偿是依靠计算值设定的。

对开卷机、卷取机，随着钢卷的开卷和卷取，转动惯量要根据钢卷的直径进行补偿。

C　平整机控制

（1）平整机入口侧张力控制。平整机入口侧的张力是由入口张紧辊的速度调节器（ASR）控制的，这种控制是基于设置在平整机和入口张紧辊之间的张力计的反馈信号控制的。

（2）平整机出口侧张力控制。平整机出口侧的张力是由平整机的速度调节器（ASR）控制的，这种控制是基于设置在平整机和出口张紧辊之间的张力计的反馈信号控制的。

（3）延伸率控制。带钢延伸率控制以平整轧制力为主，以平整出口张力为辅。

（4）轧制力控制。平整机的轧制力控制是根据机架的预设定数据进行控制的，并通过设置在机架上的测压头的反馈信号给予补偿修正的。

（5）轧辊位置控制。平整机的轧制位置控制是根据每个轧辊的预设定值进行控制的，并且位置反馈信号参与控制。

D　飞剪控制

飞剪在带钢运行过程中对带钢进行剪切。

（1）入口飞剪。入口飞剪的剪切速度是入口穿带速度，剪切长度是恒定的，入口飞剪由机组 PLC 控制。飞剪的位置用绝对值编码器检测。

（2）出口飞剪。当剪切点接近飞剪时，通过 PLG 检测信号，飞剪启动旋转，加速到带钢运行线速度（剪切速度）。加速后，飞剪将以带钢同样的速度对带钢进行剪切。出口飞剪用飞剪专用控制器控制，飞剪的位置用绝对值编码器检测。

E 钢卷处理操作

钢卷处理操作包括从钢卷鞍座上卸卷，到钢卷上到开卷机卷筒上为止称为"入口段钢卷处理"。

出口段钢卷处理包括，从卷取机卷筒上卸卷到运输到钢卷鞍座上，包括为下一个钢卷卷取进行的皮带助卷器设置，也称为卷取机的卷取准备。

钢卷处理操作通过顺序控制完成，带有钢卷的高度和宽度对中，和局部的手动操作。

F 自动减速

入口段自动减速控制就是：钢卷尾端自动减速控制，这种控制是通过计算测量留在开卷机上的剩余带钢长度实现的。

出口段的自动减速控制是通过计算测量带钢的卷取长度或检测带钢的焊缝点位置完成。

通过上述自动减速控制，机组速度减到预设定的低速，若需要，操作人员可将机组停车。

G 自动穿带

带钢头尾自动穿带用于入口段和出口段。

如对 1 号夹送辊到入口双切剪，双切剪到焊机进行穿带操作，通常称之为"入口段自动穿带"。

出口段自动穿带包括的操作如出口剪到卷取机穿带和带钢尾端停止。

这些穿带控制是通过跟踪计算测量带钢的长度或检测带钢的头部和尾部完成的，也可进行局部手动操作。

H 自动清洗整流器的控制

（1）极性变换。用于清洗的电极装设于带钢通道中带钢的两侧（栅格式电极）。当极性更换处于"自动"状态时，栅格的极性通过清洗整流器自动更换。在自动状态下，根据通过的带钢改变，栅格的极性也自动改变。

（2）清洗整流器的电流控制：清洗段有两个清洗整流器。每台清洗整流器有可逆整流单元。每台清洗整流器具有自己的电流反馈控制回路，操作人员从 CRT 上预置设定电流值。

I 开卷机和卷取机张力控制

开卷机和卷取机将通过 PLC 软件控制，一般不同设备厂家控制方式不同。

图 6-38 采用最大磁通量控制代替传统的卷建立控制，因为这样电机效率更高。

J 人机接口

在 PLC 系统中操作都是通过 HMI（人机接口）的 CRT 和键盘实现的。所有的操作和机组故障监视，都是操作员用操作模式选择、开/关选择、过程设定参数修改、故障复位等和监视过程状态、过程数据、设定参数、故障等实现。

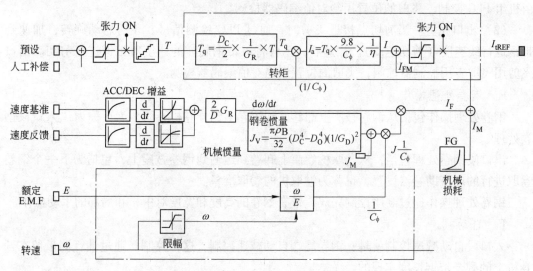

图 6 - 38　最大磁通量控制

D_C—钢卷外径；D_O—钢卷内径；G_R—齿轮比

在这些系统中，所有需要的画面，都用操作模式、关联开关、过程数据、故障报警等在 HMI 上显示。操作员能用鼠标和键盘在相关的部分操作，如模式选择、传动系统起动/停车等。

通常系统集成供货商提供的系统、工具，都具有数据跟踪、操作历史信息收集、趋势、报警等功能。

K　活套速度同步控制

当带钢从入口到中央段或从中央到出口段正常运行时，入口和出口带钢速度与中央段带钢速度自动同步。

以上提及的同步是从入口到中央段或从中央到出口段通过活套车的位置控制预设定的。入口段速度变化曲线如图 6 - 39 所示（以入口到中央为例）。入口段速度给定框图如图 6 - 40 所示。

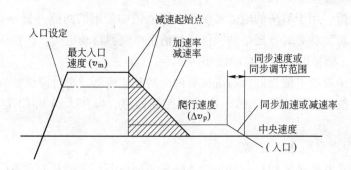

图 6 - 39　入口段速度变化曲线

要注意以下几个问题：

（1）减速的起始点根据入口与中央段之间的最大速度差给出。

（2）爬行速度和同步调节范围是可调的。

（3）同步加减速率根据爬行速度和以上的速度范围给出。

（4）入口活套控制增加同步控制以缩短极限位置。

减速距离
$$S(\Delta L) = \frac{T \times \frac{v}{v_m} \times v}{2} \times \frac{1}{60} \qquad (6-1)$$

假如
$$v = v_E - v_C$$

式中　S——距离（ΔL），m；

　　　v_m——最大入口速度，m/min；

　　　v——不同速度，m/min；

　　　T——加速、减速率时间，s；

　　　v_E——实际入口速度，m/min；

　　　v_C——实际中央段速度，m/min。

从式（6-1），不同速度

$$v = \sqrt{\frac{2 \times v_m \times S \times 60}{T}} \qquad (6-2)$$

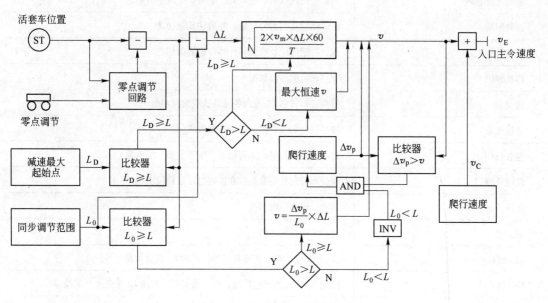

图6-40　入口段速度给定框图

L　仪表控制功能

仪表控制主要由清洗段和炉子段两部分组成。它们的主要功能如下：

（1）清洗控制功能：

1）各槽的液位、温度、浓度控制；

2）清洗段 MCC 控制等。

（2）炉子控制功能：

1）炉区温度控制；

2）煤气流量、压力控制；

3）补充空气压力、流量控制；

　　4）炉压控制；

　　5）自动点火和火焰检测控制；

　　6）调速风机控制；

　　7）炉子段 MCC 控制等。

6.5.3.2　冷轧处理线典型过程计算机控制系统（L2）功能

　　机组过程控制计算机系统（L2）根据冷轧生产控制计算机系统（L3）下发的生产计划，组织生产配方数据，下发给基础控制系统（L1），同时将生产结果（成品）和收集生产过程中 L1 实时数据统计、上传给 L3。

　　L2 计算机系统的功能主要是满足来自于 L1、L3 和工艺设备的要求，主要功能参见表 6 – 7。

表 6 – 7　L2 计算机系统的功能

人机接口	提供操作、显示生产过程的界面
入口文件管理	管理 PDI 数据、轧制计划
出口文件管理	根据轧机入口剪、出口剪、断带，生成出口钢卷
物料跟踪	跟踪钢卷在当前的位置，并启动其他功能
剪切计算	根据带钢的原始数据，计算带钢的剪切点
停机管理	管理轧机的停机状况
预设定	根据带钢，向 L1 发送各设备所需的设定值
数据收集	按事件、电文、时间等对数据收集
报表打印	包括班报、换辊、工程报表、生产实绩、停机等
轧辊管理	接受和发送轧辊数据，在换辊时发送换辊实绩
操作信息管理	显示、保存报警信息
班管理	自动实现换班功能
L1 接口	接受 L1 的跟踪、实际数据等，并向 L1 发送预设定等。
L3 接口	接受 L3 下发的钢卷数据、轧辊数据等，向 L3 发送生产实绩等
模型	包括设定计算、动态设定计算、自适应等，并向 L1 发送轧制设定值

　　模型包括以下几类：

　　（1）轧制策略：为设定值计算准备必要数据。

　　（2）设定值计算：为基础自动化系统准备控制参数。

　　（3）设定值处理：设定值的检查、转换、数据存储。

　　（4）测量值收集处理：为模型自适应和自学习功能提供基础数据。

　　（5）自适应模型：为正在轧制的带钢修正数学模型中带钢材料强度和硬化系数等参数。

　　（6）自学习模型：为轧制不同钢种、批号、规格的钢卷时修正数据。

L2 的功能实现由一组承担不同任务的进程来实现，重要的生产数据和参数都存储在 Oracle 数据库中。

6.5.3.3 关键控制技术

A 平整机压下控制

旁通阀控制平整机的快速打开/关闭，在辊缝闭合时，检测液压缸的位置，当辊缝小于某个预设定值时自动切到伺服阀控制。产生轧制力后，控制系统从位置控制模式切到轧制力控制模式，机组起动轧制力上升到设定值。

B 飞剪控制

飞剪采用普通变频电机及变频器，从而大大节省投资。在入口段用于切头/切尾，在出口段用于分卷/切除焊缝等。控制器收到剪切请求时，飞剪瞬时起动，在上下刀片闭合时，剪切线速度与带钢速度同步进行连续剪切。控制器根据设定值进行计算，当最后一刀完成时，发出飞剪停止命令，飞剪自动回到初始位置。对于入口最后两刀可进行变速控制，以避免最后一块带钢过窄掉落到缝隙内。

C 圆盘剪控制

圆盘剪为连续处理机组中重要的设备之一，主要目的是满足按合同要求对带钢进行剪边处理。主要功能有刀片侧隙及重叠量的自动调整、剪切宽度的自动调整、剪切模式的自动切换、边丝的自动卷取及抛卷等功能。

D 平整拉矫控制

平整机一般为四辊平整机，具有轧制力控制、位置控制、倾斜控制、轧制力差控制、同步控制、工作辊弯辊控制、自动延伸率控制等功能。拉矫机一般设有两组弯辊单元和一组矫直单元。弯辊单元的上辊固定，但可由液压驱动快速打开和关闭。弯辊单元的下辊和矫直单元的下辊，可通过电机驱动的蜗轮丝杆装置做上下位置调节，每个辊子都配备有绝对值编码器来检测下辊的当前位置。拉矫机的控制包括矫直辊控制、恒定附加张力控制、拉伸率控制及全延伸率控制（全延伸率控制＝平整、拉矫都使用情况下的延伸率控制）等功能。

E 带钢垂度控制

彩涂机组的初涂炉和精涂炉中的带钢都必须有恒定的垂度，以免破坏已涂好的带钢表面。根据带钢的位置反馈信号，调节炉前和炉后的辊子速度，从而达到精确定位带钢垂度的实际效果。

F 带钢物料及焊缝跟踪[12]

带钢跟踪系统是基础自动化控制系统的一个主要的、要求很高的功能。在一条现代化的连续带钢生产线上，一个优良的带钢跟踪系统可以极其精确地跟踪在机组中移动的所有焊缝，以便准确指挥机组设备的动作，提供整个机组的一个友好的人机界面，并提供物料跟踪、缺陷跟踪和生产数据统计等计算机功能；同时根据焊缝跟踪对机组运行参数（如钢卷数据、张力、厚度、宽度和带钢缺陷）准确设定；带钢跟踪系统也可以为机组上的其他控制设备激活新的设定值。带钢跟踪系统收集实绩并向上级发送实时过程数据。

G 带温控制模型

退火炉的数学模型根据退火工艺段的划分，可以分为：加热炉温度控制模型、均热炉温度模型、慢冷温度控制模型、快冷温度控制模型、过时效炉温度控制模型、两次冷却温度控制模型、速度控制模型等。

加热炉的数学模型利用了广义的预测控制原理（GPC），对于不断改变目标值的系统来说，GPC是最合适的控制理论。基于GPC，根据带温动态模型预测将来某时刻的带温，并使目标带温与预测带温之差达到最小值为原则，求得煤气流量。预测带温是随带钢宽度、厚度变化或带钢速度而变化，而目标带温随产品卷变化而变化。

H　活套同步及位置控制[14]

活套是连续运行机组最必要的组成部分，有立式活套和卧式活套两种。入口活套一般为满套即上套位，当入口自动减速后和下一卷焊接时，入口活套的套量用以满足工艺段的连续生产；同样出口活套一般为空套位，以便当出口换卷或平整机换辊时，保持工艺段的连续生产。入口活套的满套位和出口活套的空套位都称为活套的同步位控制。当活套同步时，活套的入出口速度相等，保证活套停留在某一个固定位置，此时机组的速度是最稳定的。如果工艺段的速度较高，则要求的活套套量较大，活套的股数相应也比较多。机械上往往会有两到三个小车组成一个活套，因此活套除同步位置控制外，还会有两个或三个小车之间的位置平衡控制。而小车之间的位置平衡又会引起活套中带钢的张力波动，这种张力的波动也会引起工艺段的张力波动，最终会对产品的质量产生一定的影响。对此我们将活套的张力和小车的位置平衡分开单独进行控制，以满足小车的位置平衡控制时尽量减少带钢的张力波动。

I　大型退火炉张力及速度控制

大型炉子的张力控制的好坏对机组的产品质量有一定的影响，所以炉内的张力控制要求比较高。为了保证张力的精度，我们采用每个炉辊都带速度反馈，通过精确控制每个炉辊的速度来达到张力稳定的要求。同时为了防止当带钢规格发生变化的时候张力波动较大，我们采用炉内张力的设定按小阶梯变化。实践证明，这种方法非常有效。当工艺段非正常停机时，由于温度的下降会引起带钢的收缩，造成带钢的瓢曲。为了避免这种情况，以前的机组都是由操作工根据经验点动向炉内送带钢，这种操作有很大的盲目性，对操作工的经验要求比较高。高性能的机组采取自动向炉内定时定量喂带钢，使带钢的瓢曲达到最小。

J　停车模式

（1）正常停车（NS）：这是机组正常使用的一个操作模式。它可以由操作工通过操作按钮进行触发，也可以由自动化系统自动触发。当产生正常停车命令后机组自动按正常停车的斜坡停止机组的运行。操作员可以发出启动命令再启动机组的运行。

（2）快速停车（QS）：这也是机组的一种正常操作模式。它可以由操作工通过操作按钮进行触发，也可以由自动化系统自动触发。机组进行停车动作时，机组的减速度为快停斜坡速度。当满足运行条件后操作员可以再发出启动命令，启动机组的运行。

（3）紧急停车（ES）：这是机组的一种异常操作模式，是一种安全操作，用于防止发生人生和设备的安全事故。它可以由操作工通过按下主操作台或现场操作盘上的"紧停"按钮进行触发，也可以由自动化系统自动触发。紧停控制的继电器回路此时切断相关设备的电源输出，机组便能以最短的时间停车，并在画面上给出紧停的触发信号点。在发生紧停后，要再启动设备，必须在主操台进行紧停复位操作，否则无法再启动设备。

K 传动紧停策略

紧停时几种典型设备的控制策略（根据需要可选）：

（1）主线的传动设备：主线传动是指传动带钢运动的设备，将紧停信号接到变频器的紧停端子，当该端子收到紧停信号后，变频器按设定的紧停斜坡停车，然后由安全停车组件切断变频器控制电源，封锁变频器输出。同时 PLC 将对传动的设定值改为 0，将传动的"ENABLE"信号置为"0"。

（2）调速电机（如：泵、风机等）的控制：将紧停信号接到变频器的紧停端子，当该端子收到紧停信号后，变频器按设定的紧停斜坡停车，然后通过接触器直接关断电源。同时 PLC 将对传动的设定值改为 0，将传动的"ENABLE"信号置为"0"。

（3）MCC 柜的控制：当接收到紧停信号后，通过接触器直接关断电源。同时 PLC 对 MCC 的输出将"ON"置为"0"，将"OFF"置为"1"。

（4）变速液压驱动设备的控制：紧停继电回路将比例阀和伺服阀放大板的供电电源关闭。同时 PLC 将对应的模拟量输出模板的输出值设置到安全范围内（具体的值将根据选择的模板及设定范围来确定）。

6.5.3.4 MES 主要功能

主要是提供人机结合编制冷轧处理线各区域工序作业计划及作业命令的功能，包括酸洗、连退、热镀锌、拉矫、纵切、横切、重卷、包装等等冷轧工序的作业计划编制、编辑、释放、下发各工序 L2 系统，最终形成出符合工序作业规程的、有序的、可执行的、有利物流平衡以及确保合同交货期等的工序作业指令，内容包括生产哪些材料、什么时候生产、在哪个设备上生产、生产目标要求等。作业计划编制对象为冷轧卷，可以是工序前库的实物材料，也可以是在前工序作业命令中预计产出的虚拟材料（预计划适用）。作业计划覆盖的工序包括酸洗、连退、罩式炉退火、光亮退火、热镀锌、电镀锌、镀锡、彩涂、平整、拉矫、重卷、纵切、横切、冷轧打包等机组。

参 考 文 献

[1] 高炉综合自动化解决方案，宝信软件内部资料．

[2] 毕学工，傅连春，熊玮，金焱．中国炼铁高炉数学模型的研究与应用现状［J］．过程工程学报，2010（4）．

[3] 陈建华，徐红阳．"高炉专家系统"应用现状和发展趋势［J］．现代冶金，2012（3）．

[4] 史燕，徐生林，杨成忠．高炉专家系统数据采集及处理方法的研究［J］．机电工程．2010（1）．

[5] 谢书明，柴天佑．转炉炼钢自动化现状与发展［J］．冶金自动化，1998（1）．

[6] 胡培，李春霞．PLC 控制系统在炼钢生产中的应用［J］．自动化与仪器仪表，2009（6）．

[7] 雷占全．Simatic TDC 在热轧自动化中的应用［J］．冶金自动化，2010（1）．

[8] 骆德欢．宝钢 2050 热轧粗轧机组新的基础自动化控制系统［J］．宝钢技术，2003（4）．

[9] 周泽雁，包清．过程控制级模拟轧钢系统的研制及在热轧试车中的应用［J］．冶金自动化，2004（6）．

［10］孙蕾，王焱. AGC 控制技术的发展过程及趋势［J］. 济南大学学报（自然科学版），2007（7）.

［11］李迅，宋东球，喻寿益，桂卫华. 基于模型参考自适应 Smith 预估器的反馈式 AGC 厚度控制系统［J］. 控制理论与应用，2009（9）.

［12］傅贤栋，徐长盛. 冷轧处理线 L2 物料跟踪研究［J］. 冶金自动化，2009（2）.

［13］宋军，王胜勇. 冷轧处理线中开卷取机张力控制方法的研究［C］//中国计量协会冶金分会 2010 年会论文集，2010.

［14］冉翔. 宝钢冷轧连续退火机组活套控制技术［J］. 中国高新技术企业，2009（23）.

冶金工业出版社部分图书推荐

书　名	作　者	定价(元)
刘玠文集	文集编辑小组编	290.00
冶金企业管理信息化技术（第2版）	许海洪　等编著	68.00
自动检测技术（第3版）（高等教材）	李希胜　等主编	45.00
钢铁企业电力设计手册（上册）	本书编委会	185.00
钢铁企业电力设计手册（下册）	本书编委会	190.00
钢铁工业自动化·轧钢卷	薛兴昌　等编著	149.00
冷热轧板带轧机的模型与控制	孙一康　编著	59.00
变频器基础及应用（第2版）	原魁　等编著	29.00
特种作业安全技能问答	张天启　主编	66.00
走进黄金世界	胡宪铭　等编著	76.00
现行冶金轧辊标准汇编	冶金机电标准化委员会　编	260.00
钢铁材料力学与工艺性能标准试样　图集及加工工艺汇编	王克杰　等主编	148.00
非煤矿山基本建设施工管理	连民杰　著	62.00
2013年度钢铁信息论文集	中国钢铁工业协会信息统计部　等编	58.00
现行冶金行业节能标准汇编	冶金工业信息标准研究院　编	78.00
现行冶金固废综合利用标准汇编	冶金工业信息标准研究院　编	150.00
竖炉球团技能300问	张天启　编著	52.00
烧结技能知识500问	张天启　编著	55.00
煤气安全知识300问	张天启　编著	25.00
非煤矿山基本建设管理程序	连民杰　著	69.00
有色金属工业建设工程质量　监督工程师必读	有色金属工业建设工程　质量监督总站　编	68.00